高等学校计算机基础教育规划教材

计算机网络基础

（第3版）

杨云江 主编

高鸿峰 魏节敏 杜红林 肖利平 唐丽华 罗淑英 编著

清华大学出版社

北京

内容简介

本书详细介绍了计算机网络的基础理论和网络基础知识。主要内容有计算机网络的基本概念和基本知识、局域网组网技术、广域网及Internet的基本概念及其应用技术、网络体系结构、网络通信技术、网络管理技术及网络安全管理技术。

本书内容丰富，结构合理，讲解深入浅出，循序渐进，通俗易懂，并附有大量的图形和实例，以帮助读者学习和理解。每章最后都附有习题，以帮助读者复习。

第2版在第1版的基础上，增加了无线网络技术、IPv6技术、NAT转换技术、常用TCP/IP协议、网络管理实用技术及网络安全实用技术。

第3版主要增加了云计算、物联网及智慧校园等新技术。IPv6技术和无线网络技术得到大幅度的扩展。此外，在教材实用性方面也得到进一步的增强，例如无线网络技术、BBS、QQ和博客的应用技术，同时增加了网络架构设计技术。

本书可读性和实用性强，主要作为大专院校公共基础课教材，也可供计算机及其相关专业的读者参考，还可作为国家公务员、国家干部、企事业领导的培训教材，并可作为网络爱好者的自学读本。

图书在版编目（CIP）数据

计算机网络基础/杨云江主编. —3版. —北京：清华大学出版社，2016（2022.7重印）
高等学校计算机基础教育规划教材
ISBN 978-7-302-44467-1

Ⅰ. ①计… Ⅱ. ①杨… Ⅲ. ①计算机网络—高等学校—教材 Ⅳ. ①TP393

中国版本图书馆CIP数据核字(2016)第171520号

责任编辑：袁勤勇　薛　阳
封面设计：常雪影
责任校对：白　蕾
责任印制：丛怀宇

出版发行：清华大学出版社
　　网　　址：http://www.tup.com.cn，http://www.wqbook.com
　　地　　址：北京清华大学学研大厦A座　　**邮　　编**：100084
　　社 总 机：010-83470000　　**邮　　购**：010-62786544
　　投稿与读者服务：010-62776969，c-service@tup.tsinghua.edu.cn
　　质量反馈：010-62772015，zhiliang@tup.tsinghua.edu.cn
　　课件下载：http://www.tup.com.cn，010-83470236
印 装 者：三河市龙大印装有限公司
经　　销：全国新华书店
开　　本：185mm×260mm　　**印　张**：26　　**字　　数**：597千字
版　　次：2004年8月第1版　2016年9月第3版　　**印　　次**：2022年7月第8次印刷
定　　价：59.00元

产品编号：040107-02

序 言

计算机网络是一门高新技术，学习计算机网络知识，除了要具有良好的教学和实验环境、优秀的教师之外，还需要一本好的教材，对于初学者尤其如此；因此，选好教材是学生和老师最关注的问题。

本书作者长期从事计算机软件、管理信息系统和计算机网络的开发与研究、维护与管理工作，并长期在教学第一线从事教学工作，具有深厚的理论知识和丰富的实践经验及教学经验，本书就是作者多年教学经验和网络应用开发经验的结晶，也是理论与实际相结合的产物。

全书从计算机网络的基础理论、基本概念和知识入手，在详尽叙述各种网络连接设备和通信介质的连接和配置技术的基础上，着重介绍局域网组网技术和广域网组网技术、信息服务技术、Internet 的实用技术、网络通信技术和网络的管理技术；本书内容丰富、结构紧密、循序渐进，能够帮助读者在短时间内掌握计算机网络技术。

内容深入浅出、通俗易懂、结构合理、图文并茂，是本书最突出的特点。

本书的另一大特点是理论与实践相结合：书中列出了大量的应用实例和组网技术，例如交换机和路由器的配置技术，网卡和 Modem 的安装与配置技术，个人防火墙的安装与配置技术等。通过本书学习，读者可以动手进行网络连接设备的安装、连接与配置，能够动手组建局域网络。读者在学习和实践过程中，必将受益匪浅。

本书适应性广、可读性和实用性强，是一种优秀的计算机网络课程教材，可作为培训班教材和自学参考书。

相信本书的出版能给读者带来很多的收益和帮助。

贵州大学名誉校长　李祥
博士研究生导师
2004 年 7 月

第 3 版前言

本书第 2 版自 2007 年年底出版至今已整整 8 年，在这 8 年时间里，计算机技术、网络技术、通信技术都已得到了突破性的发展，尤其是近几年无线网络技术、云计算技术、大数据技术、物联网技术以及智慧校园的发展如火如荼，深深地影响着信息技术和信息产业。因此，本书的再版升级也迫在眉睫。

本教材从第 1 版到第 3 版的编写原则是：理论以够用为度，突出实用性，强调实用案例，并注重理论性与实践性相结合，先进性与实用性相结合，专业性与通用性相结合。

第 3 版在第 2 版的基础上进行改版，改版更新的内容主要有两个方面：一方面是增加最新颖和最热门的技术，如云计算技术、物联网技术和智慧校园技术，同时，对无线网络技术和 IPv6 技术也进行了扩展；另一方面是在教材实用性方面进行了大幅度的增强，在 Internet 实用技术一章中增加了 BBS、QQ、手机微信新闻组、博客及电子政务的应用技术，特别是增加了数字校园架构设计、智慧校园架构设计和 IPv6 架构设计的实用案例，便于学生和其他读者对计算机网络的应用有一个全新的认识和体验。

第 3 版由贵州理工学院信息网络中心副主任杨云江教授主编，具体编写分工是：第 1 章和第 2 章由贵州理工学院唐丽华编写，第 3 章和第 4 章由贵州理工学院肖利平编写，第 5 章和第 9 章由贵州理工学院魏节敏编写，第 6 章和第 8 章由贵州大学高鸿峰编写，第 7 章由贵州大学罗淑英编写，第 10 章、第 11 章和第 13 章由杨云江编写，第 12 章由贵州师范大学杜红林编写。杨云江教授负责全书的架构设计、目录设计、书稿内容的初审及整理工作。

作者

2016 年 5 月

目　录

第1章

计算机网络概述

1.1 计算机网络的基本概念

1.1.1 什么是计算机网络

简单地说，计算机网络是由两台或多台计算机通过通信电缆连接在一起的系统，计算机与计算机之间可以相互交换信息。

当然，除了网络，计算机之间还有其他方式交换信息。一种最原始的“手工网络”方式就是将文件复制到软盘上，然后把这张软盘拿到另一台计算机上使用。这就是“手工网络”的信息交换方式。

“手工网络”的问题在于其速度太慢，传输的数据量小，且只能是一对一地传输。对于一对多和多对多、远距离、大量的信息交换，“手工网络”是无法完成的。网络就是为解决这样的问题而产生的。

另外，一台计算机上的资源是有限的，人们常常希望能够使用其他计算机上的资源（比如高性能打印机、大容量硬盘等），这也是网络所要解决的问题。

到底什么是计算机网络呢？就是用通信设备和通信介质，将分布在不同地域、操作相对独立的多台计算机连接起来，再配置相应的网络操作系统和应用软件，在原本独立的计算机之间实现软硬件资源共享和信息传递，那么这个系统就成为计算机网络了。

综合上述分析，给计算机网络下一个定义：计算机网络是以资源共享和信息交换为目的，通过通信手段将两台以上的计算机互联在一起而形成的一个计算机系统，如图1-1所示。

1.1.2 计算机网络的基本模型

计算机网络由一台主机HOST（又称为网络服务器或文件服务器FS）和若干台终端计算机T（又称为工作站WS）组成。在每一台计算机中（含服务器）都需插入一块网卡，并用网络通信线缆（如同轴电缆、双绞线等）连接到每一台计算机的网卡上，这样，在物理

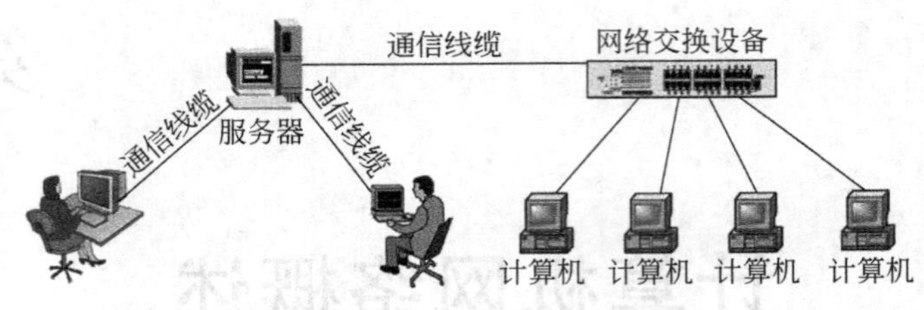

图 1-1　计算机网络连接拓扑图

上就已将这些计算机连接在一起，这样连接起来的计算机系统称为计算机网络的物理连接。

将计算机物理上连接在一起后，计算机与计算机之间还不能交换信息，因为网络还不能工作。要想网络能正常运行，还必须在每台联网的计算机上运行相应的网卡驱动程序而使得网卡能正常工作，并在服务器上安装和运行网络操作系统，在终端计算机上运行工作站驱动程序。网络的基本结构模型如图 1-2 所示。

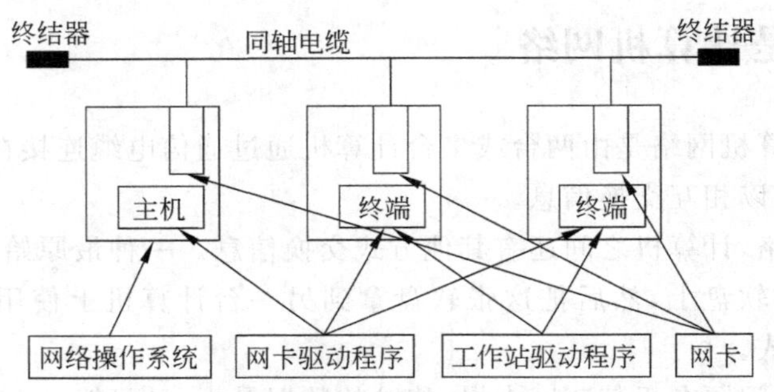

图 1-2　计算机网络的基本结构模型

1. 网卡

网卡是网络接口卡 NIC(Network Interface Card)的简称，又称网络适配器。在局域网中用于将用户计算机与网络相连的接口设备，大多数局域网采用以太(Ethernet)网卡，但也可以采用 NE2000 网卡、PCMCIA 卡、D-Link 网卡等。

网卡实物如图 1-3 所示。

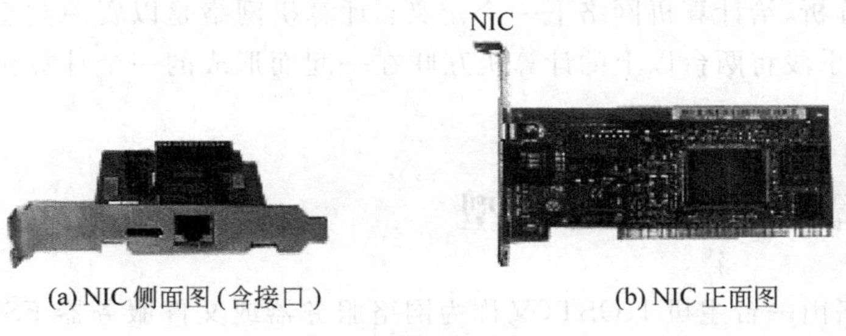

(a) NIC 侧面图(含接口)　(b) NIC 正面图

图 1-3　网络适配器 NIC

网卡的基本功能如下。

(1) 读入由其他网络设备(路由器、交换机、集线器或其他 NIC)传输过来的数据包(一般是帧的形式),经过拆包,将其变成客户机或服务器可以识别的数据,通过主板上的总线将数据传输到所需的 PC 设备中(CPU、内存或硬盘)。

(2) 将 PC 设备发送的数据打包后输送至其他网络设备中。

2. 网卡驱动程序

将网卡安装在计算机的主板上后,必须安装相应的网卡驱动程序,网卡才能工作。一般的即插即用网卡,Windows 系统都能自动识别,只要将网卡插入计算机主板重新开机,Windows 系统就能自动安装相应的网卡驱动程序,对于 Windows 不能识别的网卡,则用网卡供应商提供的网卡驱动程序盘进行安装。网卡驱动程序的安装详见 3.9.1 节。

3. 网络操作系统

网络操作系统(Network Operating System,NOS)是网络的心脏和灵魂,是向连接在网络上的计算机提供服务的特殊操作系统,它在计算机操作系统的支持下工作,使计算机操作系统增加了网络操作所需要的能力。网络操作系统运行在称为服务器的计算机上,换句话说,网络主机必须安装网络操作系统,网络才能正常运行。

网络操作系统的基本功能如下。

(1) 资源共享管理;

(2) 信息传输与信息交流管理;

(3) 网络管理与安全管理。

网络操作系统将在 1.5.4 节详细介绍。

4. 网络操作系统决定网络的类型

众所周知,常用的计算机网络有 Novell 网、NT 网以及 UNIX 网等。对于一个局域网络,如何识别它是哪一种类型的网络呢?

网络系统的类型完全取决于网络操作系统。即在同一种网络硬件拓扑环境下,主机上安装不同的网络操作系统,就得到不同类型的计算机网络。

例如,若在主机上安装 Windows NT 网络操作系统,则这一网络称为 NT 网;若在主机上安装 UNIX 网络操作系统,则这一网络称为 UNIX 网。

常用的 NOS 有 Novell NetWare、Windows NT、UNIX、3COM、D-Link 和 Linux 等。

1.1.3 计算机网络的设计目标

计算机网络的设计目标如下。

(1) 实现资源共享和信息交流。

共享资源包括:

① 硬件资源:硬盘、光盘、U 盘、打印机等。

② 软件资源：系统软件、应用软件、工具软件等。

③ 数据资源：数据、文档、图片、声音等。

信息交流主要有：

① 信息发布；

② 文件交流；

③ 电子邮件。

(2) 提高系统的可靠性。

(3) 提高工作效率。

(4) 节省投资。

(5) 数据信息集中。

(6) 系统负载的均衡与协作。

1.1.4 计算机网络的基本功能和用途

1. 计算机网络的基本功能

计算机网络的功能很多，其中最重要的三个功能是：数据通信、资源共享和分布处理。

1) 数据通信

数据通信是计算机网络最基本的功能。它用来快速传送计算机与终端、计算机与计算机之间的各种信息，包括文字信息、新闻消息、咨询信息、图片资料、报纸版面等。利用这一特点，可实现将分散在各个地区的单位或部门的计算机用网络联系起来，进行统一的调配、控制和管理。

2) 资源共享

"资源"指的是网络中所有的软件资源、硬件资源、数据资源和通信信道资源。"共享"指的是网络中的用户都能够部分或全部地享受这些资源，"共享"可以理解为共同享受、共同拥有的意思。例如，某些部门或单位的数据库(如会计报表、职工名册等)可供局域网上的用户使用；某些网站上的应用软件可供全世界的网络用户免费调用；一些外部设备，如打印机、光盘可面向所有网上用户，使不具有这些设备的计算机也能使用这些硬件设备。如果不能实现资源共享，所有用户都需要有一套完整的软件、硬件及数据资源，将大大增加系统的投资费用。资源共享方式详见 1.6 节。

3) 分布处理

当某台计算机负担过重，或该计算机正在处理某个进程又接收到用户的进程申请，网络可将新的进程任务转交给网上空闲的计算机来完成，这样处理能均衡各计算机的负载，提高处理问题的实时性；对于大型综合性问题，可将问题各部分交给不同的计算机并行处理，充分利用网络资源，扩大计算机的综合处理能力，增强实用性。对解决复杂问题来讲，多台计算机联合使用并构成高性能的计算机体系，这种协同工作、并行处理要比单独购置一台高性能的大型计算机便宜得多。

2. 计算机网络的基本用途

(1) 信息共享与办公自动化；
(2) 电子邮件；
(3) 电子公告与广告；
(4) IP 电话；
(5) 在线新闻；
(6) 在线游戏；
(7) 网上交友与实时聊天；
(8) 电子商务及商业应用；
(9) 虚拟时空；
(10) 文件传输；
(11) 网上教学与远程教育；
(12) 万维网冲浪 WWW；
(13) 超并行计算机系统以及网格计算机系统。

1.1.5 计算机网络的特点

(1) 数据通信能力强。凡网上的用户都能相互通过计算机网络传送信息，而无论两个用户之间的物理距离的远近。
(2) 联网的计算机是相对独立的，它们各自相互联系又相互独立。
(3) 建网周期短、见效快。
(4) 成本低、效益高。
(5) 对于一般用户来说，需掌握的技术不高。
(6) 易于分布处理。
(7) 系统灵活性、适应性强。

1.1.6 计算机网络的分类

计算机网络的类型可从不同的角度进行划分。

1. 按网络操作系统分类

有 Novell 网、NT 网、UNIX 网以及 Interne 等。

2. 按网络覆盖范围分类

网络中计算机设备之间的距离可近可远，即网络覆盖地域面积可大可小。按照计算机之间的距离和网络覆盖面的不同，一般分为局域网(Local Area Network，LAN)、城域网(Metropolitan Area Network，MAN)、广域网(Wide Area Network，WAN)和因特网

(Internet)。

如果将计算机网络与电话网进行比较：LAN相当于某一厂矿、某一学校的内部电话网，MAN犹如市话的电话网，WAN好像国内直拨电话网，Internet则类似于国际长途电话网。

局域网是用通信电缆把计算机直接联在一起的网络。把多个局域网联在一起便组成了广域网。大多数的广域网是通过光纤连接的，少数也采用其他类型的技术，如卫星通信。国际互联网络Internet是对广域网络扩充而得到的，Internet中大多数广域网也是通过光纤连接的。

局域网之间是怎样连接的呢？它是通过一种叫作路由器(Router)的专用设备来实现连接的。路由器的作用是提供从一个网络到另一个网络的通路。用路由器来连接局域网构成广域网或国际互联网络。换句话说，Internet是通过大量的路由器将若干局域网和广域网连接起来而形成的网络系统。

(1) 局域网：10km以内。

(2) 城域网：100km以内，又称城市网络。

(3) 广域网：上千千米。

(4) 国际互联网：网络覆盖范围为全世界。

3. 按计算机所处的地位不同分类

可分为基于服务器的网络和对等网络两类。

(1) 基于服务器的网络：如果网络连接的计算机较多，就需要考虑专门设立一台高性能的计算机来存储和管理需要共享的资源，这台计算机被称为文件服务器(或称为网络主机)，其他的计算机称为工作站(或称为终端)。一般来说，工作站的资源可以不提供共享。如果想与某人共享一份文件，就必须先把文件从工作站传送到服务器上，或者一开始就把文件安装在服务器上，这样其他工作站上的用户才能访问到这份文件。这样的网络就是基于服务器网络的典型范例，又称为工作站/文件服务器系统。

(2) 对等网络：在计算机网络中，倘若每台计算机的地位平等，都可以平等地使用其他计算机内部的资源，每台机器磁盘上的空间和文件都成为公共财产，这种网就称为对等网络(Peer to Peer LAN)，简称对等网。在对等网中，计算机资源共享会导致计算机的速度比平时慢，但对等网非常适合于小型的、任务轻的局域网，例如在普通办公室、家庭、游戏厅、学生宿舍内建立的局域网络。

4. 按通信介质划分

(1) 有线网络：通过双绞线、同轴电缆、光纤等线缆连接的网络。

(2) 无线网络：通过无线电波、微波、红外线等连接的网络。

5. 按通信速率划分

(1) 低速网：300b/s～1.4Mb/s。

(2) 中速网：1.5Mb/s～50Mb/s。

(3) 高速网：50Mb/s～750Mb/s。

(4) 千兆以太网：750Mb/s～1000Mb/s。

(5) 万兆以太网：10 000Mb/s。

6. 按对数据的组织方式划分

(1) 分布式数据组织网络系统：数据分布存储在用户计算机上。

(2) 集中式数据组织网络系统：数据集中存储在服务器上。

7. 按数据交换方式划分

(1) 直接交换网：直接交换网又称电路交换网。直接交换网进行数据通信交换时，首先申请通信的物理通路，物理通路建立后通信双方开始通信并传输数据。在传输数据的整个时间段内，通信双方始终独占所占用的信道。

(2) 存储转发交换网：存储转发网进行数据通信交换时，先将数据在交换装置控制下存入缓冲器中暂存，并对存储的数据进行一些必要的处理。当有输出线空闲时，再将数据发送出去。

(3) 混合交换网：这种网在一个数据网中同时采用存储转发交换和电路交换两种方式进行数据交换。

(4) 高速交换网：高速交换网采用的主要交换技术有异步传输模式 ATM、帧中继 FR(Frame Relay)及语音传播等技术。

8. 按通信性能划分

(1) 资源共享计算机网：中心计算机的资源可以被其他系统共享。

(2) 分布式计算机网：这种系统的各计算机进程可以相互协调工作和进行信息交换，共同完成一个大型的、复杂的任务。

(3) 远程通信网：这类网络主要起数据传输的作用，它的主要目的是使用户能使用远程主机。

9. 按使用范围划分

(1) 公用网：又称公众网。对所有人来说，只要符合网络拥有者的要求就能使用这个网，也就是说，它是为全社会所有人提供服务的网络。

(2) 专用网：专用网为一个或几个组织或部门所拥有，它只为拥有者提供服务，这种网络不向拥有者以外的人提供服务。

10. 按网络配置划分

在计算机网络系统中，互联的计算机等设备的作用和地位是不同的，它们分别被划分成服务器和工作站两类。简单地说，服务器是指在系统中提供服务的计算机及其设备，工作站是指接受服务器提供服务的计算机及其设备。

(1) 同类网：如果在网络系统中，每台机器既是服务器，又是工作站，那这个网络系统就是同类网。在同类网中，每台机器都可以共享其他任何机器的资源。它要求每个用户必须掌握足够的计算机知识和对网络工作方式的深入了解，用户还要花费很多时间和精力来搞清楚不同工作站用户之间的关系。所以这类网络系统的规模应局限在小范围内。

(2) 单服务器网：如果在网络系统中，只有一台机器作为整个网络的服务器，其他机器全部是工作站，那么这个网络系统就是单服务器网。在单服务器网中，每个工作站都可以通过服务器共享全网的资源，每个工作站在网络系统中的地位是平等的，而服务器在网中也可以作为一台工作站使用。单服务器网是一种最简单、最常用的网络。

(3) 混合网：如果网络系统中的服务器不止一个，同时又不是每个工作站都可以当作服务器来使用，那么这个网就是混合网。混合网与单服务器网的差别在于网中不只有一个服务器；混合网与同类网的差别在于每个工作站不能既是服务器又是工作站。

在单服务器网络中，当服务器发生故障后会使整个网络都处于瘫痪状态。所以，对于一些大型的、信息处理工作繁忙的、重要的网络系统，应采用混合网设计，并配备备用服务器的方案。

1.1.7 图标约定

在本书中，用到了不少的图标和图形符号，在此做统一的约定，如表 1-1 所示。

表 1-1 图标约定

设备名称	图形符号及实物图	
光纤	═══	
双绞线或同轴电缆	───	
中继器(Repeater)	repeater	
调制解调器(Modem)	M	
网桥(Bridge)	B	
网关(Gateway)	G	
集线器(Hub)	HUB	HUB
二层交换机(Switch)	S	S SWICTH
核心交换机		

续表

设备名称	图形符号及实物图	
汇聚层交换机		
路由器(Router)	R	
服务器(Server)	FS　HOST	
终端(Terminal)	WS　T	
防火墙(Firewall)		
BRAS	BRAS	

1.2　计算机网络的发展

1.2.1　计算机网络的发展史

众所周知，网络并不新鲜。在20世纪50年代计算机网络就诞生了。在当时，计算机网络是被分时系统所统治的。分时系统允许通过只含显示器和键盘的哑终端来使用主机。哑终端通常是电传打字机，电传打字机只由打字按键和小型打印机组成，没有CPU和存储器，不能进行计算处理。电传打字机如图1-4所示。分时系统是如何工作的呢？它将主机时间分成片，给每一个用户分配一个或几个时间片。时间片很短，一般以ms为单位，这也会使用户产生错觉，以为主机完全为他一个人服务。

图1-4　电传打字机

在进入20世纪70年代以后，大的分时系统被更小的微型计算机系统所取代。微型计算机系统在小规模上采用了分时系统。

远程终端计算机系统是在分时计算机系统的基础上，通过Modem(调制解调器)和

PSTN(公用电话网)向地理上分布的许多远程终端用户提供共享资源服务的。这虽然还不能算是真正的计算机网络系统,但它是计算机与通信系统结合的最初尝试。

在远程终端计算机系统基础上,人们开始研究把计算机与计算机通过 PSTN 等已有的通信系统互联起来。为了使计算机之间的通信连接可靠,建立了分层通信体系和相应的网络通信协议,于是诞生了以资源共享为主要目的的计算机网络。由于网络中计算机之间具有数据交换的能力,提供了在更大范围内计算机之间协同工作、实现分布处理甚至并行处理的能力,联网用户之间直接通过计算机网络进行信息交换的通信能力也大大增强了。

1969 年 12 月,Internet 的前身,美国的 ARPAnet 正式投入运行,它标志着计算机网络的兴起。这个计算机互联的网络系统是一种分组交换网。分组交换技术使计算机网络的概念、结构和网络设计方面都发生了根本性的变化,它为后来的计算机网络打下了坚实的基础。

20 世纪 80 年代初,随着 PC 应用的推广,PC 联网的需求也随之增加,各种基于 PC 互联的微型计算机局域网纷纷出台。这个时期微型计算机局域网系统的典型结构是在共享介质通信网平台上的共享文件服务器结构,即为所有联网 PC 设置一台专用的可共享的网络文件服务器。PC 是一台小计算机,每个 PC 用户的主要任务仍在自己的 PC 上运行,仅在需要访问共享磁盘文件时才通过网络访问文件服务器,体现了计算机网络中各计算机之间的协同工作。由于使用了较 PSTN 速率高得多的同轴电缆、光纤等高速传输介质,使 PC 网上访问共享资源的速度和效率大大提高。这种基于文件服务器的微型计算机网络对网内计算机进行了分工: PC 面向用户,服务器专用于提供共享文件资源。所以它实际上就是一种工作站/文件服务器模式。

计算机网络系统是非常复杂的系统,计算机之间相互通信涉及许多复杂的技术问题,为实现计算机网络通信,计算机网络采用的是分层解决网络技术问题的方法。但是,由于存在不同的分层网络系统体系结构,它们的产品之间很难实现互联。为此,国际标准化组织 ISO 在 1984 年正式颁布了"开放系统互联基本参考模型"OSI 国际标准,使计算机网络体系结构实现了标准化。

到了 20 世纪 90 年代,计算机技术、通信技术以及建立在计算机和网络技术基础上的计算机网络得到了迅猛的发展。特别是 1993 年美国宣布建立国家信息基础设施 NII 后,全世界许多国家纷纷制定和建立本国的 NII,从而极大地推动了计算机网络技术的发展,使计算机网络进入了一个崭新的阶段。目前,全球最大的计算机互联网络 Internet 已经成为人类最重要的、最大的知识宝库。美国政府于 1996 年开始研究发展更加快速可靠的互联网 2(Internet 2)和下一代互联网(Next Generation Internet)。可以说,网络互联和高速计算机网络正成为最新一代的计算机网络的发展方向。

计算机网络从 20 世纪 50 年代问世开始,至今已经过六十多年的发展,其发展经历可划分为 4 个阶段,即面向终端的联机系统阶段、具有通信功能的计算机网络阶段、具有统一网络体系结构并遵从国际标准化协议的标准化网络阶段和网络互联阶段。

1.2.2 面向终端的联机系统阶段

面向终端的联机系统阶段是计算机网络形成的最初阶段,又称网络发展的第一阶段。

计算机通信始于 20 世纪 50 年代,当时终端设备(电传打字机)可通过通信线路(一般是电话线)与远程计算机相连。一台计算机可连接多台本地终端和多台远程终端。这样连接起来的系统就是计算机网络的最初阶段,即面向终端的联机系统阶段。

在面向终端的联机系统阶段中,用户是通过各自的终端与计算机打交道的,即是通过终端设备使用本地或远程的计算机资源。值得特别强调的是,用户终端仅仅是一台输入输出设备,是不具备任何计算能力和处理能力的,所以,这一时期的终端称为非智能终端。整个系统完全受制于主计算机,若主计算机发生故障或主计算机不开机,则整个系统瘫痪。

联机系统是通过公用电话系统将终端设备与远程计算机相连的,计算机与公共电话系统以及公共电话系统与用户终端设备之间的连接是通过调制解调器 Modem 实现的,如图 1-5 所示。

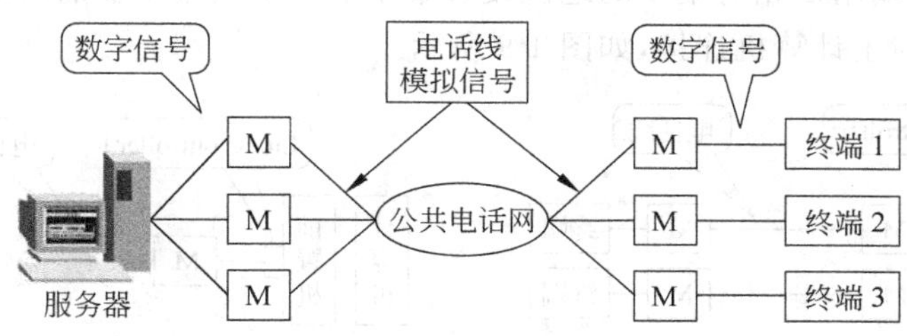

图 1-5　面向终端系统的联机系统拓扑图

调制解调器也叫 Modem,俗称“猫”。它是一个通过电话拨号接入网络的必备硬件设备。通常计算机内部使用的是“数字信号”,而通过电话线路传输的信号是“模拟信号”。调制解调器的作用就是当计算机发送信息时,将计算机送来的数字信号转换成可以在电话线传输的模拟信号(这一转换过程称为调制过程),再通过电话线发送出去;接收端接收信息时,把电话线上传送来的模拟信号转换成数字信号后再传送给计算机,供其接收和处理(这一转换过程称为解调过程)。

计算机与远程终端相连时,除了要使用调制解调器(Modem)之外,还需要一个线路控制器(Line Controller)。其作用是进行并行信号与串行信号之间的转换,以及简单的差错控制。这是因为计算机内部的信号是并行传输的,而电话线上的信号是串行传输的缘故,如图 1-6 所示。

最初,一个线路控制器只能与一条通信线路相连,如图 1-6 所示。20 世纪 60 年代初,研制出了多重线路控制器(Multiline Controller)。一个多重线路控制器能够与多条线路相连,如图 1-7 所示。

随着用户终端数量的增加,主计算机的负担越来越重,既要负担诸多用户终端的数据处理工作,又要承担各终端用户的信息收发任务,其效率将会大大下降。为了减轻主机的

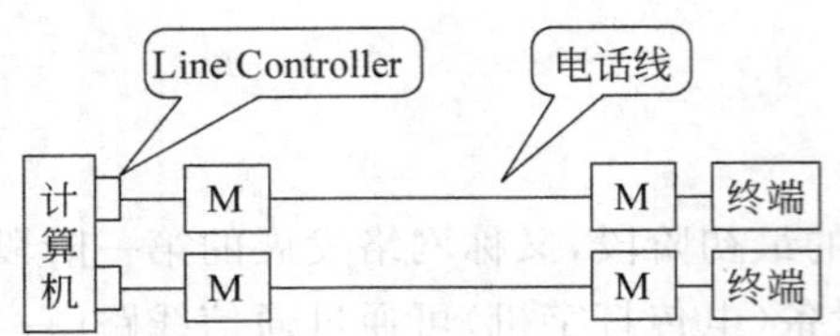

图 1-6　用线路控制器连接的联机系统拓扑图

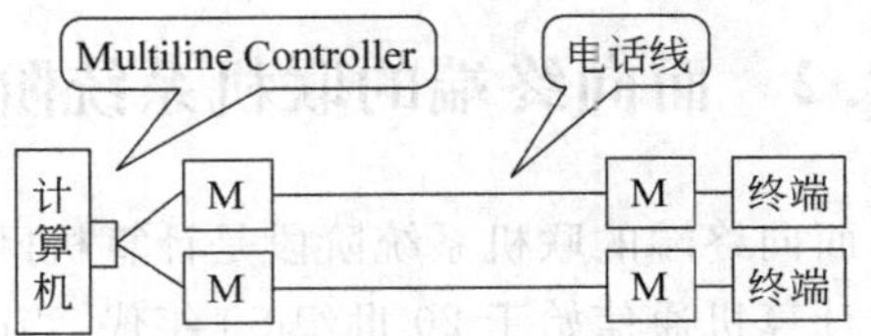

图 1-7　用多重线路控制器连接的联机系统拓扑图

压力，使系统的效率得到改善，引入了通信处理机的概念（通信处理机又称为前置处理机或前端处理机）。引进了通信处理机后，主机只负担数据处理工作，而通信工作则交给通信处理机完成。通信处理机通常由一台低档次的计算机担任，如图 1-8 所示。

现代网络系统中的通信处理机所承担的工作有两种，一是通信处理工作；二是对各终端用户送来的数据进行预处理工作。

在上述连接方式中，每一个终端用户都是以一条独立的电话线与主计算机相连的，这样势必造成系统连接费用过高，尤其是对于远程用户更是如此。为了进一步节省费用，提高通信效率，在终端用户相对集中的地区设置集中器。引入集中器后，多个用户终端只要一条电话线便可与主计算机连接，如图 1-9 所示。

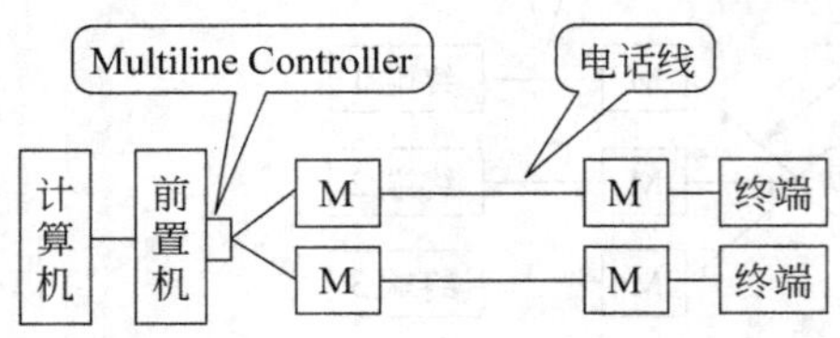

图 1-8　接入通信处理机的联机系统拓扑图

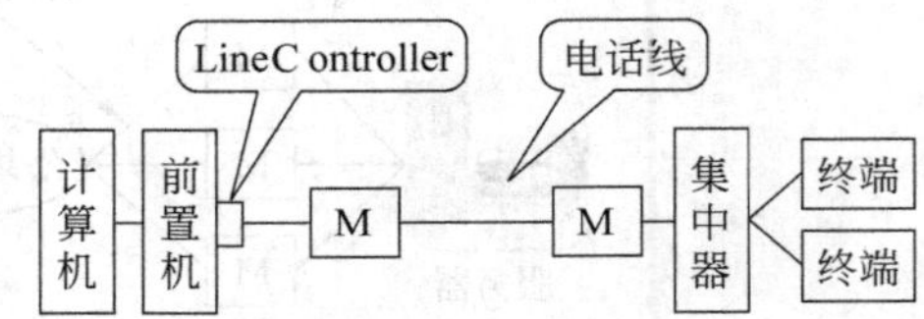

图 1-9　接入通信处理机并引入集中器的联机系统拓扑图

集中器的基本工作原理是：它能把各终端发送来的数据收集起来经整理后再通过高速线路传给前端处理机；当主机向用户发送数据时，先通过前端处理机将信息传送到远程集中器，再由集中器将信息分发传送到相应的终端用户。使用集中器技术，由于是多个用户共同使用一条电话线收发信息，从而节省了通信成本。

用一条通信线路实现多个用户同时收发数据，是采用多路复用技术实现的。

多路复用技术就是在同一条通信线路上，同时传输多个不同来源的用户信息。多路复用在技术上分为复合、传输、分离三个过程，如图 1-10 所示。

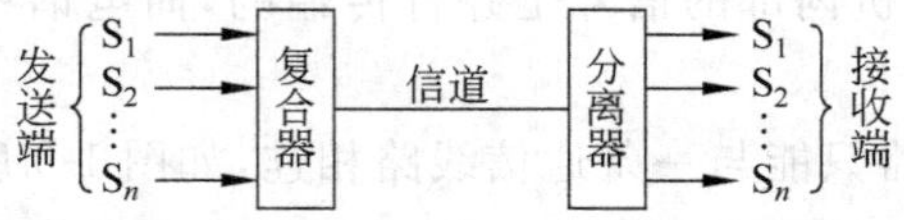

图 1-10　多路复用技术的工作原理图

多路复用技术通常有频分复用技术、时分复用技术以及波分复用技术。

1.2.3 智能终端网络阶段

在计算机网络发展的第一阶段，所有用户终端都只能进行数据的输入与输出，而不具备数据处理能力。因此，这一阶段的终端又称为非智能终端。

计算机网络发展的第二阶段是智能终端时代，即用完整计算机取代第一阶段的非智能终端设备。因此，这一阶段又称计算机互联阶段。

这一阶段的终端不但可以进行数据的输入与输出，还具备独立的数据处理能力。因此，这一阶段的终端又称为智能终端。

1969 年 12 月，美国的分组交换网 ARPAnet 正式投入运行，标志着计算机网络进入了第二阶段，即计算机互联网络阶段。

在这一阶段中，信息的传输采用的是分组交换技术(Packet Switching)。分组交换又称为包交换，它是在 1964 年 8 月由美国科学家 Baran(巴兰)提出的。这一理论是现代计算机网络的基础。

1.2.4 标准化网络阶段

计算机网络发展的第三个阶段是"标准化网络阶段"。在这一阶段中，引进了计算机网络体系结构的概念。所谓的网络体系结构，指的是将网络通信系统划分成若干层，每层采用不同的通信协议。在这一阶段，网络信息传输采用的是分层实现技术，将复杂的网络传输问题分解成有限的几个层次来实现，每个层次解决几个相对独立的问题，从而使得信息的传输比较清晰、软件的设计与实现相对较为容易。

典型的网络体系结构是国际标准化组织(Internation Standard Organization，ISO)在 1984 年颁布的开放系统互联基本参考模型(Open System Interconnection basic reference model，OSI)，简称为 ISO/OSI 模型。

1.2.5 网络互联阶段

到 20 世纪 90 年代，计算机网络的发展进入了第 4 阶段，即网络互联阶段。

第 4 阶段的主要特点是将许多同类型或不同类型的网络互联起来，形成大规模的互联网络。典型的例子是以美国为核心的高速计算机互联网络 Internet。Internet 的问世，使得全球真正进入了信息时代，因为 Internet 跨越了时间和空间的界限，使得地区与地区之间以及国家与国家之间的距离不复存在。

1.2.6 计算机网络的发展趋势

20 世纪以计算机为代表的信息产业，标志着人类社会进入了信息时代。计算机网络的研究和发展，对全世界科学、经济和社会产生了重大影响。

信息相关领域正在迅速地融合，信息的获取、传送、存储和处理之间的孤岛现象随着计算机网络和多媒体技术的发展逐渐地消失了，曾经独立发展的电信网、电视网和计算机网络将合而为一，新的信息产业正以强劲的势头迅速崛起。

1. 网络发展的方向

计算机网络发展的基本方向是开放、集成、高性能和智能化。

开放是指开放的体系结构、开放的接口标准，使各种异构系统便于互联和具有高度的可操作性，归根结底是标准化问题。

集成表现在各种服务和多媒体应用的高度集成，在同一个网络上，允许各种消息传递；既能提供单点传输，也能提供多点投递；既能提供无特殊服务质量要求的信息传递，也能提供有一定时延和差错要求的确保服务质量的实时交互。

高性能表现在网络应当提供高速的传输、高效的协议处理和高品质的网络服务。高性能计算机网络作为一个通信网络，应当能够支持大量的和各种类型的用户应用，具有可伸缩功能(Scalable)，即能接纳增长的用户数目而不降低网络的性能；能高速低延迟地传送用户信息；能按照应用要求来分配资源；具有灵活的网络组织和管理，这样就能按出现的需求支持新的应用。

智能化表现在网络的传输和处理上能向用户提供更为方便、友好的应用接口；在路由选择、拥塞控制和网络管理等方面显示出更强的主动性，尤其是主动网络(Active Network)的研究，使得网络内执行的计算能动态地变化，该变化可以是"用户指定"或"应用指定"。网络层互操作是基于所获得的程序编码和计算环境而不是典型的IP服务所提供的标准分组格式和固定编码，这不仅是为了增加网络计算的灵活性，而是试图允许应用控制网络服务，促进建立一个"移动网关"(比如用于无线网)。

2. 协议体系结构

计算机网络的研究和发展是一个迭代过程，即网络研究→应用验证→网络研究→应用验证……，需要不断地在研究和应用之间反馈，呈现一种螺旋式上升的趋势。因此，网络研究推动应用发展，新的应用需求又驱动新的网络研究。

一方面，相对于数据通信速率和质量的迅速提高(传输速率从56kb/s增长到1Gb/s以上，而差错率从10^{-5}下降到10^{-12}以下)。目前的光纤技术可以提供超过50Tb/s(1TB=1024GB)的带宽，目前限制在Gb/s量化单位是由于当前转换光-电信号的能力不够强，不久将会有Tb/s的传输技术面市，计算机内外全光导系统也正在研究中。像采用波分复用(WDM)技术的超大容量光传输系统，目前的商用系统容量是20Gb/s，未来一两年内将达到100Gb/s以上。因此，网络的瓶颈从"低速传输"转移到了"高速传输"。

另一方面，基于网络新的分布式应用，如计算机视频会议、多媒体数据库查询和再现、共享式编辑和多用户游戏等，相对于传统的文件传输式服务，要求网络提供更高的服务质量。因此，高性能协议体系结构在应用层框架(Application Layer Framing，ALF)和集成化层间处理(Integrated Layer Processing，ILP)方面开展了大量研究。这些都要求对OSI定义的协议体系结构进行优化和重组，如快捷运输协议(Xpress Transport Protocol，

XTP)就是试图集成网络的第3、4层功能。

3. 路由技术和交换技术共存

如何将路由技术和交换技术结合起来，提高网络传输效率是目前网络发展的热点问题。传统路由器通常依靠软件和通用CPU来实现网络第三层控制功能，延迟大，转发速度慢。而以ATM为代表的交换技术是用硬件实现交换，每个事件沿着同一路径，通常实现第二层数据单元的交换功能，面向连接，速度快。Internet的迅速增长，促使了更多路由算法的发展，在Internet的核心路由器上路由表变得越来越庞大，路由器也越来越快和越来越复杂，带来的问题越来越难以管理，这种趋势还在继续。ATM产品毕竟在IP技术发展了20年后才出现，分组交换已占据了半壁江山。20世纪90年代初，研究较多的是IP over ATM，到了20世纪90年代中期，ATM论坛开始致力于ATM上多协议的研究，商家开始生产路由服务器。今天强调的是将路由器和交换机融为一体，目前有三种可能解决方案：IP交换、TAG交换和MPLS(Multi-Protocol Label Switching，多协议标记交换)。

4. 中间件技术

分布对象计算技术是解决异构系统应用程序互操作的关键。国际OMG(Object Management Group，对象管理组织)组织提出的CORBA(Common Object Request Broker Architecture，公共对象请求代理体系结构)规范是为可重用和可移植的应用对象间通信与互操作提供公共基础性架构和应用开发框架的一个工业标准。

该标准的特点是实现软件总线结构，建立动态的客户程序和服务器程序之间的调用关系，是中间件的雏形。任何系统作为一个对象，只要遵守一定的规则将其对应接口参数进行定义和说明，就可以接到对象请求代理上，提供服务和请求，达到即插即用的效果。

中间件的定义，所谓中间件就是位于平台(包括硬件和操作系统)与应用系统之间，具有标准协议与接口的通用软件。开发人员无须针对不同的设备和系统平台设计不同的管理软件，只需要采用标准化的中间件基础结构，就可以使开发的应用系统具有良好的可扩展性、易管理性、高可用性和可移植性，实现异构环境中工具、应用和服务的分布式管理，是通向Internet计算环境的最佳途径。

5. 网络安全技术

网络互联的规模越大，安全问题就越突出。进入21世纪以来，Internet的安全问题集中在以下4个方面。

(1) 端对端的安全问题，主要指用户(包括代理)之间的加密、鉴别和数据完整性的维护；

(2) 端系统的安全问题，主要涉及防火墙技术；

(3) 安全服务质量问题，主要指如何保证合法用户的带宽，防止用户非法占用带宽以及恶意占用带宽；

(4) 安全的网络基础设施，主要涉及路由器、域名服务器，以及网络控制信息和管理信息的安全问题。

防止非法侵入网络(如病毒和黑客)和非法访问资源(如盗用口令、账号和带宽等)是当前网络安全的主要问题。目前,IETF(因特网工程特别小组)在网络安全领域设立了12个工作小组,组织研究当前Internet中的安全热点问题,并制定相应的标准,包括防火墙鉴别技术、通用鉴别技术、域名服务器安全、IP安全协议、一次性口令鉴别、公开密钥基础结构、运输层安全、Web的事务安全、邮件安全等。

除了用防火墙隔离来自外部网络的非法访问外,还可以用虚拟网络技术在公共基础网络上建立用户专用网。虚拟网络的概念可以用于不同的网络层次,在较低层实现的虚网能直接支持上面所有层次的虚网结构,而较高层次的虚网允许在较低层次实现。

网络安全技术将在第12章介绍。

6. IPv6技术

传统的IP,即IPv4(IP version 4)定义IP地址的长度为32位,Internet上每个主机都分配了一个或多个32位的IP地址。在20世纪,32位的IP地址是足够使用的。在当时,即使是最有远见的TCP/IP开发者们也没有预料到互联网会有后来的爆炸性的增长。Internet的设计者们没有想到今天Internet会发展到如此大的规模,更没有预测到今天Internet因为发展规模所陷入的困境。

现在IPv4面临的重大问题是IP地址即将耗尽,为了彻底解决IPv4存在的问题,从1995年开始,因特网工程特别小组(IETF)就开始着手研究开发下一代IP协议,即IPv6(IP version 6)。IPv6具有长达128位的地址空间,可以彻底解决IPv4地址不足的问题。除此之外,IPv6还采用分级地址模式、高效IP包头、服务质量、主机地址自动配置、认证和加密等许多新技术。

IPv6技术详见第8章。

7. 云计算与大数据技术

1) 云计算技术

云计算(Cloud Computing)是基于互联网相关服务的增加、使用和交付模式,通常涉及通过互联网来提供动态易扩展且经常是虚拟化的资源。云计算可以让用户体验每秒10万亿次甚至更高的运算能力,拥有这么强大的计算能力可以模拟核爆炸、预测气候变化和市场发展趋势。用户通过计算机、笔记本、手机等方式接入数据中心,按自己的需求进行运算。

美国国家标准与技术研究院(NIST)对云计算的定义是:云计算是一种按使用量付费的模式,这种模式提供可用的、便捷的、按需的网络访问,进入可配置的计算资源共享池(资源包括网络,服务器,存储,应用软件,服务),这些资源能够被快速提供,只需投入很少的管理工作,或与服务供应商进行很少的交互。

2) 大数据技术

大数据(Big Data),或称巨量资料,指的是需要新处理模式才能具有更强的决策力、洞察力和流程优化能力的海量、高增长率和多样化的信息资产。

大数据指的是所涉及的资料量规模巨大到无法透过目前主流软件工具,在合理时间内达到撷取、管理、处理并整理成为帮助企业经营决策更积极目的的资讯。大数据需要特殊的技术，以有效地处理大量的容忍经过时间内的数据。适用于大数据的技术，包括大规模并行处理(Massively Parallel Processing，MPP)数据库、数据挖掘、分布式文件系统、分布式数据库、云计算平台、互联网以及可扩展的存储系统。

3) 大数据与云计算的关系

大数据与云计算是息息相关的，两者之间的关系可以用一句话来表述："云计算就是硬件资源的虚拟化，大数据就是海量数据的高效处理"。

云计算相当于我们的计算机和操作系统，将大量的硬件资源虚拟化之后再进行分配使用，可以说为云计算提供了商业化的标准。

大数据相当于海量数据的"数据库"，而且通过大数据领域的发展也能看出，当前的大数据处理一直在向着近似于传统数据库体验的方向发展，Hadoop 的产生使我们能够用普通机器建立稳定的处理 TB 级数据的集群。

云计算作为计算资源的底层，支撑着上层的大数据处理，而大数据则提供实时交互式的查询效率和分析能力，用一句话总结大数据就是"动一下鼠标就可以在秒级操作 PB 级别的数据"。

云计算将在第 9 章介绍。

1.3 多用户系统、网络系统和分布式系统

1.3.1 多用户系统

传统的联机多用户系统是由一台中央处理机(主机)和多个非智能终端组成的，这里的终端可以是智能终端，也可以是非智能终端。智能终端本身就是一台独立的计算机系统，在主机不工作时，非智能终端设备是不能工作的，而智能终端设备照常可以工作。值得注意的是，无论是智能终端还是非智能终端，在多用户系统中，所有终端计算机上的资源是不能提供给网上共享的，只有主机上的资源才能被网络系统共享。

1.3.2 计算机网络系统

网络系统是将本地或远程的多台计算机系统通过通信手段将其连接在一起，其中至少有一台是主机。网络系统的特点是，主机与终端计算机以及终端与终端计算机之间都可以实现资源共享(包含硬件资源、软件资源以及数据资源)。

1.3.3 分布式计算机系统

任何一台终端计算机的计算处理能力都是有限的，对于大型任务而言，一台计算机是难以完成甚至无法完成的。分布式计算机系统就是为了解决上述问题而产生的计算机网

络系统。

分布式计算机系统是在分布式计算机操作系统下进行分布式数据的处理，网上的各计算机之间是并行工作的，也就是说各互联的计算机可以互相协同工作，共同完成一项大的工作任务，一个大型计算项目可以分布在网上的多台计算机上并行运算。

分布式计算机系统与网络系统的区别是：计算机网络系统是在计算机网络操作系统支持下实现的，计算机网络系统中的各终端计算机通常是独立进行工作的，而分布式计算机系统的显著特点是网上的计算机能够相互协同工作。

1.3.4 分布式数据存储模式

早期的计算机网络系统的数据管理方式是采用集中管理方式，即将所有用户终端数据以及程序都集中存放在主计算机上。这种管理方式最大的优点是数据便于管理、维护和共享，数据的一致性得到有效的保证，但其弊端也有下述4个方面。

其一，用户数据和程序都存放在主机上，随着用户终端数量的增加，主机的负担也越来越重，致使整个系统的效率越来越低；

其二，一旦主机发生故障，整个系统就全面瘫痪，尤其是数据，可能全部丢失，损失是无法估量的；

其三，用户终端受制于主机，即使主机不出问题，但当主机不开，或者通信线路有故障时，终端用户就不能使用自己的应用软件，也看不到自己的数据；

其四，数据的安全性得不到有效的保证，因为存放在主机上的数据是共享的公共数据，凡是网上的计算机用户都可以查看。

为解决上述问题，引入了分布式数据存储模式。

分布式数据存放原则为：尽量减轻主机的压力，各用户终端所有的应用程序和自身的业务数据一律存放在各自的终端计算机上，只将共享信息存放在主机上以供他人共享。例如，在“会计核算系统”中，所有的账本数据、会计凭证数据、进销存数据、成本核算数据、会计报表数据等全部存放在财务部门的计算机上，而只将会计报表数据送到主机上。即使主机发生故障、主机不开或通信线路有故障，都不会影响各用户终端的运行和日常事务处理工作。分布式数据存储模式的主要目的是增强网络系统的实用性、数据的可靠性和安全性。

分布式数据存储模式的缺点有二：其一是数据的管理和维护不方便；其二是数据的一致性难以得到保证。

1.4 计算机网络的组成

1.4.1 通信子网和资源子网

现代网络的分组交换技术把网络分成“通信子网”和“资源子网”两大部分。这是现代计算机网络最显著的特点。

资源子网由计算机及其各种外围设备组成，主要负责信息处理、信息分组及共享资源管理。通信子网主要由通信设备（如路由器、交换机等）及通信线路（如光纤、无线电波等）组成，主要负责分组信息的交换，如图 1-11 所示。

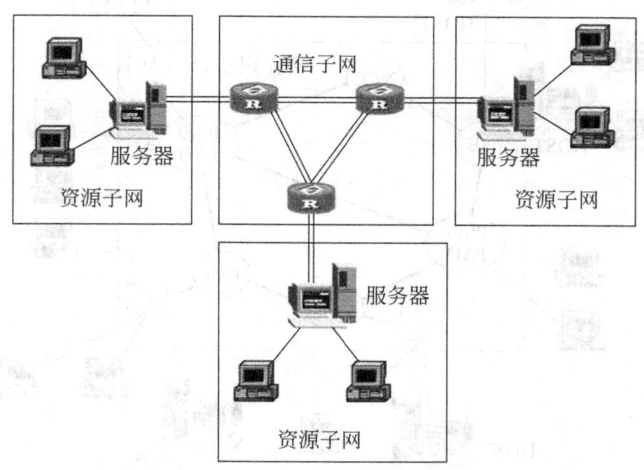

图 1-11　资源子网和通信子网拓扑图

将网络系统划分成资源子网和通信子网后，两个部分分工明确，资源子网将要传输的信息进行分组并交给通信子网后，分组信息的传输完全交由通信子网完成。这些分组信息何时传输，从哪一条通路传输，是否传输到达目的地，传输正确与否，都与资源子网无关。

通信子网和资源子网的划分，反映了网络系统的物理结构，同时还有效地描述了网络系统实现资源共享的方法。

由通信子网和资源子网组成的计算机网络系统如图 1-12 所示。

在图 1-12 中，方框内为通信子网，方框外为资源子网。其中，PSE 为分组交换设备，PAD 为分组组装/拆装设备，C 为集中器，NCC 为网络控制中心，G 为网关，HOST 为主机，T 为终端，M 为调制解调器，FEP 为前置处理机，CC 为通信控制器，CP 为通信处理机。值得一提的是，现代交换机中同时具备有 PSE 和 PAD 的功能。

从图 1-12 可以看出，网络终端（T）与通信子网的连接方式有如下几种。

（1）直接与 PSE/PAD 相连；

（2）通过集中器 C 与 PSE 相连；

（3）通过主机 HOST 与分组交换设备 PSE 相连；

（4）通过主机 HOST 再通过集中器 C 与 PSE 相连。

1.4.2　网络结点

网络结点又称为网络单元，它是网络系统中的各种数据处理设备、数据通信控制设备

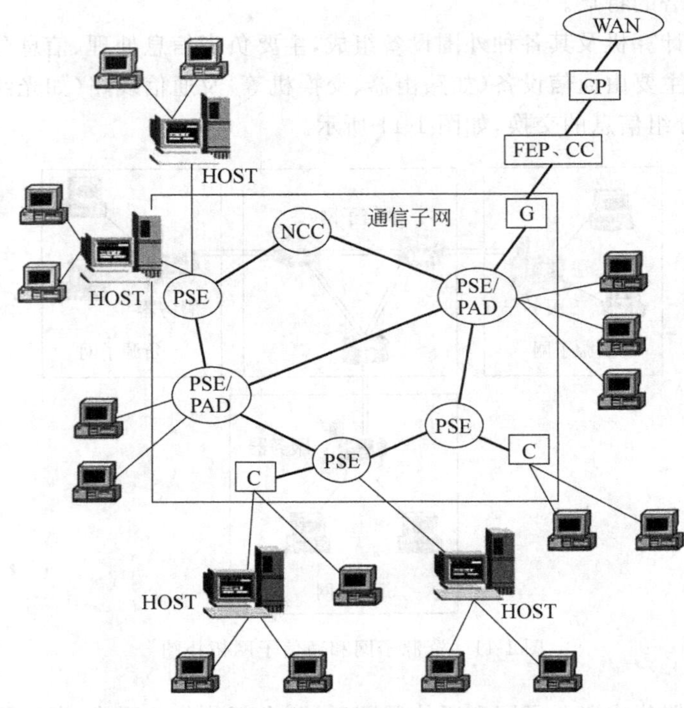

图 1-12　现代计算机网络拓扑结构图

和数据终端设备。网络结点分为两大类：转结点和访问结点。

转结点：转结点是支持网络连接性能的结点。通过通信线路来转接和传递信息，如集中器、网桥、网关、交换机、路由器、终端控制器等。

访问结点：访问结点是信息交换的源结点和目标结点，起信源和信宿的作用，如主计算机、终端计算机等。

换句话说，除了访问结点之外的结点都是转结点。

常见的网络结点有以下几种。

(1) 线路控制器(Line Controller，LC)：LC 是计算机或终端设备与调制解调器的接口设备，其主要功能是将计算机传送来的并行信号转换为串行信号。

(2) 通信控制器(Communication Controller，CC)：CC 是用以对数据通信各个阶段进行控制的设备。

(3) 通信处理机(Communication Processor，CP)：CP 是数据交换的开关，专门负责数据通信，让主机有更多的时间去处理数据。

(4) 前端处理机(Front End Processor，FEP)：与通信处理机 CP 一样，前端处理机 FEP 也是负责通信工作的设备。除了通信工作外，它还负责进程和数据的预处理工作。

(5) 集中器 C(Concentrator)及多路选择器 MUX(Multiplexes)：它是通过通信线路分别和多个远程终端相连接的设备。集线器 Hub 就是典型的集中器。

(6) 接口报文处理机(Interface Message Processor，IMP)：IMP 又称结点交换机，它是计算机网络中通信子网中结点上的计算机，主要用于主机和网络之间的数据传输接口。

其主要功能是：实现数据格式的转换和信息交换、对传送的信息进行差错控制、信息流量控制和信息缓冲等。一台 IMP 可以连接数台主机，使得 IMP 成为信息进出网络的通道。

(7) 主计算机 HOST(HOST Computer)。一个局域网至少有一台主计算机作为网络服务器，但在一个网络中允许有多台主机存在。

(8) 终端 T(Terminal)：指用户终端计算机设备，包含本地终端和远程终端。

(9) 中继器(Repeater)：用以连接以太网段的连接设备。

(10) 网桥 B(Bridge)：用以连接同类型局域网络的连接设备。

(11) 网关 G(Gateway)：用以连接异型网络的连接设备。

(12) 路由器 R(Router)：具有路由管理的高级网关设备。

(13) 调制解调器 M(Modem)：拨号上网的连接设备，用以进行数字信号和模拟信号之间的转换。

(14) 集线器 Hub：集线器是信号集中和分流的设备，也就是现代集中器产品。

(15) 交换机 S(Switch)：具有分组交换能力、监控功能和虚网管理功能的高档 Hub。

1.5 计算机网络的硬件与软件系统

1.5.1 计算机网络通信模型

网络通信模型又称点对点传输模型，所需的网络设备及传输模型如图 1-13 所示。

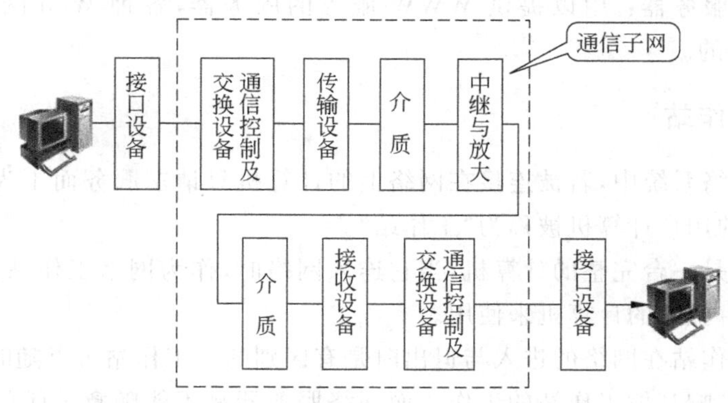

图 1-13 计算机网络通信模型

(1) 接口设备：是计算机与通信子网之间的连接设备，用以进行并行数据和串行数据的转换，如线路控制器设备。

(2) 通信控制及交换设备：用以进行编码及波形变换，如 Modem 等。

(3) 传输设备及接收设备：用以进行数据的发送与接收，如路由器、交换机等。

(4) 介质：即通信介质，如同轴电缆、光纤、无线电波等。

(5) 中继及放大：用以进行信号放大，以便信号能传输更远的距离，如中继器设备。

1.5.2 计算机网络的硬件系统

1. 网络服务器(主机)

如前所述,计算机网络系统实质上是通过通信线缆将多台本地和远程的计算机连接在一起而形成的计算机系统。其中至少有一台是主机(又称服务器),其余的是终端(又称为工作站)。

网络服务器从功能上分,有下列几种。

(1) 文件服务器:在网络服务器中,以文件服务器最为重要,主要管理网络文件的存储、访问、传输以及为网络用户提供网络信息等功能以及大容量磁盘的存储管理。

文件服务器又分为专用服务器和非专用服务器。专用服务器的全部功能都只能用于对网络的管理和服务上;而非专用服务器既可作为服务器使用,又可作为一般的用户工作站来使用,甚至可作为一台独立的PC来使用。

(2) 设备服务器:设备服务器是为其他终端用户提供共享设备的服务器。

(3) 通信服务器:通信服务器是在网络系统中提供通信和通信管理的服务器。

(4) 管理服务器:是为用户提供管理的服务器,如网络同步服务器、权限服务器等。

(5) 域名服务器:用以进行域名管理的服务器。

(6) FTP服务器:用以提供远程文件下载与上传的服务器。

(7) 邮件服务器:邮件服务器又称为电子邮局,是用以管理电子邮件的服务器。

(8) WWW服务器:用以提供WWW服务的服务器,各种Web网页都是存放在WWW服务器上的。

2. 网络工作站

在计算机网络系统中,若被连接在网络上的计算机只请求服务而不为其他计算机提供服务,这一类的用户计算机被称为"工作站"。

因为工作站是一台完整的计算机,当它连入网络时,作为网络工作站使用,一旦退出网络,可作为一台独立的计算机来使用。

服务器与工作站在网络的进入与退出时是有区别的。工作站可以随时进入和退出网络系统,且不会影响其他工作站的工作。而网络服务器是不能随意关闭的,一般说来,只要还有工作站连接在网上,服务器就不能随意关闭。早期的Novell网在关闭网络之前,服务器要广播通知各工作站,必须等待所有用户下网后,才能关闭网络,否则会造成服务器上的共享数据产生混乱,严重时会丢失数据。

3. 终端

前述的网络工作站是指多用户环境下的用户终端,而人们所说的用户终端是泛指在计算机网络中,除服务器以外的其他一切连入计算机网络的用户计算机。"终端"与前述的"工作站"的区别在于:终端不但可以请求服务,而且还能为其他网上的计算机提供服务，如可提供共享资源等，但工作站没有这些功能。

值得一提的是，在现代网络中，常常将"工作站"和"终端"混为一谈。"工作站"即"终端"，"终端"即"工作站"。

4. 网络接口卡

前面讲过，网卡是计算机互联的重要设备。网卡是用户终端之间以及用户终端与服务器之间的物理链路和逻辑链路，其主要作用是为终端与网络提供数据的传输功能。在网络系统中，主机和各终端计算机上都要插入一块网卡，再用通信线缆将其连接起来。值得注意的是，通过 Modem 拨号上网的用户终端不需要网卡，因 Modem 设备是直接连接在计算机的 RS-232C 口上的，Modem 本身具有数据交换和转换功能。

网络接口卡具有下列的功能。

(1) 数据转换功能：并行数据与串行数据的转换。

(2) 数据缓存功能：由于网络服务器与用户终端计算机之间以及用户终端计算机之间的数据传输速率并不完全一致，为了防止数据在传输过程中丢失，实现数据的传输控制，在网络接收卡上设有数据缓存来保存数据。

(3) 通信服务功能：提供物理层和数据链路层的数据通信服务。

网卡的分类：按总线类型可分为 ISA 网卡、EISA 网卡、PCI 网卡等。其中，ISA 网卡的数据传送以 16 位进行，而 EISA 和 PCI 网卡的数据传送为 32 位，速度较快。

按数据交换速度分，有 10Mb/s 以太网卡、10M/100Mb/s 自适应网卡和 1000Mb/s 网卡。

网卡的工作原理与调制解调器的工作原理类似，只不过在网卡中输入和输出的都是数字信号，而调制解调器传送的是模拟信号。因此，网卡的传送速度比调制解调器要快得多。

网卡有 16 位与 32 位之分，16 位网卡的代表产品是 NE2000，市面上非常流行其兼容产品，一般用于工作站；32 位网卡的代表产品是 NE3200，一般用于服务器。

网卡的接口有三种规格：AUI 接口(粗同轴电缆接口)、BNC 接口(细同轴电缆接口)和 RJ-45 接口(双绞线接口)。一块网卡有仅有一种接口的，但也有两种甚至三种接口的，分别称为二合一网卡和三合一网卡。

5. 通信控制设备

通信控制器是通信子网中的主要设备，主要负责建立和拆除通信线路，并负责信息的收发。

通信控制器分为线路控制器和传输控制器两种，线路控制器用以控制实现通信线路的连接、释放和数据传输路径的选择。传输控制器包括数据的加工、报文的存储和转发、流量的控制和实现。

1) 通信控制器

通信控制器装置必须具有缓冲功能，包括位缓冲、字缓冲、码组缓冲和报文缓冲。

通信控制器的主要功能如下。

(1) 设置和拆除通信线路；

(2) 发送和接收数据；

(3) 传输控制；

(4) 与计算机间的信息传输。

2) 线路控制器

线路控制器用于远程终端或智能终端，作为端点与通信线路上的调制解调器的接口设备，实际上是一块插件板。

线路控制器的主要功能如下。

(1) 由终端发送数据时，将并行数据转换成串行数据送到调制解调器；

(2) 接收数据时，将由调制解调器送来的串行数据转换成并行数据；

(3) 产生定时信号，并用硬件确定本机的地址号，以便与主机交换信息。

线路控制器如图 1-14 所示。图中虚框内为线路控制器部分。

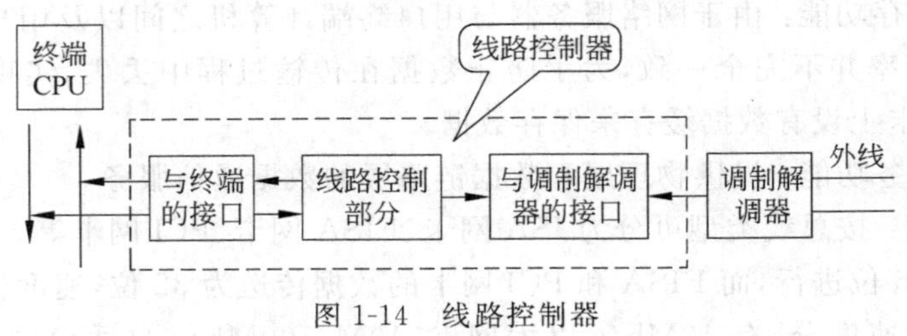

图 1-14　线路控制器

3) 通信处理机

通信处理机能独立完成通信处理工作，其目的是减轻主机的负担，使得网络能高效地运行。

通信处理机通常由一台低档次的计算机来承担。在现代网络中，通信处理机通常有下列几种。

(1) 报文交换机：以存储转发的方式，对报文进行收发处理。

(2) 前置处理机：前置机负责数据的预处理工作，以减轻主机的负担。

(3) 线路集中器：集中器是把多条低速线路连接到一条高速线路上。

6. 数据传输与交换设备

1) 多路复用器和集中器

多路复用器和集中器用于一群远程终端计算机设备，利用多路复用技术，使用一条高速线路进行信息传输，即多台低速终端共用一条高速传输线路。

多路复用器就是将信息群只用一个发射机和一个接收机进行远距离传输的设备。多路复用器通常有两种类型，即频分多路复用器 FDM 和时分多路复用器 TDM。频分多路复用器 FDM 一般用于连续的模拟信号传输，而时分多路复用器 TDM 多用于离散的数字信号传输。

集中器对各终端发来的信息进行组织，不传输信息的终端不占用信道。通常按集中器有无字符级的缓冲能力而分为保持转发式和线路交换式两种。

保持转发式集中器可提供字符级的缓冲能力。其基本原理是由于每一个终端发送信息的时间不同，数据长度有差别，因此集中器内存储器对各终端的时间分配是动态的，在发送时是按发送序列排队的，通常一组信息包括同步信号、终端地址、正文信息、终止符号、差错校验信号等。这在微型计算机局域网中经常采用，由于是在高速传输线路上传输，因此提高了传输效率。由计算机发来的信息也是通过高速线路发送到集中器，集中器是按照信息中指定的终端地址分配信息的。

线路交换集中器对每一路终端仅提供一位缓冲能力，它是采用电话交换机的工作原理起到集中分配的作用。由于它的功能较差，因此在当前局域网中很少使用。集中器在网络传输中的位置如图 1-15 所示。

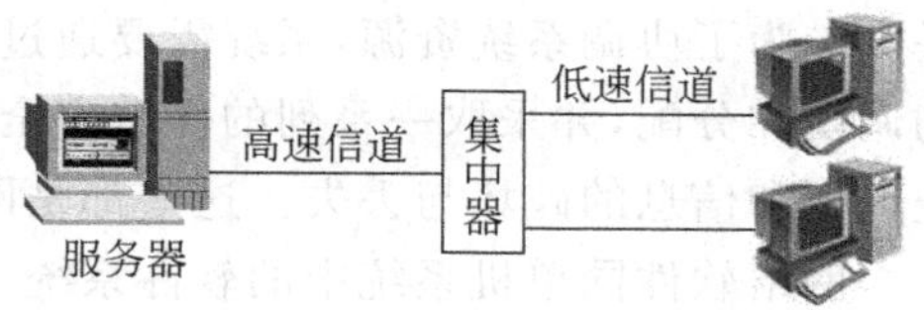

图 1-15　使用集中器连接的网络拓扑图

集中器和多路复用器都是将若干终端的低速信号复合起来，以共享高速输出线路的设备，但它们之间在以下几方面有着本质的区别。

复用器可划出若干子信道，使每一个信道对应于一个终端，而集中器没有这种对应关系，它是采用动态分配信道的原则，各路信息在网络中均有相应的地址标志。集中器对每路信息做某些处理，而复用器没有这些功能，因此可以说复用器是透明的，而集中器是不透明的。

集中器是以报文为单位传输的，而复用器是以字符为单位传输的。

集中器是一台微型计算机，它本身具有存储能力和编程功能，并且可以配备外部设备；而复用器不具编程能力，也没有外部设备。

从应用的配置来看，复用器在使用中是成对使用的，而集中器是单独使用的。

集中器的功能比复用器强得多，类似于通信控制器，因为它具有对线路进行控制，代码转换，组合报文，进行差错控制等功能，但复用器响应快，成本低，易实现。因此选择时，可根据环境和要求综合分析选用。

2）调制解调器

前面已介绍过了调制解调器，其功能就是进行数字信号与模拟信号之间的相互转换。

3）交换器

交换器是一种能够提高网络性能、促进网络管理、降低管理成本的网络基础设备。交换技术为现代信息社会提出了现代网络技术的新理念和新思路，交换技术引起了网络技术的大变革。按照传统的建网理论和技术，通常采用集线器、路由器和网络管理软件三大要素来构造一个网络，随着信息社会人们对信息服务的要求的不断提高，资源利用问题、网络管理的可靠性和灵活性、网络组网、管理成本等问题已越来越明显地表现出不能适应现代网络发展的需要，从而产生了交换技术。交换器就是交换技术的产物。交换器同集线器、路由器一样都用于数据传输兼有数据传输管理功能，但它们各自所起的作用有明显的区别。

交换器的优点在于可以同时通过不同的通信介质建立多个网络连接，所以只需有限地增加成本就能提供比一个共享的集线器大若干倍的带宽。

传输设备还包括中继器、网桥、路由器、网关、集线器等。

1.5.3 计算机网络的软件系统

在网络系统中，网络上的每个用户，除了能相互进行信息交流以外，还可共享系统提供的各种资源。所以，系统必须对用户进行控制，否则就会造成混乱，导致数据的破坏和丢失。为了协调系统资源，系统需要通过软件工具对网络资源进行全面的管理，进行合理的调度和分配，并采取一系列的保密安全措施，防止用户对数据和信息的不合理访问，防止数据和信息的破坏与丢失。这些都是网络软件的基本功能。

网络软件同单机系统中的软件系统一样，也是一种层次结构。

但由于各类网络软件之间联系密切，相互渗透，加之网络软件系统所要解决的问题多而复杂，并且涉及的范围广，内容丰富，软件的类型多种多样，难于标准化等特点，所以对网络软件来说没有明显的软件分层结构，层与层之间没有明显的界限。也就是说对许多网络软件来说，很难把它划分在某一确定的层次上。

网络软件是实现网络功能所不可缺少的软件环境，主要包括如下几类。

1. 协议软件

协议软件的种类非常多，不同体系结构的网络系统都有支持自身系统的协议软件，体系结构中不同层次上又有不同的协议软件。对某一协议软件来说。到底把它划分到网络体系结构中的哪一层是由协议软件的功能决定的。所以对同一协议软件，它在不同体系结构中所隶属的层可能是不一样的。网络体系结构及通信协议将在第 6 章介绍。

典型的网络协议软件有以下几种。

(1) IPX/SPX 协议。IPX 是互联网络分组交换协议，具有开销低、性能高的特点，主要用于局域网。IPX 提供分组寻址和选择路由功能，它支持所有的局域网拓扑结构，提供了互联网传输的透明性和一致性，但不能保证传递可靠性，即不保证可靠到达。SPX 是顺序分组交换协议，它以面向连接的通信方式工作，向上提供简单却功能很强的服务。SPX 协议提供了保证可靠传递的接口，以使分组信息流可靠地交换。SPX 具有可靠性和顺序分组传递的特点。

(2) TCP/IP 协议。TCP/IP 协议是美国国防部高级计划研究署为实现 ARPAnet 而开发的。TCP/IP 是一组协议的代名词，其准确的名称应该是 Internet 协议族。TCP 和 IP 只是协议族中的两个协议。TCP/IP 协议族将在第 6 章介绍。

(3) X.21 与 X.25 协议。实现网络全网范围内的交换方式有线路交换和存储转发交换两种。针对这两种交换方式，CCITT 制定了 X.21 协议和 X.25 协议。这两个协议是为实现网络层的适用于线路交换方式协议和存储转发方式协议而制定的。

(4) IEEE 802 标准。IEEE 802 系列将在后面介绍，详见 2.6 节。

(5) 点到点协议 PPP。PPP 是 Point to Point Protocol 的简称。PPP 准许一台计算机通过常规电话线和调制解调器连接到 Internet 上。它是计算机之间相互通信的一种方法。

（6）串行线路 Internet 协议 SLIP。SLIP 是 Serial Line Internet Protocol 的简称。它同 PPP 一样是使用电话线和调制解调器使计算机连接到 Internet 的一种协议。

（7）帧中继 FR(Frame Relay)。帧中继是一种由 ANSI 和 CCITT 制定的标准化接口协议，它是客户端设备，如路由器、前端处理机和向远程终端发送数据的广域网之间的一种接口协议。这样，终端设备可以通过这种广域网提供的帧中继业务与远程设备通信，不管广域网的体系结构如何，所有的帧中继业务平台都能提供来自于接口本身定义的种种优点，例如，能支持多个虚电路的物理接口，用户端能通过更改软件实现升级而支持帧中继等。

2. 联机服务软件

联机服务程序是为网络用户提供获取联机信息的软件。联机服务软件有许多种，性能各异。在这里介绍几种常用联机服务软件。

（1）NetCruiser（网络巡游器）。NetCruiser 配合 Netcom 公司的 Internet 服务，是 Internet 的套件。NetCruiser 提供 E-mail、FTP、Telnet 远程访问，并且具有 Gopher 服务搜索、World Wide Web 和 Usernet News 服务等多种功能。

（2）American Online（美国在线）。American Online 提供 E-mail、交互式会话和会议功能，并支持对 Internet 的访问。

（3）Mosaic。Mosaic 是早期 Web 访问的工具，它可支持 Gopher（信息浏览服务）搜索，文件传输协议。

（4）WWW（World Wide Web）为使用超媒体来组织的 Internet 服务，是现代 Web 访问工具的主流产品。

3. 通信软件

通信软件主要负责通信子网的管理工作和通信工作。

在网络系统中，主计算机与主计算机或主计算机与终端之间的连接有以下两种方式。

（1）主机是通过通信接口单元与其他计算机连接的。这种连接必须按照网络协议所规定的接口关系进行。

（2）主机直接通过通信介质与其他主机或终端相连接。由于所连接的终端和计算机种类不同，没有固定标准，并且连接接口关系不必一定与网络协议的规定相一致，所以在网络环境下，主机操作系统除了要配置实现网络通信的低级协议软件以外，还要为各种相连的终端计算机配置相应的通信软件。

通信软件的目的就是使用户在不了解通信控制规程的情况下，就能控制自己的应用程序，同时能与多个站点进行通信，并对大量的通信数据进行加工和管理。

目前，主要的通信软件都能很方便地与主机连接，并具有完善的传真功能、传输文件功能和自动生成原稿功能。

4. 管理软件

网络系统是一种复杂的系统，对管理者来说，经常会遇到许多难于解决的问题，如要重新设置某个用户的 CONFIG.SYS 文件、避免服务器之间的任务冲突、跟踪网络中用户的工作状态、检查与消除计算机病毒、运行路由器诊断程序等。这就需要有一些软件来解决管理人员所遇到的问题,这就是管理软件。网络管理软件的种类很多,功能各异。

网络管理软件的主要功能就是网络管理、网络安全控制、病毒诊断与消除等。

5. 网络操作系统

网络操作系统是网络软件中最主要的软件,如 Windows NT、UNIX 等。网络操作系统的有关内容将在后面进行详细介绍。

6. 设备驱动程序

设备驱动程序是一种控制特定设备的硬件级程序。设备驱动程序可以被看成是一个硬件型操作系统,每个驱动程序都包括确保特定设备相应功能所需的逻辑和数据。设备驱动程序通常以固件形式存在于它所操作的设备中。例如 NIC,其功能为本机与网络提供一个接口。

7. 网络应用程序

网络应用程序是在网络环境下,直接面向用户的应用程序。随着网络的发展,如今的各种应用程序都考虑到在网络环境下的应用问题。典型的网络应用程序有 WWW、Telnet、FTP 等。

1.5.4 几种常用的网络操作系统

计算机网络系统的运行环境与单机单用户系统、单机多用户系统的运行环境是不一样的,它们之间的主要差别在于:在单机单用户系统中,系统只有一个 CPU,作业必须按指定顺序一个一个地完成,系统资源不存在共享问题,作业对系统资源具有独占性。在单机多用户系统中,系统也只有一个 CPU,只是在系统中存在多个终端,它们能共同享用系统中的各种资源,存在系统共享问题。系统中所有终端必须受 CPU 控制。

在网络系统中,系统是由多个相互独立的计算机系统通过通信介质连接起来的。在启动网络操作系统之前,各独立的系统互不干扰,能够独立地进行工作,而在系统启动了网络操作系统,并把各相对独立的单个系统相互连接起来后,系统中各个相对独立的系统之间需要进行通信时,网络系统就具有多用户系统特性。

1. 网络操作系统概述

1) 计算机操作系统的概念

计算机系统是由两大部分组成的,即软件系统和硬件系统。硬件系统是指计算机及其外围设备,软件系统是一个计算机系统必须配置的程序和数据的集合,比如各种语言程序、标准程序、工具软件、系统诊断及系统维护程序等,在这些软件系统中,最重要的软件就是操作系统。

操作系统是计算机软件系统的重要组成部分，而硬件系统则是操作系统的物质基础。人们通常把计算机的软件系统和硬件系统统称为计算机的系统资源，操作系统的主要功能就是专门用于管理这些资源的控制机构，它能使这些资源得到有效的利用。

综上所述，给计算机操作系统下一个定义：操作系统是控制和管理计算机系统的硬件和软件资源，合理地组织计算机工作流程，方便用户使用计算机的程序和数据的集合。

网络操作系统(Network Operating System，NOS)是为计算机网络环境而配置的一种操作系统，在计算机操作系统上增加网络管理功能后即得到计算机网络操作系统，所以可以认为网络操作系统＝操作系统＋网络管理。

网络操作系统实际上是管理程序和网络的组合，是在网络环境下，用户与网络资源之间的接口，用以实现对网络的管理和控制。对网络系统来说，特别是局域网，所有网络功能几乎都是通过其网络操作系统来实现的，网络操作系统代表着整个网络的水平。

网络操作系统的定义：所谓网络操作系统，就是在计算机网络中，管理一台或多台主机的硬件和软件资源，支持网络通信，提供网络服务的软件集合。

目前，网络操作系统主要有三大阵营：UNIX、Novell 和 Windows NT。随着计算机网络的不断发展，计算机网络的互联，尤其是异型网络的互联技术和应用的发展，网络操作系统开始朝着能支持多种通信协议、多种网络传输协议、多种网络适配器和工作站的方向发展。

2）网络操作系统的基本原理

在多用户系统中，系统资源得到共享是通过操作系统实施的进程管理来实现的。简单地说，进程是程序在处理机上的执行；进程是一个可调度的实体；进程是逻辑上的一段程序，它在每一瞬间都含有一个程序控制点，指出现在正在执行的指令。通常每一个进程都有三种状态：运行状态、就绪状态和等待状态。

在多用户系统中，用户提交给计算机进行处理的作业可随时被接收进入系统，形成作业队列，而后操作系统按一定原则从作业队列中调入一个或多个作业进入主存运行，系统根据计算机主存的大小把一个作业划分为若干个必须顺序处理的作业步，最后再把一个作业步细为多个作业任务，也就是进程。

多用户的特点首先是并行性，实现系统资源共享。由于各程序同时存在于系统内唯一的主存中，共享和受控于一个 CPU，因此它们之间就存在相互依赖、相互制约的关系，在主存中获得资源者就可运行，未获得资源者只有等待。系统按一定的规则，顺序、循环地处理主存中的程序，在一段时间内，所有作业都得到了处理，实现了系统资源的共享。这种系统资源的共享是一种相对的共享，在每一时刻系统资源只能提供唯一的服务，使得系统中的程序状态不断地变化，这就是多用户系统中程序状态的动态性。

单机单用户系统执行用户的作业必须一个一个地顺序执行，每一个作业对系统资源具有独占性。也就是说，单用户系统在一段时间内只能运行一道作业，系统资源得不到共享。操作系统所研究的问题是如何根据用户要求，按顺序完成作业任务，管理好系统资源。

网络系统是通过通信介质将多个独立的计算机连接起来的系统，每个被连接起来的计算机自己拥有独立的操作系统。网络操作系统是建立在这些独立的操作系统之上，为网络用户提供使用网络系统资源的桥梁，在多个用户抢占系统资源时进行资源调剂管理，它依靠各独立的计算机操作系统对其所属资源进行管理，协调和管理网络用户进程或程序与联机操作系统实行的交互作用。

2. 网络操作系统的功能和特点

网络操作系统的主要任务是管理共享的系统资源，管理工作站的应用程序对不同资源的访问。因此，网络操作系统具有独特的功能和特点。

1）网络操作系统的功能

（1）协调用户，对系统资源进行合理的分配和调度。

（2）提供网络通信服务。

（3）控制用户访问：可对用户进行访问权限的设置，保证系统的安全性，并提供可靠的保密方式。

（4）文件管理：在网络系统中，各种文件可达上万个，通常是把它们存放在系统中的一个专用设备里，快速、准确、安全可靠地对文件进行管理。

（5）系统管理：跟踪网络活动，建立和修改网络的服务，管理网络的应用环境。

（6）提供资源共享服务：因为网络操作系统能管理网上所有的资源，因此可为网上用户提供所需资源的共享服务。

2）网络操作系统的特点

（1）网络操作系统具有强适应性，它可根据需要灵活地增加网络服务功能，通过支持多种网络接口卡满足各种拓扑结构网络的直接通信需要。

（2）网络操作系统具有高效的数据存储管理和通信服务能力。

（3）网络操作系统具有较高的可靠性，以保证系统中的文件和数据的损坏与丢失减少到最低程度。

3. Novell 网络操作系统

NetWare 是美国 Novell 公司推出的网络操作系统。NetWare 充分吸收 UNIX 操作系统的多用户、多任务的思想，其设计思想成熟、实用，并实施了开放系统的概念，所以 NetWare 已成为局域网的工业标准。尤其在 20 世纪 80 年代和 90 年代初，Novell 占据了广泛的国内外市场。

Novell 网络操作系统是一个与 UNIX 操作系统相类似的多任务并发操作系统。它是由文件服务程序、网络转向程序和具有多用户功能的单机操作系统三个主要部分组成。

Novell 网络操作系统是建立在单用户 MS-DOS 操作系统基础上的，但不同于单用户操作系统，而且工作站和服务器中的操作系统也完全不一样。文件服务程序用来支持各网络用户工作站对网络服务器的各种服务请求。

Novell 网络操作系统把 DOS 操作系统作为文件服务程序上的进程，直接管理系统共享的外部设备，实现了真正的网络文件共享。

在网络操作系统中，进程管理是其最核心的内容。Novell 操作系统在启动网络系统时，操作系统程序被装入服务器内存中，然后转到它的初始化部分执行。

4. Windows NT

Windows NT 是美国微软公司(Microsoft)推出的一个完全支持 32 位体系结构、具有良好开放性的多任务操作系统。它不仅为用户保留了 Windows 图形界面风格,还提供了强大的网络功能,支持多媒体功能和客户/服务器体系结构模型。

Windows NT 是在 Windows 95 的基础上发展起来的,即在 Windows 95 的基础上加强了 Internet 的网络服务功能,因此,其基本功能和操作界面都与 Windows 95/98 相似。

Windows NT 是一种 32 位网络操作系统,它是一种面向分布式应用程序的完整平台。

Windows NT 具有工作站和小型网络操作系统具有的所有功能。主要包括文件及文件管理系统、具有优先权的多任务/多线程环境、支持对称的多机处理系统、兼容于分布计算的环境。

5. UNIX 网络操作系统

UNIX 操作系统是标准的多用户系统,它是当今最流行的大型网络操作系统。在 Internet 的服务器上运行的网络操作系统绝大多数都是 UNIX 系统。UNIX 操作系统主要用于超级小型计算机、大型计算机、RISC 计算机上。目前,UNIX 推出的各种新版本都把网络功能放在首位。现在,常用的版本有 AT&T 和 SC0 公司推出的 UNIX SVR3.2, UNIX SVR4.0 以及由 Univell 推出的 UNIX SVR4.2 等。

从 UNIX SVR3.2 开始,TCP/IP 协议便以模块的方式运行于 UNIX 操作系统上。UNIX 网络操作系统的核心就是 TCP/IP,从 4.0 版开始,TCP/IP 成了 UNIX 操作系统的核心组成部分。

1.6 资源共享技术

计算机互联网络的目的就是实现网络资源共享。除了一些特殊性质的资源外,各种网络资源都不应该由某一个用户独占。对于网络中各种共享的资源,可以按资源的性质分成 4 大类别,即硬件资源共享、软件资源共享、数据资源共享和通信信道资源共享。

1.6.1 硬件资源、软件资源和数据资源的共享

1. 硬件资源共享

硬件资源共享是网络用户对网络系统中的各种硬件资源的共享,如外存储设备、输入输出设备等。硬件资源共享方式如图 1-16 所示。

共享硬件资源的目的就是程序和数据都存放在由网络提供的共享硬件资源上。在图 1-16(a)中,主机 H2 上既无程序,又无数据。系统运行时,主机 H2 共享 H1 上的硬件资源,即将 H2 需要的程序和数据从 H1 的共享硬件上(如硬盘设备)上读入到本机上,此

时，H2 使用 H1 的共享硬件设备就像使用自身的硬件设备一样，程序运行结束后，通过网络将程序运行结果再保存到 H1 的共享设备上，如图 1-16(b)所示。

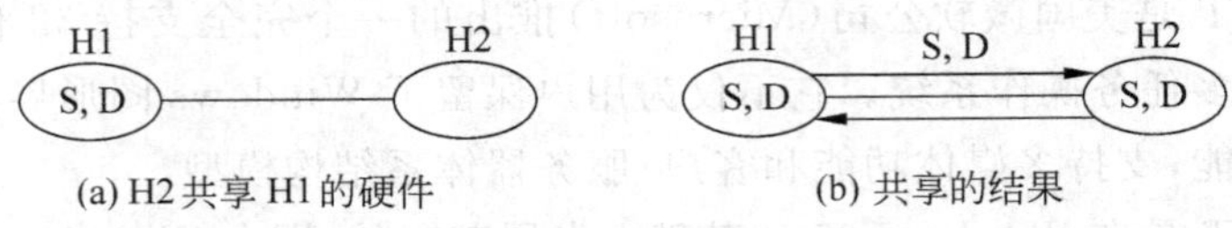

图 1-16　硬件共享图

其中，H 为主计算机(Host)，S 为软件(Software)，D 为数据(Data)。下同。

2. 软件资源共享

软件资源共享是网络用户对网络系统中的各种软件资源的共享，如主计算机中的各种应用软件、工具软件、系统开发用的支撑软件、语言处理程序等。软件资源共享的方式如图 1-17 所示。

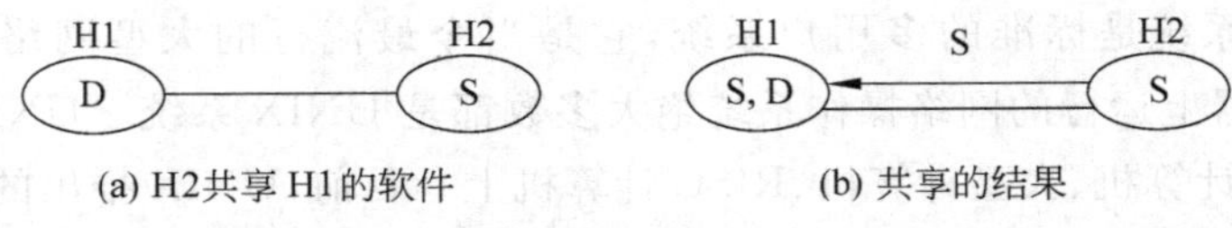

图 1-17　共享方式 1

在图 1-17(a)中，H1 上只有数据而没有软件，软件放置在 H2 上。系统运行时，H1 共享 H2 上的软件，即将 H2 上的软件 S 读入 H1 上运行，程序运行结果存放在 H1 的硬盘中，如图 1-17(b)所示。

在图 1-18 所示的共享方式 1 中，H1 在本机上调用执行 H2 上的软件 S，而使用本机上的数据 D。其运行结果直接存放在本机 H1 上。

另一种共享方式是，H1 将本机上的数据 D 传送到 H2 后再在 H2 上运行软件 S，运行结果再送回本机 H1 上，如图 1-18 所示。

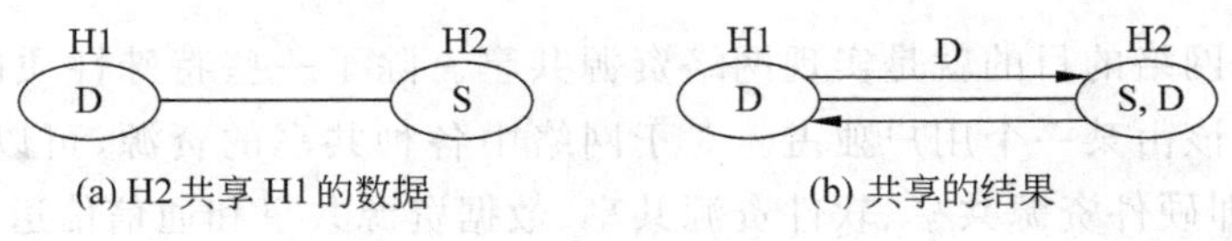

图 1-18　共享方式 2

3. 数据资源共享

数据资源的共享是对网络系统中的各种数据资源的共享。数据资源共享方式及流程图类似于硬件资源共享及软件资源方式。

1.6.2　通信信道资源共享

通信信道广义上可以理解为电信号的传输介质。通信信道的共享是计算机网络中最重要的共享资源之一。通信信道的共享方式包括固定分配信道、随机分配信道和排队分配信道三种方式。

1. 固定分配信道

为了更好地理解信道的分配，先举一个实际的例子。如果有一条足够宽的公路，就可以把这条公路划分成若干等宽(如 4m 宽)的小干道。在这一条公路上划分出了多条逻辑上的小干道，并将每一条小干道事先固定分配给一辆汽车使用。这样，在同一条公路上同时可以有若干辆车在行驶，而每一辆车犹如行驶在一条独立的道路上一样。

固定分配信道方式就是把一条物理通信信道划分出多条逻辑上的子信道，然后将每一条子信道都事先分配给一个固定的用户使用。划分逻辑信道的方式主要有两种，第一种是频分技术，第二和是时分技术。频分技术就是频分复用技术，时分技术就是时分复用技术。

2. 随机分配信道

这种方式也是把一条物理上的通信信道再划分成逻辑上的子信道。但对信道的分配，系统不再将各子信道固定分配给用户。用户要进行通信必须先向系统提出子信道申请，若有空闲子信道时，系统则分配一个给该用户，用户才有权进行通信。通信结束后用户要及时释放其所占用子信道的使用权，以便其他用户使用，从而实现了多个用户对一条通信信道的共享。

3. 排队分配信道

排队方式不再划分子信道，用户使用信道时也不必预先申请。它是将用户发出的数据划分为一定长度的数据单元，然后送到网络结点的排队缓冲区队列中进行排队，系统按先来先服务的原则进行通信服务。在排队分配信道资源共享中，进行通信的用户并不在通信过程中完整地占用信道，用户数据是一段一段地在通信链路上传输(这是因为任何一个用户的分组信息不可能一次性地送到排队队列中)，即用户是在不同的时间内一段一段地占用部分通路。它是存储、转发的一系列过程。

习　　题

1.1　什么是计算机网络?

1.2　独立的个人计算机与联网的计算机各自的优缺点是什么?

1.3　计算机网络发展有哪几个阶段?

1.4　网络的基本用途是什么?

1.5　网络操作系统的主要功能是什么?

1.6　网卡有什么作用?是否所有上网的计算机都需配置网卡?

1.7　线路控制器的主要功能是什么?

1.8 调制解调器的主要功能是什么？在什么场合必须使用调制解调器？

1.9 分布式计算机系统有何特点？

1.10 通信子网和资源子网是如何划分的？

1.11 资源共享的含义是什么？

1.12 计算机网络中的资源分为哪几类？举例说明。

1.13 在大型通信网络中为什么要采用前置处理机？

1.14 为什么要采用 IPv6 技术？

1.15 试述大数据与云计算的关系。

1.16 简述一个网络的基本组成。

第2章

局域网技术

2.1 局域网的概念

1. 什么是局域网

顾名思义,局域网就是局部区域的网络。

将数千米范围内的几台到数百台小型计算机或微型计算机通过通信线缆连接而形成的计算机系统称为计算机局域网络。局域网简称 LAN,是 Local Area Network 的缩写。

通常来说,一个局域网络是由一台服务器和若干台终端计算机组成的。当然,在一个局域网络中,允许有多台服务器。

这里强调的是,局域网络覆盖的地理范围有限,一般为不超过 10km;连接的终端计算机的数量也有限,一般不超过 1000 台。

2. 局域网络的特点

(1) 连接方便;
(2) 简单灵活;
(3) 不占用电信线路;
(4) 传输速度快,效率高;
(5) 安全性及保密性好。

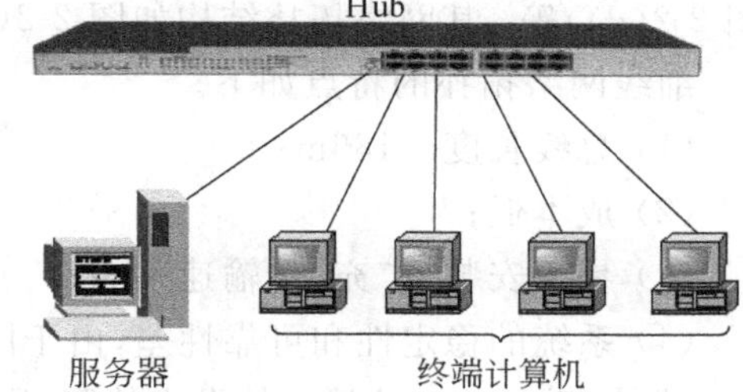

图 2-1 一个典型的局域网拓扑结构图

局域网通常用同轴电缆连接组成总线结构或环状结构网,或用双绞线连接组成星状结构网。典型的局域网络结构如图 2-1 所示。

常用的局域网络有 3COM、Novell、NT、UNIX、D-Link 和 Toking 等。

2.2 局域网络拓扑结构

2.2.1 网络拓扑结构

计算机网络的连接方式叫作"网络拓扑结构"。网络拓扑是指用传输介质互联各种设备的物理布局。

计算机科学家通过采用从图论演变而来的"拓扑"(Topology)方法，抛开网络中的具体设备，把像工作站、服务器等网络单元抽象为"点"，把网络中的电缆等通信媒体(含有线介质和无线介质)抽象为"线"，这样从拓扑学的观点看计算机和网络系统，就形成了点和线组成的平面几何图形，从而抽象出了网络系统的具体结构。这种采用拓扑学方法抽象出来的结构称为计算机网络的拓扑结构。拓扑是一种研究与大小和形状无关的点、线、面特点的方法。计算机网络系统的拓扑结构主要有总线型、星状、环状、树状、全互连型和不规则型等几种。网络拓扑结构对整个网络的设计、功能、可靠性、费用等方面有着重要的影响。

设计一个网络的时候，应根据自己的实际情况选择正确的拓扑方式。每种拓扑都有它自己的优点和缺点。

2.2.2 总线型拓扑结构

总线型结构是使用同一介质或电缆连接所有端用户的一种方式，也就是说，连接端用户的物理介质由所有设备共享，总线结构通常用同轴电缆相连接。同轴电缆有两种，即粗同轴电缆和细同轴电缆，分别用以组建粗线网络和细线网络。

1. 细线网络拓扑结构

细线网络就是用细同轴电缆组建的网络。所需的网络设备和线缆有：网卡、50Ω 细同轴电缆(图 2-2(a))、同轴电缆连接器(图 2-2(b))、T 型接头(图 2-2(c))、50Ω 终结器(图 2-2(d))等。其网络拓扑结构如图 2-2(e)和图 2-2(f)所示。

细线网络拓扑的特点如下。

(1) 总线长度≤185m；

(2) 成本低；

(3) 易于安装、扩充、传输速率高；

(4) 系统的稳定性和可靠性差，由于同轴电缆与 T 型接头是用电烙铁电焊的，极易虚焊，也极易断裂。一旦某一处发生故障，则全网瘫痪，而且故障不易定位。

图 2-2(e)是标准的网络拓扑结构图，实际的网络连接方式是将 T 型头接在网卡上，再将细同轴电缆接在 T 型头上(用电烙铁焊接)，两头各接一个 50Ω 的终结器，如图 2-2(f)所示。

2. 粗线网络拓扑结构

粗线网络就是用粗同轴电缆组建的网络。所需的网络设备有粗同轴电缆、网卡、75Ω 终结器、收发器(图 2-3(a))、收发器电缆等。其网络结构拓扑图如图 2-3(b)所示。

粗线网络结构的特点如下。

(1) 总线长度≤500m；

(2) 传输速率高；

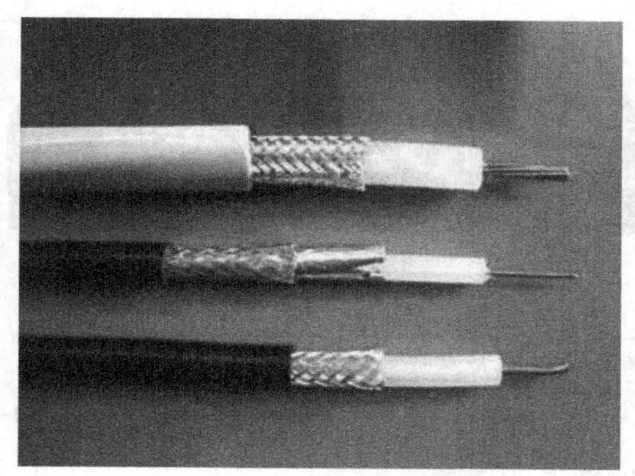

(a) 细同轴电缆

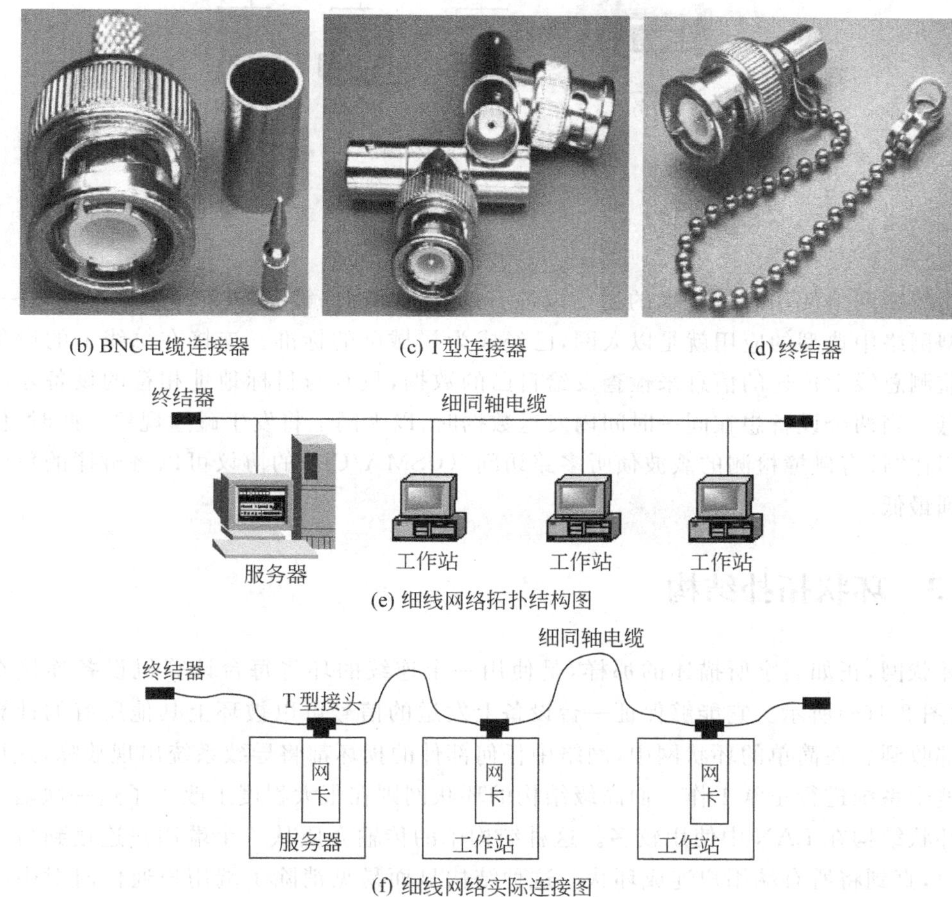

(b) BNC电缆连接器　(c) T型连接器　(d) 终结器

(e) 细线网络拓扑结构图

(f) 细线网络实际连接图

图 2-2　细线网络

（3）成本高，粗同轴电缆比细同轴电缆贵，而且每个点还需要增加收发器和收发器电缆；

（4）与细线网络一样，系统的稳定性和可靠性差，总线上某一处发生故障，会导致全

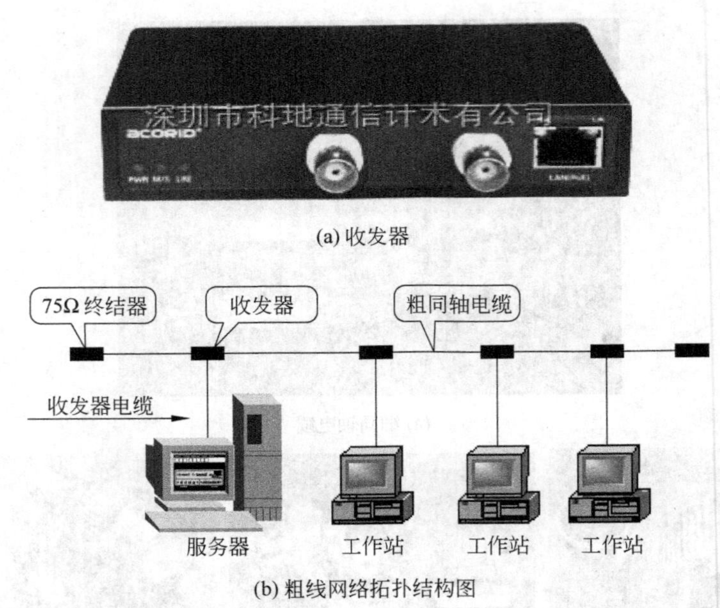

(a) 收发器

(b) 粗线网络拓扑结构图

图 2-3　粗线网络

网瘫痪。

总线型网络使用有限长度的通信电缆将计算机和网络设备(比如 Hub)连接在一起。总线型网络中典型的应用就是以太网,已经成为局域网的标准。连接在总线上的设备都通过监测总线上传送的信息来检查发给自己的数据,只有与目标地址相符的设备才能接收信息。当两个设备想在同一时间内发送数据时,以太网上将发生碰撞现象。此时,使用一种叫作“带有碰撞检测的载波侦听多路访问”(CSMA/CD)的协议可以将碰撞的负面影响降到最低。

2.2.3　环状拓扑结构

环状网,正如名字所描述的那样,是使用一个连续的环将每台计算机设备连接在一起,如图 2-4(a)所示。它能够保证一台设备上发送的信号可以被环上其他所有的计算机设备都收到。在简单的环状网中,网络中任何部件的损坏都将导致系统出现故障,这样将阻碍整个系统进行正常工作。而高级结构的环状网则在很大程度上改善了这一缺陷。

环状结构在 LAN 中使用较多。这种结构中的传输介质从一个端用户连接到另一个端用户,直到将所有端用户连成环状。这种结构显而易见消除了端用户通信时对中心系统的依赖性。

实质上,环状网络结构是在粗同轴电缆总线结构的基础上,去掉线缆两端的终结器后,将线缆两头连接起来而形成的一个环,如图 2-4(b)所示。

环状结构的特点是,每个端用户都与两个相邻的端用户相连,因而存在点到点的链路,但总是以单向方式操作,于是便有上游端用户和下游端用户之称。例如,用户 N 是用

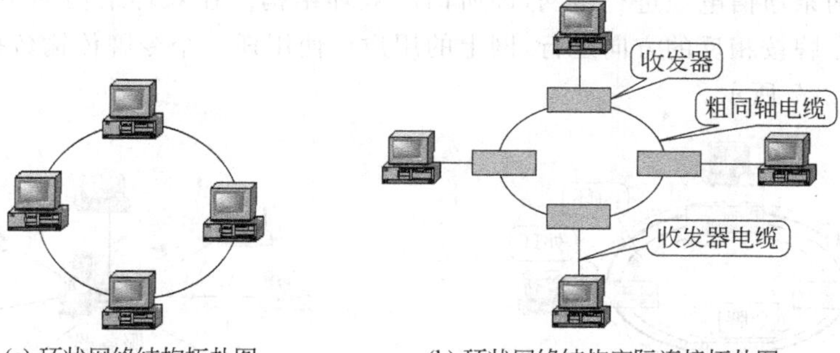

图 2-4　环状网络

户 $N+1$ 的上游端用户，用户 $N+1$ 是用户 N 的下游端用户。如果 $N+1$ 端需将数据发送到 N 端，则几乎要绕环一周才能到达 N 端。

环状网络的一个例子是令牌环局域网，这种网络结构最早由 IBM 推出，现在已被广泛采用。在令牌环网络中，数据是以“令牌”方式传输的，拥有“令牌”的终端才允许在网络中传输数据。这样保证了在任一时间内网络中只有一台计算机在传送信息，免去了像总线结构那样用载波监听来避免冲突。

令牌环网是以令牌方式传输数据的。即计算机将要传输的数据附在令牌上进行传输。其拓扑结构如图 2-5 所示。

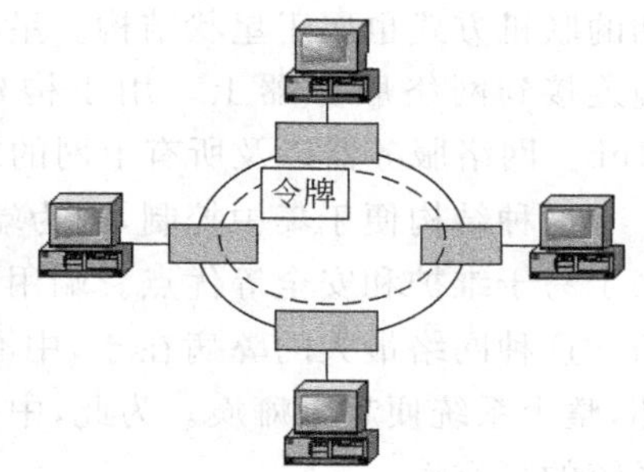

图 2-5　令牌环网拓扑结构图

令牌的工作原理是：环网中只有一个令牌，令牌按某一指定的方向在环中传递。当某一用户要传输数据时，先向系统申请令牌（即捕获令牌）。如果此时令牌无人使用（即令牌处于“闲”状态），系统则将令牌交给该用户，用户即拥有了令牌的使用权，便可将数据及一些控制信息附在令牌上进行传输，同时将令牌状态置为“忙”。若用户数据传送完毕，要及时将令牌的状态置为“闲”，并及时将令牌交回给系统，以便他人使用。其工作流程如图 2-6 所示。

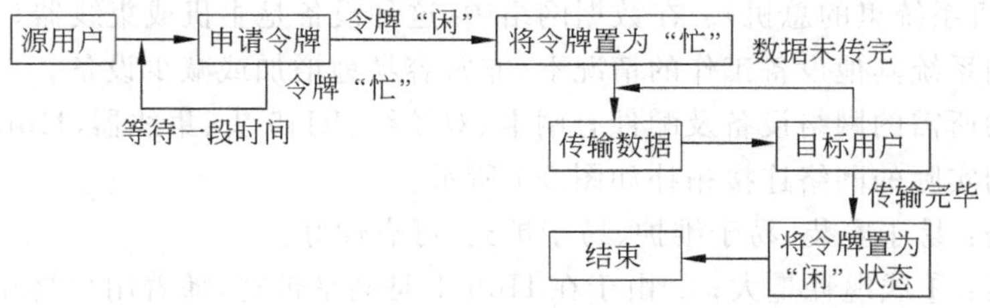

图 2-6　令牌环工作流程图

如上所述，由于环状网是由一根电缆连接而成的，如果环的某一点断开或任何一点发生故障，都会使系统全面瘫痪。为了提高系统的可靠性，克服这种网络拓扑结构的脆弱性，通常采用两条通信电缆进行组网，即所谓的双环结构。在双环结构网中，系统拥有两个令牌，两个令牌按相反的方向运行，网上的用户可使用任一个令牌传输数据。双环网络拓扑结构如图 2-7 所示。

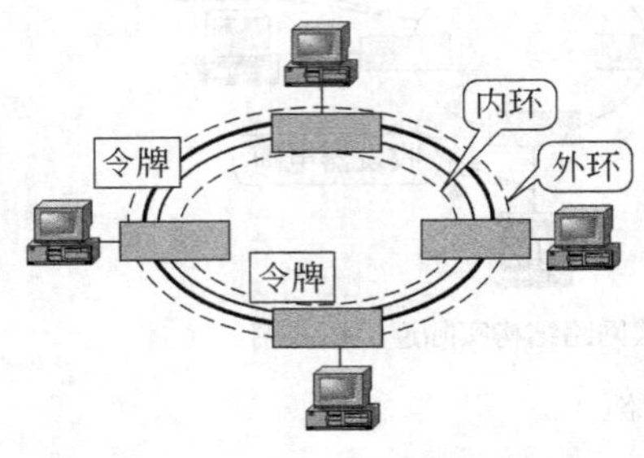

图 2-7 双环网络拓扑结构图

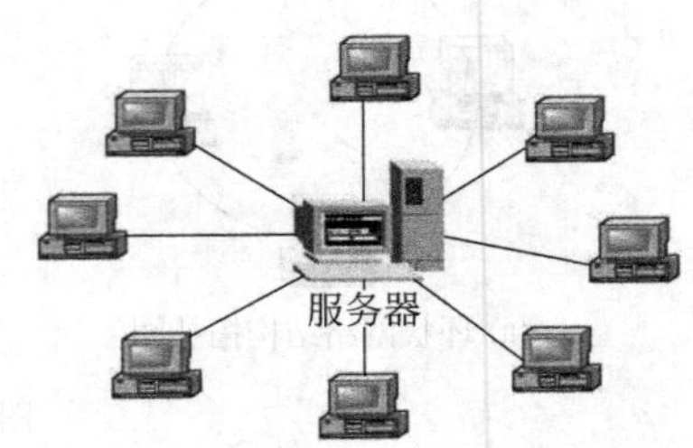

图 2-8 星状网络拓扑结构图

2.2.4 星状拓扑结构

星状结构是最古老的一种连接方式，大家所熟悉的电话系统就属于这种结构，还有早期的联机方式也属于星状结构。星状结构网络上的每一台终端计算机都各自使用一条线缆连接到网络服务器上。用于构建星状网络的主要网络设备称为集线器，英文名为 Hub。网络服务器以及所有上网的终端计算机都连接在这一台集线器上。

这种结构便于集中控制，因为端用户之间的通信必须经过中心站。由于这一特点，带来了易于维护和安全等优点。端用户设备因为故障而停机时也不会影响其他端用户的通信。这种网络最大的弊病在于，中心系统必须具有极高的可靠性，因为中心系统一旦损坏，整个系统便趋于瘫痪。为此，中心系统通常采用高性能计算机或双机热备份，以提高系统的可靠性。

星状结构网络的拓扑结构如图 2-8 所示。

还应指出，以 Hub(含 swithch，下同)构成的网络结构，虽然呈星状布局，但它使用的访问介质的机制仍是共享介质的总线方式。

星状网的组成通过中心设备将许多点到点进行连接。在电话网络中，这种中心结构是 PABX(分机系统里的总机)。在数据网络中，这种设备是主机或集线器。在星状网中，可以在不影响系统其他设备工作的情况下，非常容易地增加或减少设备。

星状结构所需的网络设备及配件有网卡、双绞线、RJ45 头、集线器(Hub)。

星状结构实际的网络连接拓扑如图 2-1 所示。

其优点是：易于安装、易于维护、易于扩充、可靠性好。

其缺点是：①线缆耗量大；②由于在 Hub 上是共享带宽，随着用户终端数量的增加，传输速率会不断下降。

有必要说明的是：①单段双绞线的长度≤100m；②来自服务器的线缆必须连接在 Hub 的 1 口上。

2.2.5 总线-星状拓扑结构

在同一网络中，既有总线结构拓扑，又有星状结构拓扑。如图 2-9 所示。

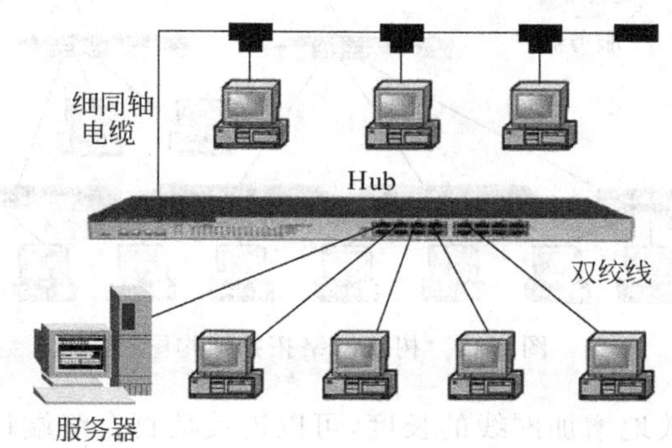

图 2-9 总线-星状网络拓扑结构图

总线-星状拓扑结构网络的特点是：综合了星状结构和总线结构的特点。

2.2.6 环状-星状拓扑结构

环状-星状结构是在环状结构网络的基础上扩展起来的，即在每一台接入环状网络的终端计算机上都连接一个 Hub，再由 Hub 构成星状结构，如图 2-10 所示。

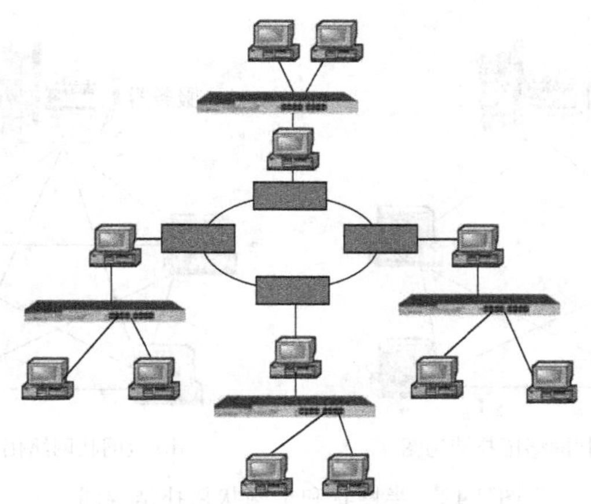

图 2-10 环状-星状网络拓扑结构图

2.2.7 树状结构

树状结构主要用 Hub 连接实现，即用多级 Hub 通过双绞线级联进行组网(这种方式又叫级联组网方式)。其网络拓扑结构如图 2-11 所示。

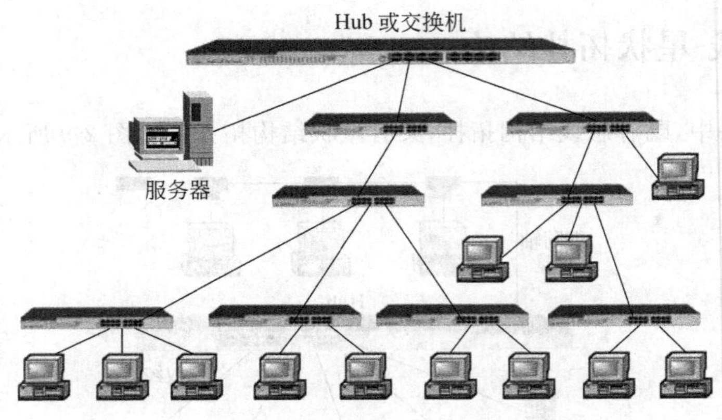

图 2-11 树状网络拓扑结构图

通过级联,可以有效地增加网线的长度,可以连接数百台终端计算机。

注意：级联的 Hub 不能超过 4 级。图 2-11 就是一个 4 级连接树状拓扑图。

2.2.8 半网状结构

在环状结构网的基础上,增加部分结点之间的连线后,即得到半网状结构网络。其网络拓扑结构如图 2-12(a)所示。

优点：提高了系统的可靠性和稳定性。

缺点：线路耗量大,不易于结点扩充。

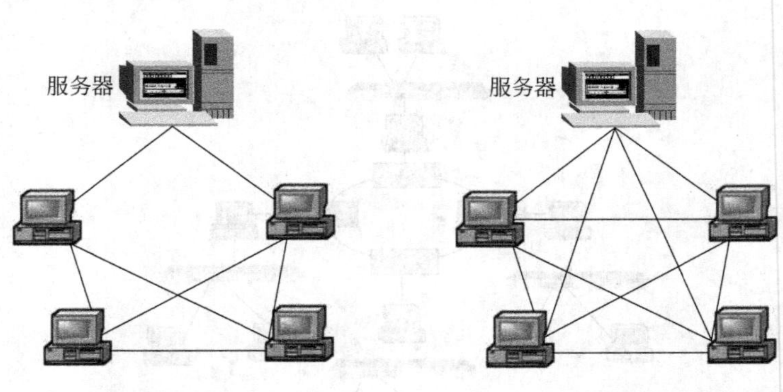

图 2-12 半网状和全网状拓扑结构图

2.2.9 全网状结构

如果一个网络只连接几台设备,最简单而且最有效的方法是将它们相互之间都直接相连在一起,这种连接称为点对点连接。用这种方式形成的网络称为全互连网络,也就是全网状结构网络,如图 2-12(b)所示。图中有 5 个终端设备,在全互连情况下,需要 10 条传输线路。如果要连接的终端设备有 n 个，所需线路将达到 $n\times(n-1)\div 2$ 条。显而易见，这种方式只有在涉及地理范围不大，终端设备数很少的情况下才有实用价值。即使属于这种环境，在 LAN 技术中也不常使用。这里所以给出这种拓扑结构，是因为当需要通过互连设备(如路由器)互连多个 LAN 时，将有可能遇到这种广域网的互连技术。

优点：网络系统的可靠性和稳定性最好，数据传输效率也极高。

缺点：

(1) 线缆耗量太大，成本太高；

(2) 网络建设难度大；

(3) 结点的增加难以实现。

全网状结构只是一种理想中的结构模型，由于网络的成本高、建设难度大、不易扩充和维护，在现实中极少使用全网状结构建立局域网络。

2.3 网络通信介质

信息的传输是从一台计算机传输给另一台计算机，或从一个结点把信息传输到另一个结点，它们都是通过通信介质实现的，常用的通信介质(又称通信媒体)有如下几种。

1. 磁介质

把数据从一台计算机传输给另一台计算机最普通的方式之一是把数据写到硬盘或 U 盘上，而后再复制到另一台计算机中。对于近距离传输，人工携带 U 盘既方便成本又低。但速度慢、效率低，尤其是对远距离传输，或是一对多或多对多的计算机之间进行相互传输信息时，磁介质传输则显得力不从心。

2. 有线通信介质

虽然以 U 盘为介质实现传输具有携带方便、成本低等特点，但利用它们传输的实时性非常差，并且不能进行在线连接和大批量数据交换。有线通信介质通信具有磁介质通信所不具备的许多优点。

有线通信介质有双绞线、基带同轴电缆、宽带同轴电缆和光纤等。

3. 无线通信介质

计算机网络系统中的无线通信主要是指微波通信。微波通信分为地面微波通信和卫星微波通信两种。

由于微波沿直线传播，而地表面是曲面，因此限制了地面微波传播的范围。一般微波直接传输数据信号的距离在 40～60km 范围内，为使传输范围更大，则需要在适当的地点设置信号中继站。设置中继站的目的如下。

(1) 信号放大：由于长距离传输后，微波信号强度减弱，通过中继站来恢复信号强度。

(2) 信号失真恢复：由于微波信号在传输过程中，受到自然界中各种噪声的干扰，信号可能会受到损坏并出现差错和失真，为此要通过中继站去掉干扰、去掉噪声、进行信号失真恢复等处理工作。

(3) 信号转发：通过中继站把微波信号从一个中继站传送到下一个中继站，直到把信号传到信宿结点为止。

微波通信的特点是通信容量大、受外界干扰小、传输质量高，但数据保密性差。

地面微波通信是利用地面中继系统在地面设置中继站。这种系统不论在数据传输速度，数据传输质量，还是在传输范围、传输稳定性等方面都还不能令用户十分满意。为克服地面微波通信的不足，通信系统利用人造卫星作中继站转发微波信号，能使信号在非常大的范围内进行传播。因一颗卫星通信能覆盖1/3的地球表面，三颗卫星就能覆盖全球，卫星微波通信与地面微波通信不同，地面微波通信随着通信距离的增加而使成本增大，而卫星微波通信与其通信距离无关。卫星通信具有更大的通信容量和更高的可靠性。

2.3.1 有线介质

1. 基带同轴电缆

基带同轴电缆(Baseband Coaxial Cable)是指50Ω的细同轴电缆。它主要用于未经调制的数字信号传输，其中间是铜线，外面包着绝缘材料，绝缘材料外边再包一层金属网，最外面用塑料包皮。基带同轴电缆的抗干扰能力优于双绞线，它被广泛用于局域网。在传输中，基带同轴电缆传输数据速率越高，其传输距离越短。

基带同轴电缆具有10Mb/s的传输速率，用于组建细线总线网络。用基带同轴电缆组建的网络可表示为：10Base-2由细同轴电缆组建的总线网络，传输速率为10Mb/s，单个网段长度为185m。

2. 宽带同轴电缆

宽带同轴电缆(Broadband Coaxial Cable)是指75Ω的粗同轴电缆，也就是日常生活中使用的电视信号线。它主要用于经调制的模拟信号传输，但也可用于未经调制的数字信号的传输。宽带同轴电缆是公用天线电视系统的标准传输电缆，在传输电视信号时，其带宽可达6Mb/s。在以太网中，单段以太网段的电缆最大长度为500m，带宽为10Mb/s。

宽带同轴电缆具有10Mb/s的传输速率，用以组建粗线总线网络。用宽带同轴电缆组建的网络可表示为：10Base-5(由粗同轴电缆组建的总线网络，传输速率为10Mb/s，单个网段长度为500m)。

3. 双绞线

双绞线(Twisted Pair)是用两根绝缘铜线扭在一起的通信介质。双绞线的抗干扰能力较强，在电话系统中双绞线被广泛应用。双绞线越粗，距离越远，传输的频带就越宽；双绞线既可用于数字信号的传输，也可用于模拟信号传输。由于它性能好，成本低，在计算机网络中得到了广泛采用。

双绞线通常有1对2芯、2对4芯和4对8芯三种，另外还有大对数双绞线，如25对50芯或50对100芯等。

双绞线分为屏蔽双绞线和非屏蔽双绞线两种。

(1) 屏蔽双绞线(Shielded Twisted Pair，STP)。

在信号传输过程中，电磁的辐射会大大地影响传输信号的质量，也会使噪声信号增加，而屏蔽双绞线能有效地将电磁辐射屏蔽掉。但在屏蔽电磁辐射的同时，有可能会带来信号的衰减，对电磁辐射的屏蔽还会导致双绞线电阻、电容及电导的改变，严重时会引起信号的丢失。信号的丢失与噪声相比要严重得多，因此，屏蔽双绞线只用于电磁辐射严重的环境。通常组网则使用非屏蔽双绞线。从价格来说，屏蔽双绞线比非屏蔽双绞线要贵。屏蔽双绞线如图2-13(a)所示。

屏蔽双绞线有三类：三类屏蔽双绞线、五类屏蔽双绞线和六类屏蔽双绞线。三类屏蔽双绞线带宽为16Mb/s，五类屏蔽双绞线带宽为100Mb/s，而六类屏蔽双绞线带宽可达1000 Mb/s。

在本书中，若没有特殊说明，所说的双绞线均为非屏蔽双绞线。

(a) 屏蔽双绞线

(b) 非屏蔽双绞线

(c) 双绞线跳线

图2-13 双绞线

(2) 非屏蔽双绞线(Unshielded Twisted Pair，UTP)。

非屏蔽双绞线共分为9大类。分别称为一类非屏蔽双绞线(在不致引起混淆的情况下，将其简称为一类双绞线，下同)、二类双绞线、三类双绞线、四类双绞线、五类双绞线、超五类双绞线、六类双绞线、超六类双绞线和七类双绞线。

一类线是ANSI/EIA/TIA-568A标准中最原始的非屏蔽双绞铜线电缆，但它开发之初的目的不是用于计算机网络数据通信，而是用于电话语音通信，其带宽只有数十kb/s。

二类线是ANSI/EIA/TIA-568A和ISO 2类/A级标准中第一个可用于计算机网络数据传输的非屏蔽双绞线电缆，传输频率为1MHz，传输速率达4Mb/s。主要用于旧的令牌网。

三类线是ANSI/EIA/TIA-568A和ISO 3类/B级标准中专用于10Base-T以太网络的非屏蔽双绞线电缆，传输频率为16MHz，传输速度可达10Mb/s。

四类线是 ANSI/EIA/TIA-568A 和 ISO 4 类/C 级标准中用于令牌环网络的非屏蔽双绞线电缆，传输频率为 20MHz，传输速度达 16Mb/s。主要用于基于令牌的局域网和 10Base-T/100Base-T。

五类线是 ANSI/EIA/TIA-568A 和 ISO 5 类/D 级标准中用于运行 CDDI（CDDI 是基于双绞铜线的 FDDI 网络）和快速以太网的非屏蔽双绞线电缆，传输频率为 100MHz，传输速度达 100 Mb/s。

超五类线是 ANSI/EIA/TIA-568B.1 和 ISO 5 类/D 级标准中用于运行快速以太网的非屏蔽双绞线电缆，传输频率也为 100MHz，传输速度也可达到 100Mb/s。与五类线缆相比，超五类在近端串扰、串扰总和、衰减和信噪比 4 个主要指标上都有较大的改进。超五类非屏蔽双绞线如图 2-13(b)所示。

六类线是 ANSI/EIA/TIA-568B.2 和 ISO 6 类/E 级标准中规定的一种非屏蔽双绞线电缆，它也主要应用于百兆位快速以太网和千兆位以太网中。因为它的传输频率可达 200～250MHz，是超五类线带宽的 2 倍，最大速度可达到 1000Mb/s，能满足千兆位以太网需求。

超六类线是六类线的改进版，同样是 ANSI/EIA/TIA-568B.2 和 ISO 6 类/E 级标准中规定的一种非屏蔽双绞线电缆，主要应用于千兆位网络中。在传输频率方面与六类线一样，也是 200～250MHz，最大传输速度也可达到 1000Mb/s，只是在串扰、衰减和信噪比等方面有较大改善。

七类线是 ISO 7 类/F 级标准中最新的一种双绞线，它主要为了适应万兆位以太网技术的应用和发展。但它不再是一种非屏蔽双绞线了，而是一种屏蔽双绞线，所以它的传输频率至少可达 500MHz，是六类线和超六类线的 2 倍以上，传输速率可达 10Gb/s。

双绞线主要用于组建星状网络，单段双绞线的最大有效距离为 100m。

4. 光纤

光纤(Fiber)是光导纤维的简称，又称光缆，它是用极细的石英玻璃纤维作传输介质。光缆传输是利用激光二极管或发光二极管在通电后产生光脉冲信号，这些光脉冲信号能沿光纤进行传输。光纤实物如图 2-14(a)所示。

众所周知，计算机内部的数据是用 1 和 0 来表示的，这种数据称为二进制数据。在非光纤通信电缆上，是用电脉冲传输二进制数据的，比如用电压的有和无或电流的高和低来表示 1 和 0。而在光纤中，是用光束表示数据的，即用光的有和无表示数据 1 和 0。

例如，把激光二极管连接到光纤的一端，把光电二极管连到光纤的另一端，这样就构成了一个光纤的单向传输系统，如图 2-14(c)所示。

光纤系统是把电信号转换成光信号进行传输。由于可见光的频率非常高，约为 10^8MHz 的量级，因此光纤通信系统的传输带宽远远大于其他各种传输介质的带宽。光纤可以 1000Mb/s 的速率发送数据，大功率的激光器可以驱动 100km 长的光纤，而中间不带任何中继设备。

光纤具有如下优点。

(1) 传输频带非常宽，通信容量大；

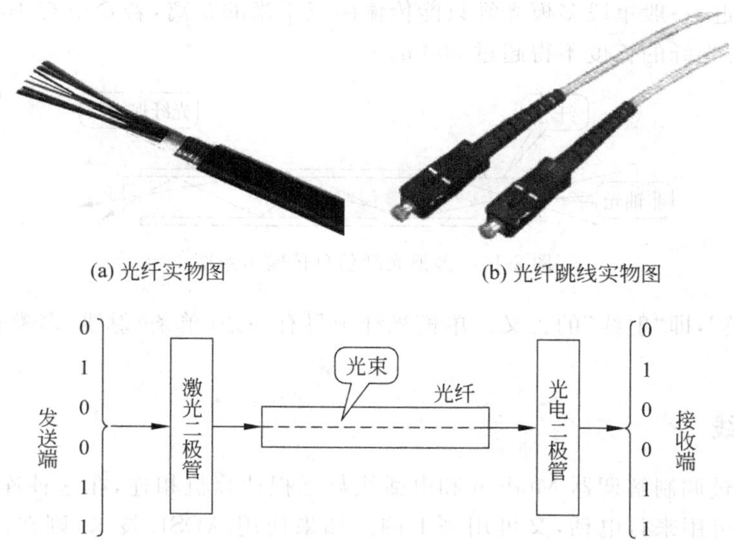

(a) 光纤实物图　(b) 光纤跳线实物图

(c) 信息在光纤中的传输示意图

图 2-14　光纤

(2) 传输损耗小，中继距离长；

(3) 抗雷电和抗电磁干扰性能好；

(4) 无串音干扰、不易被窃听、数据不易被截取，保密性好；

(5) 体积小、重量轻；

(6) 经久耐用，若无外在因素的损坏，光纤可使用 15 年以上。

光纤分为单模光纤和多模光纤两种。

(1) 单模光纤(Single Mode Fiber，SMF)

单模光纤又称为细光纤，或称为轴路径光纤。细光纤的工作原理是，光束是沿光纤的轴径进行传播(轴路径传播方式)的，如图 2-15 所示。由于光束是沿直线传播的缘故，致使单模光纤的信息传输量有限，但它却能进行远距离的传输，单段单模光纤的有效距离最长可达 100km。

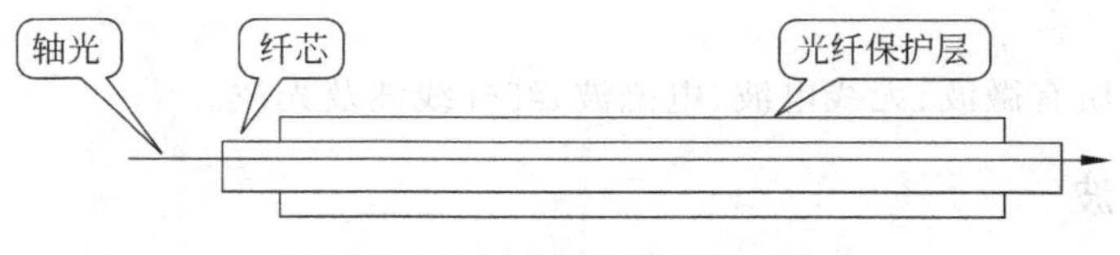

图 2-15　单模光纤信息传输示意图

(2) 多模光纤(Multi Mode Fiber，MMF)

多模光纤又称为粗光纤，或称为非轴路径光纤。粗光纤的工作原理是：光束是以不同的角度进入光纤管道，并沿光纤管道壁间以反射(折射)的方式进行传播(非轴路径传播方式)，如图 2-16 所示。由于光的折射，致使光束在非轴路径光纤中的传播距离比沿轴路径进行的直线传播的距离要长得多，所以多模光纤的传输速率比单模光纤的速率慢，而且传输距离也较近，一般单段多模光纤只能传输两三千米的距离，若希望有 1000Mb/s 的带宽，则单段多模光纤的长度不得超过 600m。

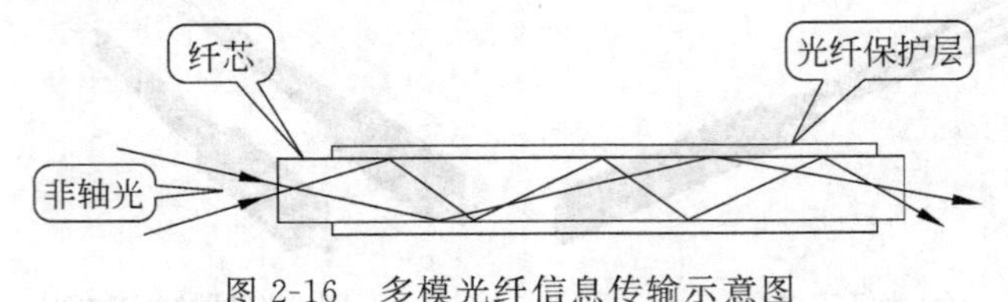

图 2-16　多模光纤信息传输示意图

这里的“模”，即“射线”的含义。单模光纤中只有一条(单条)射线，多模光纤中有多条射线。

5. 电话线

计算机通过调制解调器 Modem 和电话线与远程计算机相连，在这种连接方式下，同一条电话线既可用来打电话，又可用来上网。如果使用 ADSL 技术，则在同一时间既可用来打电话，又可用来上网。

6. 载波线缆

利用载波信号进行网络信号的传播。比如电力系统就是利用高压线上的载波信号进行电力行业的计算机网络的连接与通信的。其优点是节省线路投资费用，不足之处是信号噪声太大且信号不稳定，信号质量差。

7. 闭路电视线

家家户户使用的闭路电视线缆的频带是很宽的，而电视信号只占用高频段部分，低频段是空闲的，因此，其低频段部分可用来传输网络信号。在计算机网络普及之前，证券公司的股票信息就是通过闭路电视线传送到股民家中的，用户在接收股票信息的同时，照常可收看电视节目。

2.3.2　无线介质

无线通信介质有微波、无线电波、电磁波、红外线波及光波。

1. 无线电波

无线电波是一种全方位传播的电波，其传播方式有两种：一是直接传播，即电波沿地表面向四周传播，如图 2-17 所示；二是靠大气层中电离层的反射进行传播，如图 2-18 所示。

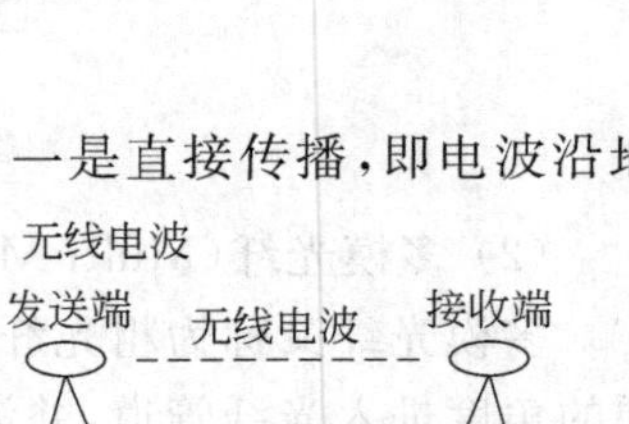

无线电波
发送端　无线电波　接收端
地表面

图 2-17　无线电波沿地表面传播

2. 微波

微波是一种定向传播的电波，收发双方的天线必须相对应才能收发信息，即发送端的天线要对准接收端，接收端的天线要对准发送端，如图 2-19 所示。

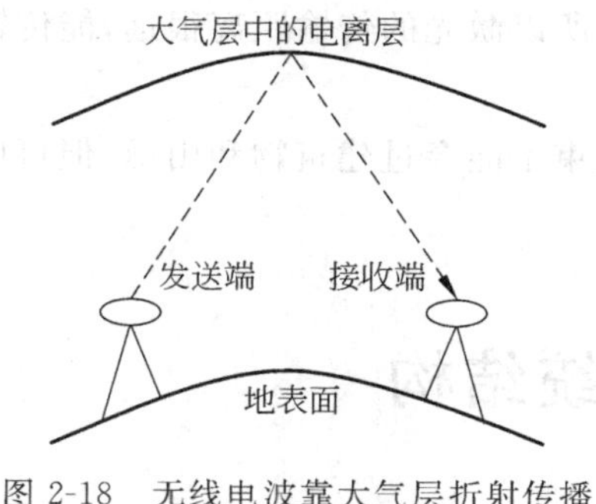

图 2-18　无线电波靠大气层折射传播

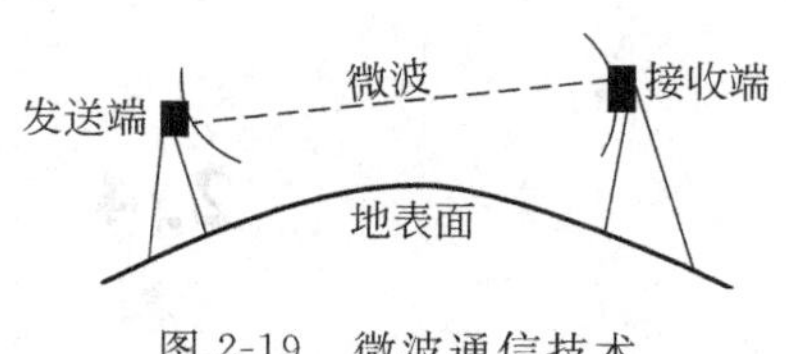

图 2-19　微波通信技术

3. 卫星通信

卫星通信是典型的微波技术应用。利用同步卫星，可以进行更远距离的传输。收发双方都必须安装卫星接收及发射设备，且收发双方的天线都必须对准卫星，否则不能收发信息，如图 2-20 所示。

一颗同步卫星发射的电波能覆盖地球的 1/3，因此，三颗同步卫星就能覆盖全球，也就是说，利用三颗同步卫星就能实现全球通信，如图 2-21 所示。

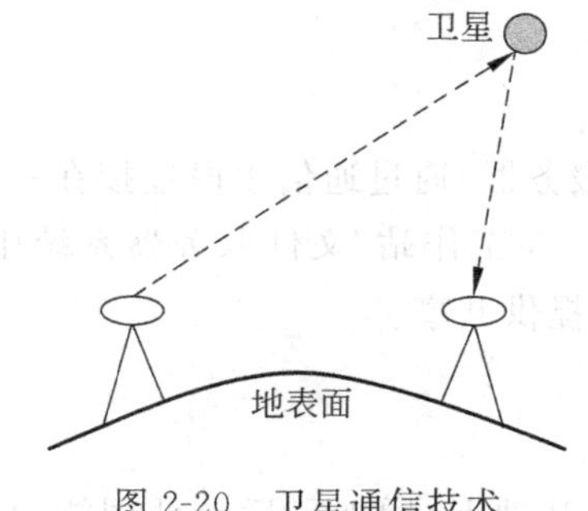

图 2-20　卫星通信技术

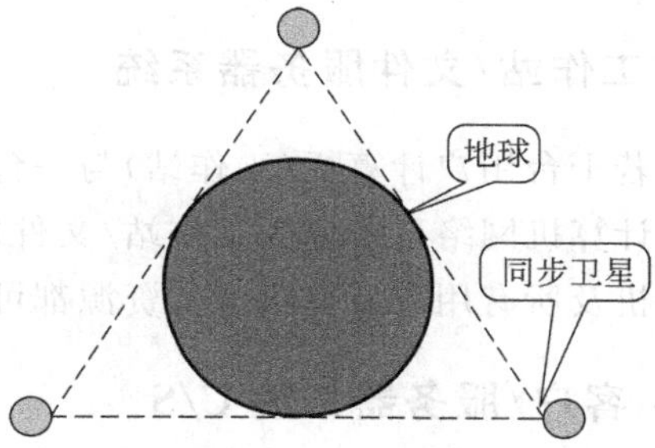

地球

同步卫星

图 2-21　同步通信卫星通信示意图

4. 红外线

红外线被广泛用于室内短距离通信。家家户户使用的电视机及音响设备的遥控器就是利用红外线技术进行遥控的。红外线也是具有方向性的。

红外线的优点是制造工艺简单，价格便宜，缺点是传输距离有限，一般只限于室内通信，而且不能穿透坚实的物体(如砖墙等)。如果在室内发射红外电波，室外就收不到，这可避免各个房屋之间的红外电波的相互干扰，并可有效地进行数据的安全保密控制。

5. 激光

除了光纤上可以用光进行信息的传输外，激光束也可用于在空中传输数据。和微波通信一样，采用激光通信至少要有两个激光站点组成，每个站点都拥有发送信息和接收信息的能力。激光设备通常是安装在固定位置上，通常安装在高山上的铁塔上，并且天线相互对应。由于激光束能在很长的距离上得以聚焦，所以激光的传输距离很远，能传输几十千米。

和微波一样，激光束也是沿直线传播的。激光束不能穿过建筑物和山脉，但可以穿透云层。

2.4 网络系统结构

到目前为止，计算机网络共有 4 种系统结构，现分别介绍如下。

1. 主机系统 H

主机系统就是一台主计算机带上若干台终端所构成的多用户系统，如 IBM 360 机、VAX 机、TJ 2230 机等。

与前面叙述的联机系统不同的是，在主机系统中，用户终端可以是非智能终端，也可以是智能终端。值得注意的是，在主机系统中，当使用的用户终端是智能终端时，其终端上的资源仍不能提供给网上共享，只有主机上的资源才能提供共享。

2. 工作站/文件服务器系统

将若干台用户计算机（工作站）与一台主机（文件服务器）通过通信手段连接在一起而组成的计算机网络系统称为工作站/文件服务器系统。在工作站/文件服务器系统中，网上的主机及所有用户计算机上的资源都可给网络系统提供共享。

3. 客户/服务器系统 C/S

客户/服务器系统是在工作站/文件服务器系统的基础上，增加了后台处理能力而构成的。在 C/S 系统中，网上的用户终端可将部分工作交给主机去处理（即后台处理，或叫后台作业）。NetWare 386、Windows NT、UNIX 都可以建立 C/S 网络系统。后台处理结束后，自动将结果送回到前台进程中。值得注意的是，前台进程与后台处理是并行进行，互不干扰的。

4. 对等网络系统

在对等网络系统中，不需要专用的网络服务器，网上的计算机与计算机之间的地位都是平等的。在系统运行过程中，任何一台计算机随时可设置为工作站或主机（网络服务器）。典型的对等网络系统有 D-Link、Windows NT、Windows 2000/XP 等。

2.5 常用网络连接设备

网络连接设备很多，在这里列出的是最常用的网络连接设备，如表 2-1 所示。

表 2-1　常用网络连接设备

序号	设备名称	主 要 功 能	基 本 用 途
1	中继器	信号复制和信号放大	用以连接两个网段
2	网桥	信息交换、信号放大	用以连接两个同类型的局域网络
3	网关	信息交换、信号放大	用以连接两个不同类型的局域网络
4	路由器	信息交换、信号放大、路由选择	用以组建广域网络和国际互联网络
5	集线器	信号复制、信号分流、信号放大	用以组建简单及小型 LAN
6	交换机	信号复制、信号分流、信号放大、路由选择(核心交换机和三层交换机)	用以组建复杂及大型 LAN
7	调制解调器	信号调制与解调	用以电话线组建网络
8	光纤收发器	光信号收发、光信号与数字信号转换	用以光纤连接的网络
9	网闸	链路的连接与断开	安全隔离
10	负载均衡器	任务分摊(服务器均衡)和流量分摊(线路均衡)	服务器均衡和线路均衡
11	BRAS	拨号上网、认证、计费	上网用户认证

1. 中继器

由于存在损耗，在线路上传输的信号功率会逐渐衰减，衰减到一定程度时将造成信号失真，会导致接收错误。中继器就是为解决这一问题而设计的。它完成物理线路的连接，对衰减的信号进行放大，保持与原数据相同。

中继器(Repeater)是连接网络线路的一种装置，常用于两个网络结点之间物理信号的双向转发工作，主要功能是对网线长度和网络覆盖范围进行扩充。中继器是最简单的网络互连设备，主要完成物理层的功能，负责在两个结点的物理层上按位传递信息，完成信号的复制、调整和放大功能，以此来延长网络的长度。中继器如图 2-22 所示，用中继器连接的网络拓扑如图 2-23 所示。

一般情况下，中继器的两端连接的是相同的介质，但有的中继器可完成不同介质的转接工作。从理论上讲，中继器的连接个数可以是无限的，网络也因此可以无限延长。事实上这是不可能的，因为网络标准中都对信号的延迟范围做了具体的规定，中继器只能在此规定范围内进行有效的工作，否则会引起网络故障。以太网络标准中就约定了在一个以太网上最多只允许出现 5 个网段，最多只能使用 4 个中继器；在一个网段上最多只允许连接两个中继器，而且其中只有三个网段可以挂接计算机终端，如图 2-24 所示。

图 2-22　中继器实物图

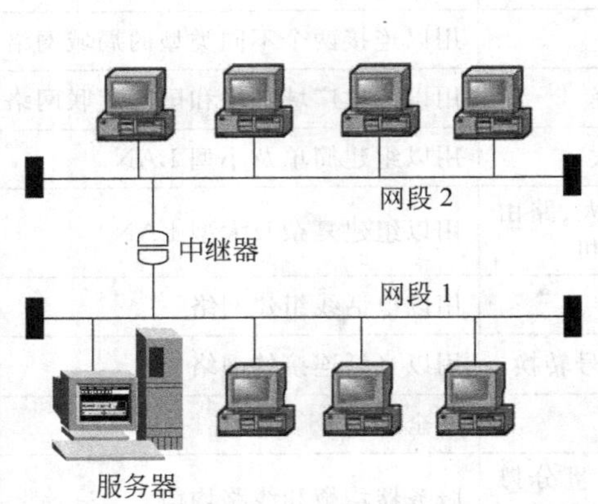

图 2-23　用中继器连接的网络拓扑结构图

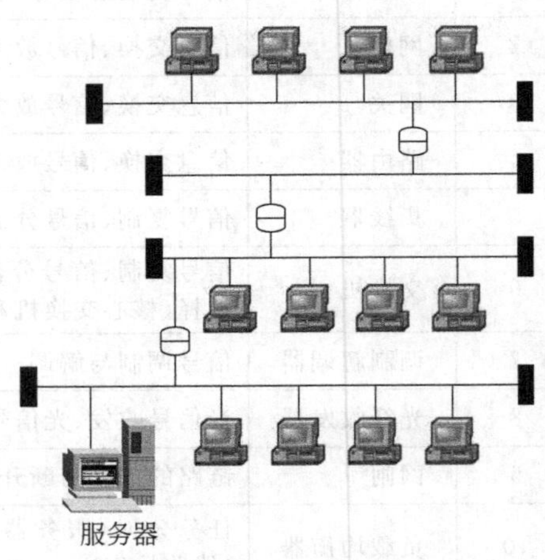

图 2-24　用多个中继器连接的网络拓扑图

中继器分为近程中继器和远程中继器两种。近程中继器用符号"——◫——"表示，最大连接距离为 50m；远程中继器用符号"——◫◫——"表示，最大连接距离为 1000m。其连接拓扑如图 2-25 所示。

2. 网桥

1）网桥工作原理

网桥(Bridge)工作在数据链路层，主要功能是将两个相同类型的 LAN 连起来，根据 MAC 地址来转发帧，网桥可以看作一个"低层的路由器"(路由器工作在网络层，根据网络地址，如 IP 地址进行转发)。

远程网桥通过一个通常较慢的链路(如电话线)连接两个远程 LAN。对本地网桥而言，性能比较重要；而对远程网桥而言，在长距离上可正常运行是更重要的。

2）网桥连接拓扑

最简单的网桥是在一台计算机中插入两块网

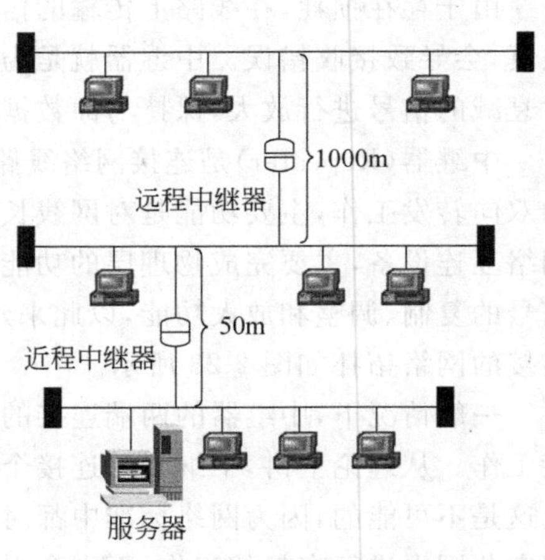

图 2-25　用近程中继器和远程中继器的连接拓扑图

卡，每一块网卡与一个局域网连接，再在这台计算机上运行相应的网桥软件而形成的(即这一台计算机具有网桥功能)。

网桥分为内部网桥(简称为内桥)和外部网桥(简称为外桥)两种。内桥由服务器担任，即在服务器上插上一块网卡并运行相应的网桥软件而构成的网桥。内桥连接的网络拓扑如图 2-26 所示。

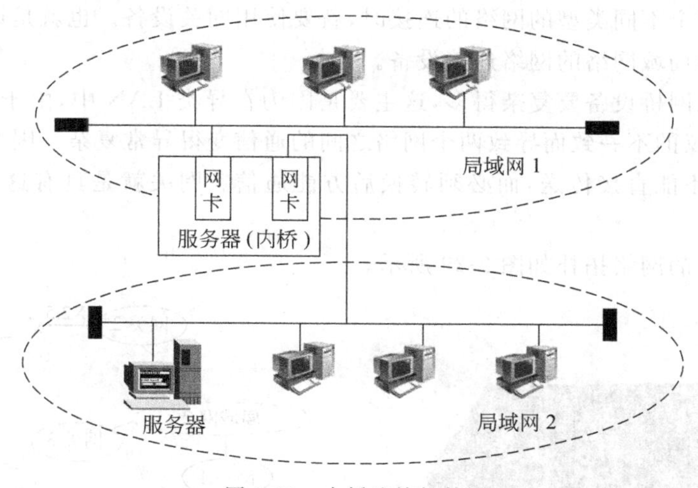

图 2-26 内桥连接拓扑图

早期的外桥可用一台单独的计算机来担任，即在计算机上插入两块网卡并运行相应的网桥软件而构成的网桥。用外桥连接的网络拓扑如图 2-27 所示。

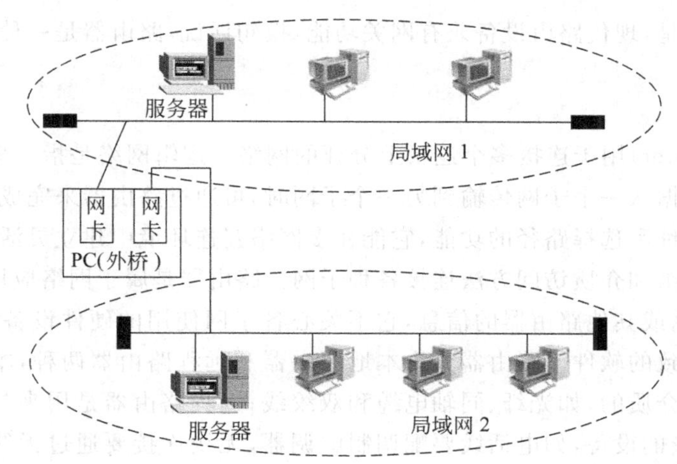

图 2-27 外桥连接拓扑图

后来，专门的外桥设备(如图 2-28 所示)问世，其网络连接拓扑与图 2-27 类似，只是将图 2-27 中用外桥专用设备取代 PC 做的桥接设备。

3) 网桥与路由器的比较

由于路由器处理网络层的数据，因此它们更容易互连不同的数据链路层，如令牌环网段和以太网段。网桥通常比路由器更难以控制。像IP等协议有复杂的路由协议，使网管易于管理路由；IP等协议还提供了较多的网络如何分段的信息。而网桥则只用MAC地址和物理拓扑进行工作。因此网桥一般适于小型且较简单的网络。

3. 网关

当要进行两个不同类型的网络的连接时，就要使用网关设备。也就是说，网关是连接两个不同类型的局域网络的网络连接设备。

网关设备比网桥设备要复杂得多，这主要是因为在异类LAN中，由于网络操作系统的不同，通信协议的不一致而导致两个网络之间的通信变得异常复杂。因为在两个LAN的连接处，信息不能直接传送，而必须转换后方能通信。网关就是具有这种转换功能的设备。

用网关连接的网络拓扑如图2-29所示。

图2-28 外桥设备实物图

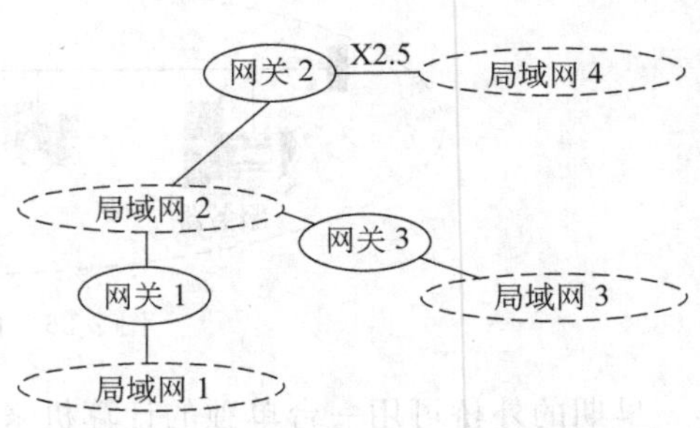

图2-29 网关组网连接拓扑图

值得一提的是，现代路由设备兼有网关功能，换句话说，路由器是一种专用网关设备。

4. 路由器

路由器(Router)用于连接多个逻辑上分开的网络。逻辑网络是指一个单独的网络或一个子网。当数据从一个子网传输到另一个子网时，可通过路由器来完成。因此，路由器具有判断网络地址和选择路径的功能，它能在多网络互连环境中建立灵活的连接，可用完全不同的数据分组和介质访问方法连接各种子网。路由器是属于网络应用层的一种互连设备，只接收源站或其他路由器的信息，它不关心各子网使用的硬件设备，但要求运行与网络层协议相一致的软件。路由器分为本地路由器和远程路由器两种，本地路由器是用来连接网络传输介质的，如光纤、同轴电缆和双绞线；远程路由器是用来与远程传输介质连接，并要求响应的设备，如电话线要配调制解调器，无线连接要通过无线接收机和发射机。路由器实物图如图2-30所示。

路由器是用来连接两个异型网络的连接设备，其主要功能如下。

(1) 网桥和网关功能；

(2) 路由选择功能。

路由选择功能能自动选择最佳的路径进行信息传输。其工作原理是，每个路由器上都有一张路由表，当某计算机要与网上的远程计算机进行通信时，路由器先查找路由表，

(a)以太网路由器

(b)无线路由器

图 2-30 路由器实物图

找到最佳的路径后再进行信息传输。用路由器连接的网络连接如图 2-31 所示。

路由又分为静态路由和动态路由两种。

(1) 静态路由：它只能按照事先定义好的路由表进行路由选择。对于新增加路径，路由器不能自动修改路由表，更不能经过这路径访问新增的远程结点(新增加的网络结点及路径必须人工写入路由表中才能使用)。

(2) 动态路由：对于新增加的路径，路由器能自动修改路由表，即能将新增的路径自动插入路由表中。

5. 集线器

集线器 Hub(如图 2-32 所示)可以说是一种高档中继器，作为网络传输介质间的中央转结点，它克服了介质单一通道的缺陷。以集线器为中心的优点是：当网络系统中某条线路或某结点出现故障时，不会影响网上其他结点的正常工作。集线器可分为无源集线器、有源集线器和智能集线器三种。

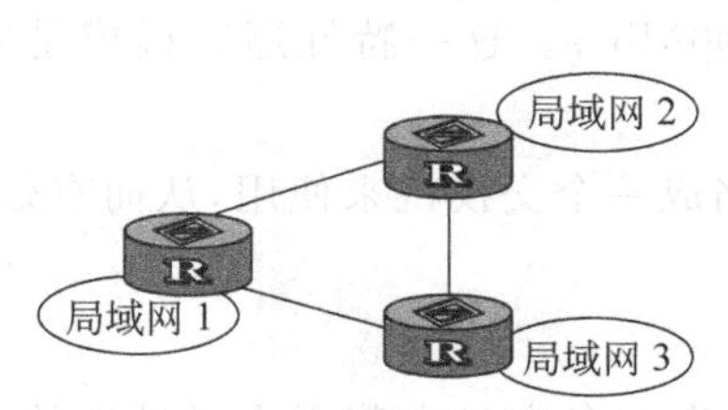

图 2-31 路由器连接拓扑图

图 2-32 集线器实物图

(1) 无源集线器只负责把多段介质连接在一起，对信号只进行转发而不做任何处理，每一种介质段只允许扩展到最大有效距离的一半，比如双绞线只能扩充 50m。

(2) 有源集线器类似于无源集线器，但它具有对传输信号进行再生和放大从而扩展介质长度的功能，允许扩展到最大有效距离的一倍，如双绞线可扩充 100m。

(3) 智能集线器除具有有源集线器的功能外，还可将网络的部分功能集成到集线器中，如网络管理、选择网络传输线路等。

集线器技术发展迅速，已出现交换技术(在集线器上增加了线路交换功能)和网络分段方式，提高了传输带宽。

用集线器连接的网络拓扑图详见本章的星状网络拓扑结构图(图 2-1)和树状网络拓

扑结构图(图 2-11)。

6. 交换机

随着网络技术的发展,各种各样的通信设备应运而生,交换机就是其中一员。实际上,交换机(Switch)是在集线器的基础上发展起来的,可以说"交换机就是高档集线器"。

1) 交换机的功能和特点

交换机的功能如下。

(1) 具有集线器的所有功能;

(2) 具有存储转发、分组交换能力;

(3) 具有子网和虚网管理能力;

(4) 各用户终端可以独占带宽;

(5) 交换机可以堆叠;

(6) 具有路由选择功能(核心交换机和三层交换机)。

交换机的特点如下。

前面介绍的集线器的特点是共享带宽,在共享带宽的集线器中,若接入集线器的用户有 n 个,则每个终端用户可用的带宽为总带宽的 $1/n$。例如,设集线器的入口总带宽为 10Mb/s,若有 4 个用户连接在这个集线器上,则每个用户所能使用的带宽为 2.5Mb/s。若终端用户增加到 8 个,则每个终端用户所能使用的带宽仅有集线器总带宽的 1/8,即 1.25Mb/s。由此看出,接入集线器的终端越多,每个用户所能使用的带宽就越窄,其网络效率也随之下降。

由于交换机具有独占带宽的特性,无论接入交换机的用户有多少,每个用户所使用的带宽与交换机的接入带宽完全一致。例如,设交换机的接入带宽为 100Mb/s,无论接入交换机的用户有多少个,每个用户占用的带宽均为 100Mb/s。这一特性通常说成是"独占带宽 100Mb/s 到桌面"技术。

堆叠技术:交换机堆叠后,就可将若干个交换机当成一个交换机来使用,从而有效地保证交换机独占带宽的交换能力。

2) 交换机的分类

交换机的类别很多,交换机的名字更是形形色色,有些名字是由英语直译过来的,有些名字是厂商命名的。下面逐步加以介绍。

交换机包括电话交换机(PBX)和数据交换机(Switch)两种,这里介绍的交换机都是指数据交换机。

(1) 按照最广泛的普通分类

① 桌面型交换机:这是最常见的一种交换机,它区别于其他交换机的一个特点是支持的每端口 MAC 地址很少,广泛地使用于一般办公室、小型机房和业务受理较为集中的业务部门、多媒体制作中心、网站管理中心等部门。在传输速度上,现代桌面型交换机大都提供多个具有 10/100Mb/s 自适应能力的端口。

② 工作组交换机:常用来作为扩充设备,在桌面型交换机不能满足需求时,大多直接考虑工作组型交换机。虽然工作组型交换机只有较少的端口数量,但却支持较多的

MAC 地址，并具有良好的扩充能力，端口的传输速度为 100Mb/s。

③ 部门交换机：与工作组交换机不同的是，它们的端口数量和性能级别有所差异。一个部门交换机通常有 8～16 个端口，通常在所有端口上支持全双工操作。其性能比工作组交换机的性能要好，而且不低于所有端口带宽的半双工汇集带宽。

④ 校园网交换机：这种交换机应用相对较少，仅应用于大型网络，且一般作为网络的骨干交换机，并具有快速数据交换能力和全双工能力，可提供容错等智能特性，还支持扩充选项及第三层交换中的虚拟局域网（VLAN）等多种功能。

⑤ 企业交换机：类似于校园网交换机，不同是企业交换机还可以接入一个大底盘。这些底盘产品通常支持许多不同类型的组件，比如快速以太网中继器、FDDI 集中器、令牌环 MAU 和路由器。企业交换机在建设企业级别的网络时非常有用，尤其是对需要支持一些网络技术和以前的系统。基于底盘设备通常有非常强大的管理特征，因此非常适合于企业网络的环境。不过，基于底盘设备的缺点是它们的成本都非常高。

（2）按照 ISO/OSI 的分层结构分类

按照 ISO/OSI 的分层结构分类，交换机可分为二层交换机、三层交换机和四层交换机等（图 2-33），相对应的有二层交换技术、三层交换技术和四层交换技术。

(a)核心交换机　(b)四层交换机

(c) 三层交换机　(d) 二层交换机

图 2-33　交换机实物图

3）二层交换技术和二层交换机

二层交换机：二层交换机指的就是传统的工作在 OSI 参考模型的第二层（数据链路层）上的交换机，主要功能包括物理编址、错误校验、帧序列以及流控。

在现代网络连接拓扑结构中，二层交换机通常用作接入层的连接设备，它通常上连接到汇聚层交换机上。

二层交换技术：二层交换技术发展比较成熟，二层交换机属数据链路层设备，可以识别数据包中的 MAC 地址信息，根据 MAC 地址进行转发，并将这些 MAC 地址与对应的端口记录在自己内部的一个地址表中。具体的工作流程如下。

(1) 当交换机从某个端口收到一个数据包，它先读取包头中的源 MAC 地址，这样它就知道源 MAC 地址的机器是连在哪个端口上的；

(2) 再去读取包头中的目的 MAC 地址，并在地址表中查找相应的端口；

(3) 如表中有与这目的 MAC 地址对应的端口，把数据包直接复制到这个端口上；

(4) 如表中找不到相应的端口则把数据包广播到所有端口上，当目的机器对源机器回应时，交换机又可以学习目的 MAC 地址与哪个端口对应，在下次传送数据时就不再需要对所有端口进行广播了。

不断地循环这个过程，对于全网的 MAC 地址信息都可以学习到，二层交换机就是这样建立和维护它自己的地址表的。

4) 三层交换技术和三层交换机

一个纯第二层的解决方案，是最便宜的方案，但它在划分子网和广播限制等方面提供的控制最少。传统的路由器与外部的交换机一起使用也能解决这个问题，但现在路由器的处理速度已跟不上带宽要求。因此三层交换机、Web 交换机等应运而生。

三层交换机是一个具有三层交换功能的设备，即带有第三层路由功能的二层交换机，它是二者的有机结合，但并不是简单地把路由器设备的硬件及软件叠加在局域网交换机上。

在现代网络连接拓扑结构中，三层交换机通常用作"汇聚层"的连接设备，它上连核心层的核心交换机，下连接入层的二层交换机。另外，它既可通过双绞线和光纤连接到近距离的二层交换机上，也可以通过光纤连接到远距离的三层交换机上。其连接示意图如图 2-34 所示。

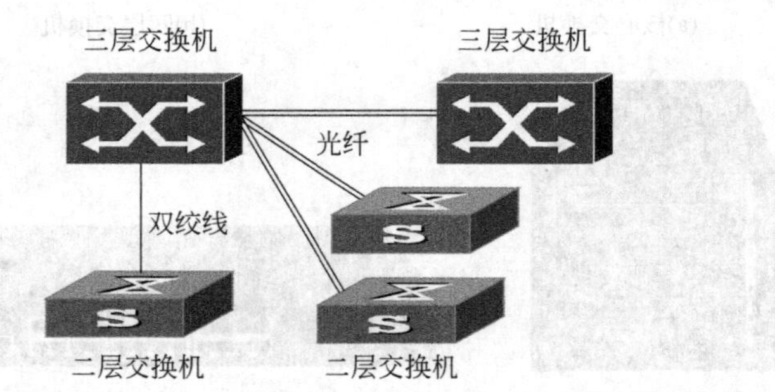

图 2-34　三层交换机和二层交换机的联网拓扑图

一个具有三层交换功能的设备，是一个带有第三层路由功能的第二层交换机，但它是二者的有机结合，并不是简单地把路由器设备的硬件及软件叠加在局域网交换机上。

第三层交换工作在 OSI 七层网络模型中的第三层即网络层，是利用第三层协议中的 IP 包的报头信息来对后续数据业务流进行标记，具有同一标记的业务流的后续报文被交换到第二层数据链路层，从而打通源 IP 地址和目的 IP 地址之间的一条通路。这条通路经过第二层链路层。有了这条通路，三层交换机就没有必要每次将接收到的数据包进行拆包来判断路由，而是直接将数据包进行转发，将数据流进行交换。

5）四层交换技术和四层交换机

四层交换技术：OSI 网络参考模型的第四层是传输层。传输层负责端到端通信，即在网络源和目标系统之间协调通信。在 IP 协议栈中这是 TCP（传输控制协议）和 UDP（用户数据报协议）所在的协议层。TCP 和 UDP 包含端口号，它可以唯一区分每个数据包包含哪些应用协议（例如 HTTP、FTP、Telnet 等）。TCP/UDP 端口号提供的附加信息可以为网络交换机所利用，四层交换机利用这种信息来区分包中的数据，这是第四层交换的基础。

四层交换机：第四层交换机主要功能是完成端到端交换，除此之外，它还能根据端口主机的应用特点，确定或限制它的交换流量。简单地说，第四层交换机是基于传输层数据包的交换过程的，是一类基于 TCP/IP 协议应用层的用户应用交换需求的新型局域网交换机。第四层交换机支持 TCP/UDP 第四层以下的所有协议，可根据 TCP/UDP 端口号来区分数据包的应用类型，从而实现应用层的访问控制和服务质量保证。可以查看第三层数据包头源地址和目的地址的内容，可以通过基于观察到的信息采取相应的动作，实现带宽分配、故障诊断和对 TCP/IP 应用程序数据流进行访问控制的关键功能。第四层交换机通过任务分配和负载均衡优化网络，并提供详细的流量统计信息和记账信息，从而在应用的层级上解决网络拥塞、网络安全和网络管理等问题，使网络具有智能和可管理。

6）二、三、四层交换的区别

第二层交换实现局域网内主机间的快速信息交流，第三层交换可以说是交换技术与路由技术的完美结合，而第四层交换技术则可以为网络应用资源提供最优分配，实现应用服务服务质量、负载均衡及安全控制。四层交换并不是要取代谁，其实现在泾渭分明的二层交换和三层交换已融入四层交换技术。

7）七层交换技术与七层交换机

七层交换机的智能性能够对所有传输流和内容进行控制。由于可以自由地完全打开传输流的应用层和表示层，仔细分析其中的内容，因此可根据应用的类型而非仅根据 IP 和端口号做出更智能的负载均衡决定。这就可以不仅基于 URL 做出全面的负载均衡决策，还能根据实际的应用类型做出决策。这将使用户可以识别视频会议流，并根据这一信息做出相应的负载均衡决策。

在 Internet、Intranet 和 Extranet 中，七层交换机都大有施展抱负的用武之地。比如企业到消费者的电子商务、联机客户支持，人事规划与建设、市场销售自动化，客户服务，防火墙负载均衡，内容过滤和带宽管理等。

8）核心层交换技术与核心交换机

核心层位于三层网络拓扑的顶层，主要负责可靠和迅速地传输大量的数据流。用户的数据是在分配层进行处理的，如果需要，分配层会将请求发送到核心层。如果这一层出现了故障将会影响到每一个用户，所以容错也比较重要。所以在这一层不要做任何影响通信流量的事情，如访问表、VLAN 和包过滤等。也不要在这一层接入工作组。当网络扩展时（比如添加路由器），应该避免扩充核心层。但是如果核心层的性能成了问题，就应该直接升级而不是扩充。在设计这一层时应该着重考虑传输速率，所以最好使用比较优秀的技术，如 FDDI，千兆以太网，甚至是 ATM。最后一点是要选择收敛时间短的路由协议，否则快速和有冗余的数据链路连接就没有意义。

核心层交换机一般都是三层交换机或者三层以上的交换机，采用机箱式的外观，具有很多冗余的部件。核心层交换机也可以说是交换机的网关。在进行网络规划设计时核心层的设备通常要占大部分投资，因为核心层设备对于冗余能力、可靠性和传输速度方面要求较高。

在现代网络连接拓扑结构中，核心交换机通常用作“核心层”的连接设备，它上面通过路由设备与 Internet 相连，下连到汇聚层的三层交换机上。

9) 三种交换技术

(1) 端口交换

端口交换技术最早出现在插槽式的集线器中，这类集线器的背板通常划分有多条以太网段(每条网段为一个广播域)，不用网桥或路由连接，网络之间是互不相通的。以太主模块插入后通常被分配到某个背板的网段上，端口交换用于将以太模块的端口在背板的多个网段之间进行分配、平衡。根据支持的程度，端口交换还可细分为模块交换、端口组交换和端口级交换。

① 模块交换：将整个模块进行网段迁移。

② 端口组交换：通常模块上的端口被划分为若干组，每组端口允许进行网段迁移。

③ 端口级交换：支持每个端口在不同网段之间进行迁移。这种交换技术是基于 OSI 第一层上完成的，具有灵活性和负载平衡能力等优点。如果配置得当，那么还可以在一定程度进行容错，但没有改变共享传输介质的特点，从而未能称之为真正的交换。

(2) 帧交换

帧交换是目前应用最广的局域网交换技术，它通过对传统传输介质进行分段，提供并行传送的机制，以减小冲突域，获得高的带宽。一般来讲，每个公司的产品的实现技术均会有差异，但对网络帧的处理方式一般有以下两种。

① 直通交换：提供线速处理能力，交换机只读出网络帧的前 14B，便将网络帧传送到相应的端口上。

② 存储转发：通过对网络帧的读取进行验错和控制。

前一种方法的交换速度非常快，但缺乏对网络帧进行更高级的控制，缺乏智能性和安全性，同时也无法支持具有不同速率的端口交换。因此，各厂商把后一种技术作为发展重点。

有的厂商甚至对网络帧进行分解，将帧分解成固定大小的信元，该信元处理极易用硬件实现，处理速度快，同时能够完成高级控制功能(如美国 MADGE 公司的 LET 集线器)。

(3) 信元交换

ATM 技术代表了网络和通信技术发展的未来方向，也是解决目前网络通信中众多难题的一剂“良方”，ATM 采用固定长度 53B 的信元交换。由于长度固定，因而便于用硬件实现。ATM 采用专用的连接技术进行连接，并行运行，可以通过一个交换机同时建立多个结点，但并不会影响每个结点之间的通信能力。ATM 还允许在源结点和目标结点之间建立多个虚拟连接，以保障足够的带宽和容错能力。ATM 采用了统计时分电路进行复用(统计时分复用又称异步时分复用)，因而能大大提高通道的利用率。ATM 的带宽可以达到 25MB、155MB、622MB 甚至数 GB 的传输能力。

10）现代网络连接模式

现代网络是由路由器、交换机和终端计算机组成的，其网络拓扑如图 2-35 所示。

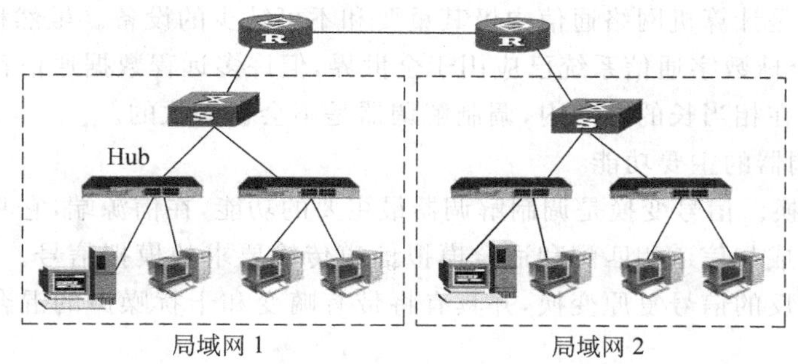

图 2-35　现代网络连接拓扑结构图

现代局域网络架构主要由交换机组建，通常分成三层：核心层、汇聚层和接入层。核心层使用核心交换机，汇聚层用三层交换机，而接入层使用二层交换机。其网络拓扑连接如图 2-36 所示。

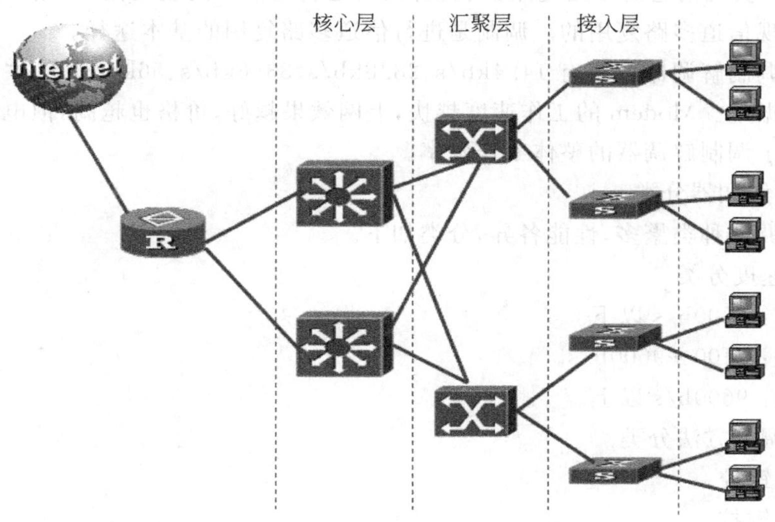

图 2-36　三层网络拓扑结构图

7. 调制解调器

通过电话线拨号上网的用户终端，必须用 Modem 设备进行连接，Modem 的功能就是调制与解调，以实现数字信号与模拟信号之间的转换。

调制解调器是同时具有调制和解调两种功能的设备，它是一种信号变换设备。在计算机网络通信系统中，作为信源的计算机发出的信号都是数字信号，作为信宿的计算机所能接收和识别的信号也要求必须是数字信号。在数据传输中，特别是在进行远程数据传输过程中，为了能利用廉价的电话公共交换网实现计算机间的远程通信，就必须先将信源发出的数字信号变换成能够在公共电话网上传输的模拟信号，传输到目的地后再将被变换的数字信号复原，前者被称为调制，后者被称为解调。

调制解调器是计算机网络通信中极其重要和不可缺少的设备。虽然称为综合业务数据网(ISDN)的全球数字通信系统已应用于全世界，但许多远程数据通信都需要使用调制解调器，可以说，在相当长的时间内，调制解调器是不会被淘汰的。

1）调制解调器的主要功能

(1) 信号变换。信号变换是调制解调器最主要的功能，在信源端，它将信源发出的数字脉冲信号变换成与信道相匹配和适合模拟信道传输要求的模拟信号。在信宿端，它完成与信源变换相反的信号复原变换，并具有将带有畸变和干扰噪声的混合波形进行处理的功能。

(2) 在同步传输系统中，调制解调器所传送的数据流中有同步信息。在接收端，调制解调器将发送来的同步信息进行同步，用以产生与信源同频、同相的载波，供信宿产生定时和取样使用，以确保信源和信宿两端同步。

(3) 提高数据在传输过程中的抗干扰能力，补偿因某些有害因素造成的对信号的损害。

(4) 用以实现信道的多路复用，调制解调器是利用信号的正交性，采用不同的编码和调制技术实现信道多路复用的。调制是进行信道多路复用的基本途径。

常见的调制解调器速率有 14.4kb/s、28.8kb/s、33.6kb/s、56kb/s 等。“b/s”为每秒钟传输的数据量。Modem 的工作速度越快，上网效果越好，价格也越高，但电话线路的通信能力制约了调制解调器的整体工作效率。

2）调制解调器分类

调制解调器种类繁多，性能各异，分类如下。

(1) 按速度分类

① 低速：1200b/s 以下。

② 中速：2400～9600b/s。

③ 高速：9600b/s 以上。

(2) 按调制方法分类

① 频移键控。

② 相移键控。

③ 相位幅度调制。

(3) 按与计算机连接方式分类

① 外置式 Modem：外置式 Modem 具有与计算机、电话等连接的接口，如图 2-37 所示。

② 内置式 Modem：内置式 Modem 是把调制解调器安装在计算机内(即在计算机内插入一块 Modem 卡)，如图 2-38 所示。

图 2-37　外置式 Modem 连接图

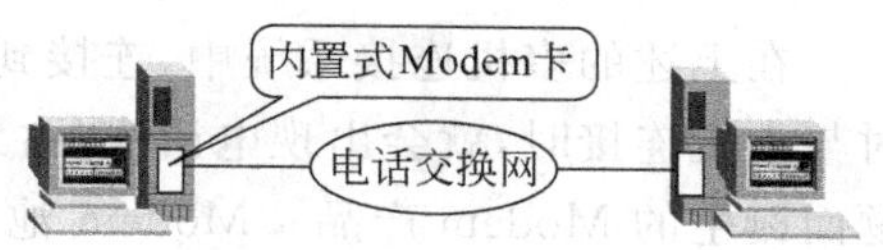

图 2-38　内置式 Modem 连接图

(4) 按先进性分类

① 手动拨号调制解调器：使用时用与其相连接的电话来拨号码。

② 自动拨号/自动回答调制解调器：这种调制解调器在使用时只需在计算机键盘上输入要拨的电话号码即可。

③ 智能调制解调器：普通的调制解调器完全独立于计算机，不受计算机的任何控制，控制调制解调器是由人工进行，而智能调制解调器是通过计算机对其工作进行控制的。

智能调制解调器的功能非常强，它除具备通常调制解调器的功能外，还具有数据自动检测、差错纠正、数据压缩、语言压缩、流量控制、发送和接收 FAX(传真)、自动降速或恢复设定速率、诊断及线路状态监视等功能。

智能调制解调器都是以微处理器和大规模集成电路来实现的，体积小、重量轻、功能强、使用方便，利用"菜单"进行操作。

3) Modem 上网连接方式

使用 Modem 电话拨号上网，有以下三种连接方式。

(1) 单机连接

单机连接指的是两台计算机之间的连接，每台计算机上接上一台 Modem，通过电话线连接起来，其连接拓扑结构如图 2-39 所示。

图 2-39　单机连接方式

(2) 多机连接

多机连接指的是多台用户终端与一台主机相连接，其网络连接拓扑如图 2-40 所示。

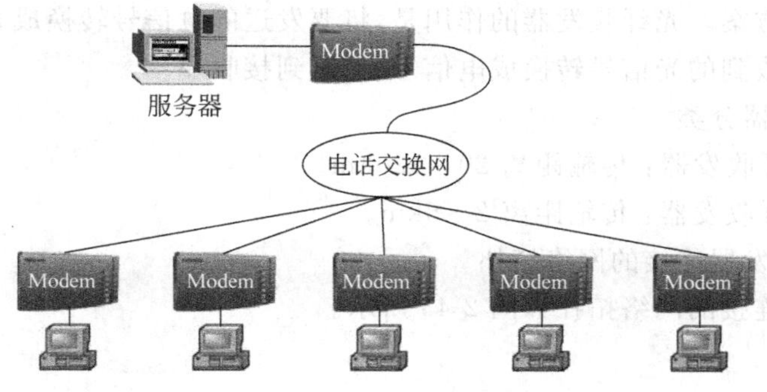

图 2-40　多机连接方式

(3) Modem Pool(Modem 池)

在上述的多机连接系统中,连接到主机上的只有一条电话线,当有两个以上的用户同时与主机连接时,就会出现电话线"占线"的现象,Modem 池就是为了有效地解决这一问题而诞生的 Modem 产品。Modem 池允许多个用户同时拨号上网。其网络连接拓扑如图 2-41 所示。

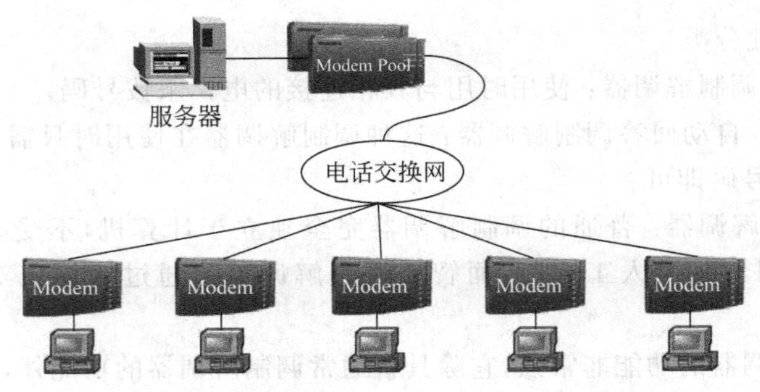

图 2-41 Modem 池连接方式

8. 光纤收发器

1) 光纤收发器概述

光纤收发器(其实物图如图 2-42 所示),是一种将短距离的双绞线电信号和长距离的光信号进行互换的以太网传输媒体转换单元,在很多地方也被称为光电转换器(Fiber Converter)。产品一般应用在以太网电缆无法覆盖、必须使用光纤来延长传输距离的实际网络环境中,且通常定位于宽带城域网的接入层应用;同时在帮助把光纤最后一千米线路连接到城域网和更外层的网络上也发挥了巨大的作用。

图 2-42 光纤收发器实物图

有了光纤收发器,也为需要将系统从铜线升级到光纤,为缺少资金、人力或时间的用户提供了一种廉价的方案。光纤收发器的作用是,将要发送的电信号转换成光信号,并发送出去,同时,能将接收到的光信号转换成电信号,传输到接收端。

2) 光纤收发器分类

(1) 单模光纤收发器:传输距离 20~120km。

(2) 多模光纤收发器:传输距离 2~5km。

3) 用光纤收发器连接的网络拓扑

光纤收发器连接的网络拓扑如图 2-43 所示。

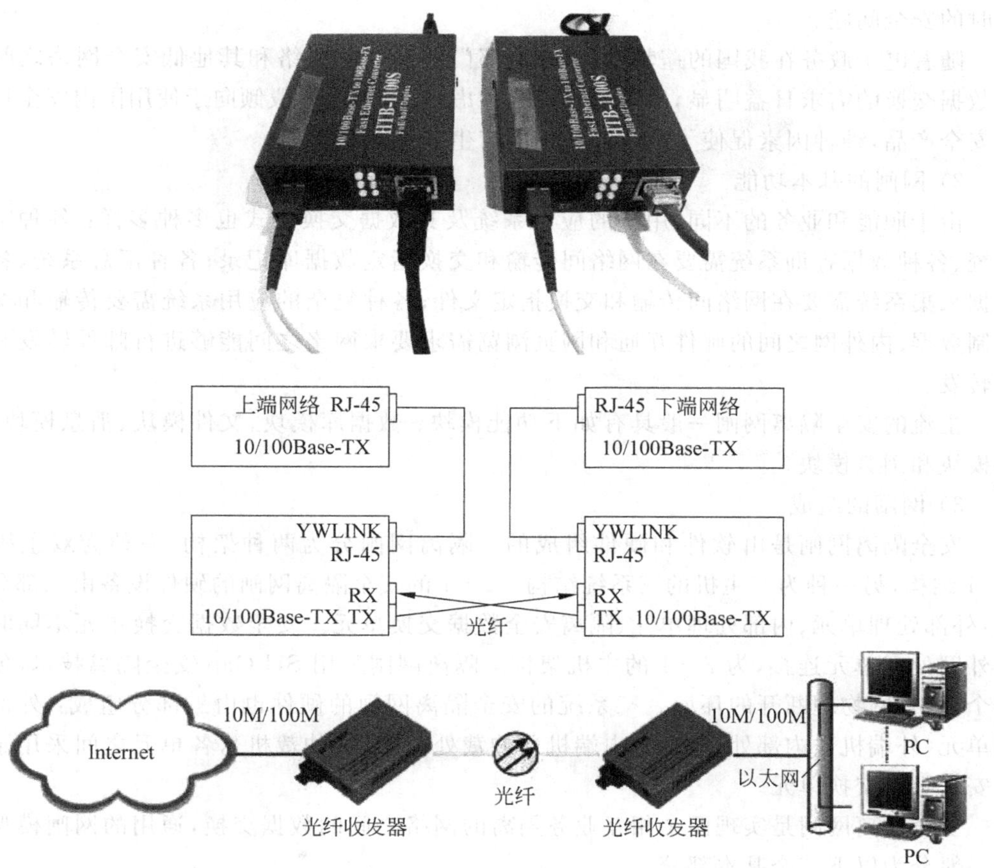

图 2-43　光纤收发器连接拓扑图

9. 网闸

1）网闸概述

网闸（图 2-44）的全称是“安全隔离网闸”，又名“物理隔离网闸”，用以实现不同安全级别网络之间的安全隔离，并提供适度可控的数据交换的软硬件系统。

图 2-44　网闸实物图

安全隔离网闸是一种由带有多种控制功能专用硬件在电路上切断网络之间的链路层连接，并能够在网络间进行安全适度的应用数据交换的网络安全设备。

网闸的产生，最早出现在美国、以色列等国的军方，用以解决涉密网络与公共网络连接时的安全问题。

随着电子政务在我国的蓬勃发展，政府部门的高安全网络和其他低安全网络之间进行数据交换的需求日益明显，出于国家安全考虑，政府部门一般倾向于使用国内安全厂商的安全产品，种种因素促使了网闸在我国的产生。

2）网闸的基本功能

由于职能和业务的不同，用户的应用系统及其数据交换方式也多种多样：各种审批系统、各种数据查询系统需要在网络间传输和交换指定数据库记录；各种汇总系统、各种数据采集系统需要在网络间传输和交换指定文件；各种复杂的应用系统需要传输和交换定制数据；内外网之间的邮件互通和网页浏览需求要求网络之间能够进行邮件转发和网页转发。

主流的安全隔离网闸一般具有如下功能模块：数据库模块、文件模块、消息模块、邮件模块和浏览模块。

3）网闸的组成

安全隔离网闸是由软件和硬件组成的。隔离网闸分为两种架构，一种为双主机的2+1结构，另一种为三主机的三系统结构。2+1的安全隔离网闸的硬件设备由三部分组成：外部处理单元、内部处理单元、隔离安全数据交换单元。安全数据交换单元不同时与内外网处理单元连接，为2+1的主机架构。隔离网闸采用SU-Gap安全隔离技术，创建一个内、外网物理断开的环境。三系统的安全隔离网闸的硬件也由三部分组成：外部处理单元(外端机)、内部处理单元(内端机)、仲裁处理单元(仲裁机)，各单元之间采用了隔离安全数据交换单元。

安全隔离网闸是实现两个相互业务隔离的网络之间的数据交换，通用的网闸模型设计一般分为以下三个基本部分。

(1) 内网处理单元；

(2) 外网处理单元；

(3) 隔离与交换控制单元(隔离硬件)。

其中，三个单元都要求其软件的操作系统是安全的，也就是采用非通用的操作系统，或改造后的专用操作系统。一般为UNIX BSD或Linux的安全精简版本，或者其他嵌入式操作系统VxWorks等，但都要将底层不需要的协议、服务删除，使用协议优化改造，增加安全特性，同时提高效率。其工作流程如图2-45所示。

(1) 内网处理单元：包括内网接口单元与内网数据缓冲区。接口部分负责与内网的连接，并终止内网用户的网络连接，对数据进行病毒检测、防火墙、入侵防护等安全检测后剥离出“纯数据”，做好交换的准备，也完成来自内网对用户身份的确认，确保数据的安全通道；数据缓冲区是存放并调度剥离后的数据，负责与隔离交换单元的数据交换。

(2) 外网处理单元：与内网处理单元功能相同，但处理的是外网连接。

(3) 隔离与交换控制单元：是网闸隔离控制的摆渡控制，控制交换通道的开启与关闭。控制单元中包含一个数据交换区，就是数据交换中的摆渡船。对交换通道的控制方式目前有两种技术：摆渡开关与通道控制。摆渡开关是电子倒换开关，让数据交换区与

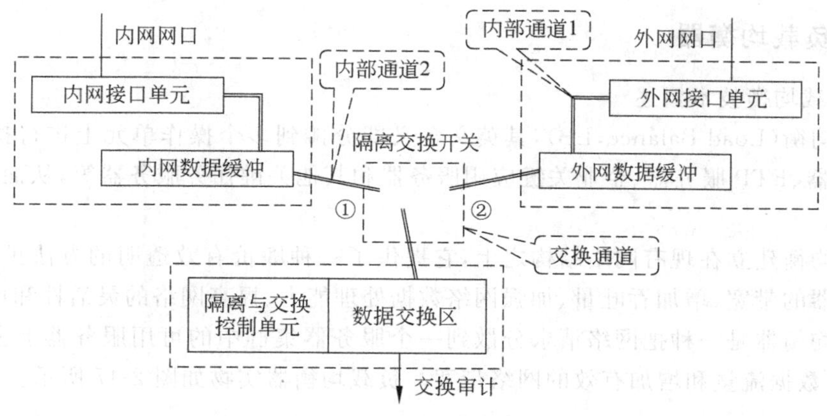

图 2-45　网闸工作流示意图

内外网在任意时刻的不同时连接，形成空间间隔 GAP，实现物理隔离。通道方式是在内外网之间改变通信模式，中断了内外网的直接连接，采用私密的通信手段形成内外网的物理隔离。该单元中有一个数据交换区，作为交换数据的中转。

4）网闸的连接拓扑

网闸连接拓扑如图 2-46 所示。

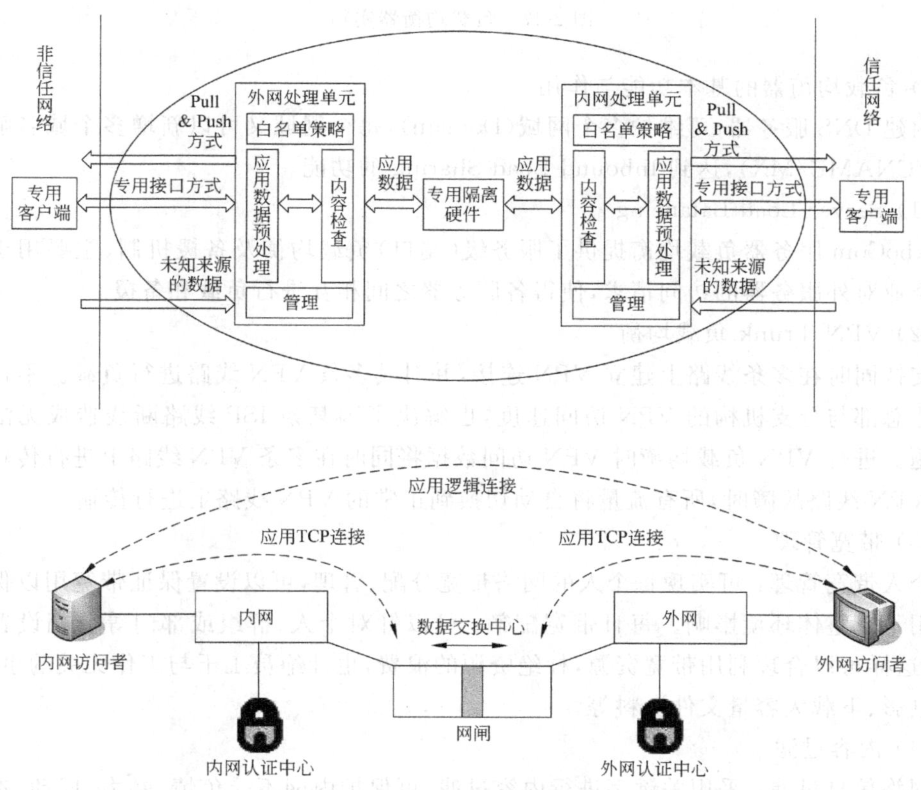

图 2-46　网闸连接拓扑图

10. 负载均衡器

1）负载均衡技术概述

负载均衡(Load Balance,LB),其英文含义即分摊到多个操作单元上进行执行,例如Web服务器、FTP服务器、企业关键应用服务器和其他关键任务服务器等,从而共同完成工作任务。

负载均衡建立在现有网络结构之上,它提供了一种廉价有效透明的方法扩展网络设备和服务器的带宽、增加吞吐量、加强网络数据处理能力、提高网络的灵活性和可用性。

负载均衡器是一种把网络请求分散到一个服务器集群中的可用服务器上去,管理进入的Web数据流量和增加有效的网络带宽。负载均衡器实物如图2-47所示。

图2-47 负载均衡器实物

2）负载均衡器的基本功能与作用

内建DNS服务器,可维护多个网域(Domain),每个网域又可以新增多个域名解析记录(A/CNAME/MX),达到Inbound Load Sharing的功能。

(1) Server Load Balancing

AboCom服务器负载均衡提供了服务级(端口)负载均衡及备援机制,主要用于合理分配企业对外服务器的访问请求,使得各服务器之间相互进行负载和备援。

(2) VPN Trunk负载均衡

支持同时在多条线路上建立VPN连接,并对其多条VPN线路进行负载。不仅提高了企业总部与分支机构的VPN访问速度,也解决了因某条ISP线路断线造成无法访问的问题。进行VPN负载均衡时VPN访问数据将同时在多条VPN线路上进行传输。当一条VPN线路故障时,所有流量将自动切换到正常的VPN线路上进行传输。

(3) 带宽管理

个人带宽管理：可实现每个人的网络带宽分配、管理,可以设置保证带宽用以保障个人应用不受整体环境影响。每日带宽配额：可以针对个人、群组或部门等分别设置带宽配额,这样可以合理利用带宽资源,杜绝资源的浪费,也杜绝员工干与工作无关的事,如看在线电影、下载大容量文件资料等。

(4) 内容过滤

网络信息过滤：采用关键字进行内容过滤,可保护内网不受色情、暴力、反动、迷信等信息的入侵和干扰。

聊天软件、P2P 软件控制：可针对 QQ、MSN、Yahoo、Skype、Google Talk 等聊天通信软件进行管控和限制，还可限制或禁止如 BT、电驴、迅雷等 P2P 软件的使用。

(5) SSL VPN

提供最佳远程安全存取解决方案，企业仅需透过最熟悉的网络浏览器接口（Web Browser），即可轻松连接到企业内部网络；即使未携带企业管控的笔记本型计算机，利用家用计算机、公用计算机、PDA 等，甚至是通过无线局域网络，都不影响安全联机的建立。

(6) 其他功能

实时图形化统计分析：记录所有网络封包的进出流量信息，可用作网络使用监控及统计记录；提供事件警报（Event Alert）及日志记录管理功能。

支持 3A 认证：Authentication、Authorization、Accounting，即认证、授权、审计。

交换机联合防御：利用指定交换机进行联合防护，提升整个网络的安全系数和安全强度。

HA 双机热备：支持双机备援，防止设备故障造成网络瘫痪，提升整个网络的可靠性。

远程唤醒（Wake on Lan）：远程启动计算机。

3) 负载均衡的关键技术

在门户网站设计中，如何容许大量用户同时访问，能够使网站有大量吞吐量是一个关键点。甚至有许多博客，当流量逐步增加时，为了使网站有大吞吐量，都会使用负载均衡这样低成本的技术，下面就简单介绍一下常用负载均衡技术。

(1) 软件负载均衡技术

该技术适用于一些中小型网站系统，可以满足一般的均衡负载需求。软件负载均衡技术是在一个或多个交互的网络系统中的多台服务器上安装一个或多个相应的负载均衡软件来实现的一种均衡负载技术。软件可以很方便地安装在服务器上，并且实现一定的均衡负载功能。软件负载均衡技术配置简单、操作也方便，最重要的是成本很低。

(2) 硬件负载均衡技术

由于硬件负载均衡技术需要额外增加负载均衡器，成本比较高，所以适用于流量高的大型网站系统。硬件负载均衡技术是在多台服务器间安装相应的负载均衡设备，也就是负载均衡器来完成均衡负载技术，与软件负载均衡技术相比，能达到更好的负载均衡效果。

(3) 本地负载均衡技术

本地负载均衡技术是对本地服务器群进行负载均衡处理。该技术通过对服务器进行性能优化，使流量能够平均分配在服务器群中的各个服务器上，本地负载均衡技术不需要购买昂贵的服务器或优化现有的网络结构。

(4) 全局负载均衡技术

全局负载均衡技术适用于拥有多个地域的服务器集群的大型网站系统。全局负载均衡技术是对分布在全国各个地区的多个服务器进行负载均衡处理，该技术可以通过对访问用户的 IP 地理位置判定，自动转向地域最近点。很多大型网站都使用这种技术。

(5) 链路集合负载均衡技术

链路集合负载均衡技术是将网络系统中的多条物理链路,当作单一的聚合逻辑链路来使用,使网站系统中的数据流量由聚合逻辑链路中所有的物理链路共同承担。这种技术可以在不改变现有的线路结构,不增加现有带宽的基础上大大提高网络数据吞吐量,节约成本。

4) 负载均衡器的连接拓扑

负载均衡器的连接拓扑如图 2-48 所示。

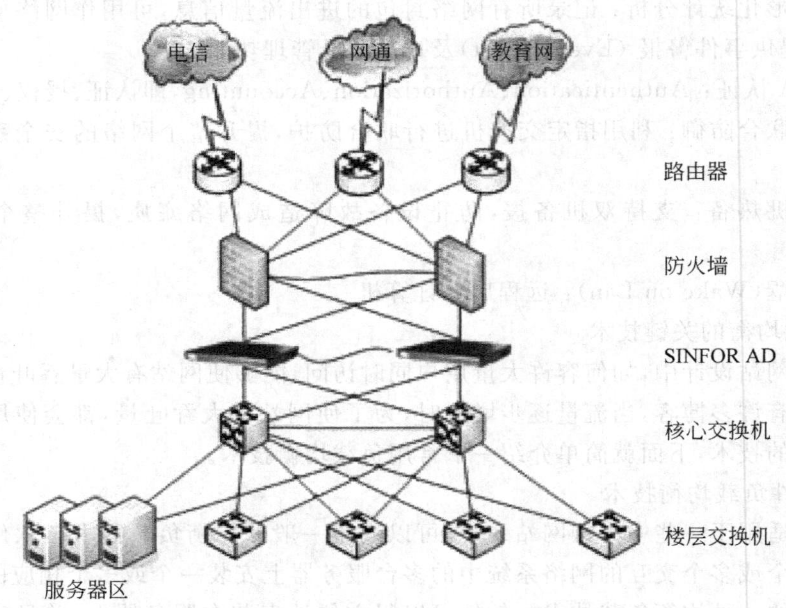

图 2-48　负载均衡器连接拓扑图

11. 宽带远程接入服务器 BRAS

1) BRAS 概述

宽带远程接入服务器(Broadband Remote Access Server,BRAS)是面向宽带网络应用的新型接入网关,它位于骨干网的边缘层,可以完成用户带宽的 IP/ATM 网的数据接入(目前接入手段主要基于 xDSL/Cable Modem/高速以太网技术(LAN)/无线宽带数据接入(WLAN)等),实现商业楼宇及小区住户的宽带上网、基于 IPSec(IP Security Protocol)的 IP VPN 服务、构建企业内部 Intranet、支持 ISP 向用户批发业务等应用。

BRAS 实物如图 2-49 所示。

2) BRAS 的基本功能

BRAS 主要完成两方面的功能:一是网络承载功能,负责终结用户的 PPPoE(Point-to-Point Protocol Over Ethernet,是一种以太网上传送 PPP 会话的方式)连接、汇聚用户的流量功能;二是控制实现功能,与认证系统、计费系统和客户管理系统及服务策略控制系统相配合实现用户接入的认证、计费和管理功能。

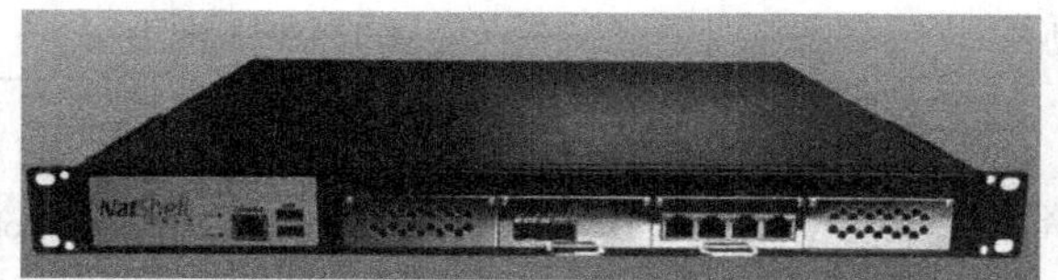

图 2-49 BRAS 实物图

3) BRAS 连接拓扑

BRAS 连接拓扑如图 2-50 所示。

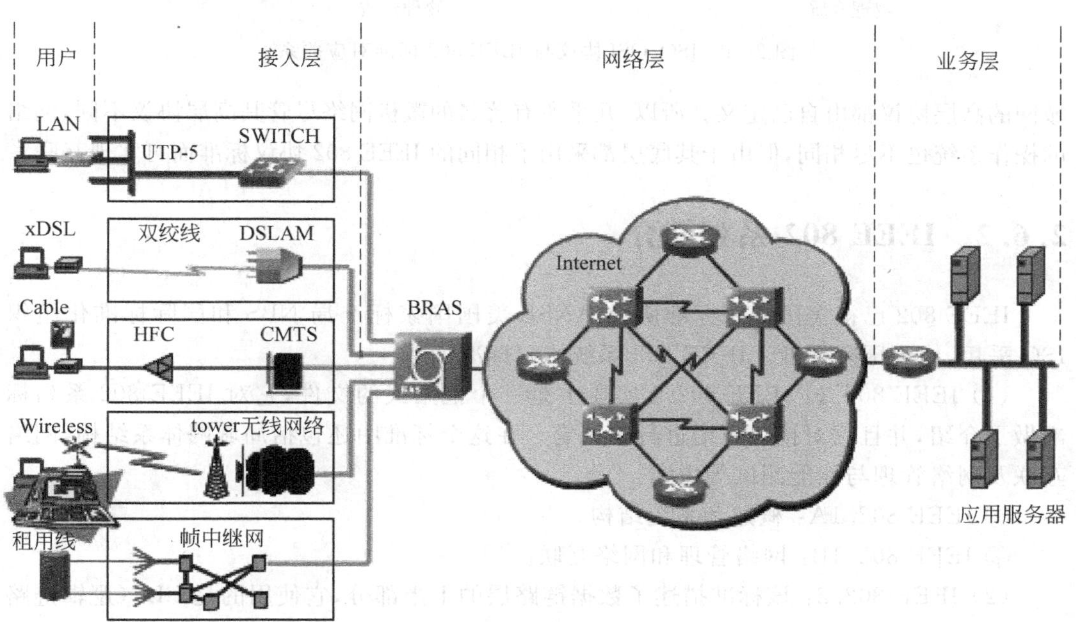

图 2-50 BRAS 连接拓扑图

2.6 网络协议标准

2.6.1 IEEE 802 概述

IEEE 是美国电气电子工程师协会(Institute of Electrical and Eletronic Engineer)的简称。IEEE 为局域网制定出了多种标准,这些标准统称为 IEEE 802 标准,又称为 IEEE 802 系列协议。

IEEE 802 标准只描述了微机局域网络的一部分,即 ISO/OSI 的最低两层:物理层和数据链路层。包括逻辑链路控制层 LLC、介质访问控制 MAC 和物理层控制 PH 的标准,如图 2-51 所示。

IEEE 802 系列是局域网的底层协议,对于高层协议 IEEE 802 未做规定,因此,各种局

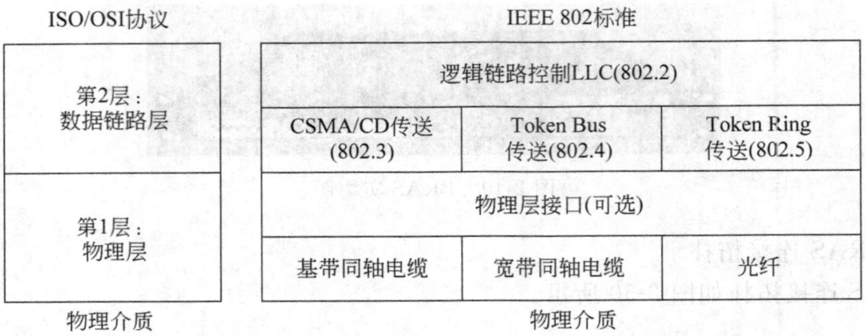

ISO/OSI协议	IEEE 802标准		
第2层：数据链路层	逻辑链路控制LLC(802.2)		
	CSMA/CD传送(802.3)	Token Bus传送(802.4)	Token Ring传送(802.5)
第1层：物理层	物理层接口(可选)		
	基带同轴电缆	宽带同轴电缆	光纤
物理介质	物理介质		

图 2-51　ISO/OSI 协议与 IEEE 802 标准对应关系

域网的高层协议都由自己定义。所以，几乎所有著名的微机网络尽管其高层协议不同，网络的操作系统也不尽相同，但由于其底层都采用了相同的 IEEE 802 协议标准而可实现互联。

2.6.2　IEEE 802 系列简介

IEEE 802 已被美国国家标准协会 ANSI、美国国家标准局 NBS 和国际标准化组织 ISO 采用，成为国际标准。IEEE 802 系统协议标准如下。

(1) IEEE 802.1：IEEE 802.1 实质上是一个框架式的文件，它对 IEEE 802 系列标准做了介绍，并且它对接口原语进行了规定。在这个标准中还包括局域网体系结构，网络互联及网络管理与性能测试等内容。

① IEEE 802.1A：概述和系统结构。

② IEEE 802.1B：网络管理和网络互联。

(2) IEEE 802.2：该标准描述了数据链路层的上半部分，它使用的是 LLC(逻辑链路控制)协议，802.2 用于电话线连接。

(3) IEEE 802.3：该标准定义了 CSMA/CD 总线介质访问控制子层与物理层的规范，802.3 用于传统以太网连接。

(4) IEEE 802.4：该标准定义了令牌总线(Token Bus)介质访问控制子层与物理层的规范。

(5) IEEE 802.5：该标准定义了令牌环(Token Ring)介质访问控制子层与物理层的规范。

(6) IEEE 802.6：该标准定义了城域网(MAN)介质访问控制子层与物理层的规范。

(7) IEEE 802.7：该标准定义了宽带技术规范。

(8) IEEE 802.8：该标准定义了光纤技术规范。

(9) IEEE 802.9：该标准定义了语音与数据综合局域网技术规范。

(10) IEEE 802.10：该标准定义了可互操作的局域网安全性规范。

(11) IEEE 802.11：该标准定义了无线局域网技术规范。

(12) IEEE 802.12：该标准定义了 Demand-Priority 高速局域网络(100CG-AnyLAN)局域网技术规范。

(13) IEEE 802.13：该编号标准未定义，原因是外国人忌讳数字13。

(14) IEEE 802.14：该标准定义了交互电视技术，本标准对交互式电视网(包括Cable Modem)进行了定义以及相应的技术参数规范。

(15) IEEE 802.15：该标准定义了短距离无线网络技术，即无线个人网技术标准，其代表技术是蓝牙(Bluetooth)。

① IEEE 802.15.1：无线个人网络技术规范。

② IEEE 802.15.4：低速无线个人网络技术规范。

(16) IEEE 802.16：该标准定义了宽带无线接入技术规范。

(17) IEEE 802.17：该标准定义了可靠个人接入技术规范。

(18) IEEE 802.18：该标准定义了无线管理规章。

(19) IEEE 802.19：该标准定义了无线共存技术TAG(Technical Advisory Group)。即以规范的方法来评估共存的无线网络。

(20) IEEE 802.20：该标准定义了移动宽带无线接入技术规范。

(21) IEEE 802.21：无线接口标准(Media Independent Handover)。

(22) IEEE 802.22：无线地域网技术规范(Wireless Regional Area Network)。

(23) IEEE 802.23：紧急服务工作组技术规范(Emergency Service Work Group)。

2.7 局域网络技术

2.7.1 局域网络的基本概念

1. 局域网概述

局域网(Local Area Network，LAN)是一个数据通信系统，它在一个适中的地理范围内，把若干独立的设备连接起来，通过物理通信信道，以适中的数据速率实现各独立设备之间的直接通信。

局域网技术是当前计算机网络技术领域中非常重要的一个分支，局域网作为一种重要的基础网络，在企业、机关、学校等单位和部门都得到广泛的应用。局域网还是建立互联网络的基础网络。本节就局域网络技术的基本内容做简单的介绍。

2. 局域网硬件

局域网硬件主要由网络服务器、用户工作站、网络适配器(网卡)、传输介质4个部分组成。

1) 网络服务器

对局域网来说，网络服务器是网络控制的核心。一个局域网至少有一个服务器，特别是一个局域网至少应配备一个文件服务器，文件服务器要求由性能高、容量大的微型计算机或小型计算机担任。文件服务器的性能直接影响着整个局域网的性能。

2）工作站

在网络环境中，工作站是网络的前端窗口，用户通过工作站来访问网络资源。在局域网中，工作站可以由计算机担任，也可以由输入输出终端担任，对工作站性能的要求主要根据用户需求而定。以微机局域网为例，作为工作站的机器可以是 PⅢ、PⅣ或由与服务器性能相同的微机担任。根据实际需求，工作站可以带有硬盘，也可以没有硬盘，无硬盘的工作站称为无盘工作站。

3）网卡

在局域网中，计算机相互通信都是通过网卡实现的。

4）传输介质

网络传输介质是网络通信的物理基础之一。网络传输介质的性能特点对信息的传输速度、通信距离、联入网络的结点数量、数据传输的可靠性等都有很大的影响。

2.7.2 几种常用的局域网技术

1. 简单以太网

简单以太网（Ethernet）又称传统以太网，是由美国 DEC、Intel 和 Xerox 三家计算机公司联合研制的计算机局域网，其主要技术指标如下。

（1）网络传输速率为 10Mb/s。

（2）网络拓扑方式：无根树。

（3）访问方式：CSMA/CD。

（4）传输类型：包交换。

（5）网络距离：10km。

（6）工作站个数≤1024 个。

（7）连接方式：有线连接。

CSMA/CD 技术就是载波监听、多路存取（多址访问）、冲突检查。即当多台网上的计算机同时发送报文而发生冲突时，则将自己的报文作废，延时一段时间后再试着重发（通常采用的是避退算法进行延时）。

载波监听的意思是，在每一个站点上都自动检测其他站点是否在传输数据，如果有其他站点在传输数据，则不会检查载波，也不可能传输数据。它一直在尝试获取“载波”直到网络空闲或载波可用。

冲突检查是指，若有两个站点试图同时发送数据，就会产生冲突，它们便停止传输，等候一段时间后再试发。

根据介质类型，简单以太网可分为以下几种类型。

（1）10Base-5：用粗同轴电缆组建的粗线总线网络。

（2）10Base-2：用细同轴电缆组建的细线总线网络。

（3）10Base-T：用双绞线连接组建的星状网络。

(4) 10Base-F：用光纤连接组建的局域网络。

简单以太网的特点是：标准带宽为 10Mb/s，采用共享介质带宽技术，随着用户终端数量的增加系统的效率随之下降。

2. 令牌环网

令牌环是一种较早的基于环结构的局域网络技术。在令牌环网中，由控制站在网络上创建一个称为令牌的特殊实体，并使其在网络环上循环运行。令牌控制着网络数据发送的权利，只有拥有"令牌"的用户才有数据的发送权。

令牌环是一种高效、有序的网络结构，早期的令牌环网有传输速率为 4Mb/s 和 16Mb/s 两种类型。

3. 高速以太网

高速以太网是用超五类双绞线或光纤组建的局域网络，有如下几种类型。

(1) 100Base-T4：用 4 对 8 芯超五类双绞线连接的网络。

(2) 100Base-Tx：用 2 对 4 芯五类双绞线连接的网络。

(3) 100Base-Fx：用光纤连接组建的局域网。

100Base-xx 被认为是传统以太网 10Base-x 的高速同族，它能在网上以高达 100Mb/s 的传输速率传输数据。

4. FDDI

FDDI 即光纤分布式数据接口。是一种基于光纤的传输介质，其传输速率可达 100Mb/s，通常用于组建大型骨干网络，也可以用来组建局域网与高速计算机网络相连接的临时网络。FDDI 基于令牌环拓扑，通常使用的是双环结构进行信息的传输，其中一个环称为主环，另一个环称为辅环，环上各有一块令牌。为提高系统的可靠性、稳定性，减少运行错误，通常将两块令牌以相反的方向运行。FDDI 双环拓扑结构如图 2-52 所示。

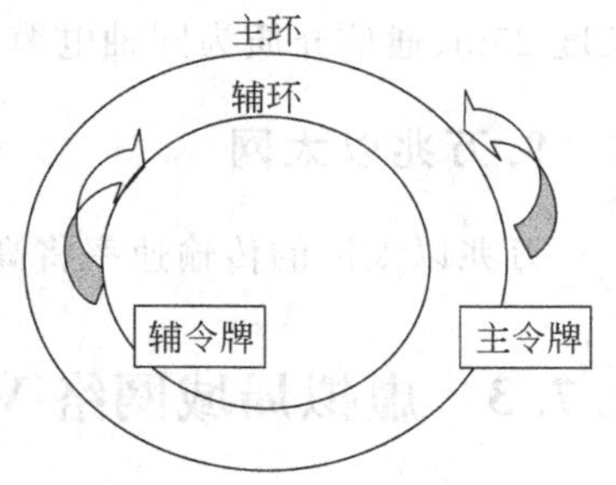

图 2-52 双环 FDDI 拓扑结构图

FDDI 可分为单模 FDDI 和多模 FDDI，单模 FDDI 的传输距离为 4000～100 000m，而多模 FDDI 的传输距离为 2000m，其传输速率均为 1000Mb/s。

5. CDDI

CDDI 是铜线分布式数据接口，即用铜线取代 FDDI 中的光纤。其功能与 FDDI 类似。CDDI 的速率为 100Mb/s，传输距离为 100m。

6. 光纤信道

光纤信道(FC)是一种新型的智能连接方案，它不仅支持自身协议，还支持 FDDI、

SCSI(将外围设备连接到计算机上的高性能总线接口)、IP(互联网络协议)以及其他几种技术。FC是用来建立联网、存储数据及传输数据的标准。早期的FC只用于广域网络的连接,但在现代网络系统中,可应用于局域网络的连接。FC的传输速率为133Mb/s~1062Mb/s。

7. ATM网络

ATM是异步传输模式,它是专用于宽带ISDN(综合服务数字网,能同时传输声音和数字服务的网络)的通信标准。ATM无论对局域网络还是对广域网络,都是一种高效的网络连接方案。ATM使用一种高速的专用交换器,通过光纤连接到计算机上(一个交换器用于发送,一个交换机用于接收)。ATM支持在一个网上同时传输声音、数据和视频信息。ATM的速率为25Mb/s,其设计速率为155Mb/s,将来能扩展到千兆甚至更高的速率。

8. 千兆以太网

千兆以太网的传输速率将高达1000Mb/s,通常用光纤、六类非屏蔽双绞线进行连接组网,有如下几种类型。

(1) 1000Base-T(UTP):速度为1000Mb/s、基带信号、电缆长度100m、用6类双绞线建立的以太网。

(2) 1000Base-FX(多模):速度为1000Mb/s,信号的类型是宽带、电缆的最大长度可达到600m、通信介质为多模光纤建立的以太网。

(3) 1000Base-FX(单模):指网络的速度为1000Mb/s、信号的类型是宽带、电缆的最大长度可达到100km、通信介质为单模光纤建立的以太网。

(4) 1000Base-T(同轴电缆):指网络的速度为1000Mb/s、信号的类型是基带、电缆长度25m、通信介质为同轴电缆建立的以太网。

9. 万兆以太网

万兆以太网的传输速率将高达10 000Mb/s,主要用以组建万兆主干网络。

2.7.3 虚拟局域网络VLAN

1. 虚拟局域网概述

虚拟局域网(Virtual Local Area Network,VLAN)是一组逻辑上的设备和用户,这些设备和用户并不受物理位置的限制,可以根据功能、部门及应用等因素将它们组织起来,相互之间的通信就好像它们在同一个网段中一样,由此得名虚拟局域网。VLAN是一种比较新的技术,工作在OSI参考模型的第二层和第三层,一个VLAN就是一个广播域,VLAN之间的通信是通过第三层的路由器来完成的。与传统的局域网技术相比较,

VLAN 技术更加灵活，它的优点是：网络设备的移动、添加和修改的管理开销减少；可以控制广播活动；可提高网络的安全性。

在计算机网络中，一个二层网络可以被划分为多个不同的广播域，一个广播域对应了一个特定的用户组，默认情况下这些不同的广播域是相互隔离的。不同的广播域之间想要通信，需要通过一个或多个路由器。这样的一个广播域就称为 VLAN。

VLAN 可以是由混合的网络类型设备组成，例如 10M 以太网、100M 以太网、令牌网、FDDI、CDDI 等，可以是工作站、服务器、集线器、网络上行主干等。

VLAN 除了能将网络划分为多个广播域，从而有效地控制广播风暴的发生，以及使网络的拓扑结构变得非常灵活的优点外，还可以用于控制网络中不同部门、不同站点之间的互相访问。

物理位置不同的多个主机如果划分属于同一个 VLAN，则这些主机之间可以相互通信。物理位置相同的多个主机如果属于不同的 VLAN，则这些主机之间不能直接通信。VLAN 通常在交换机或路由器上实现，在以太网帧中增加 VLAN 标签来给以太网帧分类，具有相同 VLAN 标签的以太网帧在同一个广播域中传送。

2. 虚拟局域网的划分

从技术角度讲，VLAN 的划分可依据不同原则，一般有以下几种划分方法。

1）基于端口划分

这种划分是把一个或多个交换机上的几个端口划分一个逻辑组，这是最简单、最有效的划分方法。该方法只需网络管理员对网络设备的交换端口进行重新分配即可，不用考虑该端口所连接的设备。

2）基于 MAC 地址划分

MAC 地址其实就是指网卡的标识符，每一块网卡的 MAC 地址都是唯一且固化在网卡上的。MAC 地址由 6 个字节的十六进制数(48 位)表示，前三个字节(24 位)为网卡的厂商标识(OUI)，后三个字节(24 位)为网卡标识(NIC)。网络管理员可按 MAC 地址把一些站点划分为一个逻辑子网。

3）基于路由划分

路由协议工作在网络层，相应的工作设备有路由器和路由交换机(即三层交换机)。

4）基于地域划分

可以将一个院子、一栋或相关的几栋大楼划分为一个 VLAN。比如在高校，可将办公区、教学实验区、教工宿舍区和学生宿舍区各划为一个 VLAN。

5）基于部门划分

可以将一个或几个相关的部门划为一个 VLAN，比如在高校，可将党务工作部门、行政工作部门、教学单位、辅助教学单位各划为一个 VLAN。

2.8 结构化综合布线系统

结构化综合布线系统与智能大厦的发展紧密相关，是智能大厦的实现基础。

1. 结构化布线的概念

结构化布线系统是一个能够支持任何用户选择的话音、数据、图形图像应用的电信布线系统。系统应能支持话音、图形、图像、数据、多媒体、安全监控、传感等各种信息的传输，支持非屏蔽双绞线、屏蔽双绞线、光纤、同轴电缆等各种传输载体，支持多用户多类型产品的应用，支持高速网络的应用。

结构化布线系统又称开放式布线系统，是一种在建筑物和建筑群中综合数据传输的网络系统，是整个智能大厦的神经网络。综合布线系统采用结构化设计和分层星状拓扑结构把建筑物内部的语音交换、智能型处理设备及其他广义的数据通信设施相互连接起来，并采用必要的设备同建筑物外部数据网络或电话线路相连接。

2. 布线系统的构成

结构化综合布线系统主要包括 6 个子系统：建筑群主干子系统、设备间子系统、垂直主干子系统、管理子系统、水平支干线子系统和工作区子系统。

(1) 建筑群主干子系统：提供外部建筑物与大楼内布线的连接点。EIA/TIA569 标准规定了网络接口的物理规格，其主要功能是实现建筑群之间的连接。

(2) 设备间子系统：EIA/TIA569 标准规定了设备间的设备布线。它是布线系统最主要的管理区域，所有楼层的资料都由电缆或光纤电缆传送至此。通常，此系统安装在计算机系统、网络系统和程控系统的主机房内。设备间子系统就是将各种公共设备(如计算机主机、数字程控交换机、各种控制系统及网络互连设备)与主配线架连接起来。

(3) 垂直主干子系统：主要功能是将主配线架与各层楼的配线架连接起来。它连接通信室、设备间和入口设备，包括主干电缆、中间交换和主交换、机械终端和用于主干到主干交换的接口或插头。主干布线采用星状拓扑结构。

(4) 管理子系统：此部分放置电信布线系统设备。管理子系统即是将垂直主干线缆与各楼层水平布线子系统连接起来。

(5) 水平支干线子系统(水平区间子系统)：将电缆从楼层配线架到各用户工作区上的信息插座上，一般处在同一层上。即是连接管理子系统至工作区，包括水平布线、信息插座、电缆终端及交换。指定的拓扑结构为星状拓扑。水平布线可选择的介质有三种：100Ω UTP 电缆、150Ω STP 电缆及 62.5/125μm 光缆。最远的延伸距离为 90m，除了 90m 水平电缆外，工作区与管理子系统的接插线和跨接电缆的总长可达 10m。

(6) 工作区子系统：工作区由信息插座延伸至站设备。工作区布线要求相对简单，这样就容易移动、添加和变更设备。

结构化综合布线系统拓扑结构如图 2-53 所示。

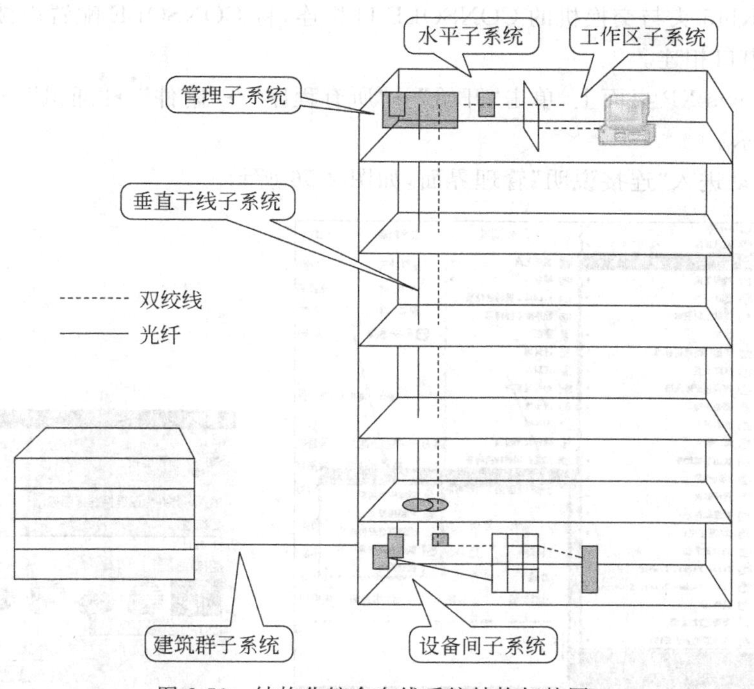

图 2-53　结构化综合布线系统结构拓扑图

2.9　应用实例

2.9.1　交换机的连接与配置

在这里，以华为 Quidway S3026 交换机为例，介绍交换机的连接与配置技术。

Quidway S3026 交换机正面由 32 个 RJ45 接口和 1 个 CONSOLE 配置口组成，背面由一个电源接口和两个模块配置口组成，如图 2-54 所示。

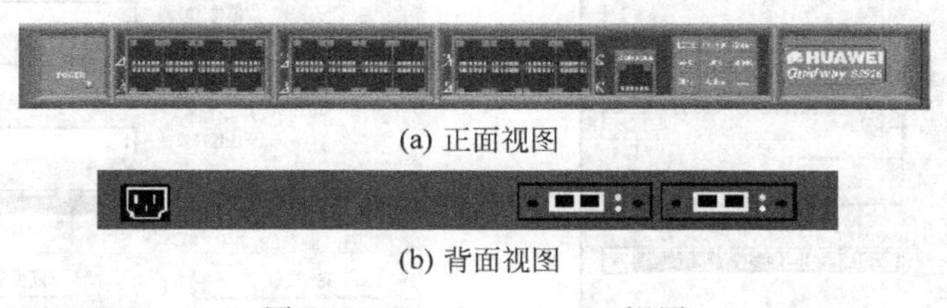

(a) 正面视图

(b) 背面视图

图 2-54　Quidway S3026 视图

1. 超级终端的连接

在配置之前，先要将交换机与计算机相连接，用 CONSOLE 连接电缆将 CONSOLE

配置电缆的 RJ45 头与交换机的 CONSOLE 口相连，将 CONSOLE 配置电缆的串行接头与计算机的串口相连。

在 Windows XP 桌面上，单击“开始”→“所有程序”→“附件”→“通讯”→“超级终端”，如图 2-55 所示。

之后，自动进入“连接说明”管理界面，如图 2-56 所示。

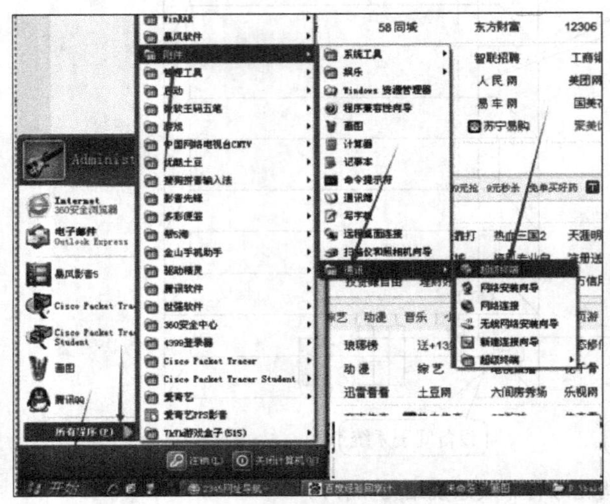

图 2-55　超级终端操作过程

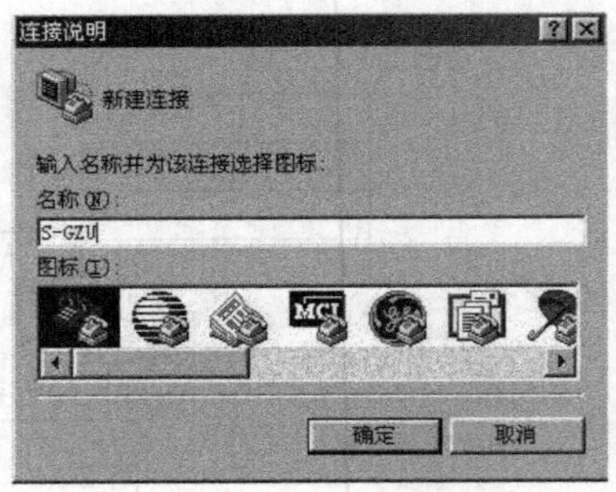

图 2-56　“连接说明”操作屏幕

为这一个连接取一个名字，如“S-GZU”。在“名称”栏中输入连接名字，单击“确定”按钮，进入“串口选择”操作屏幕，如图 2-57 所示。

在“连接时使用”列表框中，选择交换机连接接口，并单击“确定”按钮，进入“端口属性”设置屏幕，如图 2-58 所示。

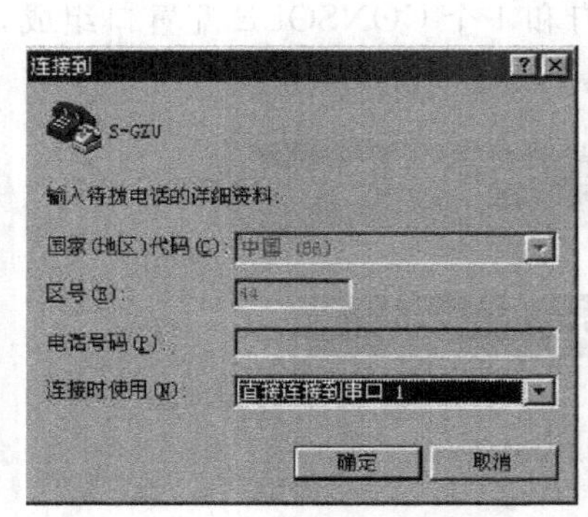

图 2-57　“串口选择”操作屏幕

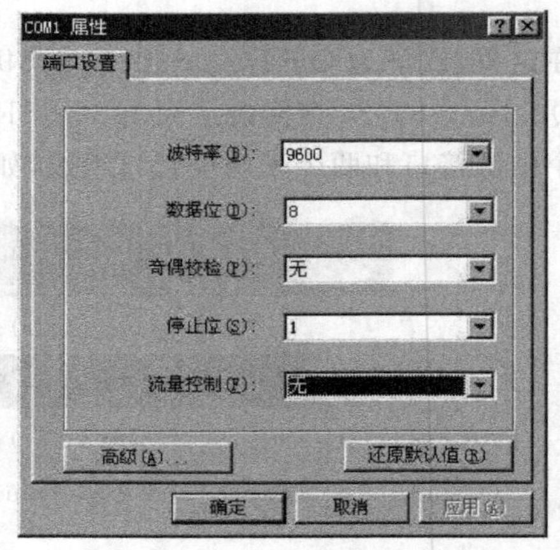

图 2-58　“端口属性”设置屏幕

在“端口属性”设置屏幕下，属性按如下所示进行设置。

(1) 波特率：9600。

(2) 数据位：8。

(3) 奇偶校验：无。

(4) 停止位：1。

(5) 流量控制：无。

单击"确定"按钮，并按回车键，进入"交换机配置"操作屏幕(即超级终端设置屏幕，又称用户视图模式)，如图 2-59 所示。

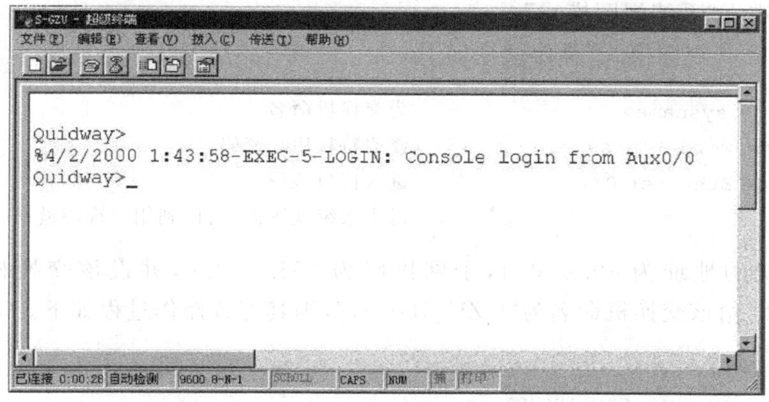

图 2-59 用户视图模式操作屏幕

在此屏幕下，就可按交换机配置命令对交换机各种配置参数进行设置，设置完毕后，单击窗口右上角的"关闭"按钮关闭"用户视图模式"屏幕，得到图 2-60 所示的对话框，单击"是"按钮，断开交换机与计算机的连接，得到图 2-61 所示的对话框。再单击"是"按钮，得到图 2-62 所示的屏幕，超级终端配置完成。

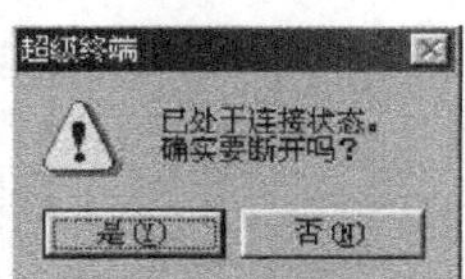

图 2-60 "断开连接"提示屏幕

图 2-61 "会话保存"提示屏幕

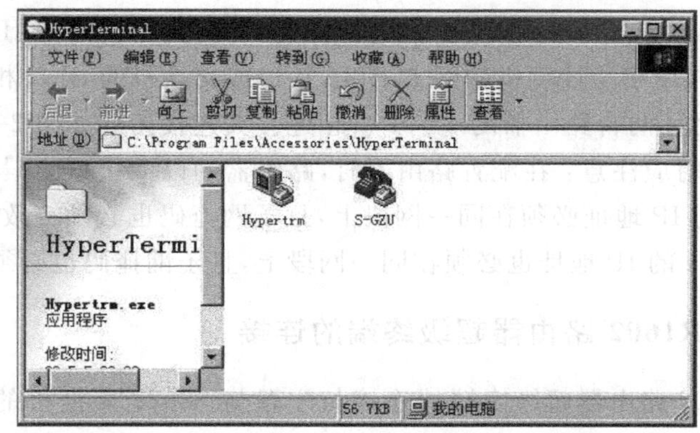

图 2-62 超级终端配置完成屏幕

2. S-3026 配置的视图模式及配置命令

Quidway 在进行配置时有"用户视图模式""系统视图模式"和"配置接口模式"三种。

Quidway 的用户视图模式的提示符为 Quidway>，其系统视图模式的提示符是[Quidway]。

如图 2-59 所示的就是典型的"用户视图模式"操作屏幕，在该屏幕下，执行 system-view 命令即进入"系统视图模式"。

常用的"系统视图模式"操作命令如下。

```
sysname  <sysname>                        为交换机命名
super password  <password>                修改特权用户密码
interface Ethernet 0/1                    进入接口视图
quit                                      退出系统视图模式，回到用户视图模式
```

设交换机的地址为 10.0.0.1，子网掩码为 255.0.0.0，并设该交换机划入虚网 V-LAN1，同时给该交换机命名为"GZU_100_01"，则其配置操作过程如下。

```
<Quidway>system-view
[Quidway] sysname GZU_100_01
[GZU_100_01]vlan 1
[GZU_100_01-vlan1]interface 1
[GZU_100_01-Vlan-interface 1] ip address 10.0.0.1 255.0.0.0
[GZU_100_01-Vlan-interface 1]quit
[Quidway] quit
<Quidway>
```

2.9.2 路由器的连接与配置

1. 路由器端口

路由器通常有 4 个端口：Console 口、e0 口、s0 口和 s1 口。Console 为配置口，与计算机的 RS-232C 接口连接，用于对路由器进行配置(如配置路由器的 IP 地址和子网掩码地址)；e0 为以太口，用于与计算机的网卡 RJ45 接口或交换机的 e0 口相连；s0 口和 s1 口为串行口，用于与另外两台路由器的 s0/s1 口相连。其连接拓扑如图 2-63 所示。

在配置路由器时应注意：在配置路由器时，路由器的以太接口 e0 与交换机的以太接口 e0 或与计算机的 IP 地址必须在同一网段上，且子网掩码也必须一致；互连的两台路由器之间的串口 s0/s1 的 IP 地址也必须在同一网段上，且子网掩码也必须一致。

2. Quidway R1602 路由器超级终端的连接

Quidway R1602 路由器超级终端的连接与配置与 S3026 交换机的连接与配置过程相同。路由器的视图模式的操作、名称、口令的设置也与交换机的设置一致。

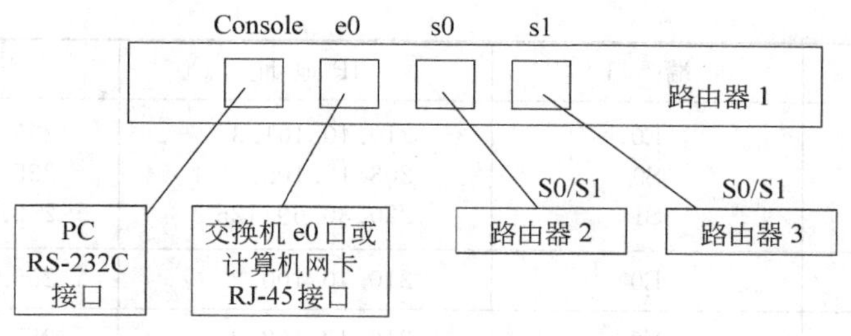

图 2-63　路由器连接图

3. Quidway R1602 路由器的配置

设路由器 s0 口的 IP 地址为 10.0.2.1，e0 口的 IP 地址为 10.0.3.1，s1 口的 IP 地址为 10.0.10.1，子网掩码均为 255.0.0.0。其配置操作过程如下。

在 R1602 系统视图模式下。

```
interface s0
ip address 10.0.2.1 255.0.0.0
interface e0
ip address 10.0.3.1 255.0.0.0
interface s1
ip address 10.0.10.1 255.0.0.0
shutdown
undo
quit
```

注意，必须在用 shutdown 关闭接口视图后再执行 undo 命令开启接口，配置才生效。

2.9.3　用路由器、交换机组网的连接与配置

假设由三台路由器 Ra、Rb、Rc、三台交换机 Sa、Sb、Sc 以及三台主机 PCa、PCb、PCc 组成图 2-64 所示的网络拓扑。路由器接口 IP 地址及子网掩码配置如表 2-2 所示。

表 2-2　IP 地址及子网掩码配置表

网络设备	端　口	IP 地 址	子 网 掩 码
Ra	E0	210.40.100.1	255.255.255.224
	S0	210.40.150.5	255.255.255.224
	S1	203.10.10.2	255.255.255.0
Rb	E0	210.40.102.3	255.255.255.224
	S0	220.30.60.125	255.255.255.0
	S1	210.40.150.6	255.255.255.224

续表

网络设备	端　口	IP 地 址	子 网 掩 码
Rc	E0 S0 S1	210.40.101.3 203.10.10.1 220.30.60.126	255.255.255.224 255.255.255.0 255.255.255.0
Sa	E0	210.40.100.2	255.255.255.224
Sb	E0	210.40.102.2	255.255.255.224
Sc	E0	210.40.101.1	255.255.255.224
PCa		210.40.100.6	255.255.255.224
PCb		210.40.102.1	255.255.255.224
PCc		210.40.101.2	255.255.255.224

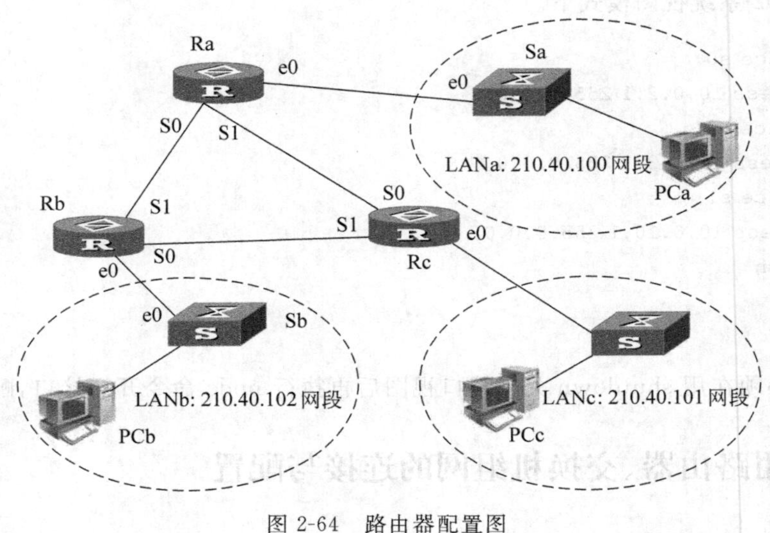

图 2-64　路由器配置图

2.9.4　双绞线测试报告分析

下面介绍用 FLUKE DSP-4300 测试双绞线的技术，并对 FLUKE 测试报告进行分析，使读者掌握双绞线的测试技术及其各种测试参数的含义及其有效范围。

1. 双绞线测试

1）双绞线与 FLUKE 相连接

关闭 FLUKE-4300 主机及终端机电源开关，即将功能选择旋钮指向 OFF(关电源)。

将双绞线测试模块插入 FLUKE DSP-4300 主机的模块插槽。

将双绞线两端的 RJ45 头分别接到 FLUKE-4300 主机和 FLUKE-4300 终端机的

RJ45 接口上。

2）双绞线测试参数设置

在 FLUKE DSP-4300 主机上，将功能选择旋钮指向 SETUP(设置)项，进行双绞线测试参数设置。

双绞线测试参数设置如下。

```
TEST STANDARD,CABLE:TIA Cat 5e Channel
                    UTP 100 ohm Cat 5e
REPORT IDENTIFICATION:Edit
     CUSTOM HEADER:University Network Centre
     OPERATIOR:Tang yun
     SITE:YYJ
STORE PLOT DATA:Enable
BACKLIGHT TIME-OUT:1 Minute
POWER DOWN TIME-OUT:10 Minutes
AUDIBLE TONE:Enable
PRINTER TYPE:H.P.
SERTAL PORT BAUD RATE:38400
FLOW CONTROL:Xon/Xoff
DATE:05/01/04
DATE FORMAT:01/31/1999
TIME:08:36:07 pm
TIME FORMAT:12:00:00 am
LENGTH UNTIS:Meters(m)
NUMERIC FORMAT:00.0
LANGUAGE:English
POWER LINE FREQUENCY:60Hz
IMPULSE NOISE THRESHOLD:270mV
TOP LEVEL PASS* INDICATION:Disable
HEADROOM:NEXT
```

3）测试

将 FLUKE-4300 主机功能选择旋钮指向 AUTO TEST(自动测试)项，FLUKE-4300 终端机功能选择旋钮指向 ON(开电源)项，在主机上显示图 2-65 所示的屏幕。

按下 TEST 按钮，即开始进行测试，如图 2-66 所示。当主机得到下述提示，同时终端机 PASS 灯亮时，表示测试通过。

按功能键 1- View Result 显示测试结果，按功能键 4-Memory 显示“存储情况”，按 SAVE 键则将测试结果进行保存。

```
AUTOTEST

TIA Cat 5e Channel
UTP 100 Ohm Cat 5e

STORE PLOT DATA:
Enable
Memory Card Present

Press TEST to start
```

图 2-65　双绞线测试主屏幕

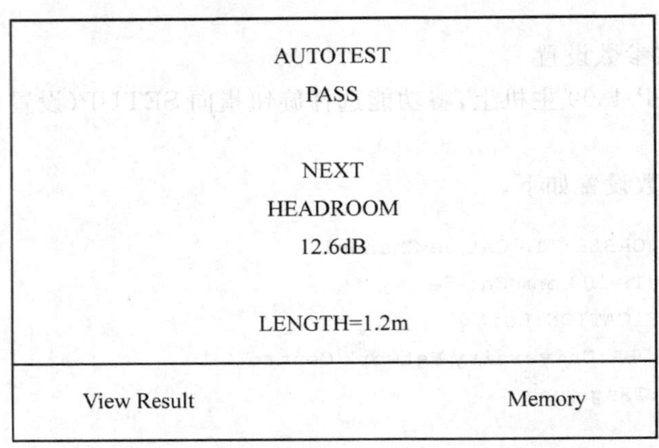

图 2-66　测试通过状态

若主机上提示“FAIL”信息，终端机上 FAIL 灯亮，则说明测试失败，该条双绞线测试未通过。

在主机上按功能键 1- View Result 可显示测试失败的原因。

2. FLUKE 测试报告分析

(1) 接线图。要求链路一端的一针与另一端的相对应的针连接，即 1 对 1，2 对 2，3 对 3，4 对 4，5 对 5，6 对 6，7 对 7，8 对 8。如果测试结果如图 2-67 所示，则说明接线正确，测试通过，否则测试失败。测试未通过有以下 5 种情况：开路、短路、反向、交错和串对。

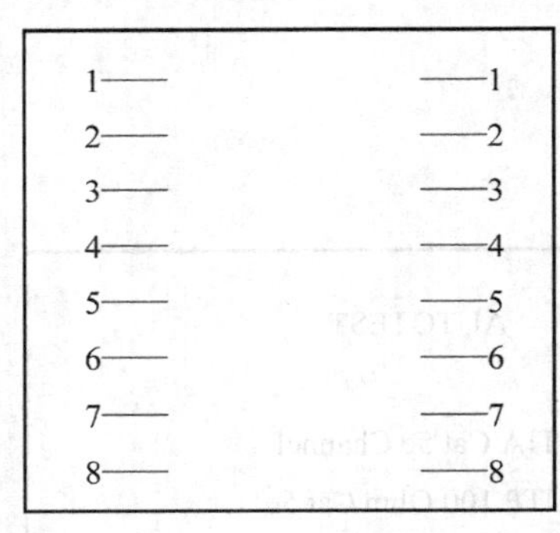

图 2-67　接线图状态

(2) 对于阻抗(含特性阻抗)、电缆长度、延时、衰减值的测试，要对 4 个基本线对(1-2，3-6，4-5，7-8)分别进行测试。

(3) 特性阻抗。以欧姆(Ω)为单位，五类双绞线正常特性阻抗范围是 80～120Ω。特性阻抗包括电阻及频率为 1～100MHz 的电感抗及电容抗，即是线缆对通过的信号的阻碍能力。并与一对电线之间的距离及绝缘的电气性能(电阻、电容及电感)有关。各种电缆有不同的特性阻抗，对于双绞线而言，则有 100Ω、120Ω 和 150Ω 等几种。

(4) 电缆长度。测试的极限值是 100m，凡长度≤100m 的电缆均认为正常，测试通过。由于在测试过程中，受其他噪声的干扰，电缆长度的测试值会有 5%的误差。因此，将长度测试的极限值限制在 90m 以内是最合理的。

(5) 合适延时，以微秒为单位。

(6) 衰减：衰减是一个信号沿双绞线传输时的损失程度，是指信号在一定长度的线缆中的损耗。衰减与线缆的长度有关，随线缆的长度增加而增加。同时，衰减还随频率的不同而有不同的变化，所以要测试应用范围内全部频率上的衰减。比如测五类线的信道的衰减，要从 1～100MHz 以最大的步长 1MHz 来进行，而对于三类线的测试频率是 1～

16MHz，四类线的测试频率是1～20MHz。衰减是以分贝(dB)为计量单位的。

衰减值在20℃时的允许值为24dB。但随着温度的增加衰减也随之增加：对于三类线缆，气温每增加1℃，衰减将增加1.5%；对于四类和五类线缆，气温每增加1℃，衰减将增加0.4%。若电缆安装在金属管道内，链路的衰减值将增加2%～3%。

现场测试设备应对双绞线的每一线对进行测量，并将衰减最严重线对的衰减值与衰减允许值相比较后，给出合格(PASS)或不合格(FAIL)的结论。

(7) 串扰：当一个信号在一个线对上传输时，会同时将一小部分信号感应到另一对线对上，这种信号感应就是串扰。串扰分为近端串扰NEXT和远端串扰FEXT。值得注意的是，NEXT串扰信号并不是仅在近端才会产生。实验证明，在40m内所测到的NEXT值是比较准确的，而超过40m以外产生的NEXT就可能无法测量得到。因此，若用FLUKE-1000系列测量，TSB-67规范要求在链路两端都要进行对NEXT值的测量。而FLUKE-4000系列可在一端进行测试。串扰值以分贝(dB)作为计量单位。

NEXT损耗是测量一条UTP链路从一对线到另一对线的信号耦合，是对性能评估的最主要的标准，是传送与接收同时进行时产生的干扰信号。与衰减测试一样，TSB-67规定近端串扰的测试对五类线从1～100MHz以最大的步长1MHz来进行，而对于三类线的测试频率是1～16MHz，四类线的测试频率是1～20MHz。NEXT是以分贝(dB)为计量单位的。

表2-3给出了NEXT测量频率与最大步长的对应关系。

表2-3 NEXT测量的最大频率与步长对应表

频率/MHz	最大步长/kHz
1～31.15	150
31.15～100	250

在一条UTP的链路上，NEXT损耗的测试需要在每一对线之间进行。也就是说对于典型的UTP来说要有6对线关系的组合，即要测试6次。这6对线分别是4对基线(1,2)、(3,6)、(4,5)、(7,8)的组合，即(1,2)—(3,6)、(1,2)—(4,5)、(1,2)—(7,8)、(3,6)—(4,5)、(3,6)—(7,8)、(4,5)—(7,8)。

(8) 衰减串扰比(Attenuation-to-Cross-talk Ratio，ACR)：是同一频率下近端串扰NEXT和衰减的差值。可用一个公式来表示，即：

ACR＝衰减的信号－近端串扰的噪声

ACR的计量单位是dB。

ACR对于表示信号和噪声串扰之间的关系有着重要的价值。实际上，ACR是系统SNR(信噪比)衡量的唯一标准，它是决定网络正常运行的一个重要因素。ACR包括衰减和串扰，是系统性能的标志。

T586A对连接的ACR要求是在100MHz下为7.7dB。在信道上，ACR值越大，SNR越好，从而对于减少误码率(BER)有好处；SNR越低，BER就越高，会使网络由于错误而重新传输，大大降低了网络的性能。

① ACR 值。ACR 描述了传输通道中的信道的动态范围。ACR 值越高，在接收端接收到的信号的质量就越好，随着传输信号的频率的增加，ACR 的数值将减小。ACR 实际上就是一个与频率相关的信噪比值。

② ACR 与带宽。一条质量好的信号传输链路可以通过高的频率和带宽以及高的信号动态范围来描述。

如果把一个信号传输链路比作一条水渠，则这条水渠的宽度就相当于信号链路的频率带宽，而水渠的深度就相当于 ACR 值。对于一个具有很高的数据吞吐速率(Mb/s)的信号传输链路，可以将其比喻成一条流量很大的河流。

一条河面较窄但是较深的河可以和一条河面较宽而深度较浅的河具有相同的流量，因此，单独考虑信道的带宽或深度 ACR 值都是没有什么实在意义的。由此可见，信道的传输能力是由信道的频带宽度和 ACR 值一起确定的。

3. 一个典型的超五类双绞线测试报告

STONE DO-DONEAA/	Test Summary:PASS
SITE:SY	Cable ID:S13TD2DY1
OPERATOR:GONG CHENG BU	Date/Time:03/14/2004 06:15:50pm
NVP:68.8% FLULT ANOMALY THRESHOLD:15%	Test Standard:EN 50173 Class D-No RL
FLUKE DSP-4300 S/N:7662024	Cable Type:UTP 100 Ohm Cat 5
HEADROOM:16.6db	Standards Version:5.5
	Software Version:5.5

Wire Map PASS	Result	RJ45	PIN:1	2	3	4	5	6	7	8	S
			|	|	|	|	|	|	|	|	|
		RJ45	PIN:1	2	3	4	5	6	7	8	

Pair	1,2	3,6	4,5	7,8
Impedance(ohms), Limit 80-120	103	105	105	106
Length(m), Limit 100.0	14.0	14.0	14.0	13.8
Prop. Delay(ns), Limit 900	68	68	68	67
Delay Skew(ns), Limit 50	1	1	1	1
Resistance(ohms), Limit 40.0	1.9	1.8	1.9	2.0
Attenuation(db)	2.7	2.8	2.6	2.7
Limit(db)	24.0	24.0	24.0	24.0
Margin(db)	20.4	20.4	20.6	20.5
Frequency(MHz)	100.0	100.0	100.0	100.0

Paris	1,2-3,6	1,2-4,5	1,2-7,8	3,6-4,5	3,6-7,8	4,5-7,8
Next(db)	54.3	43.8	44.7	43.1	44.6	53.2

Limit(db)	30.0	26.6	25.1	25.4	26.5	35.1
Margin(db)	24.3	17.2	19.6	17.5	18.1	18.1
Frequency(MHz)	43.7	68.0	86.7	83.0	68.2	19.5
Next @ Remote	55.1	42.2	53.8	47.6	49.8	47.1
Limit(db)	24.5	25.0	25.1	24.1	24.2	30.5
Margin(db)	30.6	17.2	28.7	23.5	25.6	16.6
Frequency(MHz)	93.4	87.7	86.4	98.9	97.8	40.8
ACR(db)	52.6	63.1	65.0	48.4	54.7	57.1
Limit(db)	19.1	39.2	36.8	21.1	29.8	33.8
Margin(db)	33.5	23.7	28.2	27.3	24.9	23.3
Frequency(MHz)	43.6	5.0	7.9	37.3	16.5	11.5
ACR @ Remote	77.0	63.2	75.8	53.6	75.2	62.1
Limit(db)	37.8	37.6	33.6	21.1	33.6	37.5
Margin(db)	39.2	25.6	42.2	32.5	41.6	24.6
Frequency(MHz)	6.6	6.9	11.7	37.3	11.7	7.0

习　题

2.1　局域网的定义是什么?

2.2　局域网有什么特点?

2.3　什么是网络拓扑结构?

2.4　交换机有哪些特点?

2.5　路由器的主要功能是什么?

2.6　外置式 Modem 卡和内置式 Modem 卡各自的优缺点是什么?

2.7　双绞线有多少种类型?

2.8　屏蔽双绞线的优缺点是什么?

2.9　单模光纤和多模光纤的优缺点各是什么?

2.10　C/S 有什么特点?

2.11　Internet、Intranet 和 Extranet 的含义是什么?

2.12　局域网设计。设一栋办公大楼有 30 层,每层高度为 4m,每层楼有 30 个房间,每个房间的距离为 8m(即楼房的宽度是 240m)。要求:

(1) 说明要设置几个配线间,每个配线间设在什么位置;

(2) 说明采用哪种网络结构;

(3) 画出网络连接拓扑图;

(4) 说明所需哪些网络设备、配件、线缆,并列出其名称、规格型号和数量。

2.13 填空题

(1) 现代网络的基本思想是将网络划分为________子网和________子网。

(2) 局域网络的基本拓扑结构有三种,即________,________和________。

(3) 多路复用技术主要有两种,即________多路复用技术和________多路复用技术。

(4) 以网络的覆盖区域来分类,计算机网络可分为________,________,________和________。

(5) 若要求网络能自动选择最佳的路线进行信息传输,则必须安装________。

(6) 网桥是用来连接两个________的网络连接设备。

(7) ________和________是连接在物理层的网络连接设备。

第3章

广域网与 Internet

3.1 广域网络技术

3.1.1 广域网络的基本概念

如前所述，局域网络是局部区域的网络，一般是一栋大楼、一个大院、一座工厂或一所大学所建立的管理网络，如贵州大学校园网络、清华大学校园网络等。其接入网络的计算机终端数量是有限的，网络覆盖的范围也是有限的。要想扩大网络的规模和地理范围，必须对网络进行扩展，即将不同地区、不同行业、不同单位所拥有的局域网络通过网络连接设备连接起来，使得局域网络与局域网络之间能够相互进行信息交流和资源共享。如何用网络连接设备扩展网络是这一节要介绍的主要内容。通过网络连接设备扩展的网络拓扑结构如图 3-1 所示。

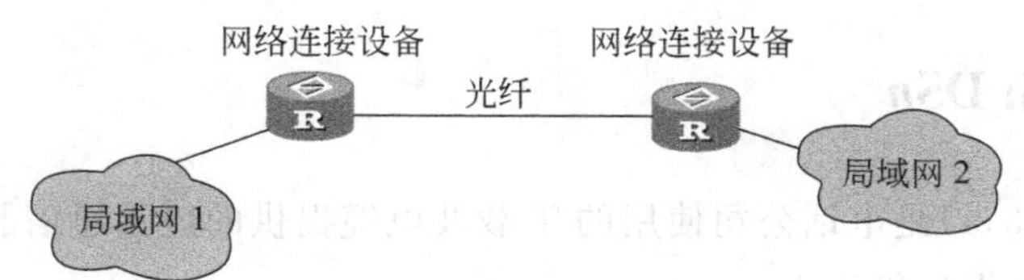

图 3-1　通过网络连接设备扩展的网络拓扑结构图

在现代网络结构中，依据网络的规模和网络覆盖范围分为局域网、城域网、广域网、行业网、国家或地区网、Internet 等。

(1) 广域网：局域网之间通过网桥、网关或路由器等网络连接设备进行连接而形成的大型网络。同类型局域网络可用网桥连接，也可用网关或路由器连接；异类型的局域网络则必须用网关或路由器连接。

(2) 广域网络的覆盖范围可从几十千米、几百千米到数万千米。根据网络的覆盖范围可分为城域网络、行业网络、国家或地区网络以及 Internet。

(3) 城域网：又称城市网络，其网络覆盖范围是一个大城市，如北京市城域网、贵阳市城域网。

(4) 行业网：是覆盖某行业的广域网络，如面向我国金融系统的金桥网(ChinaGBN)、面向我国教育系统的中国教育与科研计算机网(CERNET)以及面向我国科研系统的中国科技网(CSTNET)等。

(5) 国家或地区网：其网络覆盖范围是一个国家或一个地区，如中国网(ChinaNet)、中国台湾地区网络等。

(6) 因特网(Internet)：又称网间网，其网络覆盖范围是全世界。

3.1.2 局域网与广域网的连接

局域网通过网络连接设备(一般是路由器)和网络通信介质(一般是光纤和微波)连入广域网。在这里，给出一个基于令牌环 100Mb/s FDDI(光纤分布式接口)局域网络与远程广域网络的连接方案，如图 3-2 所示。

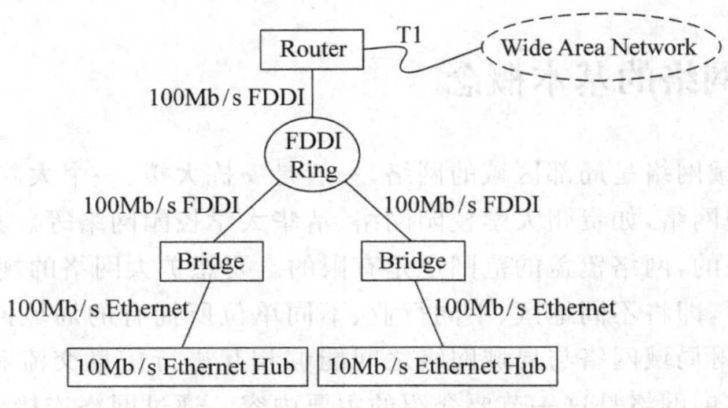

图 3-2 局域网与广域网的连接拓扑结构图

3.1.3 T-*n* 和 DS*n*

DS*n*(*n*=1,2,3,4)是电话公司使用的 T 载波电缆提供的连接通信服务。通常将载波电缆称为 T-1、T-2、T-3 和 T-4。

T 载波电缆，是数字传输线路的美国标准，也是国际标准，通常用以连接广域网络。

T 载波及载波电缆的技术指标如表 3-1 所示。

表 3-1 T 载波技术指标

服 务	T 载波	声音通道	传输速率/Mb/s
DS-1	T-1	24	1.544
DS-2	T-2	96	6.312
DS-3	T-3	672	43.836
DS-4	T-4	4032	273.276

术语：载波是指能被另一种信号调制的连续波，其目的是屏蔽噪声。

3.1.4 广域网络拓扑结构

1. 对等网络拓扑结构

一个对等网络可以使用专用线路，也可使用一般的通信介质。广域网络中的对等网络，是用“一条”通信线缆将若干局域网络连接在一起而形成的网络系统，类似于局域网络中的“总线结构”，如图 3-3 所示。

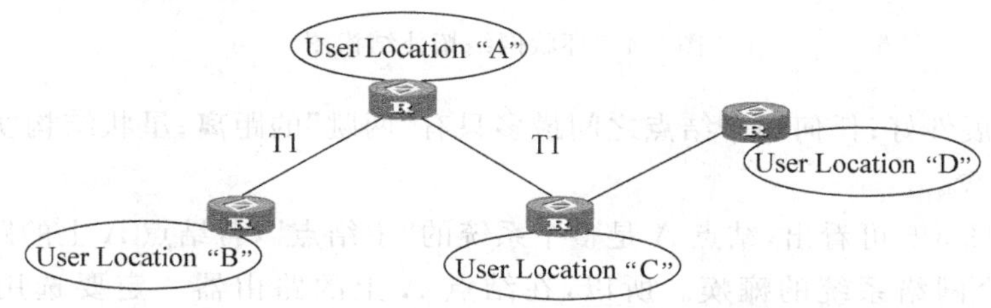

图 3-3 广域网络的对等网络拓扑结构图

图中的“User Location”指的是“局域网络结点”。

对等网络是连接少量结点（在这里，一个结点指的是一个局域网络）的网络结构，网络连接设备通常是路由器，路由策略通常采用静态路由。

对等网络有以下两个局限性。

(1) 可扩充性差：当在对等网络中间增加新的结点时，在任意两个结点之间的跳数会改变。

(2) 部件或设备在任何地方出现问题都会使对等广域网络被分裂（一分为二或更多）。

术语：一跳。通信线缆每经过一个桥接设备（如网桥、网关、路由器）称为一跳。在网络系统设计时，以跳数越少越好。在图 3-3 中，结点 B 到结点 A 的距离为 1 跳，结点 B 到结点 D 的距离为 3 跳。

2. 环状网络拓扑结构

环状结构是在对等网络结构的基础上发展得到的，即在对等网络的两终端的路由器上分别增加一个连接端口，并增加一个传输设备和一条通信线路即可。环状网络结构可以实现动态路由技术，如图 3-4 所示。环状网络拓扑结构的优缺点如下。

优点：系统可使用动态路由功能，增加了系统的可靠性并提高了系统的效率。

缺点：增加结点即要增加跳数；而且，不宜多用户连入网络，因此，环状结构网络只适用于主干网络的建设。

3. 星状网络拓扑结构

对等网络结构的另一个变形是星状结构，这种网络拓扑结构几乎可以用任何传输设备建成。星状网络拓扑结构如图 3-5 所示，其优缺点如下。

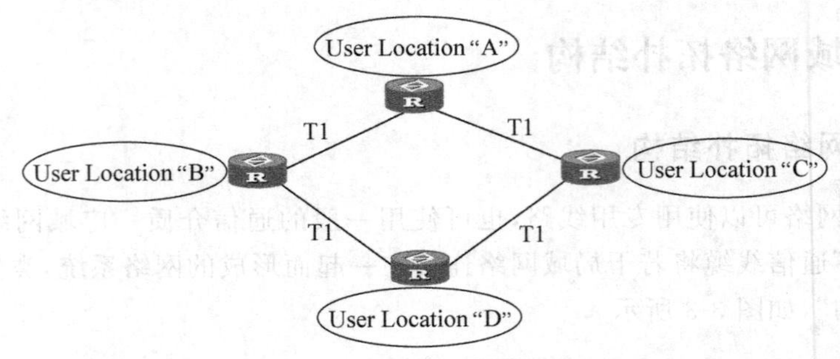

图 3-4　环状网络拓扑结构图

优点：扩展性好；任何两个结点之间最多只有"两跳"的距离；星状结构实现所需设备比环状结构要少。

缺点：从图 3-5 可看出，结点 A 是整个系统的"主结点"，若结点 A 上的路由器发生故障，将导致整个网络系统的瘫痪。所以，在结点 A 上的路由器一定要选用高性能的路由器。

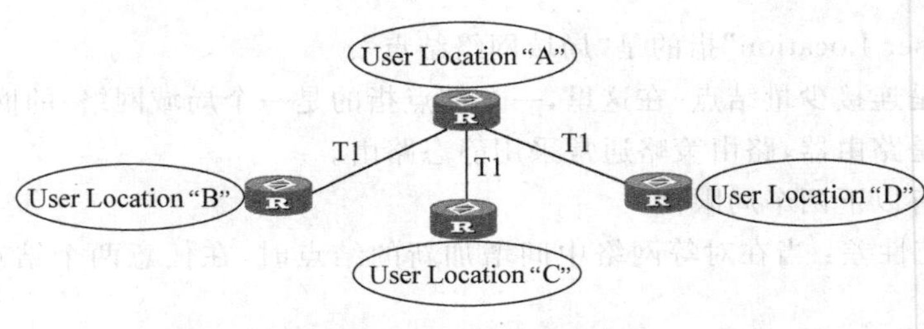

图 3-5　星状网络拓扑结构图

4. 半网状型网络拓扑结构

半网状结构是一种非常灵活的网络拓扑结构，可以有各种不同的配置，这种网络结构的特点就是路由器比其他几种基本结构要连接得更紧密一些，但又不像全网状结构那样全连接。

半网状结构可以减少广域网结点之间的"跳数(Hops)"，减少建立和维护的费用开支，其费用容易被用户接受，而且与全网状结构相比，其可展性更好。

半网状结构网络是在星状网络结构的基础上增加少量的结点连线而形成的网络系统，其网络拓扑结构如图 3-6 所示。

5. 全网状网络拓扑结构

将任意两个结点都用线缆进行互连而形成的网络系统称为全网状结构，如图 3-7 所示。全网状网络拓扑结构的优缺点如下。

优点：把任意两个结点之间的"跳数"减少到最少，即"一跳"，使系统的可靠性和稳定性达到最高。

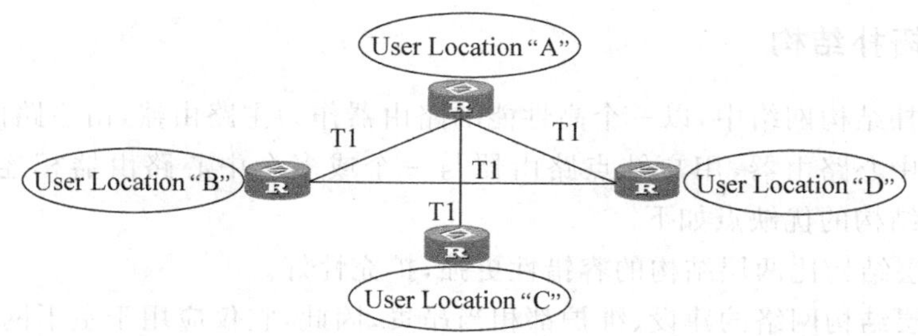

图 3-6　半网状网络结构拓扑图

缺点：系统的扩展性差、线缆耗量太大，系统造价太高。

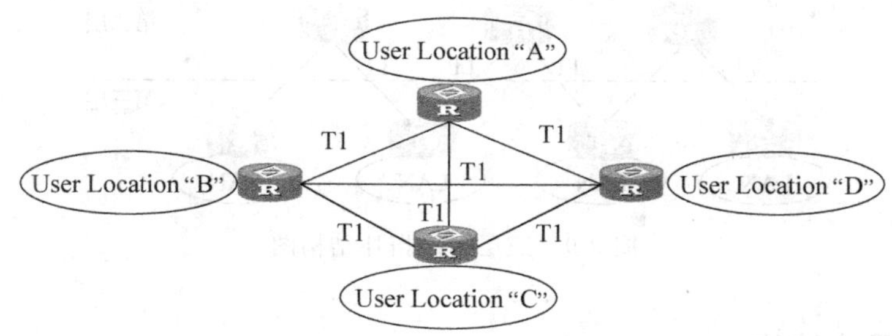

图 3-7　全网状网络结构拓扑图

由于全网状结构的成本太高，而且扩展性极差，因此，全网状结构只是一个理想的网络结构，实际上应用得极少。

6. 双层拓扑结构

双层拓扑结构是星状拓扑结构的一种变形结构，如图 3-8 所示。它使用两个或多个路由器(作为中心路由器)与其他结点相连接(图 3-8 中使用了两个中心路由器)，而不像星状结构那样只使用一个中心路由器。所以，双层结构纠正了星状结构的脆弱性的同时，又不影响其效率和扩展性。双层拓扑结构的优缺点如下。

优点：提高了系统的可靠性和系统的容错性，系统的可扩展性也得到充分的保证。

缺点：系统的费用较高，用户难以接受。

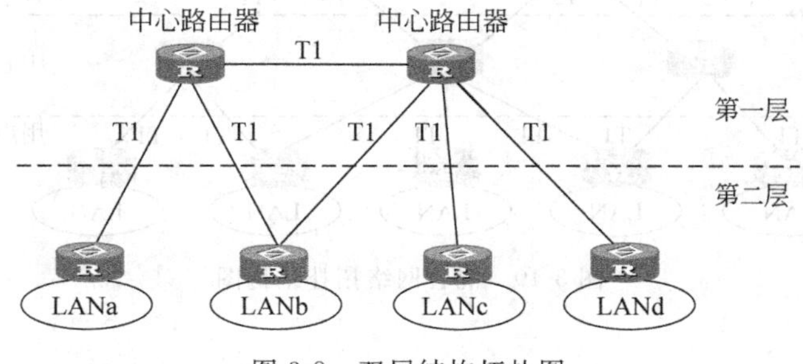

图 3-8　双层结构拓扑图

7. 三层拓扑结构

在三层拓扑结构网络中，以一个高性能的路由器作为主路由器，由主路由器接出有限个路由器作为中心路由器，用户结点路由器与一个或多个中心路由器相连，如图 3-9 所示。三层拓扑结构的优缺点如下。

优点：三层结构比两层结构的容错性更强，扩充性好。

缺点：三层结构网络的建设、维护都相当昂贵，因此，它仅应用于主干网络。

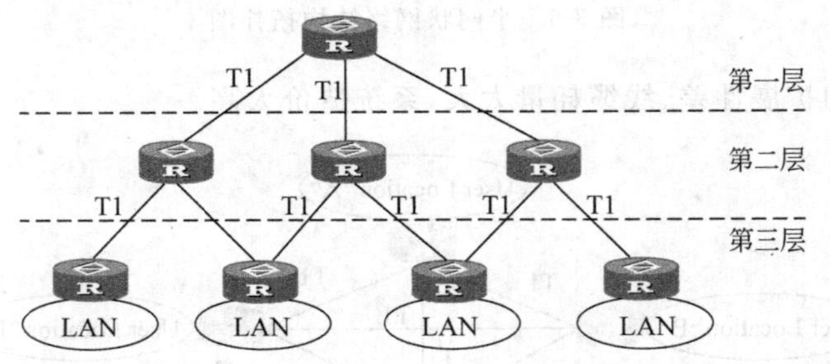

图 3-9　三层网络拓扑结构图

8. 混合拓扑结构

一个有效的混合拓扑应该是一个多层广域网，它的主干结点间是全网状结构，这样做的目的是主干网络具有容错性，具有全网状结构的最小跳数，有效地避免了全网状结构在可扩展性上的局限性。混合拓扑结构如图 3-10 所示。混合拓扑结构的优缺点如下。

优点：系统的稳定性和可靠性高，可扩展性好。骨干层用 T3 线缆连接，保证了骨干网络的高效性。

缺点：线缆耗量大，系统建设和维护费用太高。

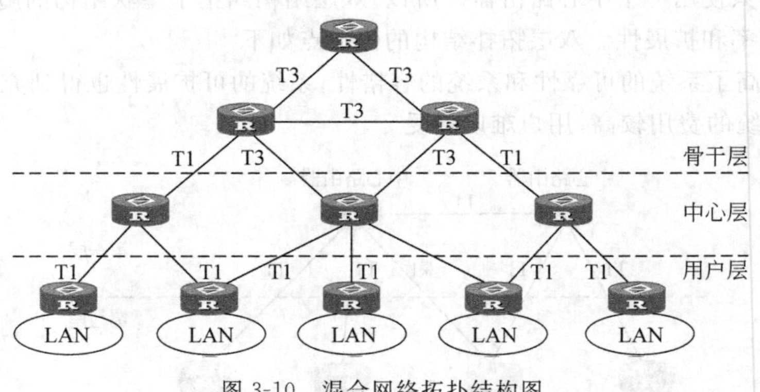

图 3-10　混合网络拓扑结构图

3.2 Internet 概述

3.2.1 Internet 定义

Internet 是国际互联网络，又称因特网，是广域网络的进一步扩展。如前所述，因特网是将世界上各个国家和地区成千上万的同类型和异类型网络互联在一起而形成的一个全球性大型网络系统。Internet 的前身是美国国防部在 20 世纪 60 年代研制的 ARPAnet。该网络最初是为国防应用设计的，后来高等院校及应用商的介入，使之逐步转向民用，最终成为国际网络标准。

Internet 是世界上最大、流行最广的计算机互联网络，它连接了上千万个局域网络和数亿个用户。除去设备规模、统计数字、使用方式、发展方向上的明显优势外，Internet 正以一种令人难以置信的速度发展。

从表 3-2 可以看出 Internet 惊人的发展速度。

表 3-2 Internet 发展统计表

时　间	入网网络数	入网计算机数	时　间	入网网络数	入网计算机数
1969 年	1	4	1992 年	7354	1 136 000
1988 年	305	56 000	1994 年	41 520	4 000 000
1989 年	837	159 000	2000 年	1 000 000	100 000 000
1990 年	2063	313 000	2014 年	30 000 000	3 000 000 000

从网络通信技术的角度看，Internet 是一个以 TCP/IP 网络协议连接各个国家、各个地区以及各个机构的计算机网络的数据通信网。从信息资源的角度看，Internet 是一个集各个部门、各个领域的各种信息资源为一体，供网上用户共享的信息资源网。今天的 Internet 已远远超过了网络的含义，它是一个社会。虽然至今还没有一个准确的定义概括 Internet，但是这个定义应从通信协议、物理连接、资源共享、相互联系、相互通信的角度综合考虑。所以，人们认为，Internet 的定义应包含下面三个方面的内容。

(1) Internet 是一个基于 TCP/IP 协议族的网络；

(2) Internet 是一个网络用户的集团，网络使用者在使用网络资源的同时，也为网络的发展壮大贡献自身的力量；

(3) Internet 是所有可被访问和利用的信息资源的集合。

3.2.2 Internet 的特点

(1) 支持资源共享；

(2) 采用分布式控制技术；

(3) 采用分组交换技术；

(4) 使用通信控制处理机；

(5) 采用分层的网络通信协议。

3.3 Internet 的历史和发展

3.3.1 Internet 的历史

Internet 最早来源于美国国防部高级国防研究项目署 DARPA(Defense Advanced Research Projects Agency)的前身 ARPA 建立的 ARPAnet，该网于 1969 年投入使用。从 1960 年开始，ARPA 就开始向美国国内大学的计算机系和一些私人有限公司提供经费，以促进基于分组交换技术的计算机网络的研究。1968 年，ARPA 为 ARPAnet 项目立项，这个项目基于这样一种主导思想：网络必须能够经受住故障的考验而维持正常工作，一旦发生战争，当网络的某一部分因遭受攻击而失去工作能力时，网络的其他部分应当能够维持正常工作和通信。

1972 年，ARPAnet 在首届计算机后台通信国际会议上首次与公众见面，并验证了分组交换技术的可行性，由此，ARPAnet 成为现代计算机网络诞生的标志。

ARPAnet 在技术上的另一个重大贡献是 TCP/IP 协议族的开发和应用。1980 年，ARPA 投资把 TCP/IP 加进 UNIX(即 BSD 3.2 版本)的内核中，在 BSD 3.3 版本以后，TCP/IP 协议即成为 UNIX 操作系统的标准通信模块。1982 年，Internet 由 ARPAnet 和 MILNET 等几个计算机网络合并而成，作为 Internet 的早期骨干网，ARPAnet 试验并奠定了 Internet 存在和发展的基础，较好地解决了异种计算机网络互联的一系列理论和技术问题。

1983 年，ARPAnet 分裂为两部分：ARPAnet 和纯军事用的 MILNET。该年 1 月，ARPA 把 TCP/IP 协议作为 ARPAnet 的标准协议。后来，人们把以 ARPAnet 为主干网的网际互联网称为 Internet。

目前，Internet 正朝着 IPv6、云计算方向发展。

3.3.2 Internet 的未来

从目前的情况来看，Internet 市场具有巨大的发展潜力，未来其应用将涵盖从办公室共享信息到市场营销、服务等广泛领域。另外，Internet 带来的电子贸易正改变着现代商业活动的传统模式，其提供的方便而广泛的互联必将对未来社会生活的各个方面带来影响。

(1) 随着世界各国信息高速公路计划的实施，Internet 主干网的通信速度将大幅度提高；

(2) 有线、无线等多种通信方式将更加广泛、有效地融为一体；

(3) Internet 的商业化应用将大量增加,商业应用的范围也将不断扩大;

(4) Internet 的覆盖范围、用户入网数以令人难以置信的速度发展;

(5) Internet 的管理与技术将进一步规范化;

(6) 网络技术不断发展,用户对话框更加友好;

(7) 各种令人耳目一新的使用方法不断推出,最新的发展包括实时图像和话音的传输。

3.4 Internet 在中国

3.4.1 Internet 在中国的发展

在我国,回顾 Internet 发展的历史,可以粗略地划分为以下两个阶段。

第一阶段:1987—1993 年,我国的一些科研部门开展了和 Internet 联网的科研课题和科技合作,通过拨号上网实现了和 Internet 电子函件转发系统的连接,并在小范围内为国内的一些重点院校、研究所提供了国际 Internet 电子函件的服务。

第二阶段:从 1994 年开始至今,实现了和 Internet 基于 TCP/IP 的连接,从而开通了 Internet 的全功能服务。

我国于 1994 年 4 月正式连入 Internet,中国的网络建设进入了大规模发展阶段,为了规范发展,1996 年 2 月,国务院令第 195 号《中华人民共和国计算机信息联网国家管理暂行规定》中明确规定,只允许 4 家互联网络拥有国际出口:中国教育与科研计算机网络(CERNET)、中国科学技术网(CSTNET)、中国互联网(又称邮电网络,ChinaNet)、金桥信息网(ChinaGBN)。前两个网络主要面向教育和科研机构,属于非赢利性网络,后两个网络是以经营为目的,属于商业性的 Internet。同时由 4 家单位管理 Internet 的国际出口,它们分别是国家教育委员会、中国科学院、邮电部、中国吉通公司。在这里,国际出口指的是中国 4 大因特网络与国际 Internet 连接的端口及通信线路。同时规定,这 4 大网络在北京通过中国互联网络交换中心(cnnic,其网址为 www.cnnic.net.cn)进行连接,如图 3-11 所示。

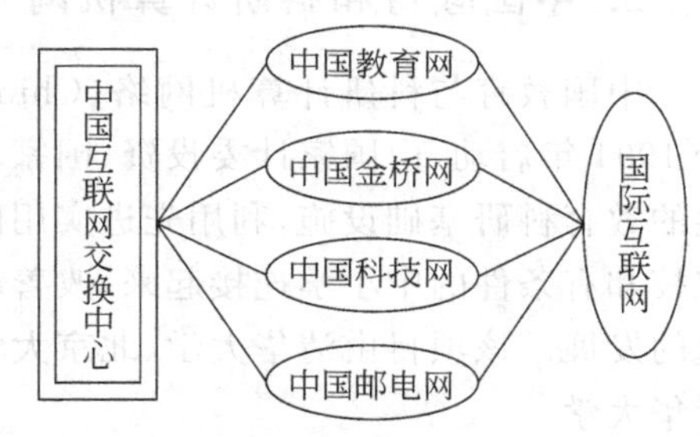

图 3-11 中国互联网络交换中心

3.4.2 中国 4 大互联网络简介

1. 中国科技网络

中国科学院主管的 CSTNET 早期有两个网络国际出口,一个是为高能物理所所内科研服务，不对外经营；另一个是 1994 年 5 月与 Internet 连接的中国国家计算机与网络设施(National Computing and networking Facility of China，NCFC)。NCFC 经历了几个不同的工程发展阶段，即 NCFC、CASNET 和 CSTNET。

始建于 1990 年的中国国家计算机与网络设施(NCFC)是由世界银行贷款的“重点学科发展项目”中的一个高技术信息基础设施项目，由国家计划委员会、国家科学技术委员会、中国科学院、国家自然科学基金委员会、国家教育委员会配套投资和支持建设。该项目由中国科学院主持，联合北京大学、清华大学共同实施。1991 年 6 月，中国科学院高能物理所取得了 Decnet 的授权，直接连入了美国斯坦福大学的斯坦福线性加速器中心；1994 年 4 月正式开通与 Internet 的专线连接；1994 年 5 月 21 日完成我国最高域名“.cn”的注册和主服务器的设置，实现与 Internet 的 TCP/IP 连接，从而可向 NCFC 的各成员组织提供 Internet 的全功能服务。

CASNET 是中国科学院的全国性网络建设工程，分为两大部分：一部分为分院区域网络工程；另一部分为广域网工程。随着 NCFC 的成功建设，中国科学院系统全国联网计划“百所联网”项目于 1994 年 5 月开始进行，并于 1995 年 12 月基本完成。该项目实现了国内各学术机构的计算机网络互联，并接通 Internet。

CSTNET 是以中国科学院的 NCFC 及 CASNET 为基础，连接了中国科学院以外的一批中国科技单位而构成的网络。当年接入 CSTNET 的单位有农业、林业、医学、电力、地震、气象、铁道、电子、航空航天、环境保护等科研行业及国家自然科学基金委、国家专利局等科技管理部门。

2. 中国教育和科研计算机网

中国教育与科研计算机网络(China Education and Research NETwork，CERNET)于 1994 年启动，由国家计委投资、国家教委主持建设。CERNET 的目标是建设一个全国性的教育科研基础设施，利用先进实用的计算机技术和网络通信技术，把全国大部分高等院校和有条件的中小学连接起来，改善教育环境，提供资源共享，推动我国教育和科研事业的发展。该项目由清华大学、北京大学等 10 所高等学校承担建设，网络总控中心设在清华大学。

CERNET 包括全国主干网、地区网、省级网络中心和校园网 4 级层次结构。CERNET 网络管理中心负责主干网的规划、实施、管理和运行。地区网络中心分别设在北京、上海、南京、沈阳、西安、广州、武汉、成都等高等学校集中地区，这些地区网络中心作为主干网的结点负责为该地区的校园网提供接入服务。整个工作分两期进行。首期工程(1994—1995 年)着重于各级网络中心的建设、主干网的建设和国际通道的建立，CERNET 计划建立三条国际专线和 Internet 相连。1995 年年底已开通了连接美国的 128kb/s 国际专线和全国主干网(共 11 条 64kb/s DDN 的专线)，当时有一百多所高校实现与 CERNET 的联网。第二期工程(1996—2000 年)，全国大部分高等院校入网，而且将有数千所中学、小学加入到 CERNET 中。同时，将提高主干网的传输速率，并采用各种最新技术为全国教育科研部门提供更丰富的网络资源和信息服务。

3. 中国公用计算机互联网

原邮电部主管的中国公用计算机互联网 ChinaNet 于 1994 年开始建设，首先在北京和上海建立国际结点，完成与因特网和国内公用数据网的互联。它是目前国内覆盖面最广，向社会公众开放，并提供互联网接入和信息服务的互联网。

1994 年 8 月，原邮电部与美国 Sprint 公司签订协议，通过 Sprint 出口接通 Internet。1995 年 2 月，ChinaNet 开通了北京、上海两个出口，同年 3 月北京结点向社会推出免费试用，6 月正式对外服务。

ChinaNet 也是一个分层体系结构，由核心层、区域层、接入层三个层次组成，以北京网管中心为核心，按全国自然地理区域分为北京、上海、广州、沈阳、南京、武汉、成都、西安等 8 个大区，构成 8 个核心层结点，围绕 8 个核心结点形成 8 个区域，共 31 个结点，覆盖全国各省、市、自治区，形成我国 Internet 的骨干网；以各省会城市为核心，连接各省主要城市形成地区网，各地区网有各自的网管中心，分别管理由地区接入的用户。各地区用户由地区网接入，通过骨干网通达 ChinaNet 全国网。

4. 中国金桥信息网

原电子工业部系统的中国金桥信息网（ChinaGBN）从 1994 年开始建设，1996 年 9 月正式开通。它同样是覆盖全国，实行国际联网，并为用户提供专用信道、网络服务和信息服务的主干网，网管中心设在原电子工业部信息中心，现为中国吉通通信有限公司。目前 ChinaGBN 已在全国各省市发展了数万个本地和远程仿真终端，并与科学院国家信息中心等各部委实行了互联，开始了全面的信息服务。

由于上述 4 大网络体系所属部委在国民经济中所扮演的角色不同，其各自建立和使用 Internet 的目的和用途也有所差别。CSTNET 和 CERNET 是为科研、教育服务的非赢利性 Internet；原邮电部的 ChinaNet 和原电子工业部的 ChinaGBN 是为社会提供 Internet 服务的经营性 Internet。

3.4.3 “三金工程”

面对各国发展信息高速公路的热潮，中国人表现出了极大的热情，同时也面临一次巨大的挑战和机遇。

为此，我国政府有关部门制定了信息化的重大战略举措，“三金工程”便是其中之一。“三金”为“金桥”“金关”“金卡”工程。

“金桥”工程又称经济信息通信网工程，它是建设国家公用经济信息通信网、实现国民经济信息化的基础设施。这项工程的建设，对于提高我国宏观经济调控和决策水平以及信息资源共享、推动信息服务业的发展，都具有十分重要的意义。

“金关”工程又称为海关联网工程，其目标是推广电子数据交换（EDI）技术，以实现货物通关自动化、国际贸易无纸化。

“金卡”工程又称电子货币工程，它是借以实现金融电子化和商业流通现代化的必要手段。

按照“三金”工程的蓝图，中国的信息高速公路将从应用信息系统和国家通信网两个方面考虑，有计划、有步骤地推进。

3.4.4 中国教育与科研计算机网

中国教育与科研计算机网 CERNET 是由国家投资建设，教育部负责管理，清华大学等高等学校承担建设和管理运行的全国性学术计算机互联网络。它主要面向教育和科研单位，是全国最大的公益性互联网络。

CERNET 分 4 级管理，分别是全国网络中心、地区网络中心和地区主结点、省级网络中心和校园网。CERNET 全国网络中心设在清华大学，负责全国主干网的运行管理。地区网络中心和地区主结点分别设在清华大学、北京大学、北京邮电大学、上海交通大学、西安交通大学、华中科技大学、华南理工大学、成都电子科技大学、东南大学、东北大学等 10 所高校，负责地区网的运行管理和规划建设。

CERNET 是我国开展现代远程教育的重要平台。为了适应国家“面向 21 世纪教育振兴行动计划”中远程教育工程的要求，1999 年，CERNET 开始建设自己的高速主干网。利用国家现有光纤资源，在国家和地方共同投入下，到 2001 年年底，CERNET 已经建成 20 000km 的 DWDM/SDH 高速传输网，覆盖我国近三十个主要城市，主干总容量可达 40Gb/s；在此基础上，CERNET 高速主干网已经升级到 2.5Gb/s，155M 的 CERNET 中高速地区网已经连接到我国 35 个重点城市；全国已经有一百多所高校的校园网以 100～1000Mb/s 速率接入 CERNET。

中国教育与科研网络(CERNET)是中国的教育信息网站，接入的单位主要是高等院校和科研机构，也有少量的政府部门和管理机构。

2002 年下半年，国家对西部地区、省级网络中心的一百五十多所高校投入了大量的资金进行 CERNET 的扩建。整个工程于 2006 年全部完成，该工程的实施，使得这 150 多所高校不但网络的性能和速度会大大地提高，而且 Internet 覆盖了大部分的教学实验楼、办公楼、教工宿舍和学生宿舍。目前，CERNET 已覆盖了所有高校。

中国教育与科研网络的网络拓扑结构如图 3-12 所示。

中国教育与科研网络由 8 大地区网络组成，各地区网络中心负责地区网络的建设、运行、管理和信息资源服务。

1. 华北地区网络

网络中心 1：清华大学(http://www.tsinghua.edu.cn 116.111.3.200)

管辖：北京

网络中心 2：北京大学(http://pku.edu.cn 162.105.129.11)

管辖：北京、天津、河北

网络中心 3：北京邮电大学(http://www.bupt.edu.cn 202.205.11.3)

管辖：北京、山西、内蒙

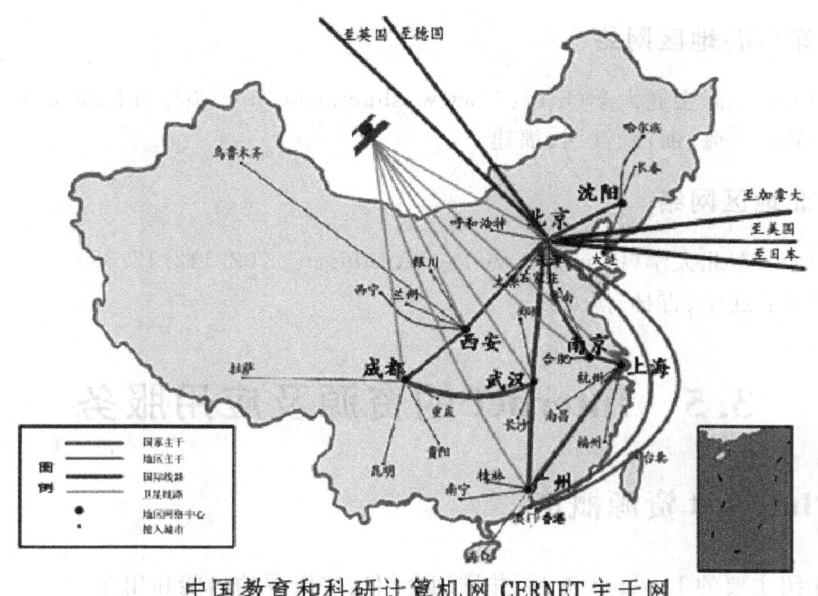

图 3-12　中国教育与计算机网络连接拓扑图

2. 西北地区网络

网络中心：西安交通大学(http://www.xanet.edu.cn　202.112.11.132)

管辖：陕西、甘肃、宁夏、青海、新疆

3. 西南地区网络

网络中心：成都电子科技大学(http://www.cdnet.edu.cn　202.112.13.265)

管辖：四川、重庆、贵州、云南、西藏

4. 华南地区网络

网络中心：华南理工大学(http://www.gznet.edu.cn　202.112.17.38)

管辖：广东、广西、海南

5. 华中地区网络

网络中心：华中理工大学(http://www.whnet.edu.cn　202.112.70.148)

管辖：湖北、湖南、河南

6. 华东(北)地区网络

网络中心：东南大学(http://www.njnet.edu.cn　202.112.23.262)

管辖：江苏、安徽、山东

7. 华东(南)地区网络

网络中心：上海交通大学(http://www.shnet.edu.cn　202.112.26.33)

管辖：上海、浙江、江西、福建

8. 东北地区网络

网络中心：东北大学(http://www.synet.edu.cn　202.112.17.38)

管辖：辽宁、吉林、黑龙江

3.5 Internet的资源及应用服务

3.5.1 Internet资源概览

下面介绍主要的Internet资源，并详细介绍这些资源的功能和用途。

1. 电子邮件

作为一个Internet的用户，能通过Internet发送信息给别人和接收从别人传送来的信息；能做其他邮政系统相同的事，好似一个邮政分局。

然而，邮件不仅能发送信件，文本文件、计算机(源)程序、通知、电子杂志、图片、音乐歌曲等都能"邮寄"。

2. 远程登录

前面讲过，能用Telnet登录到Internet上任何地方的任何一台计算机上，一旦建立起联系，就可以登录。只要拥有合法的用户名和口令，就可以与Internet上相应的计算机连接。

作为一种公众服务，许多Internet上的服务器，允许任何一个人用一个特殊账户登录，这个账户名叫guest(客人)。例如，在美国，有一个可以显示全国天气情况的系统，任何一个人用"guest"登录该系统，都可以查询天气情况。

3. 文件传送协议服务FTP

FTP允许用户把文件从一台计算机传送给另一台计算机。可以用FTP把文件从一台远程主机中复制到自己的计算机中。这个过程叫"下传"或"下载"(Download)；同样，也可以把文件从自己的计算机传送给远程主机，这叫作"上传"(Upload)。此外，如果有必要，FTP将允许把文件从一台远程主机传送到另一台远程主机。

4. 客户/服务器方式

网络的主要用途是共享资源。这种共享是通过相呼应的两个独立程序来完成的。每个程序在相应的计算机上运行。一个程序在服务器中提供特定资源；另一个程序在客户机中，它使客户机能够使用服务器上的资源。

5. 用户网

用户网(Usenet是用户的网络“User’s network”的缩写)是人们使用Internet的主要网络之一。用户网是一个分布在世界各地的专题讨论组系统。

事实上，用户网有上万的讨论组。所以，对每个人来说都有他所需要的东西。

6. 匿名文件传送协议

匿名文件传送协议是这样一个系统，某些服务器愿意将一些文件免费提供给别人使用。这样的服务器就允许用户以anonymous(匿名)的用户名登录进入，然后复制所需要的文件，而不需要特别的口令。

7. Archie服务器

世界上有数千个匿名FTP服务器，能提供巨大数量的免费文件。Archie服务器的作用是帮助用户找到相关的匿名网站。

假设用户想要一个特别文件，Archie服务器就会告诉他，哪些匿名FTP主机存有这个文件。

如果把匿名FTP的世界比喻成一个不断变化的巨大的世界图书馆，就可以认为Archie服务器是图书检索卡或目录清单。事实上，如果没有Archie服务器，大多数匿名FTP资源是无法得到的。Archie一词是由“档案服务者”(Archie Server)的意思演变而来的。

8. 对话机

对话机使用户的计算机与别人的计算机建立起联系，其作用是允许用户可以与远方的人进行对话(用键盘输入要“讲”的内容)。

9. Internet中继对话

Internet中继对话(Internet Relay Chat，IRC)是同时由两个以上的人使用的对话装置。使用“Internet中继对话”系统可以同时和很多人对话。

10. Gopher服务

Gopher提供一系列菜单，根据这些菜单实际上可以得到任何类型的文本信息(包括由其他的Internet资源所提供的)。Internet中有很多Gopher系统，每一个系统由当地服务器管理。每个本地Gopher服务器中都拥有各自的信息。

有些Gopher是单机系统，而大多数Gopher则与其他Gopher建立了联系。比如说，正在使用中国的Gopher，通过简单的菜单选择，就可以与非洲或南美洲的其他Gopher连接。

11. Veronica

所有的 Gopher 都有自己的一系列能提供信息和服务的菜单项目。

Veronica 是一种与全世界很多 Gopher 保持接触的工具。用户可以用 Veronica 检索和查找所有菜单项目。

Veronica 的检索结果是一个自动生成的“用户菜单”,包括已发现的项目。从这个菜单中选择任一个项目,就会自动地把用户与相关的 Gopher 连接起来。

12. Wais 服务

广域信息服务(Wide area information service,Wais)是提供查找分布在 Internet 上信息的另一种方法。Wais 可以同时检索许多数据库。只要告诉 Wais 要检索内容的关键词,Wais 将在有关数据库中检索出所需文件。

Wais 检索的结果是文件的题录,是从各种不同的数据库中挑选出来的。Wais 用菜单形式把确切的题录显示出来。根据这个题录,可查看用户喜爱的文件内容。

13. World Wide Web 服务器

因 WWW 具有超文本检索功能,利用这一功能可以检索出用户所要的数据。

14. 白页目录

在 Internet 世界中,IP 地址是最重要的东西。当想与某人联系,但又不知道其地址时,那该怎么办?使用 white page directories 就可找到该人的地址。white page directories 就像日常生活中的标准电话号码簿的白页部分。

在 Internet 上有很多的 white page directories 服务器,在上面可以检索到个人姓名或机构名称,只要他是 Internet 的用户。

15. 电子杂志

Internet 上存放着以电子形式出版的各种杂志,文章用文本文件存储在某一网站上,每个网上用户都能通过浏览器看到它。

16. 邮政名单

邮政名单是就某一特定主题向一组人发出邮件的一个组织系统。邮件信息可以是文章、评论或与这个主题相关的任何信息。

所有的邮政名单都是有专人负责的。用户可以发送一条信息给相关的地址就可以订阅或退订邮政名单。

如果用户是电子邮件狂,只要订阅少数的邮政名单,每天的电子邮件就会像雪片一样地飞进其电子邮箱。

17. 电子公告板服务

BBS 即电子公告板系统(Bulletin Board System),是一个信息和文件的陈列宝库,每一个 BBS 都是围绕某个特定的主题的。Internet 上有无数的电子公告板系统,可用远程登录(Telnet)方法连接 Internet 上的电子公告板。

18. 指名服务

大多数的 Internet 计算机提供一种查询用户信息的工具,即查找某一用户的姓名和其他信息。这种服务就是"指名"(Finger)服务。对于 Internet 上的用户,常常只知道其用户标识。但我们可以使用 Finger Service 对其指名,了解和掌握该用户更多的个人资料和信息。例如,可以发现登记的用户标识为"Tom"的人叫"Job Tom"。通过指名服务,可以找出该人的其他信息,如电话号码、邮政编码、办公地址等。

当然,也有办法来限定哪些信息允许别人"指名"时可看到,哪些信息不能看到。例如,一个职员可能愿意告诉别人办公室的电话号码而不愿意说出住宅电话。任何时候,只要"指名"了一个用户的标积,则该用户相关的信息就会显示出来。

Internet 上的资源如表 3-3 所示。

表 3-3　Internet 资源摘要

资　　源	功 能 说 明
电子邮件	发送和接收电子邮件
远程登录	连接上并使用一台远程主机
指名服务	显示用户情况
用户网	巨大的讨论组系统
匿名文件传送协议	公众获取数据档案
Archie 服务	检索匿名文件传送协议档案
Gopher 服务	菜单形信息
Veronica	检索 Gopher 菜单项目
白页目录	检索用户的地址
广域信息服务器 Wais	查寻检索型数据库
WWW	访问超文本信息
邮政名单	用邮件发布信息
电子杂志	杂志、刊物、通信稿
电子公告板服务	共享信息和消息
游戏娱乐	娱乐和消遣
MUD	多人虚拟现实

3.5.2 Internet 的用途

Internet 实际上是一个应用平台，在它上面可以开展很多种应用，下面从几个方面来说明 Internet 的功能和用途。

1. 信息的获取与发布

Internet 是一个信息的海洋，通过它可以得到无穷无尽的信息，其中有各种不同类型的书库和图书馆、杂志期刊和报纸。网络还提供了政府、学校和公司企业等机构的详细信息和各种不同的社会信息。这些信息的内容涉及社会的各个方面，包罗万象，几乎无所不有。用户可以坐在家里了解到全世界正在发生的事情，也可以将自己的信息发布到 Internet 上。

2. 电子邮件

平常的邮件一般是通过邮局传递，收信人要等几天(甚至更长时间)才能收到那封信。电子邮件和平常的邮件有很大的不同，电子邮件的写信、收信、发信都在计算机上完成，从发信到收信的时间以秒来计算，而且电子邮件几乎是免费的。同时，无论在地球上的哪一个位置，只要可以上网的地方，都可以收到别人寄给自己的邮件，而不像日常生活中的邮件，必须回到信件指定的收信地址才能拿到信件。

3. 网上交际

网络可以看成是一个虚拟的社会空间，每个人都可以在这个网络社会上充当一个角色。Internet 已经渗透到人们的日常生活中，可以在网上与别人聊天、交朋友、玩网络游戏。“网友”已经成为一个使用频率越来越高的名词，网友可以完全不认识，他(她)可能远在天边，也可能近在眼前。网上交际已经完全突破传统的结交朋友方式，世界上不同性别、年龄、身份、职业、国籍、肤色的人，都可以通过 Internet 而成为好朋友，不见面而可以进行各种各样的交流。

4. 电子商务

在网上进行贸易已经成为现实，而且发展得如火如荼，例如，可以开展网上购物、网上商品销售、网上拍卖、网上货币支付等。它已经在海关、外贸、金融、税收、销售、运输等方面得到了应用。电子商务现在正向一个更加纵深的方向发展，随着社会金融基础设施及网络安全设施的进一步健全，电子商务将在世界上引起一轮新的革命。在不久的将来，将可以坐在计算机前进行各种各样的商业活动。

5. 网络电话

近几年，中国电信、中国联通等单位相继推出 IP 电话服务，IP 电话卡成为一种很流行的电信产品而受到人们的普遍欢迎，因为它的长途话费大约只有传统电话的三分之一。

IP 电话凭什么能够做到这一点呢？原因就在于它采用了 Internet 技术，是一种网络电话。现在市场上已经出现了很多种类型的网络电话，还有一种网络电话，它不仅能够听到对方的声音，而且能够看到对方，还可以是几个人同时进行对话，这种模式也称为“视频会议”。Internet 在电信市场上的应用将越来越广泛。

6. 网上事务处理

Internet 的出现将改变传统的办公模式，可以在家里上班，然后通过网络将工作的结果传回单位；出差的时候，不用带很多资料，因为随时都可以通过网络连接到单位提取需要的信息，Internet 使全世界都可以成为办公的地方。

7. 文件传输

FTP 是 Internet 中最早的应用程序之一。Internet 的目的就是把文件从一处传输到另一处。FTP 服务器还提供了许多实用的免费软件。

8. 远程登录

Telnet 提供了一种登录到 Internet 其他远程计算机中去的途径。一旦登录成功，就可使用远程计算机，就像使用自己的计算机一样。在 Telnet 上还可以玩一种叫作 MUD 的虚拟游戏，读者不妨试试。

9. 万维网

在万维网中，通过 WWW 浏览器，可以看到各种网站上的文字、图像、声音甚至电影。

10. 新闻组和电子公告牌

新闻组就是专题讨论组。无论是想了解当前的国际形势，还是想学习风筝放飞技术，无论想了解什么内容，都能在 Newsgroup 和 BBS 中找到满意的答案。电子公告牌与新闻组的功能相仿，它的工作方式与日常生活中的布告栏非常类似，它是一种计算机化的提供留言（称为“帖子”）的系统，网上其他计算机用户可以从中看到一个人的留言信息，他也可以从中看到别人的留言。

11. 聊天系统

通过键盘，与网上认识和不认识的朋友“聊天”。

12. Internet 的其他应用

Internet 还有很多其他的应用，例如远程教育、远程医疗等。总而言之，在信息世界里，以前只有在科幻小说中出现的各种设想，现在已经在慢慢地成为现实。

3.6 如何接入 Internet

3.6.1 拨号接入技术

拨号接入技术是利用 PSTN(Published Switched Telephone Network,公用电话交换网)通过调制解调器拨号实现用户接入 Internet 的方式。这种接入方式是利用现有电话系统实现的一种接入方式。

用户通过拨号接入 Internet 的示意图如图 3-13 所示。图中,用户计算机利用调制解调器和电话线相连接入 PSTN,再通过网络接入服务器(NAS)起到网关的作用,实现从 PSTN 到 Internet 的接入,并对用户完成授权、认证和计费等功能。

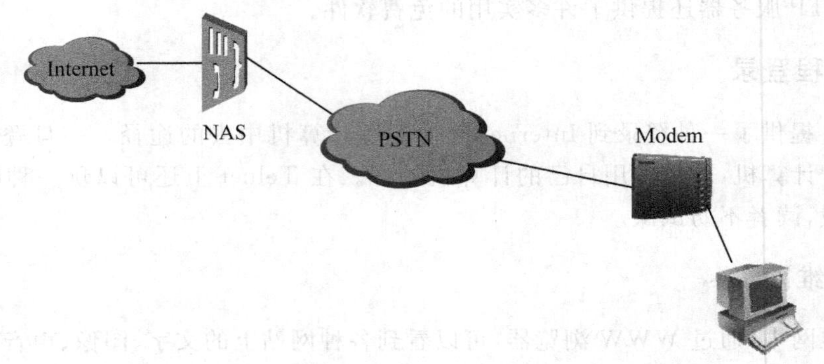

图 3-13 拨号接入示意图

计算机处理的信号为数字信号,而普通电话线上传输的是电脉冲模拟信号,为了使一台计算机能够通过电话线路与另一台计算机通信,就需要将准备发送或接收的信息(数字信号)转换成可以通过连接线路传送的电脉冲信号,即利用 Modem 实现调制/解调。

PSTN 拨号接入的主要缺点是带宽有限,速率一般为 56kb/s,这种速率远远不能够满足宽带多媒体信息的传输需求。另外,当拨号上网时,一般情况下,通信线路被全程占用,不能同时实现语音通话、传真等业务,但由于电话网非常普及,用户终端设备 Modem 很便宜,而且不用申请就可开户,只要有计算机,把电话线接入 Modem 就可以直接上网。因此,PSTN 拨号接入方式比较方便,至今用于网络接入。

通过电话系统拨号接入 Internet 的优点是比较灵活,只要有电话的地方就能上网,成本也不高。因此,对于访问次数不频繁的用户比较适合。

3.6.2 ISDN 接入技术

ISDN (Integrated Service Digital Network,综合业务数字网)俗称为"一线通",它采用数字传输和数字交换技术,将电话、传真、数据、图像等多种业务综合在一个统一的数字网络中进行传输和处理。ISDN 可以分为窄带 ISDN 和宽带 ISDN 两种。窄带 ISDN 采用基本速率接口(Basic Rate Interface,BRI),基本速率接口包括两个能独立工作的 B 信道(64kb/s)和一个 D 信道(16kb/s),其中,B 信道用来传输话音、数据和图像,D 信道用来传输信令或分组信息,所以 BRI 的速率为 144kb/s,当用户同时占用两条 B 信道接入 Internet 时,数据的传输速率最高可为 128kb/s。

宽带 ISDN 采用基群速率接口(Primary Rate Interface,PRI),根据 PCM 系统划分时隙不同,PRI 分为 30B+D 和 23B+D。中国采用的是 30B+D 的 PRI 形式,支持 30 条 64kb/s 的 B 信道和 1 条 64kb/s 的 D 信道。

窄带 ISDN 接入 Internet 的过程与 Modem 拨号类似,如图 3-14 所示。首先是由 NT1 设备向远端的接入服务器发起建立请求,通过验证后,接入服务器从空闲的链路中选择两条分配给该用户,并通过链路捆绑技术将其合并为一条逻辑线路实现数据传输的负荷分担。这样,用户就可以获取 128kb/s 的接入速率了。ISDN 的传输是纯数字过程,通信质量大大提高,经测试表明,ISDN 数据传输比特误码性能比传统电话线路至少改善十倍。此外,它的连接速度非常快,通常只有几秒钟就可以拨通。

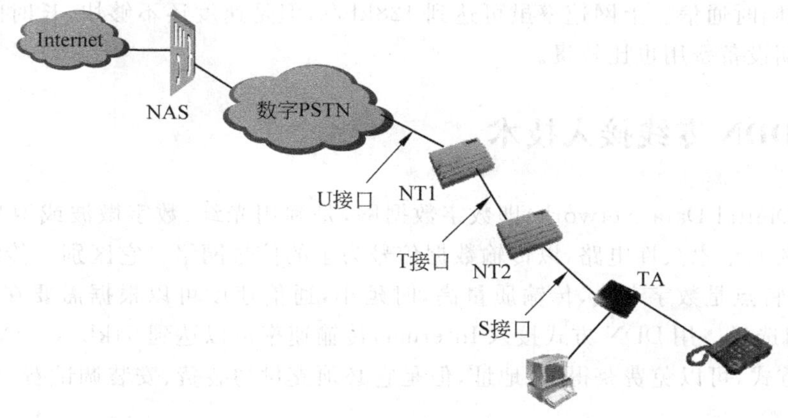

图 3-14　ISDN 接入示意图

如图 3-14 所示,在用户侧,根据几个功能点,可以将所有的设备以参考点为界分为几个功能群。

U 接口:是网络与用户之间的线路接口,也称为 U 参考点。它规定了传输线路的码型。我国 U 接口采用的传输线路码型是 2B1Q 码,即线路上传输的是 4 个电平,每一个电平表示两位二进制码的一种组合。这样可以使传输线路上的速率比二进制码速率降低一半,减小传输衰耗。

S、T 接口:是用户端与网络终端之间或一类网络终端与二类网络终端之间的线路接口,也称为 S 和 T 参考点。当二类网络终端设备不存在时,S、T 合并称为 S/T 接口。它规定了传输线路码型,采用的是四线传输方式,两线发两线收,线路码型为三位进制码。S、T 接口上的信号采用固定长度的帧。

R 接口:是非标准 ISDN 终端接口,又称 R 参考点。

NT1(Network Termination 1)一类网络终端,用于连接 ISDN 终端和 ISDN 交换设

备，完成用户终端信号和线路信号的转换。NT1 一般提供一个 U 接口插槽，两个 S/T 接口插槽，可以同时连接两台终端设备。U 接口采用 RJ11 的插头，S/T 采用 RJ45 的插头。大多数的用户终端设备必须通过 NT1 与用户线路连接，不能直接与用户线路连接。

NT2(Network Termination 2)二类网络终端，相当于 PABX、LAN 路由器等终端控制设备。

TE1(Terminal Equipment Type 1)一类终端设备，ISDN 标准终端，具有标准的 S 接口，可以通过 S 接口与 NT1、NT2 直接相连。常见的设备有：G4 传真机、ISDN 数字电话机等。

TA (Terminal Adapter) ISDN 终端适配器，TA 能和各种 PC 相连，使得现有的非 ISDN 标准终端(例如模拟话机、G3 传真机、分设备、PC)能够在 ISDN 上运行，为用户在现有终端上提供 ISDN 业务。

ISDN 能够利用一条用户线路实现综合数据传输。由于采用端到端的数字传输，传输质量明显提高。只需一个入网接口，使用一个统一的号码，就能从网络得到所需要使用的各种业务，使用灵活方便。用户在这个接口上可以连接多个不同种类的终端，而且有多个终端可以同时通信。上网速率虽可达到 128kb/s，但是速度还不够快，长时间在线费用会很高，初期设备费用也比较贵。

3.6.3 DDN 专线接入技术

DDN(Digital Data Network)即数字数据网，是利用光纤、数字微波或卫星等数字信道，提供永久或半永久性电路，以传输数据信号为主的信号网络。它区别于传统模拟电话专线的显著特点是数字专线，传输质量高，时延小，通信速度可以根据需要在 2.4kb/s～2Mb/s 之间选择。用 DDN 方式接入 Internet，传输速率可以达到 64kb/s～2Mb/s。采用 DDN 接入方式，可以免费获得 IP 地址，但是它必须支付初装费、安装调试费、端口租用费和信息流量费。

1. DDN 网络结构

DDN 由数字传输电路和相应的数字交叉复用设备组成。其中，数字传输主要以光缆传输电路为主，数字交叉连接复用设备对数字电路进行半固定交叉连接和子速率的复用。组成 DDN 的基本单位是结点，各结点间通过光纤连接，构成网状的拓扑结构，数据终端设备(DTE)通过数据服务单元(DSU)与就近的结点机相连。

DTE：数据终端设备，表示接入 DDN 的用户端设备，可以是普通计算机或局域网服务器，也可以是一般的传真机、电传机、电话机等。DTE 和 DTE 之间是全透明传输。

DSU：数据服务单元，可以是调制解调器或基带传输设备，以及时分复用、语音/数字复用等设备。

NMC 表示网管中心，可以方便地进行网络结构和业务的配置，实时监视网络运行情况，进行网络信息、网络结点告警、线路利用等情况的收集和统计工作。

DDN 接入拓扑如图 3-15 所示。

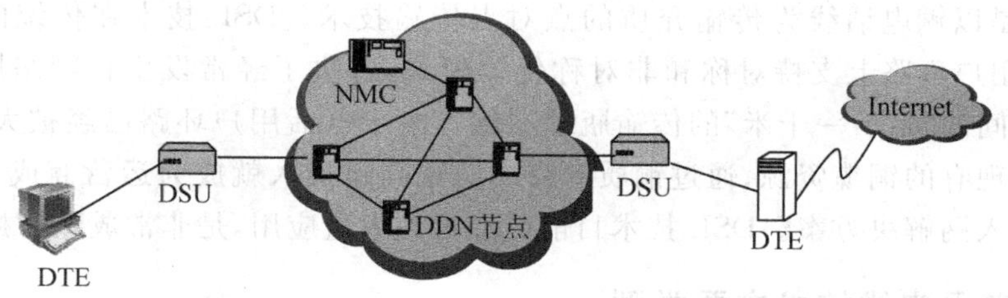

图 3-15　DDN 专线接入网络拓扑

DDN 专线接入 Internet 是指用户与 ISP 之间以通过物理线路的实际连接来传输数字数据，达到接入互联网的目的。常见的固定 DDN 专线按传输速率可分为 13.4k、28.8k、64k、128k、256k、512k、768k、1.544M(T1 线路)及 43.863M(T3)9 种，目前 DDN 可达到的最高传输速率为 155Mb/s，平均时延≤450μs。

DDN 的主干传输为光纤传输，采用数字信道直接传送数据，所以传输质量高。采用专线连接的方式而不必选择路由，直接进入主干网络，所以时延小速度快，13.4k 的 DDN 绝对比 13.4k 的拨号上网快很多、采用点对点或点对多点的专用数据线路，特别适用于业务量大、实时性强的用户。

DDN 专线不仅需要铺设专用线路从用户端进入主干网络，所以使用专线除了要和使用拨号上网一样要付两种费用：一是电信月租费，就像拨号上网要付电话费一样；二是网络使用费，另外还有电路租用费等费用，用户端还需要专用的接入设备和路由器，其花费对于普通用户来说是承受不了的。

2. DDN 的特点

由于 DDN 是采用数字传输信道传输数据信号的通信网，因此，它可提供点对点、点对多点透明传输的数据专线出租电路，为用户传输数据、图像、声音等信息。DDN 具有如下特点。

(1) DDN 是透明传输网。

(2) 传输速率高，网络时延小。

(3) DDN 可提供灵活的连接方式。

(4) 灵活的网络管理系统。

(5) 保密性高。

3.6.4　xDSL 接入技术

数字用户线(Digital Subscriber Line，xDSL)是美国贝尔通信研究所于 1989 年为推动视频点播(VOD)业务开发出的用户线高速传输技术，后因 VOD 业务受挫而被搁置了很长一段时间。近年来随着 Internet 的迅速发展，对固定连接的高速用户线需求日益高涨，基于双绞铜线的 xDSL 技术因其以低成本实现用户线高速化而重新崛起，打破了高速通信由光纤独揽的局面。

xDSL是以铜电话线为传输介质的点对点传输技术。DSL技术在传统的电话网络(POTS)的用户环路上支持对称和非对称传输模式,解决了经常发生在网络服务供应商和最终用户间的"最后一千米"的传输瓶颈问题。由于电话用户环路已经被大量铺设,因此充分利用现有的铜缆资源,通过铜质双绞线实现高速接入就成为运营商成本最小最现实的宽带接入网解决方案。DSL技术目前已经得到大量应用,是非常成熟的接入技术。

1. 数字用户线技术主要类型

(1) HDSL(High-data-rate Digital Subscriber Line,高速率数字用户线路)。

HDSL是一种对称的高速数字用户环路技术,上行和下行通信提供相等的带宽,传输速率可达到T1/E1,一般采用两对电话线进行全双工通信,有效传输距离只有5km,其典型的应用是代替现有的T1方式将远程办公室连接起来。通过两对或三对双绞线提供全双工1.544/2.048Mb/s(T1/E1)的数据信息传输能力。通常采用2B1Q或CAP两种线路编码方式,其无中继传输距离视线径不等约为4~7km。HDSL的缺点是用户需要第二条电话线,并且目前产品可选厂商比较少。

(2) ADSL(Asymmetric Digital Subscriber Line,非对称数字用户线路)。

ADSL是一种上行和下行传输速率不对称的技术。ADSL上行速率为224~640kb/s,最大可以达到1Mb/s,下行传输速率1.544~9.2Mb/s,最大可以达到24Mb/s;传输距离在2.7~5.5km,主要适用于用户远程通信、中央办公室连接。ADSL技术的优势是其以标准形式出现,只使用一对电话线路,传输距离长;其不足为传输速率和距离相互制约。ADSL技术是目前应用得比较好的一种DSL技术。

(3) SDSL(Single-pair/Symmetric Digital Subscriber Line,单对线路/对称数字用户线路)。

使用一对铜双绞线对在上、下行方向上实现E1/T1传输速率的技术,是HDSL的一个分支。它采用2B1Q线路编码,上行与下行速率相同,传输速率由几百kb/s到2Mb/s,传输距离可达3km左右。

(4) RADSL(Rate-Adaptive Digital Subscriber Line,速率自适应数字用户线路)。

RADSL能够自动地、动态地根据所要求的线路质量调整自己的速率,为远距离用户提供质量可靠的数据网络接入手段。RADSL是在ADSL基础上发展起来的新一代接入技术,其传输距离可达5.5km左右。

(5) VDSL(Very-high-data-rate Digital Subscriber Line,超高速率数字用户线路)。

VDSL和ADSL一样,也是一种上行和下行传输速率不对称的技术。VDSL使用一条电话线,获得下行传输速率可达到13~52Mb/s,上行速率为1.5~2.3Mb/s,传输距离约为300m~1.3km,其主要用于视频和多媒体等相关场合。可以看出,VDSL最大的优点是可以得到极高的数据传输速率;但其传输距离短,传输速率不稳定,并且没有标准。

(6) IDSL(ISDN-based Digital Subscriber Line,基于ISDN数字用户线路)。

IDSL可以认为是ISDN技术的一种扩充,它用于为用户提供基本速率BRI(128kb/s)的ISDN业务,但其传输距离可达5km,其主要应用场合有远程通信和远程办公室连接。

到目前为止，xDSL 采用的调制解调技术仍未形成较为集中的统一标准，无论是国际上还是国内，均未得到大规模的发展和推广，仍仅应用于特殊场合下。如专线大用户要求高速(2Mb/s 以上)接入附近的通信部门。由于高速接入应用实际上集中在高速接入 Internet，即实现 Web 上的视音频点播、动画等高带宽应用；而这些应用的特点是上下行数据传输量不平衡，下行传送大量的视音频数据流，需高带宽，而上行只是传送简单的检索及控制信息，需要很少的带宽——这些都是 ADSL 技术的特点。因而在高速接入的竞争中，电信部门主要推出 ADSL 接入手段去占领市场，而且也比较成功。接下来就来看看 ADSL 技术的具体实现。

2. ADSL

ADSL 是近年发展的一种宽带接入技术，是利用双绞线向用户提供两个方向上速率不对称的宽带信息业务。其下行速率高达 1.5～9Mb/s，传输距离可达 3～5km，典型的下行速率有 T1、E1、DS2(6.312Mb/s)、E2(8.448Mb/s)。上行速率低，随各公司产品而不同，通常为 16～640kb/s。

ADSL 在一对电话线上同时传送一路高速下行数据、一路较低速率数据、一路模拟电话。各信号间采用频分复用方式占用不同频带，低频段传送话音；中间窄频带传上行信道数据及控制信息；其余高频段传下行信道数据、图像或高速数据。

ADSL 技术利用现有双绞线传输宽带业务，可降低成本，特别适于大量分散的住宅用户。它被广泛用于 Internet 接入、远端 LAN 接入、视频点播(VOD)、远程教学、多媒体检索等宽带业务的接入与传输。目前，ADSL 技术及其应用正不断发展，与之相应的 ADSL 调制与处理芯片也大量推向市场，电信设备厂商也生产出不同类型的 ADSL 调制解调产品并积极开拓市场，使 ADSL 系统在接入网中不断拓宽应用。

3. ADSL 系统结构

ADSL 使用一对电话线，在用户线两端各安装一个 ADSL 调制解调器，该调制解调器采用了频分复用(FDM)技术，将带宽分为三个频段部分：最低频段部分为 0～4kHz，用于普通电话业务；中间频段部分为 20～50kHz，用于速率为 16～640kb/s 的上行数据信息的传递；最高频段部分为 150～550kHz 或 140kHz～1.1MHz，用于 1.5～9Mb/s 的下行数据信息的传送。

(1) 分离器：ADSL 技术能同时提供电话和高速数据业务，为此应在已有的双绞线的两端接入分离器，分离承载音频信号的 4 kHz 以下的低频带和 ADSL Modem 调制用的高频带。分离器实际上是由低通滤波器和高通滤波器合成的设备，为简化设计和避免馈电的麻烦，通常采用无源器件构成。

(2) ADSL Modem：用户端的 ADSL Modem 内部结构与 V.34 等模拟 Modem 几乎相同。主要由处理 D/A 变换的模拟前端、进行调制/解调处理的数字信号处理器(DSP)以及减小数字信号发送功率和传输误差，利用“网格编码”和“交织处理”实现差错校正的数字接口构成。

交换局端的接入产品大多具有多路复用功能，多条 ADSL 线路传来的信号在接入设备中进行复用，通过高速接口向主干网的路由器等设备转发，这种配置可节省路由器的端口，布线也得到简化。目前已有将数条 ADSL 线路集束成一条 10Base-T 的产品和将交换机架上全部数据综合成 155Mb/s 的 ATM 端口的产品。ADSL 组网拓扑如图 3-16 所示。

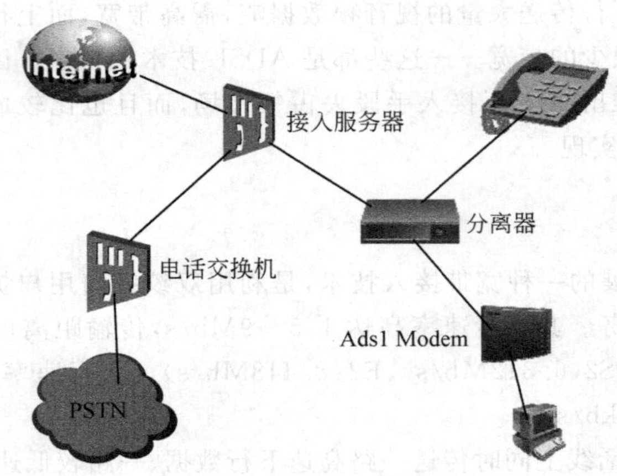

图 3-16　ADSL 接入结构示意图

4. ADSL 的调制技术

ADSL 的调制技术是 ADSL 的关键所在。在 ADSL 调制技术中，一般均使用高速数字信号处理技术和性能更佳的传输码型，用以获得传输中的高速率和远距离。在信号调制技术上，ADSL 调制解调器主要采用 CAP 和 DMT 技术。

CAP(Carrierless Amplitude and Phase Modulation，无载波幅相调制)。CAP 是 AT&T 提出的调制方式，数据信号在发送前被压缩，然后沿电话线发送，在接收端重组。CAP 的主要优点为：载波频率可变，在一个频率周期传输 2～9 位二进制数据，因此在相同的传输速率下，占用更少的带宽，传输距离更远。

DMT(Discrete MultiTone Modulation，离散多音调制)。DMT 采用多载波调制技术，可用频段划分为多个(典型为 256 个)子信道，每个子信道的带宽为 4kHz，对应不同频率的载波，并根据子信道发送数据的能力将数据分配给各子信道，不能载送数据的子信道被关掉。DMT 用离散快速傅里叶变换进行编解码，DMT 尝试可能的最高速率，根据线路的噪声和衰减特性分配数据。目前，DMT 已成为 ANSI 制定的 ADSL 的调制标准：T1.413。

由于 CAP 信号传输占用全部信道带宽，所以频域和时域噪声都会对它造成影响。DMT 的每个很窄的子信道频带内的电缆特性可以近似认为是线性的，因此脉冲混叠可以减到最低程度。在每个子信道内传送的比特率可以按该信道内信号和噪声的大小自适应地变化，故 DMT 技术可自动避免工作在干扰较大的频段。

5. ADSL 接入类型

专线入网方式：用户拥有固定的静态 IP 地址，24 小时在线。

虚拟拨号入网方式：并非是真正的电话拨号，而是用户输入账号、密码，通过身份验证，获得一个动态的 IP 地址，可以掌握上网的主动性。

6. ADSL 设备的安装

ADSL 安装包括局端线路调整和用户端设备安装。在局端方面，由服务商将用户原有的电话线中串接入 ADSL 局端设备，只需两三分钟；用户端的 ADSL 安装也非常简易方便，只要将电话线连上滤波器，滤波器与 ADSL Modem 之间用一条两芯电话线连上，ADSL Modem 与计算机的网卡之间用一条交叉网线连通即可完成硬件安装，再将 TCP/IP 协议中的 IP、DNS 和网关参数项设置好，便完成了安装工作。

局域网用户的 ADSL 安装与单机用户没有大的区别，只需再加多一个集线器，用直连网线将集线器与 ADSL Modem 连起来就可以了。

7. ADSL 的应用

ADSL 能很好地支持范围广阔的高带宽应用，例如高速互联网接入，远程通信，虚拟专用网（VPN）和稳定的多媒体内容。

（1）用作专线网的接入线：专线提供上、下行速率对称的通信业务，因此可采用 ADSL Modem，终端通过 V. 35 或 X. 21 等串口与其相连，其双向传输速率为 128kb/s～2Mb/s。

（2）用作 Internet 的接入线：在 Internet 中，浏览 Web 等客户/服务器业务的下行数据量要大得多，因此可采用下行高速化的 ADSL Modem。

（3）用作 ATM 的接入线：主干线路 ATM 化已成为全球通信发展的趋势，因此如何使 xDSL 用作 ATM 业务的接入线已成为当前研究与开发的热点。ANSI、ETSI、ITU-T、ADSL 论坛和 ATM 论坛等机构也正在对 ATM over ADSL 技术进行标准化。

8. 新一代 ADSL 技术的应用

2002 年 7 月，ITU-T 公布了 ADSL 的两个新标准（G. 992. 3 和 G. 992. 4），即所谓的 ADSL2。到 2003 年 3 月，在第一代 ADSL 标准的基础上，ITU-T 又制定了 G. 992. 5，也就是 ADSL2plus，又称 ADSL2＋。

ADSL2 利用现有电话铜缆资源，可在开通话音业务（POTS、ISDN）的同时，利用高频段提供宽带数据业务。其中，ATU-C、ATU-R 分别为局端和用户端的 ADSL2 收发单元，话音和数据业务通过分离器（Splitter）隔开。

3.7 IP 地址与域名

在日常生活中，需要记住各种类型的地址以便与他人通信联络，如邮政地址、街道地址、门牌编号、住宅电话号码、商业电话号码、传真号码等。在 Internet 上也是这样。

如果一个通信系统允许任何一台主机与其他任何主机通信，就说这个通信系统提供了通用通信服务(Universal Communication Service)。为了识别这样一种通信系统上的计算机，需要建立一种普遍接受的标识方法。这就如同通过邮局寄信，信封上必须有收件人的地址，包括国家、城市、街道、门牌号以及邮政编码。Internet 就是能够提供通用通信服务的系统，它定义了两种方法来标识网上的计算机，分别是 Internet 的 IP 地址和域名。

3.7.1 IP 地址

1. 公网 IP 地址

连入 Internet 的计算机成千上万，Internet 为了能识别每一台计算机，为了使每个上网的计算机之间能够相互进行资源共享和信息交换，Internet 给每一台上网的计算机分配了一个 32 位长的二进制数字编号，这个编号就是所谓的 IP 地址。任何一台计算机上的 IP 地址在全世界范围内都是唯一的。

IP 地址又称 Internet 地址，共 32 位长，分为 4 段，每个段称为一个地址节，每个地址节长 8 位。为了书写方便，每个地址节用一个十进制数表示，每个数的取值范围为 0～255，地址节之间用小数点“.”隔开，如贵州大学主机 IP 地址为 210.40.0.33。最小的 IP 地址为 0.0.0.0，最大的 IP 地址为 255.255.255.255。IP 地址又分为 A、B、C、D 和 E 5 类。A 类地址适用于大型网络，B 类地址适用于中型网络，C 类地址适用于小型网络，D 类地址用于组播，E 类地址用于实验。一个单位或部门可拥有多个 IP 地址，比如可拥有两个 B 类地址和 50 个 C 类地址。地址的类别可从 IP 地址的最高 8 位进行判别，如表 3-4 所示。

表 3-4　IP 地址分类表

IP 地址类	高 8 位数值范围	最高 4 位的值	IP 地址类	高 8 位数值范围	最高 4 位的值
A	0～127	0XXX	D	224～239	1110
B	128～191	10XX	E	240～255	1111
C	192～223	110X			

例如，清华大学的 IP 地址 116.111.3.220 是 A 类地址，北京大学的 IP 地址 162.105.129.11 是 B 类地址，贵州大学的 IP 地址 210.40.0.58 是 C 类地址。

IP 地址用网络号＋主机号的方式来表示，A 类地址用高 8 位表示网络号，其中最高位固定为 0(实际只用 7 位)，用低 24 位表示主机号；B 类地址用高 16 位表示网络号(实际只用 14 位)，低 16 位表示主机号；C 类地址用高 24 位表示网络号(实际只用 21 位)，用低 8 位表示主机号。如图 3-17 所示。

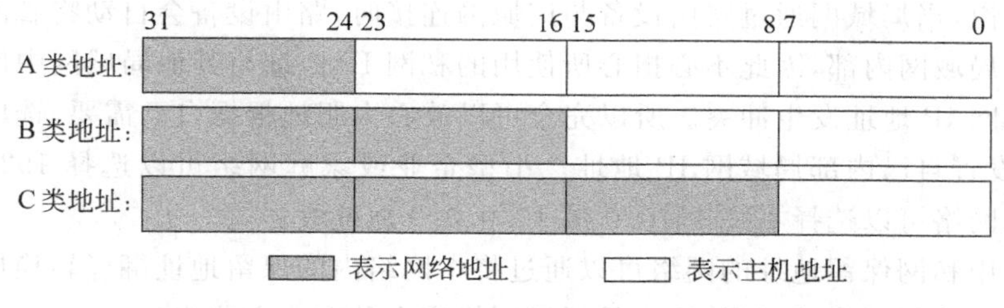

图 3-17　三类 IP 地址网络号与主机地址

在 Internet 中，各种类别地址所能包含的网络个数是不一样的，A 类地址只有 128 个网络，但每个网络拥有 16 777 216 个主机数；而 C 类地址拥有 2 097 152 个网络，每个网络只能拥有 256 台主机，如表 3-5 所示。

表 3-5　IP 地址分类表

类别	网络号位数	最大网络数	主机位数	最大主机数	实际主机数
A 类	7	128	24	16 777 216	16 777 214
B 类	14	16 384	16	65 536	65 534
C 类	21	2 097 152	8	256	254

由于每一个网络都存在两个特殊 IP 地址(全“0”或全“1”)，所以实际能够分配的主机数比最大主机数少 2。

2. 私网 IP 地址

前述的公网 IP 地址，是全世界统一分配，固定给一个机构或一台计算机使用的 IP 地址。公网地址一旦分配后，只允许该机构或该台计算机使用，其他机构和计算机是不能使用的。

由于 IP 地址有限(据报导，IP 地址现已几乎分配完毕)，不可能给所有的机构和所有的电子设施都分配公网地址，为了解决这一突出问题，提出了私有 IP 地址的概念。

所谓的私网 IP 地址又称私有 IP 地址或内网 IP 地址，就是在国际上分配 IP 的时候，留出一部分 IP，专用于内部局域网，虽然其功能与公网一样，但不能在 Internet 上使用，属于非注册地址，专门为组织机构内部使用。

私网 IP 地址可在任何一个机构中自由使用，不用申请和注册。

与公网 IP 地址一样，私网 IP 地址也分为三大类，如下所示。

A 类：10.0.0.0～10.255.255.255

B 类：172.16.0.0～172.31.255.255.255

C 类：192.168.0.0～192.168.255.255.255

使用私网保留地址的网络只能在内部网络中进行通信，而不能与其他网络互联。因为私有网络中的保留地址同样也可能被其他网络使用，如果进行网络互联，那么寻找路由时就会因为地址的不唯一而出现问题。

进一步说，当局域网通过路由设备与广域网连接时，路由设备会自动将私网地址段的信号隔离在局域网内部，因此不必担心所使用的私网 IP 地址与其他局域网中使用的同一地址段的私网 IP 地址发生冲突。所以完全可以放心大胆地根据自己需要，选用适当的私网地址段，设置自己内部局域网 IP 地址。小型企业或家庭网络可以选择 192.168.0.0，大中型企业网络可以选择 172.16.0.0 或 10.0.0.0 地址段。

这些使用私网保留地址的网络可以通过将本网络内的保留地址翻译转换成公网地址的方式实现与外部网络的互联，这也是保证网络安全的重要方法之一。

3.7.2 特殊 IP 地址

对于任何一个网络号，其全为"0"或全为"1"的主机地址均为特殊 IP 地址，例如，210.40.13.0 和 210.40.13.255 都是特殊的 IP 地址。特殊的 IP 地址有特殊的用途，不分配给任何用户使用，见表 3-6。

表 3-6 特殊 IP 地址

网络地址	主机地址	地址类型	用 途
全 0	全 0	本机地址	启动时使用
网络号	全 0	网络地址	标识一个网络
网络号	全 1	直接广播地址	在特殊网上广播
全 1	全 1	有限广播地址	在本地网上广播
127	任意	回送地址	回送测试

1. 网络地址

网络地址又称网段地址。网络号不空而主机号全"0"的 IP 地址表示网络地址，即网络本身。例如，地址 210.40.13.0 表示其网络地址为 210.40.13。

2. 直接广播地址

网络号不空而主机号全"1"表示直接广播地址，表示这一网段下的所有用户。例如，210.40.13.255 就是直接广播地址，表示 210.40.13 网段下的所有用户。

3. 有限广播地址

网络号和主机号都是全"1"的 IP 地址是有限广播地址。在系统启动时，在还不知道网络地址的情形下进行广播就是使用这种地址对本地物理网络进行广播。

4. 本机地址

网络号和主机号都为全“0”的 IP 地址表示本机地址。

5. 回送测试地址

网络号为“127”而主机号任意的 IP 地址为回送测试地址。最常用的回送测试地址为 127.0.0.1。

3.7.3 域名

由于 IP 地址是用 32 位二进制表示的，不便于识别和记忆，即使换成 4 段十进制表示仍然如此。

为了使 IP 地址便于记忆和识别，Internet 从 1985 年开始采用域名管理系统(Domain Name System，DNS)的方法来表示 IP 地址，域名采用相应的英文或汉语拼音表示。域名一般由 4 个部分组成，从左到右依次为：分机名、主机域名、机构性域名和地理域名，中间用小数点“.”隔开。即：

分机名.主机域名.机构性域名.地理域名

机构性域名又称为顶级域名，表示所在单位所属的行业或单位的性质，用 3 个或 4 个缩写英文字母表示。地理域名又称高级域名，以两个字母的缩写代表一个国家或地区的高级域名。例如，贵州大学数学系的域名为“mat.gzu.edu.cn”。这里的 mat 为分机名，是 Mathematics(数学系)的缩写；gzu 为主机域名，是 Gui Zhou University(贵州大学)的缩写；edu 为机构性域名，是 education(教育行业)的缩写；cn 为地理域名，是 China(中国)的缩写。“mat.gzu.edu.cn”的含义就是“中国教育与科研网络贵州大学网站下的数学系”。

域名和 IP 地址必须严格对应，换句话说就是，表示一台主机可以用其 IP 地址，也可用其域名。例如，IP 地址“210.40.0.58”和域名“gzu.edu.cn”都表示贵州大学网站。

国家域名和机构域名分别见表 3-7 和表 3-8。

表 3-7 常用的机构性域名

机构域	类　型	全　　称	机构域	类　型	全　　称
aero	宇航业	aeronautics	int	国际性机构	international organization
biz	用于商业	business	mil	军队	military
com	商业机构	commercialization	museum	博物馆业	museum
coop	合作性企业	cooperate	name	用于个人	name
edu	教育机构	educational institution	net	网络机构	networking organization
gov	政府部门	government	org	非赢利机构	non-profit organization
info	普通网站		pro	用于专业	

表 3-8　部分国家及地区域名

国家域	国家或地区	全　称	国家域	国家或地区	全　称
ar	阿根廷	Argentina	in	印度	India
at	奥地利	Austria	ie	爱尔兰共和国	Republic of Ireland
au	澳大利亚	Australia	jp	日本	Japan
br	巴西	Brazil	mx	墨西哥	Mexico
ca	加拿大	Canada	no	挪威	Norway
ch	瑞士	Switzerland	nz	新西兰	New Zealand
cn	中国	China	pa	巴拿马	Panama
cu	古巴	Cuba	ph	菲律宾	Philippines
de	德国	Germany	pl	波兰	Poland
dk	丹麦	Denmark	ru	俄罗斯	Russia
es	西班牙	Spain	se	瑞典	Sweden
fr	法国	France	sg	新加坡	Singapore
gr	希腊	Greece	uk	英国	United Kingdom
hk	中国香港特别行政区	Hong Kong SAR	us	美国	United States

说明：瑞士(Switzerland)又名“Confederation Helvetia”
西班牙(Spain)又名“Espana”
德国(Germany)又名“Deutschland”

3.8　子网及子网掩码

3.8.1　子网的概念

下面从一个实例开始，引入子网(Subnet)的概念。

例 3-1　设某企业有 8 个部门，每个部门有 25 台计算机，共计有 200 台计算机连入 Internet。Internet 地址管理机构只能给该企业分配一个 C 类地址(一个 C 类地址可连入 254 台计算机)。也就是说，不可能给该企业的每一个部门都分配一个 C 类地址。但在企业内部，希望在网上仍能以部门为单位进行管理。要想解决这一问题，就要在内部网络中进行子网的划分。

在 Internet 上，接入的网络用户是以 IP 地址为单位进行管理的。例如，在一个 C 类地址上接入了 200 台计算机(设其 IP 地址分别为 202.200.10.1～202.200.10.200)，则把这 200 台计算机作为一个组来看待。但在局域网内部，将 200 台计算机作为一个整体很难进行管理。因此，有必要对其进行分组，即可将这 200 个计算机用户分成若干个小组,比如分成 8 个组,每组平均 25 台计算机,每一个小组就是一个子网。可以按用户的性质来划分子网,也可以按地理区域划分子网,还可以按部门划分子网。比如贵州大学可以按学院划分子网,也可以按办公楼划分子网。

3.8.2 子网地址

前面讲过,IP 地址由网络号和主机号两部分组成,引进了子网的概念后,则将 IP 地址中的主机号地址部分再一分为二,一部分作为“本地网络内的子网号”,另一部分作为“子网内主机号”,这样一来,IP 地址则是由网络号、子网号、子网内主机号三个部分组成。在例 3-1 中,可用三位表示子网号,即“000”表示第一个子网,“001”表示第二个子网,“010”表示第三个子网,…,“111”表示第 8 个子网。而用低 5 位表示子网内部主机号(5 位地址位最大可表示 32 个主机号)。

3.8.3 子网掩码

在局域网络内部,规划好子网后,就要用到子网掩码(Subnet Masks)。

子网掩码用以区别 IP 地址中哪一部分是子网号,哪一部分是子网内部的主机号。

和 IP 地址的一样,子网掩码也是由 32 位组成,也是由 4 个十进制数表示,中间用“.”进行分隔。例如,255.0.0.0、255.255.0.0、255.255.255.0 分别为 A、B、C 三类 IP 地址的默认子网掩码。

在例 3-1 中,第 1 个子网掩码为 255.255.255.0、第 2 个子网掩码为 255.255.255.32、第 3 个子网掩码为 255.255.255.64、第 4 个子网掩码为 255.255.255.96、第 5 个子网掩码为 255.255.255.128、第 6 个子网掩码为 255.255.255.160、第 7 个子网掩码为 255.255.255.192、第 8 个子网掩码为 255.255.255.224。

对于一个 IP 地址,如何计算其归属哪一个子网,其在子网中的主机号又是多少?其实,只要按子网划分的方法,将 IP 地址中的子网位和子网内部主机位分离出来即可。

例 3-2 判断例 3-1 中 IP 地址为 202.200.10.175 属于哪一个子网,其子网内部主机号是多少?

先将十进制数 175 展开成二进制数,即 10101111。根据前面的约定,前 3 位为子网号,后 5 位为子网内部主机号。所以,202.200.10.175 属于第 6 个子网,其子网内部的主机号为 15。

在实际应用中,是用下述方法计算子网地址及子网内部的主机地址的。

用子网掩码和 IP 地址相“与”便得到其所属的网段地址(Network ID,即网络号+子网号),用子网掩码的反码和 IP 地址相“与”便得到其所属子网的内部主机号(Host ID)。

3.8.4 子网掩码的用途

子网掩码有两个用途:第一个用途是将网络分成若干个子网,使得一个单位或部门尽可能节省 IP 地址，又便于管理；第二个用途是用以区分 IP 地址中的子网号和主机号。在同一个类 IP 地址中，不同网段的用户之间是不能相互访问的，这也就间接地起到了保护用户不被非法访问的作用。同时，还能有效地防止广播风暴。详见 3.9.2 节。

3.9 应用实例

3.9.1 网卡的安装与配置

这里以安装 Legend DFE-530TX PCI Fast Ethernet Adapter(Rev B)网卡为例，介绍网卡的安装过程。

第 1 步：关闭主机电源，打开主机箱，将网卡插入一个空的 PCI 扩展槽中，关上主机箱。

第 2 步：启动计算机。

Windows 能自动识别大多数网卡并能自动安装相应的网卡驱动程序，若系统不能自动识别该网卡，则转到第 3 步。

第 3 步：将 Legend DFE-530TX PCI Fast Ethernet Adapter(Rev B)网卡驱动程序光盘插入光驱中。

第 4 步：单击"开始"→"设置"→"控制面板"→"添加新硬件"，进入"添加新硬件向导"操作窗口，如图 3-18 所示。

单击"下一步"按钮，进入图 3-19 所示的操作窗口。

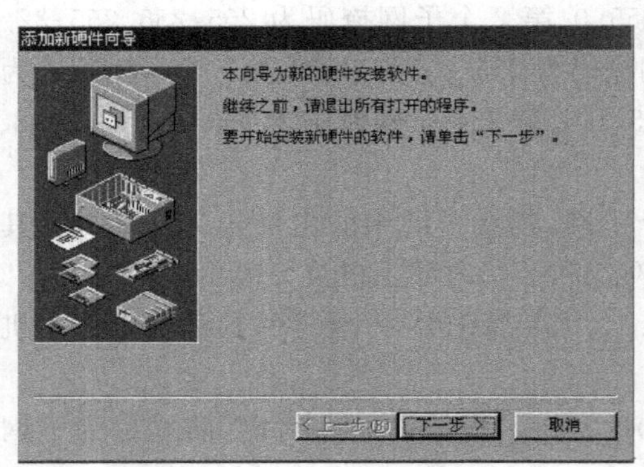

图 3-18 "添加新硬件向导"操作窗口

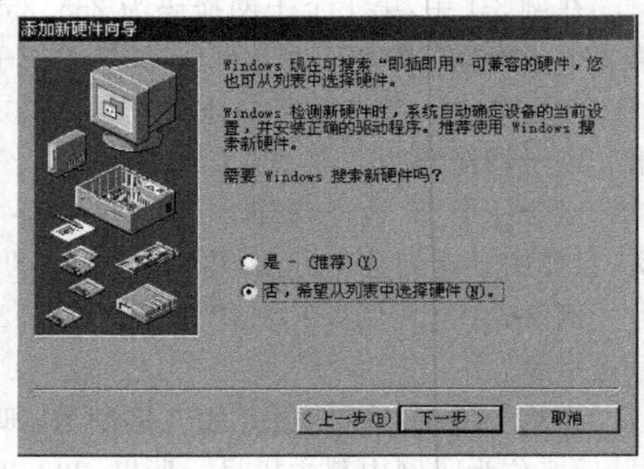

图 3-19 "搜索方式"选择窗口

选择"否，希望从列表中选择硬件"单选按钮，并单击"下一步"按钮。进入图 3-20 所示的操作窗口。

选择"网络适配器"，单击"下一步"按钮，进入图 3-21 所示的操作窗口。

单击"从磁盘安装"按钮，进入图 3-22 所示的操作窗口。

单击"浏览"按钮，进入图 3-23 所示的操作窗口。

选择驱动程序存放文件夹"a:\win98"，并单击"确定"按钮。进入图 3-24 所示的操作窗口。

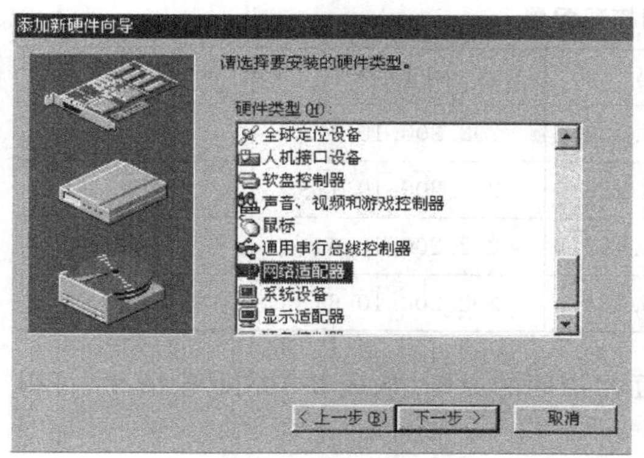

图 3-20 “硬件类型”选择窗口

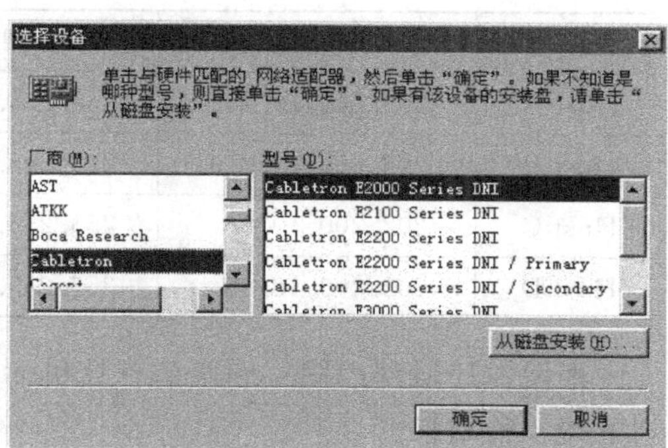

图 3-21 “选择设备”操作窗口

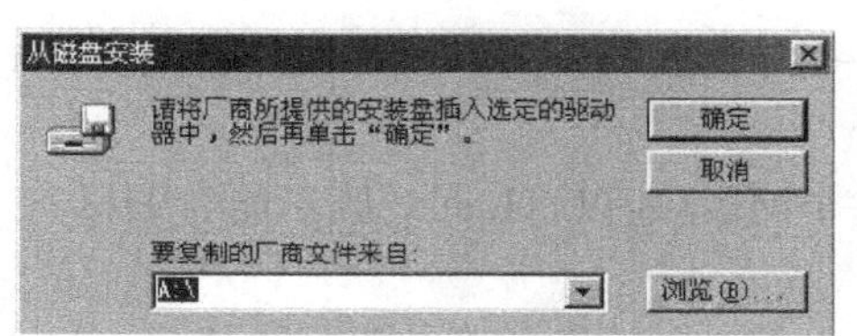

图 3-22 “选择驱动器”操作窗口

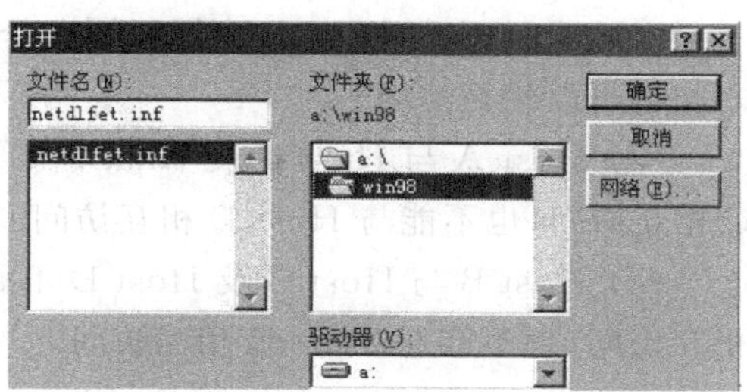

图 3-23 “驱动器及文件夹”选择操作窗口

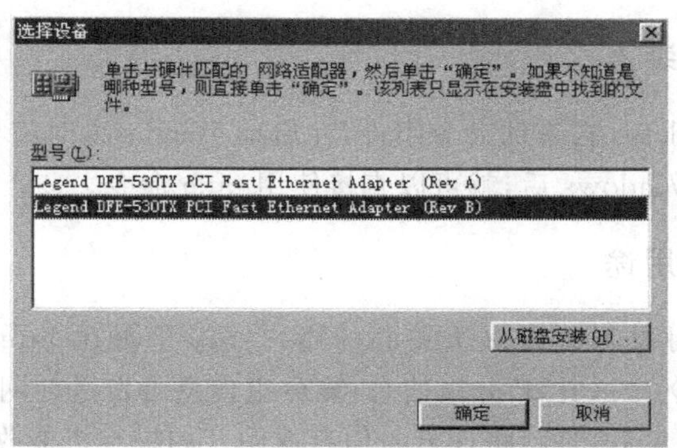

图 3-24 “网卡驱动程序”操作窗口

选择 Legend DFE-530TX PCI Fast Ethernet Adapter(Rev B)，单击“确定”按钮，系统自动进行配置。之后在系统提示下，重新启动计算机，网卡安装完毕。

3.9.2 子网掩码的应用

设在一个局域网上有 4 台计算机 Host A、Host B、Host C 和 Host D 的 IP 地址和子网掩码的配置，如表 3-9 所示。

表 3-9 子网掩码配置

主 机	IP 地址	子网掩码	网 段 号	网段内主机号
Host A	202.200.10.135	255.255.255.128	202.200.10.128	7
Host B	202.200.10.200	255.255.255.128	202.200.10.128	72
Host C	202.200.10.66	255.255.255.192	202.200.10.64	2
Host D	202.200.10.85	255.255.255.224	202.200.10.64	21

根据在局域网内同一网段的计算机才能互相访问的原则，从表 3-9 的配置情况，可得到下述 4 种结果。

(1) Host A 和 Host B 属于同一个网段(202.200.10.128)，因此 Host A 和 Host B 之间可以相互访问。

(2) Host C 和 Host D 也属于同一个网段(202.200.10.64)，因此 Host C 和 Host D 之间也可以相互访问。

(3) Host A 与 Host C 及 Host D 不属于同一个网段，所以，Host A 既不能与 Host C 相互访问，也不能与 Host D 相互访问。

(4) Host B 与 Host C 及 Host D 不属于同一个网段，所以，Host B 既不能与 Host C 相互访问，也不能与 Host D 相互访问。

3.9.3 如何用 ping 命令测试网络

1. ping 命令的装入

ping 命令是 Windows 自带的命令组件，在启动 Windows 时将 ping 命令一起装入内存。因此，在启动了 Windows 后，就可以直接使用 ping 命令。

2. ping 命令的用途

使用 ping 命令，可以测试用户所关心的用户终端是否在 Internet 上。其基本方法是，由本机用 ping 命令发一个 IP 分组信息，该分组信息可发送到网上任何一个用户终端上，对方机器收到该信息后，自动将该分组信息返回。如果本机能收到对方机器的返回信息，则说明对方机器是活动的(即已在线上网)；若收不到对方机器返回来的分组信息，则说明对方机器没有在网上。其原因一般有下列几种。

(1) 对方没有开机；

(2) 对方已开机但没有连接上网(即有意将网断开了)；

(3) 对方机器发生故障，网卡发生故障或网线发生故障；

(4) 对方网络配置有误；

(5) 网络发生故障；

(6) 本机网卡发生故障，网线发生故障；

(7) 本机网络配置有误。

3. ping 命令的启动

ping 命令的启动有两种方式，一种是 MS-DOS 方式，另一种是“运行”执行方式。

1) MS-DOS 方式

第一步：在 Windows 桌面下，单击“开始”→“程序”→“MS-DOS 方式”，即进入 MS-DOS 命令窗口。

第二步：在 MS-DOS 窗口下输入相应的 ping 命令(如 ping 210.40.0.33)并按回车键即可得到图 3-25 所示的结果。

```
C:\>ping 210.40.0.33

Pinging 210.40.0.33 with 32 bytes of data:

Reply from 210.40.0.33: bytes=32 time=169ms TTL=254
Reply from 210.40.0.33: bytes=32 time=150ms TTL=254
Reply from 210.40.0.33: bytes=32 time=146ms TTL=254
Reply from 210.40.0.33: bytes=32 time=147ms TTL=254

Ping statistics for 210.40.0.33:
    Packets: Sent = 4, Received = 4, Lost = 0 (0% loss),
Approximate round trip times in milli-seconds:
    Minimum = 146ms, Maximum =  169ms, Average =  153ms
```

图 3-25　ping 命令显示窗口

2)“运行”方式

第一步：在 Windows 桌面下，单击“开始”→“运行”，得到图 3-26 所示的窗口。

图 3-26　“运行”命令操作对话框

第二步：在“打开”栏中输入相应的 ping 命令(如 ping 210.40.0.33)，单击“确定”按钮即可，得到图 3-25 所示的结果。

发出 ping 命令后，如果出现图 3-27 所示的屏幕，则 ping 失败，说明对方没有连接上网。

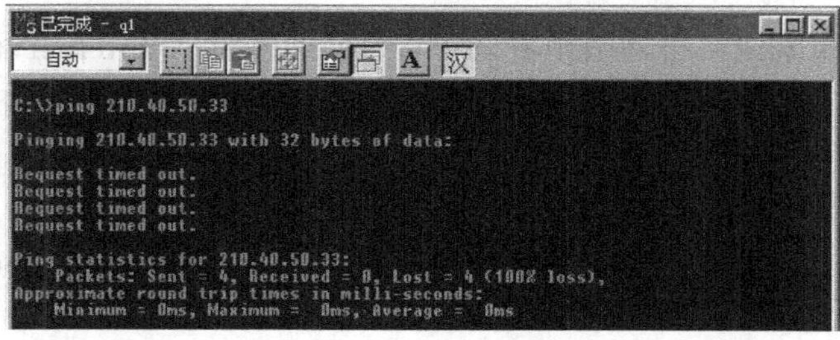

图 3-27　ping 命令“失败”信息显示窗口

4. ping 命令格式

ping 命令格式为：

ping [<开关参数>] <对方主机 IP 地址或域名>

例如，ping 210.40.0.33 或 ping gzu.edu.cn。

ping 命令有若干个开关参数，如表 3-10 所示。

表 3-10 ping 命令主要开关

开　关	含　义
-j hosts	指定分组信息所经过的中间路由，hosts 是一系列的主机名
-n x	指定要做 x 次 ping 检查，默认为 4 次
-t	连续执行 ping 操作，直到按 Ctrl+C 键时为止
-w x	指定超时时间间隔(x ms)。默认值为 1000ms

例如，ping -n 2 210.40.0.33

执行结果是进行两次 ping 命令检查，如图 3-28 所示。如果不带-n x 开关，则进行 4 次 ping 检查。

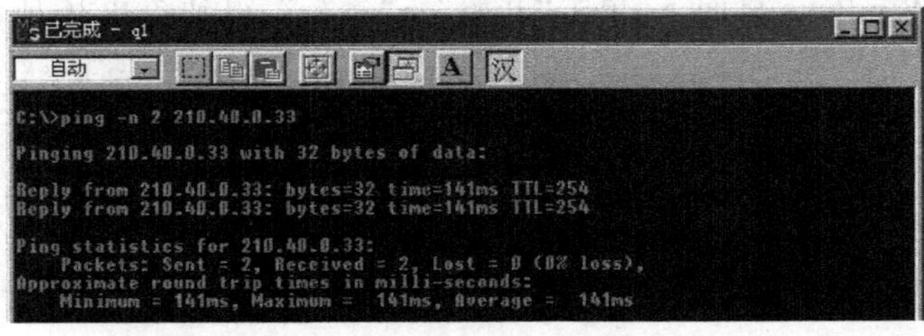

图 3-28 两次"ping"信息显示窗口

3.9.4 网络地址转换及其应用

1. 问题的提出

假设一个实验室或一个网吧中有若干台计算机要联入 Internet，但只申请了一个 Internet 地址，在这种情况下，组建该实验室或网吧局域网络，通常有以下两种方法。

1) 代理服务器技术

代理服务器技术是用一台高档计算机作为局域网络的代理服务器，用以管理和分配内部局域网络的 IP 地址，同时，通过网络地址代理技术将外部网络(Internet)与内部网络的 IP 地址进行相互间的转换。

2) 网络地址转换技术

内部局域网络通过一台路由器与 Internet 连接，通过路由器的网络地址转换技术将内部网络地址与外部网络地址进行相互间的转换。

2. 网络地址转换的基本概念

NAT(Network Address Translation,网络地址转换)是一个 IETF 标准,允许一个机构只以一个地址出现在 Internet 上,NAT 将每个局域网结点的地址转换成一个 IP 地址,反之亦然。它也可以应用到防火墙技术里,把个别 IP 地址隐藏起来不被外界发现,使外界无法直接访问内部网络设备,同时,它还帮助网络可以超越地址的限制,合理地安排网络中的公有 Internet 地址和私有 IP 地址的使用。

网络地址转换被广泛应用于各种类型的 Internet 接入方式和各种类型的网络中。原因很简单,NAT 不仅完美地解决了 IP 地址不足的问题,还能有效地避免来自网络外部的攻击,隐藏并保护网络内部的计算机,虽然 NAT 可以借助于某些代理服务器来实现,但从运行成本和网络性能方面来考虑,则首选的技术就是路由器的 NAT 技术。

3. NAT 的基本原理

NAT 技术能帮助解决令人头痛的 IP 地址紧缺的问题,而且能使得内外网络隔离,提供一定的网络安全保障。NAT 的基本原理是:在内部网络中使用内部地址,通过 NAT 技术把内部地址翻译成合法的 IP 地址在 Internet 上使用,其具体的做法是把 IP 包内的地址域用合法的 IP 地址来替换。NAT 功能通常被集成到路由器、防火墙、ISDN 路由器或者单独的 NAT 设备中。NAT 通过维护一个状态表,用来把内部网络的 IP 地址映射到外部网络的 IP 地址上去。每个包在 NAT 设备中都被翻译成正确的 IP 地址后,再发往下一跳。

NAT 技术使得一个私有网络可以通过 Internet 注册 IP 连接到外部世界,位于内部网络和外部网络中的 NAT 路由器在发送数据包之前,负责把内部 IP 翻译成外部合法地址。内部网络的主机不可能同时与外部网络通信,所以只有一部分内部地址需要翻译。

NAT 的翻译可以采取静态翻译(Static Translation)和动态翻译(Dynamic Translation)两种技术。静态翻译将内部地址和外部地址一对一对应,而动态翻译则是使用 DHCP 动态地址分配技术。

4. 网络地址转换(NAT)的实现技术

在配置网络地址转换的过程之前,首先必须搞清楚内部接口和外部接口,以及在哪个外都接口上启用 NAT。通常情况下,连接到用户内部网络的接口是 NAT 内部接口,而连接到外部网络(如 Internet)的接口是 NAT 外部接口。

NAT 有下述三种实现技术。

(1) 静态网络地址转换(Static NAT,SNAT)

静态 NAT 设置是最为简单和最容易实现的一种,内部网络中的每个主机都被永久映射成外部网络中的某个合法的地址。而动态地址 NAT 则是在外部网络中定义了一系列的合法地址,采用动态分配的方法映射到内部网络。NAPT(网络地址端口转换)则是把内部地址映射到外部网络的一个 IP 地址的不同端口上。根据不同的需要,三种 NAT

方案各有利弊。

(2) 动态网络地址转换(Pooled NAT,PNAT)

网络动态地址 NAT 只是转换 IP 地址,它为每一个内部的 IP 地址分配一个临时的外部 IP 地址,对于频繁的远程连接也可以采用动态 NAT。当远程用户连接上之后,动态地址 NAT 就会分配给其一个内部 IP 地址,当用户断开时,这个内部 IP 地址就会被释放而留待以后使用。

(3) 网络地址端口转换(Network Address Port Translation,NAPT)

NAPT 是人们比较熟悉的一种转换方式。该技术广泛应用于接入设备中,它可以将中小型的网络隐藏在一个合法的 IP 地址后面。NAPT 与动态地址 NAT 不同,它将内部连接映射到外部网络中的一个单独的 IP 地址上,同时在该地址上加上一个由 NAT 设备选定的 TCP 端口号。

在 Internet 中使用 NAPT 时,所有不同的 TCP 和 UDP 信息流看起来好像来源于同一个 IP 地址。这个优点在小型办公室内非常实用,通过从 ISP 处申请的一个 IP 地址,将多个连接通过 NAPT 接入 Internet。实际上,许多 SOHO 远程访问设备支持基于 PPP 的动态 IP 地址。这样,ISP 甚至不需要支持 NAPT,就可以做到多个内部 IP 地址共用一个外部 IP 地址上 Internet,虽然这样会导致信道的一定拥塞,但考虑到节省的 ISP 上网费用和易管理的特点,用 NAPT 还是很值得的。

5. 网络连接拓扑

下面以华为产品 Quidway AR 18-21 路由器为例,介绍用路由器的地址转换功能建立局域网络。Quidway AR 18-21 路由器实物如图 3-29 所示。

图 3-29　Quidway AR 18-21 路由器

1) 路由器与终端直接连接

从图 3-29 看出,Quidway AR 18-21 路由器共有 6 个 RJ45 接口,最左边一个是 Console 口,用以连接计算机的 COM 口,对路由器进行配置;最右边的一个是 WAN 口,用以连接到 Internet;中间 4 个是 LAN 接口,分别是 LAN1、LAN2、LAN3 和 LAN4,每一个 LAN 口可连接一台终端计算机,共可连接 4 台终端,如图 3-30 所示。

2) 通过交换机连接

在图 3-30 中,将 LAN 口连接的终端计算机改为交换机或 Hub,则变成了通过交换机连接的 NAT 组网方式,如图 3-31 所示。

6. 路由器的 NAT 配置

在这里,假设路由器使用静态地址方式与 WAN 相连接,其网络参数如下。

IP 地址:210.40.5.41(外部网络的 IP 地址)

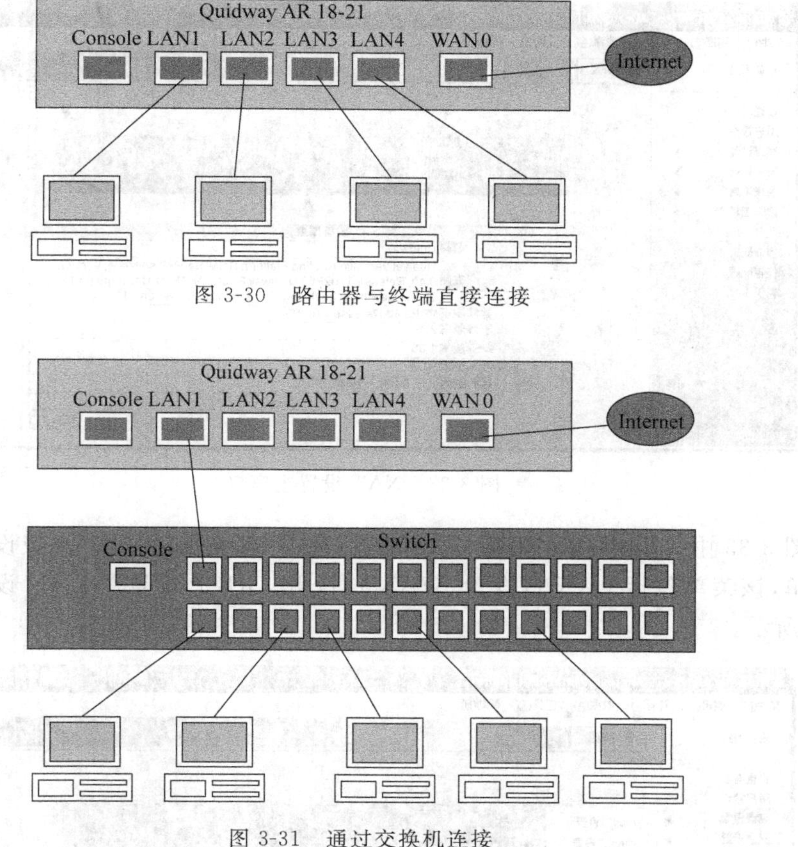

图 3-30　路由器与终端直接连接

图 3-31　通过交换机连接

子网掩码：255.255.255.128(外部网络的子网掩码)

网关地址：210.40.5.1(外部网络的网关地址)

DNS 服务器地址：210.40.0.33(外部网络的主服务器地址)

路由器的 IP 地址为：192.168.1.1(内部网络的网关地址)

路由器的子网掩码为：255.255.255.0(外部网络的子网掩码)

同时假设，采用动态地址分配策略进行本地局域网络的地址分配，其 DHCP 有效地址范围为 192.168.1.1～192.168.1.19。

1）路由器的登录

在 IE 浏览器 URL 地址栏中输入“http://192.168.1.1”，进入路由器 NAT 登录对话框，如图 3-32 所示。

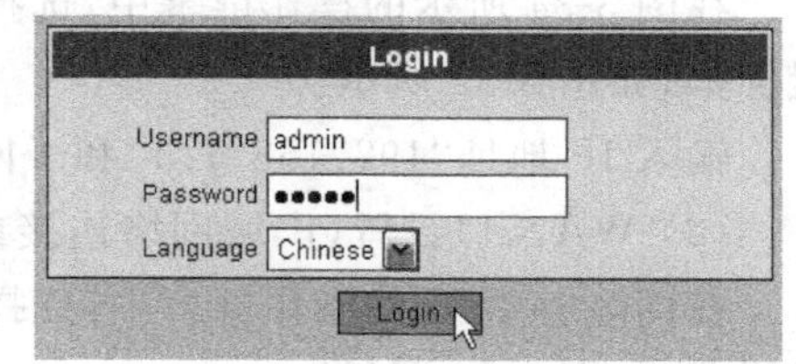

图 3-32　登录对话框

在 Username 文本框中输入用户名，在 Password 文本框中输入登录口令(系统默认的用户名及登录口令均为“admin”)，单击 Login 按钮，进入 NAT 设置主窗口，如图 3-33 所示。

2）使用“高级设置”来配置 NAT 参数

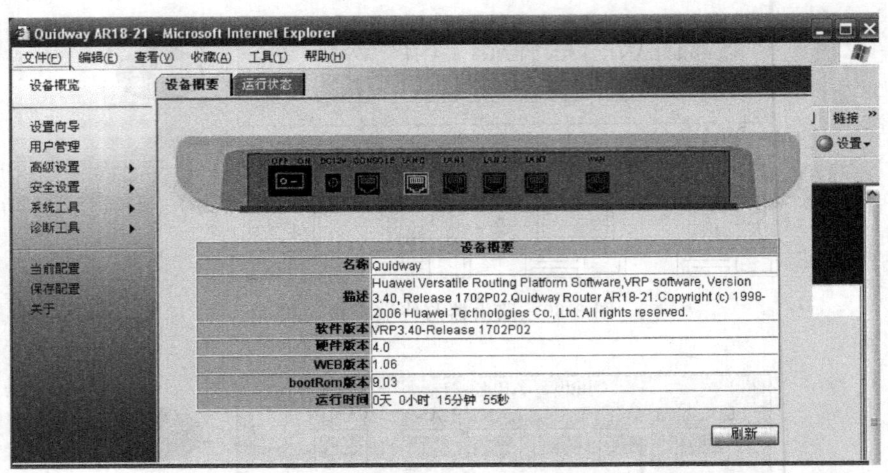

图 3-33　NAT 设置主窗口

在图 3-33 中，单击屏幕左边的“高级设置”选项，系统自动弹出“高级设置”的下拉式功能菜单，该菜单包括 LAN 口设置、WAN 口设置、DHCP 设置、VLAN 设置等功能，如图 3-34 所示。

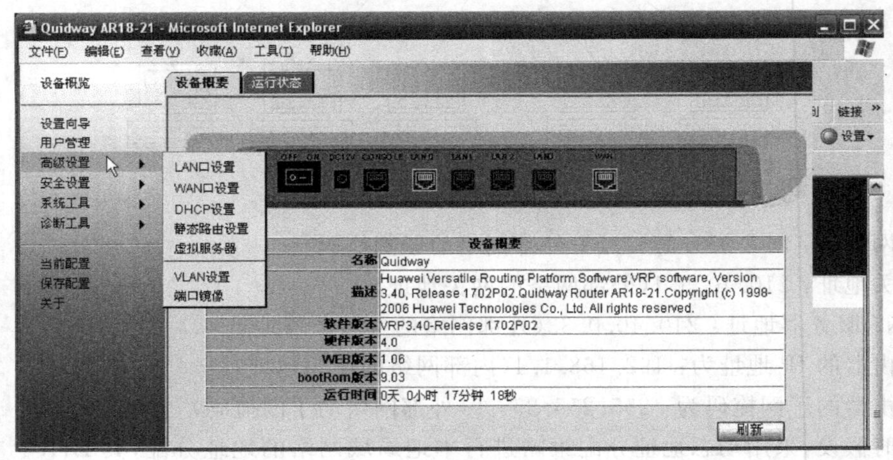

图 3-34　高级设置

(1) LAN 口设置(本地局域网络参数设置)

在图 3-34 所示的操作屏幕中，选择“高级设置”→“LAN 口设置”，即进入 LAN 口设置屏幕，如图 3-35 所示。

输入 IP 地址“192.168.1.1”和子网掩码“255.255.255.0”后，单击“应用”按钮。

(2) WAN 口设置(广域网络连接参数设置)

在图 3-34 所示的操作屏幕中，选择“高级设置”→“WAN 口设置”，即进入 WAN 口设置屏幕，如图 3-36 所示。

输入连接广域网的 IP 地址“210.40.5.41”、子网掩码“255.255.255.128”及网关地址

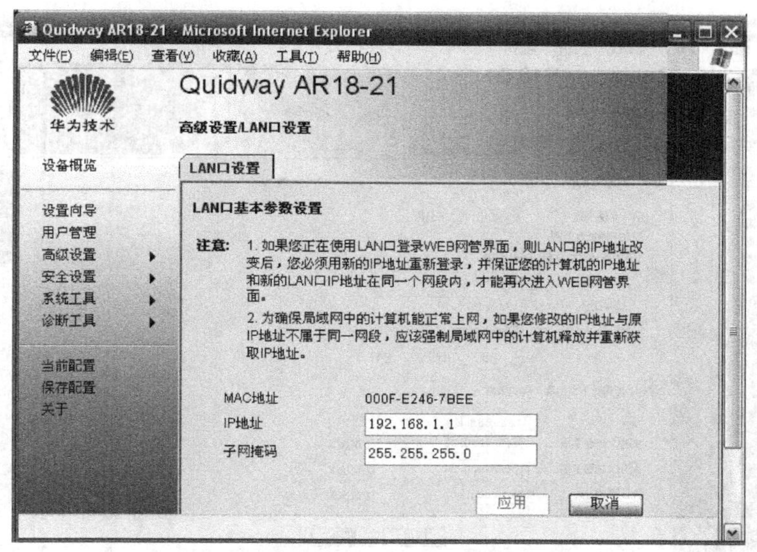

图 3-35　LAN 口配置

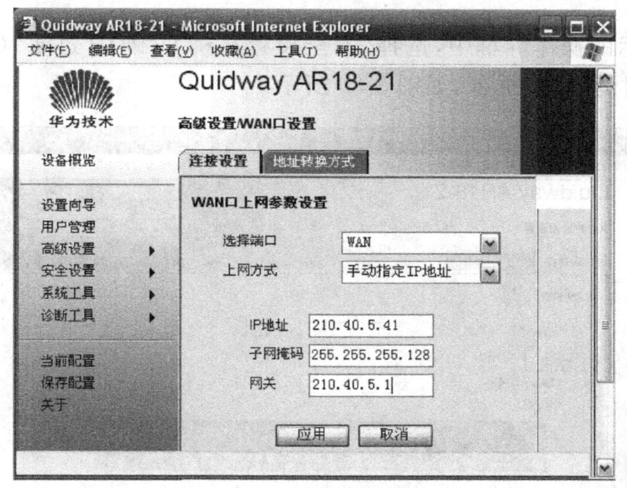

图 3-36　WAN 口配置

"210.40.5.1"后，单击"应用"按钮。

(3) DHCP 设置

在图 3-34 所示的操作屏幕中，选择"高级设置"→"DHCP 设置"，即进入 DHCP 设置屏幕，如图 3-37 所示。

输入 DHCP 的有效地址 192.168.1.1～192.168.1.19 及 DNS 服务器地址 210.40.0.33。单击"应用"按钮。

3) 网络安全设置

在这里，主要介绍 TCP/IP 数据包的过滤规则的配置方法。

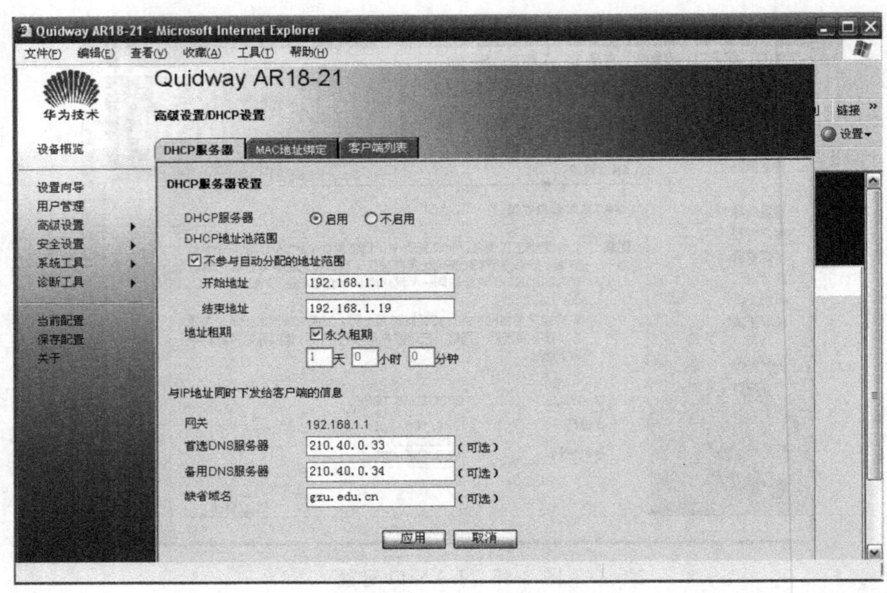

图 3-37　DHCP 服务器配置

在图 3-34 所示的操作屏幕中，选择“安全设置”→“TCP/IP 过滤”(如图 3-38 所示)，即进入“TCP/IP 过滤设置”屏幕，如图 3-39 所示。

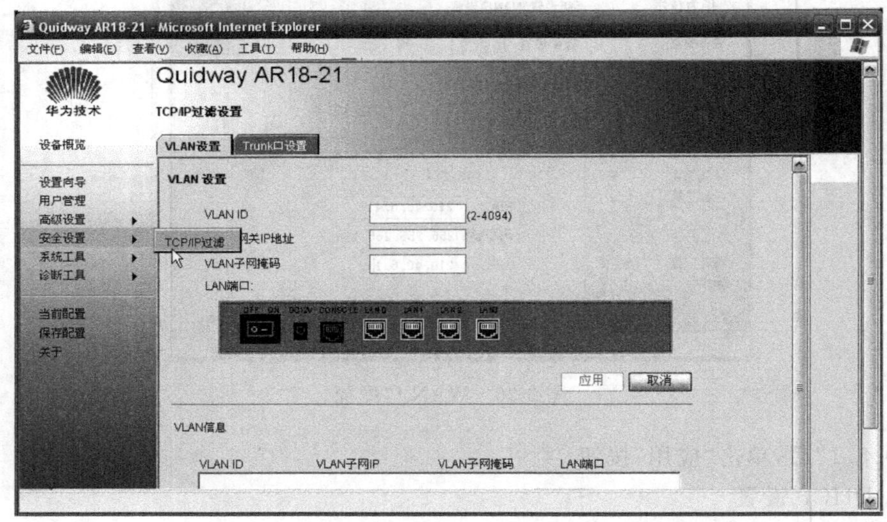

图 3-38　安全设置选择

在图 3-39 中，根据需要进行相应的设置即可。

7. Windows 的 Internet 协议 TCP/IP 属性设置

最后在 Windows 下对 Internet 协议的 TCP/IP 属性进行设置。

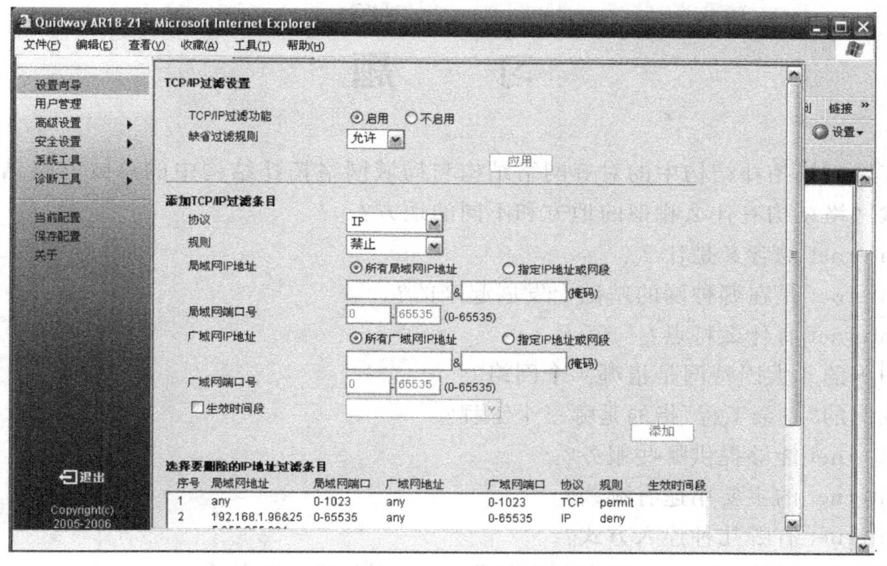

图 3-39 TCP/IP 过滤配置

在 Windows 下，单击“开始”→“控制面板”→“网络连接”→“本地连接”→“属性”，进入“本地连接属性”设置对话框，如图 3-40 所示。在图 3-40 中，单击“Internet 协议(TCP/IP)”，再单击“属性”按钮，得到“Internet 协议 TCP/IP 属性”设置对话框，如图 3-41 所示。

在图 3-41 所示的对话框中，选择“自动获得 IP 地址”选项，再单击“确定”按钮。配置完毕后，网络自动连接，之后，连接到该路由器上的所有用户都可以上网了。

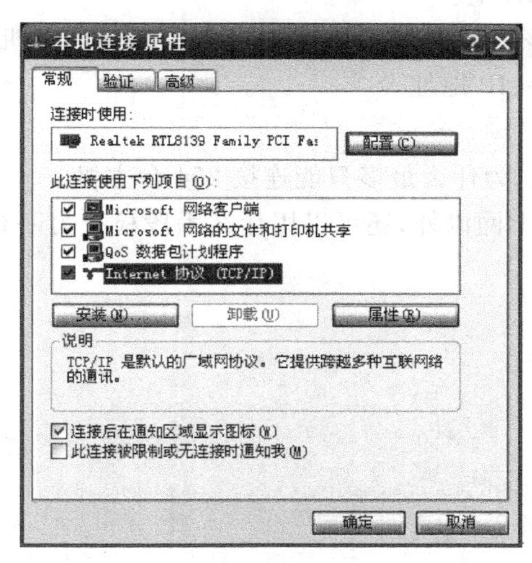

图 3-40 “本地连接 属性”对话框

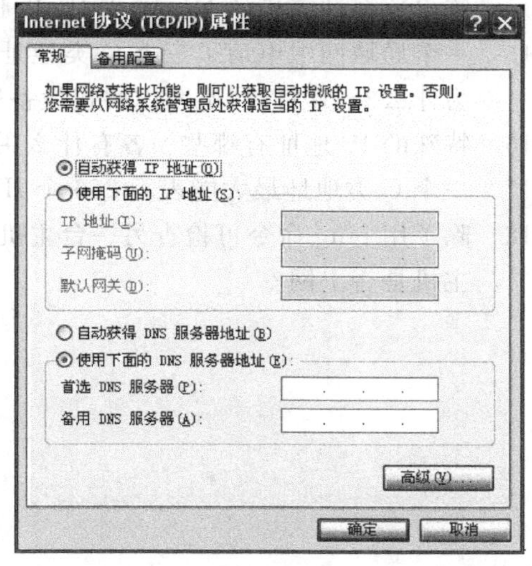

图 3-41 “Internet 协议的(TCP/IP 属性)”对话框

习　　题

3.1　广域网络拓扑结构中的对等网络结构与局域网络拓扑结构中的总线网络结构和环状网络结构有什么相似的地方和不同的地方？

3.2　Internet 的含义是什么？

3.3　Internet 是在哪种网的基础上发展起来的？

3.4　Internet 有什么特点？

3.5　中国的 4 大因特网是指哪 4 个网络？

3.6　我国的"三金工程"指的是哪三个工程？

3.7　Internet 能够提供哪些服务？

3.8　Internet 的主要用途有哪些？

3.9　Internet 有哪几种连入方式？

3.10　IP 地址、域名地址、主机名各自的作用、区别与联系是什么？

3.11　给定一个 IP 地址，如何判断其是 A 类地址、B 类地址，还是 C 类地址？

3.12　判断下列 IP 地址各属于哪一类。

101.011.12.145　　210.40.0.33　　13.35.36.254　　130.10.0.145
225.223.323.322　　241.243.0.34　　200.201.202.203　　02.03.03.05

3.13　子网掩码的用途是什么？

3.14　设某台计算机的 IP 地址为"168.95.11.9"，而其子网掩码为"255.255.255.0"，计算出这台计算机的 Network ID 和 Host ID 值。

3.15　一个局域网中申请了三个 C 类地址，问该局域网最多可支持多少台终端计算机？为什么？（计算时，不考虑桥接设备所需的 IP 地址。）

3.16　特殊的 IP 地址有哪些？各有什么用途？

3.17　一个 C 类地址最大能表示 256 个 IP 地址，为什么最多只能连接 254 台主机？

3.18　除了用 ping 命令可检查另一台主机是否上网以外，还可以用什么手段检查另一台主机是否上网？

第4章

无线网络技术

4.1 无线网络概述

无线局域网络(Wireless Local Area Networks,WLAN)是利用无线通信技术在一定的局部范围内建立的网络,是计算机网络与无线通信技术机结合的产物,它使用无线多址信道的有效方法来支持媒体之间的通信,提供传统有线局域网(Local Area Network,LAN)的功能,能够使用户真正实现随时、随地、随意的宽带网络接入。随着笔记本和掌上电脑等移动设备的广泛使用和无线通信技术的快速发展,无线局域网在社会生活中的作用越来越重要。

4.1.1 WLAN的构成

WLAN的构成与有线局域网不同。WLAN由无线网卡、无线接入点(Access Point,AP)、计算机和有关设备组成,如图4-1所示。WLAN中的工作站是指能够发送和接收无线网络数据的计算机设备,如内置无线网卡的PC或笔记本。AP类似于有线局域网中的集线器,是一种特殊的无线工作站,其作用是接收无线信号发送到有线网。通常一个AP能够在几十米至上百米的范围内连接多个用户。在同时具有有线和无线网络的情况下,AP可以通过标准的Ethernet电缆与传统的有线网络相连,作为无线网络和有线网络的连接点。

无论是固定设备,还是经常改变使用场所的固定设备,还是在移动中访问网络的移动设备,在802.11规范中,这些无线网络设备都统称为站点STA(Station),也可以分别称为固定站点、半移动站点和移动站点。由一组相互直接通信的站点构成一个基本服务集(Basic Service Set,BSS)。由一个基本服务集覆盖的无线传输区域称为基本服务区域(Basic Service Area,BSA),多个基本服务区域可以是部分重叠、完全重叠,其覆盖范围取决于无线传输的环境和收发设备的特性。基本服务区域使基本服务集中的站点保持充分的连接,一个站点可以在基本服务区域内自由移动,如果它离开了基本服务区域就不能直接与其他站点建立连接。由一组基本服务集连在一起的系统称为分发系统

(Distribution System,DS)。DS 可以是传统以太网或 ATM 等网络,各个站点通过接入点(Access Point,AP)来访问分发系统。

无线局域网通过无线信道连接,而无线介质没有确定的边界,即无法保证符合物理层收发器规定的无线站 STA(Station)在边界不能收到网络中传播的信号(这一点对于网络安全性具有很大的影响)。此外,无线介质中传播的信号很容易被窃听和干扰,信号的可靠性不高。通过无线介质,无法保证每个 STA 都能够接收到其他 STA 信号。

无线网络结构如图 4-1 所示。

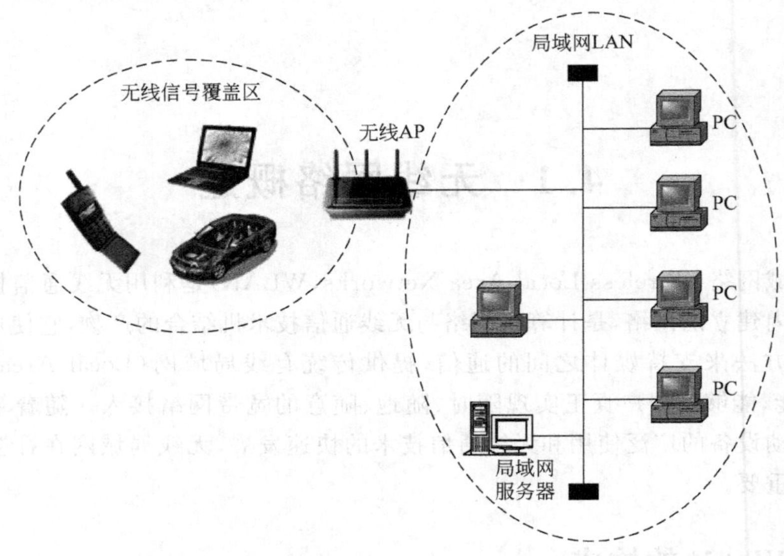

图 4-1 WLAN 结构示意图

4.1.2 WLAN 的标准

在无线局域网标准中,最著名的是 IEEE 802.11 系列,此外制定 WLAN 标准的组织还有 ETSI(欧洲电信标准化组织)和 HomeRF 工作组。ETSI 提出的标准有 HiperLan1 和 HiperLan2,HomeRF 工作组的两个标准是 HomeRF 和 HomeRF2。其中,IEEE 的 802.11 标准系列由于它对以太网标准 802.3 影响很大,而得到最广泛的支持,尤其在数据业务上。

在 WLAN 中,常用的标准主要有 IEEE 802.11b、IEEE 802.11a、IEEE 802.11g、Bluetooth、HomeRF、IrDA、Hiper Lan2 等。

1. IEEE 802.11

802.11 是 IEEE 最初制定的一个局域网标准,主要用于解决办公室网络和校园网中用户终端的无线接入,业务主要限于数据存取,速率最高只能达到 2Mb/s,工作在 2.4GHz 开放频段。这一标准于 1997 年 6 月公布,是无线网络技术发展的一个里程碑。由于 802.11 在速率和传输距离上都不能满足人们的需要,因此,IEEE 小组又相继推出了 802.11b 和 802.11a 两个新标准，三者之间技术上的主要差别在 MAC 子层和物理层(PHY)。经过多年的发展，IEEE 802.11 家族已经从最初的 IEEE 802.11 发展到 802.11a、802.11b、802.11i 等，如表 4-1 所示。

表 4-1 无线网络标准

标准名称	标 准 描 述
IEEE 802.11	无线局域网物理层与介质访问控制层规范
IEEE 802.11a	传输标准，5GHz 波段，速率 54Mb/s
IEEE 802.11b	传输标准，2.4GHz 波段，速率 11Mb/s
IEEE 802.11d	多国漫游的特殊要求
IEEE 802.11e	服务质量 QoS
IEEE 802.11f	接入点第二层(MAC 层)漫游
IEEE 802.11g	传输标准，2.4GHz 波段，速率 54Mb/s
IEEE 802.11h	物理层动态频率选择与传输功率控制
IEEE 802.11i	增强无线通信安全的规范
IEEE 802.11j	4.9～5GHz 波段传输标准
IEEE 802.11k	无线电频率资源管理
IEEE 802.11m	对 IEEE802.11 规范的改进
IEEE 802.11n	传输标准，5GHz 波段，速率 100Mb/s
IEEE 802.11o	VoWLAN
IEEE 802.11p	车载环境中的通信
IEEE 802.11q	VLAN 的支持机制
IEEE 802.11r	快速漫游
IEEE 802.11s	接入点无线 Mesh 网络
IEEE 802.11t	无线网络性能预测
IEEE 802.11u	与其他网络的交互性
IEEE 802.11v	无线网络管理
IEEE 802.11x	无线安全认证
IEEE 802.16d	高速无线城域网(固定应用)
IEEE 802.16e	高速无线城域网(移动应用)

2. Bluetooth

蓝牙(Bluetooth)(IEEE 802.15)是 1998 年 5 月由 5 家著名计算机和通信公司提出的。Bluetooth 是一种低带宽、短距离、低功耗的数据传送技术，主要用于 PDA、手机、笔记本等设备。Bluetooth 是一种低成本、短距离的无线连接技术标准。对于 802.11 来说，Bluetooth 的出现不是为了竞争而是相互补充。蓝牙比 802.11 更具移动性，但蓝牙主要是点对点的短距离无线发送技术，本质上要么是 RF，要么是红外线。严格来讲，它不算是真正的局域网技术。

3. HiperLAN

HiperLAN是欧洲通信标准协会ETSI在1992年提出的一个WLAN标准，有HiperLAN1和HiperLAN2两套标准，可以收发数据、图形及语音数据。HiperLAN2是HiperLAN1的后续版本，HiperLAN2部分建立在GSM基础上，使用频段为5GHz。在物理层上HiperLAN2和802.11a几乎完全相同：它采用OFDM技术、最大数据速率为54Mb/s。它和802.11a最大的不同是HiperLAN2不是建立在以太网基础上的，而是采用TDMA结构，形成一个面向连接的网络，这一特性使它容易满足QoS要求，可以为每个连接分配一个指定的QoS，确定这个连接在带宽、延迟、拥塞、比特错误率等方面的要求。这种QoS支持与高传输速率一起保证了不同的数据序列(如视频、话音和数据等)可以同时进行高速传输。HiperLAN2虽然在技术上有优势，然而它在开发过程中却落后于802.11a，不过因为它是欧洲的标准，所以一直得到欧洲政府的支持。目前，IEEE正开发一个可以将两种5GHz系统统一起来的标准(IEEE 802.11j)

4. HomeRF

HomeRF是无绳电话技术(Digital Enhanced Cordless Telephone，DECT)和无线局域网技术相互融合的产物。HomeRF主要为家庭网络设计，是IEEE802.11与数字无绳电话标准的结合。HomeRF采用扩频技术，工作在2.4GHz频带，能同步支持4条高质量语音信道。但目前HomeRF的传输速率只有1～2Mb/s，美国联邦通信委员会建议增加到10Mb/s。在HomeRF中进行数据通信时，采用的是IEEE 802.11规范中的TCP/IP传输协议；进行语音通信时，则采用了DECT规范。

不同于其他技术，HomeRF从一开始就定位于构建家庭网络，充分考虑了家居环境中的各种因素，因此适合今后家庭的宽带通信。HomeRF无线家庭网络除了具有家庭所应用的信息、资源共享的特点外，还支持高质量的语言与数据传输，这就为无线家庭网络的应用开辟了新的天地。但是对HomeRF的意见不统一，2003年1月，Intel宣布不再支持HomeRF技术，而全力支持IEEE 802.11系列无线局域网，随后HomeRF工作组宣布解散。

表4-2给出了几种WLAN系统的比较。

表4-2　现有的WALN标准比较

WLAN系统	物理层数据速率/(Mb/s)	实际数据速率/(Mb/s)	最大传输距离/m	频率/GHz	QoS支持	推出时间
802.11b	11	6	100	2.4	无	1999年
802.11a	54	31	80	5	无	2001年
802.11g	54	22	150	5	无	2003年
HomeRF2	10	6	50	2.4	有	2002年
HiperLAN2	54	31	80	5	有	2003年

4.2 无线局域网的通信方式

IEEE802.11 标准规定了三种物理层规范：采用红外线的通信方式、2.4GHz 频段的无线电波的跳频扩频通信(FHSS)方式和直接序列扩频(DSSS)通信方式，后两种的传输速率为 1Mb/s 或 2Mb/s。

1. 红外线通信方式

红外线局域网采用波长小于 1μm 的红外线作为传输媒体，有较强的方向性，受阳光干扰大。它具有 1～2Mb/s 数据速率，适于近距离通信。使用红外线传输时不受法规的限制，并能达到较高数据传输速率，但一般仅限于室内，需要天花板反射信号，无法穿透非透明障碍物。

2. 直接序列扩频通信方式

直接序列扩频(Direct Sequence Spread Spectrum，DSSS)使用具有高码率的扩频序列，在发射端扩展信号的频谱，而在接收端用相同的扩频码序列进行通信，支持 1～2Mb/s 数据速率。DSSS 方式成本较高，能量耗费大，可提供的通道数少，但发送范围比 FHSS 大。

3. 跳频扩频通信方式

跳频技术(Frequenncy-Hopping Spread Spectrum，FHSS)与直序扩频技术完全不同，是另外一种扩频技术，是在同步且同时的情况下，接收两端以特定形式的窄频载波来传送信号。跳频的载波受一个伪随机码的控制，在其工作带宽范围内，其频率按有机规律不断改变频率。接收端的频率也按随机规律变化，并保持与发射端的规律一致。跳频的高低直接反映跳频系统的性能，跳频越高，抗干扰的性能越好，军用的跳频系统可以达到每秒上万跳。实际上移动通信的 GSM 系统也是跳频系统。出于成本的考虑，商用跳频系统跳速都较慢，一般在 50 跳/秒以下。由于慢跳频系统实现简单，因此低速 WLAN 常常采用这种技术。FHSS 局域网支持 1Mb/s 数据速率，共 22 组跳频图案，包括 79 个信道，输出的同步载波经调后，可获得发送端送来的信息。FHSS 方式成本低，能量消耗低，抗信号干扰能力强，发送范围小于 DSSS，但大于红外线物理层。

DSSS 和 FHSS 无线局域网都使用无线电波作为媒体，覆盖范围大，发射功率较自然背景的噪声低，基本避免了信号的偷听和窃取，通信安全性高。同时，无线局域网中的电波不会对人体健康造成损害，具有抗干扰、抗噪声、抗衰减和保密性好等优点。无线局域网在性能和能力上和差异，主要是取决于采用全频带传送资料，速度较快。DSSS 技术适用于固定环境中，或对传输品质要求较高的应用。因此，在工厂、医院、社区等应用中，大多是 DSSS 无线技术产品。FHSS 则大多用于需快速移动的端点，如移动电话在无线传输技术部分即 FHSS 技术。

4.3 无线局域网的主要设备

无线局域网的硬件设备主要有无线网卡、无线 AP、无线路由器和无线天线等。下面进行详细介绍。

1. 无线网卡

无线网卡(图 4-2(a))的作用和普通网卡是一样的,是实现计算机与其他无线设备连接的接口,计算机要想与其他设备进行无线连接,必须安装一块无线网卡。

无线网卡根据接口类型的不同,一般分为三种:PCI 无线网卡、PCMCIA 无线网卡和 USB 无线网卡。

(1) PCI 接口无线网卡适用于普通的台式计算机,接在计算机主板的 PCI 插槽中,不支持热插拔,如图 4-6(d)所示。

(2) PCMCIA 无线网卡一般用于笔记本,支持热插拔,使用时把网卡插入笔记本的 PCMCIA 插槽中,如图 4-6(a)所示。

(3) USB 接口无线网卡在笔记本和台式计算机上都可以使用,支持热插拔,使用时把网卡插入计算机 USB 接口中就可以了,如图 4-6(c)所示。

2. 无线 AP

无线 AP(Access Point)又称无线接入点,如图 4-2(b)所示。无线 AP 如没有特别的说明,我们理解为单纯性无线 AP,以和无线路由器加以区分。它相当于以太网中的 Hub

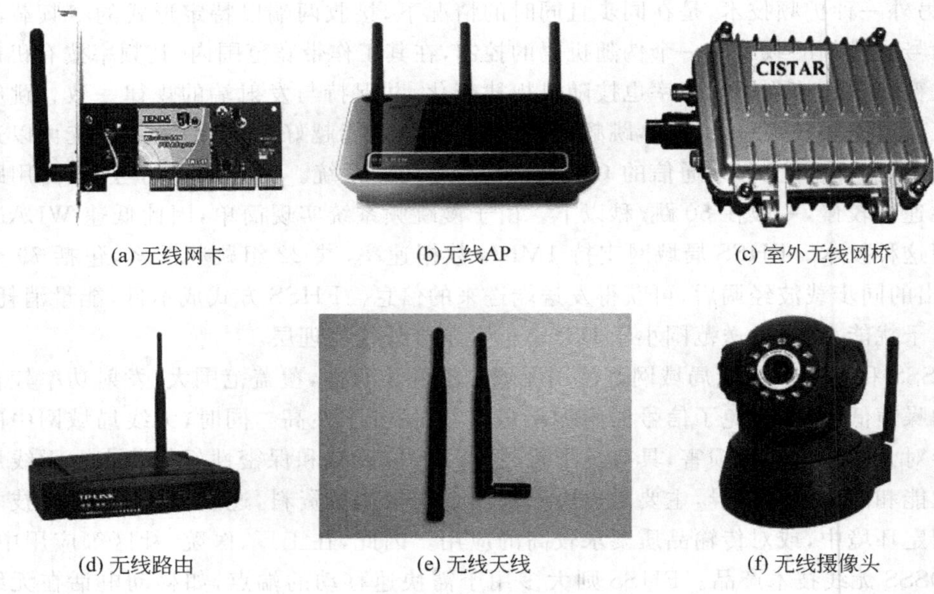

(a) 无线网卡　(b)无线AP　(c) 室外无线网桥

(d) 无线路由　(e) 无线天线　(f) 无线摄像头

图 4-2　无线网络连接设备

或者交换机，目前，一个无线 AP 可以支持多达几十台计算机的接入，最大覆盖距离可达 300m。

为了实现无线与有线网络的连接，无线 AP 都拥有一个或多个以太网接口，可以将安装双绞线网卡的计算机与安装无线网卡的计算机连接在一起，这样就可以将分布在各处的无线 AP 利用网线连接在一起，扩大无线网络的覆盖范围。

另外，借助于无线 AP，还可以实现若干固定网络的远程连接，不需要布线施工。安装于室外的无线 AP 通常称为室外无线网桥，如图 4-2(c)所示。

3. 无线路由器

无线路由器如图 4-2(d)所示，一般既有无线 AP 的功能，又有路由器的功能。可以用它连接很多带有无线网卡的计算机，组成无线网络，还能接入到其他网络中，通过无线路由器，可实现无线网络中的计算机共享上网。无线路由器通常也拥有一个或多个以太网接口，可以用双绞线与普通网卡连接。

4. 无线天线

一般无线网络新产品都要自带天线，天线主要是增强无线信号的作用，可以把它理解为无线信号的放大器。而根据方向性的不同，天线有全向和定向两种，全向天线无方向性，对四周都有信号放大的效果，一般用于中心以四周对点的网络环境；定向天线一般是某一个方向的信号放大效果要强，一般适合于远距离点对点通信。图 4-2(e)所示是一种棒状的全向天线。

5. 其他无线设备

随着无线网络技术的发展和广泛应用，无线设备会越来越多，如无线摄像头，如图 4-2(f)所示，用于无线过程监控，还有无线打印机、无线投影机等。

4.4 无线网络的设计

1. 无线局域网的设计思想

IEEE 802.11 定义的 WLAN 的两种类型决定了它们的应用场合，同时也决定了它们在设计时的不同。针对于用户数较少且距离较近时，可考虑 Ad-Hoc 结构。由于省去了无线 AP，Ad-Hoc 无线局域网的网络架设过程十分简单，不过一般的无线网卡在室内环境下传输距离通常为 40m 左右，当超过此有效传输距离时，就不能实现彼此之间的通信；因此该种模式非常适合一些简单甚至是临时性的无线互联需求。

针对于用户数较多时，要考虑采用结构型设计，相对来说就要复杂一些。由于在相同无线覆盖面积的情况下，所使用接入点的数量直接关系到用户的网络建设成本，同时注意到两个邻近接入点之间覆盖范围重叠会导致网络性能下降，因此在设计覆盖范围时，一方面应尽可能分离各个接入点，以最大限度地降低成本；另一方面，又必须避免覆盖缝隙的存在，以保证用户的可用服务。

无线局域网设计的原则是：在确保所有用户服务（容量导向）的前提下，最大限度减少接入点的数目（覆盖导向）。覆盖导向设计最大限度降低了无线网络建设的成本，但针对用户数量密集的高容量区域，就必须以容量导向为前提，使用多个接入点。

无线局域网设计的主要步骤如下：首先根据用户的需求，确定无线网络的覆盖面积和系统的容量；其次根据建筑物的实际环境，进行接入点定位的初始规划并根据初始的规划，在建筑物的实际环境里进行测量（如信号的强度）；再次利用测量的结果，调整最初的设计，接着重复测量和调整这两个步骤，直至找到理想的结果，并给出无线覆盖图；最后为相应的接入点设定信道，利用频率复用技术来降低邻近接入点间的信道干扰。

目前针对无线局域网的规划和设计，还没有成熟的理论和工具。然而，随着无线局域网络的规模扩大，接入点定位技术、信道的选择以及接入阈值的设置等必然成为无线局域网设计中的关键。

2. 无线局域网的优化设计

网络结构是进行优化设计的基础。大型 WLAN 应用的网络结构以基础设施网络为主。基础设施网络提供对其他网络的访问，带有转发功能和介质访问控制等功能。在基于这种结构的网络中，通信只发生在无线结点和 AP 之间，而不是两个无线结点之间直接通信。AP 起到了桥接其他无线或有线网络的作用。这种网络结构典型的使用场景为校园、办公室、超市和仓库。

WLAN 优化设计的目的是：使无线接入设备覆盖所有期望覆盖的区域，并且具有足够承担预期负载的能力。由于环境的复杂性，WLAN 的设计必须通过实际的测量才能达到理想效果。其中，AP 的定位和频率分配是 WLAN 优化设计的两个重要方面。

AP 的位置首先应根据实际的场景和需求初步进行选择，然后再通过实地测量进行调整。定位需要遵循以下原则：AP 的覆盖区域之间无间隙，AP 之间重叠区域最小。第一条原则保证所有的区域都能覆盖到，而第二条原则是要尽可能减少所需的 AP 数量。

AP 覆盖区域的确定需要根据接收到的信号强度来决定，做法是先设定一个信号强度阈值，例如，为满足某个区域的无线终端点播流媒体课件的需求，通过测量得知信噪比 SNR＝10dB 是能够保证点播流媒体课件质量稳定的最低信号强度，所以可将 10dB 作为阈值，凡是信号强度不低于这个阈值的区域就确定为 AP 的覆盖区域；然后进行实地测量，并记录，产生 AP 的覆盖区域图；最后根据定位原则进行调整，直到满意为止。

由于各个区域的用户密度不同，一般情况下用户密度大的区域情况更复杂，所以应先在用户密度高的区域进行 AP 的布置，然后再布置用户密度低的区域。在空旷的户外可用对称圆形和球形来划定 AP 覆盖区域；而在规则的狭长或矩形建筑物内可用线形或矩形将 AP 对称分布。但是由于室内建筑结构的复杂性，例如金属防盗门、铝合金门窗等，应当在初步选择 AP 位置后进行仔细的测量，以确保所布置的 AP 能够覆盖所有区域。

在 AP 的位置已经固定，覆盖范围也已经确定之后，要考虑的是频率分配的问题。IEEE 802.11b 的工作频率为 2.4GHz～2.4835GHz，每个信道带宽为 22MHz，两个相邻频道的中心距仅为5MHz。在多个频道同时工作的情况下，为保证频道之间的相互干扰最小，可以使用三个互相不重叠的频道。频率分配实质上也就类似于一个用三种颜色给地图涂色的问题。

另外，WLAN的优化设计不仅要从覆盖范围的角度来考虑，还要考虑其负载能力，以保证服务质量。以布置无线教室为例，假设实际的需求是要保证30个学生同时点播多媒体课件，一个AP不能满足要求，需要在同一教室里面布置两个AP。由于用户需求是动态变化的，AP的实际负载可能会加重或减轻，这些变化可以通过对WLAN监视得知。网络管理员应根据实际变化对AP的数量和分布做出调整。总之，良好的WLAN设计不仅可以保证较好的服务质量，也可以减少AP的使用数量从而节约成本，其前提是事先经过充分的实地测量和评估。

4.5 应用实例

4.5.1 校园无线网络架构设计

在这里，以我国某高校校园无线网络为蓝本，介绍高校校园无线网络架构的设计与实现技术。

1. 学校建筑物分布及无线网络覆盖范围

该校的建筑物分布如图4-3所示，由办公区、教学实验区、教工宿舍区和学生宿舍区

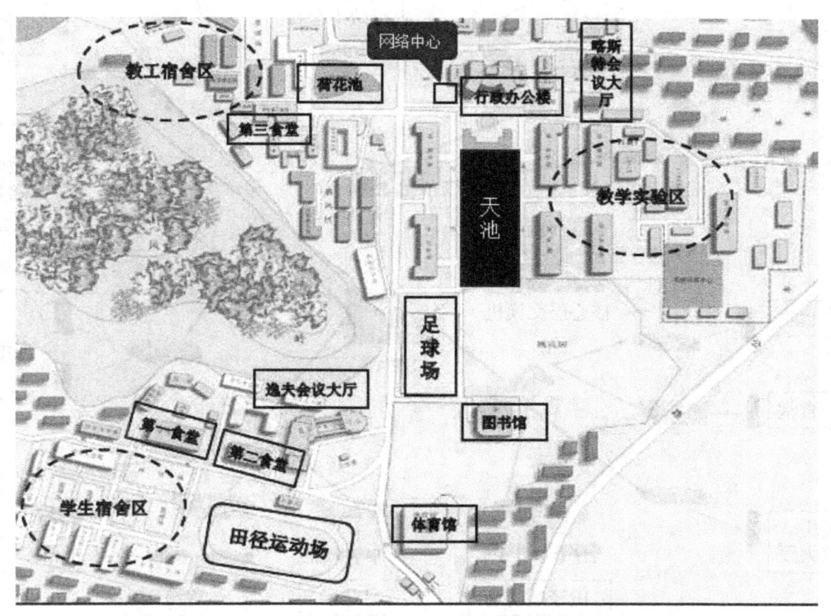

图4-3 校园建筑物分布图

构成。无线网络主要用于不便于布线的区域或者人员密集的区域，覆盖范围有：行政大楼、天池、荷花池、两个会议大厅(逸夫楼会议大厅和喀斯特会议大厅)、体育馆、图书馆、三个食堂、两个运动场(足球场和田径运动场)。

2. 校园无线网络架构设计

所需主要设备如表 4-3 所示。用一台宽带远程接入服务器 BRAS 作为校园无线网络的接入与认证设备，该台 BRAS 上连到网络中心的核心交换机上，下连无线网络专用的汇聚层交换机(三层交换机)上，无线 AP 就近连接到接入层交换机(二层交换机)，二层交换机上连到汇聚层交换机上，其网络架构如图 4-4 所示。

表 4-3 设备配置清单

设 备 名 称	配 置 说 明	数量	单位
三层交换机	1000M	4	台
二层交换机	100M	13	台
BRAS 认证设备	支持无线网络认证和计费	1	台
无线控制器	盒式 AC 主机，管理 256 台 AP，2 交流电源，两个电源避雷器	1	台
室内无线 AP	支持 802.11n，室内普通型，2×2 双频，内置天线，POE 电源	200	台
室外 AP	支持 802.11n，室外增强型，2×2 双频	50	台
无线网络管理软件	管理软件，标准本，能够管理 300 个设备结点，其中含 250 个无线 AP 结点	1	套

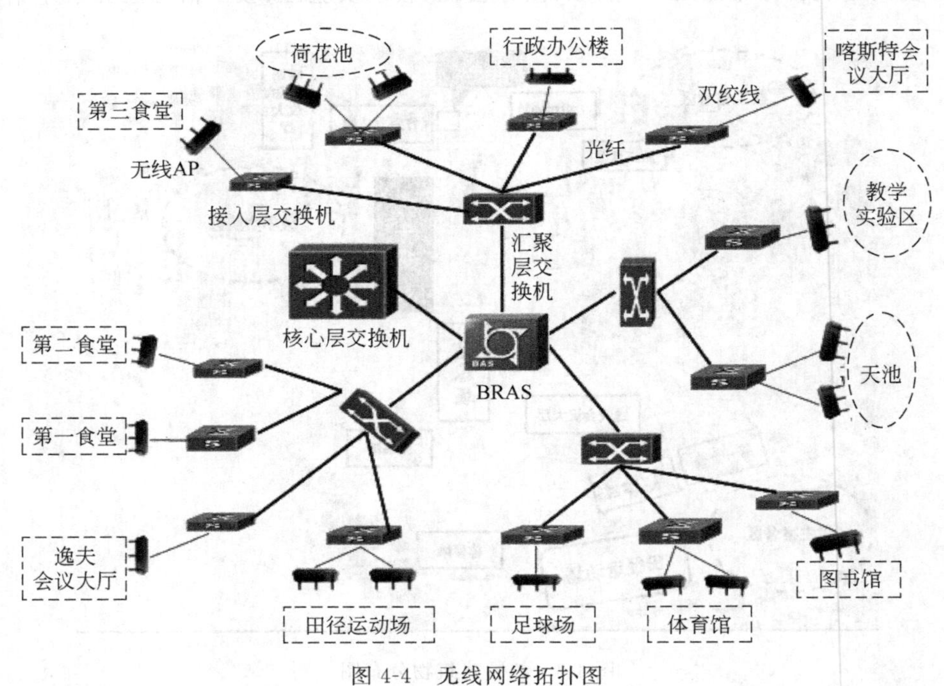

图 4-4 无线网络拓扑图

4.5.2 家庭无线网络的配置及其应用技术

1. 无线网络的安装与配置

1）无线网络的连接

（1）无线 AP

无线 AP(Access Point，无线访问结点、会话点或存取桥接器)是一个包含很广的名称，它不仅包含单纯性无线接入点(无线 AP)，也同样是无线路由器(含无线网关、无线网桥)等类设备的统称。无线 AP 的实物如图 4-5 所示。

多数单纯性无线 AP 本身不具备路由功能，包括 DNS、DHCP、Firewall 在内的服务器功能都必须由独立的路由或是计算机来完成。目前，大多数的无线 AP 都支持多用户(30～100 台计算机)接入，数据加密，多速率发送等功能，在家庭、办公室内，一个无线 AP 便可实现所有计算机的无线接入。

单纯性无线 AP 也可对装有无线网卡的计算机做必要的控制和管理。单纯性无线 AP 既可以通过 10Base-T(WAN)端口与内置路由功能的 ADSL Modem 或 CABLE Modem(CM)直接相连，也可以在使用时通过交换机/集线器、宽带路由器再接入有线网络。

无线 AP 与无线路由器类似，按照协议标准本身来说 IEEE 802.11b 和 IEEE 802.11g 的覆盖范围是室内 100m、室外 300m。这个数值仅是理论值，在实际应用中，会碰到各种障碍物，其中以玻璃、木板、石膏墙对无线信号的影响最小，而混凝土墙壁和铁对无线信号的屏蔽最大。所以通常实际使用范围是：室内 30m、室外 100m(指在没有障碍物的环境中)。

因此，作为无线网络中重要的环节无线接入点、无线网关也就是无线 AP(Access Point)，它的作用其实就类似于我们常用的有线网络中的集线器。在那些需要大量 AP 来进行大面积覆盖的公司使用得比较多，所有 AP 通过以太网连接起来并连到独立的无线局域网防火墙。但同时由于其一般专用无线 AP 都不带额外的局域网接口，使其应用范围较窄。

（2）无线网卡

无线网卡分为笔记本网卡和台式计算机网卡两种，如图 4-6 所示。

图 4-5 无线 AP

(a) 笔记本网卡

(b) 带天线的笔记本网卡

(c) USB 接口网卡

(d) 台式计算机网卡

图 4-6 无线网卡

(3) 无线网络的连接

以笔记本接入无线网络为例，将笔记本网卡插入笔记本，运行相应的网卡驱动程序即可，如图 4-7 所示。

2) 无线 AP 的配置

(1) 无线 AP 的连接

在 IE 浏览器的 URL 中输入“http://192.168.1.1”，即进入无线 AP 设置“身份认证”对话框，如图 4-8 所示。

图 4-7 无线 AP 与笔记本的连接

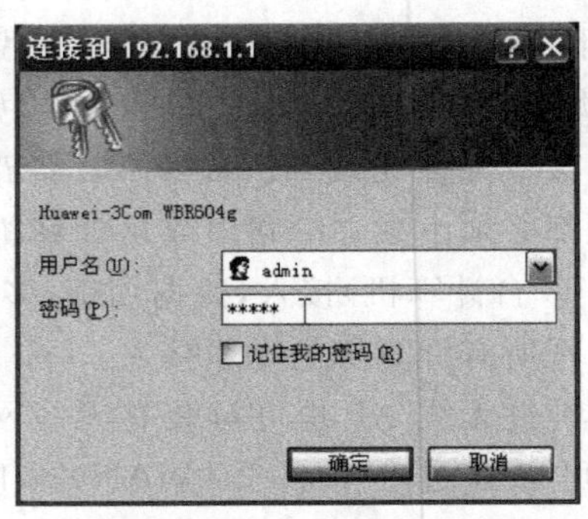

图 4-8 身份认证对话框

在“用户名”栏中和“密码”栏中都输入“admin”(系统默认值)，单击“确定”按钮，得到图 4-9 所示的 AP 配置屏幕。

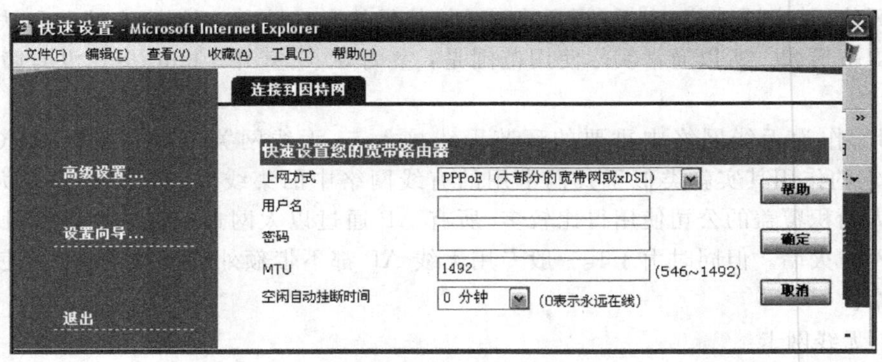

图 4-9 AP 配置屏幕

在图 4-9 所示的操作屏幕中，可选择两种方式进行 AP 的配置：“高级设置”和“设置向导”。

在这里，假设无线 AP 使用静态地址方式与 WAN 相连接，其网络参数如下。

IP 地址：210.40.5.41
子网掩码：255.255.255.192
网关地址：210.40.5.1
DNS 地址：210.40.0.33
} AP 接入的 IP 地址、子网掩码、网关地址及 DNS 地址

无线 AP 的 IP 地址为：192.168.1.1

无线 AP 的子网掩码为：255.255.255.0

同时假设采用动态地址分配策略进行无线局域网络的地址分配，其 DHCP 有效地址范围为 192.168.1.100～192.168.1.149。

(2) 使用“设置向导”进行配置

在图 4-9 所示的操作屏幕中，单击右边的“设置向导”选项，即进入“设置向导”操作屏幕，如图 4-10 所示。

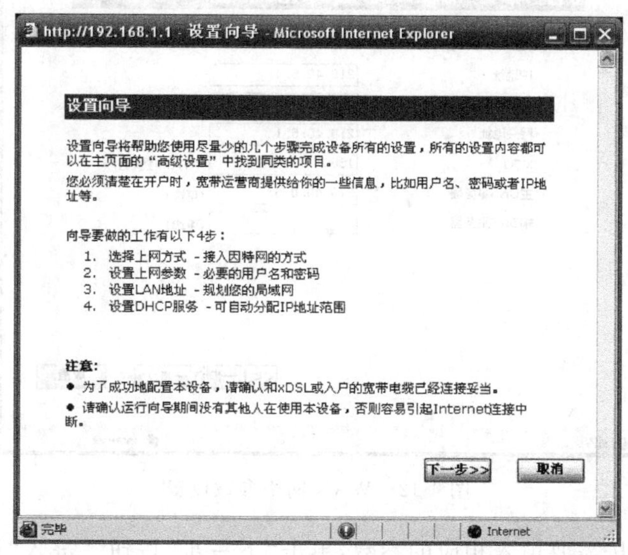

图 4-10　设置向导说明

在图 4-10 中，单击“下一步”按钮，得到图 4-11 所示的“上网方式”选择屏幕。

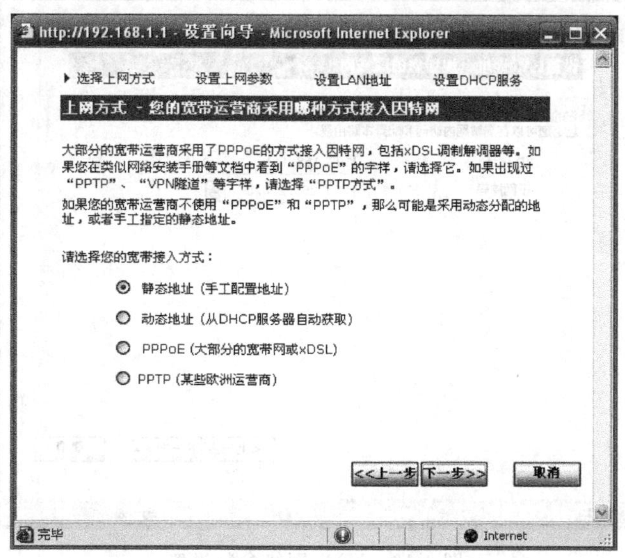

图 4-11　上网方式设置

这时所指的“上网方式”，指的是无线 AP 直接连接的网络的连接方式(即与 WAN 连接方式)。在图 4-11 中选择“静态地址”选项并单击“下一步”按钮，进入“设置 WAN 网络参数”屏幕，如图 4-12 所示。

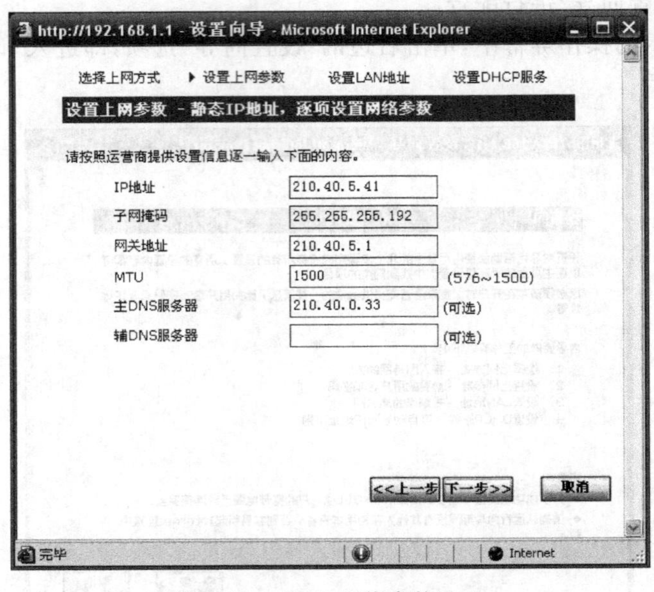

图 4-12　WAN 网络参数设置

在图 4-12 中，按需要填入相应的参数，单击“下一步”按钮。进入“设置 LAN 网络参数”屏幕，如图 4-13 所示。

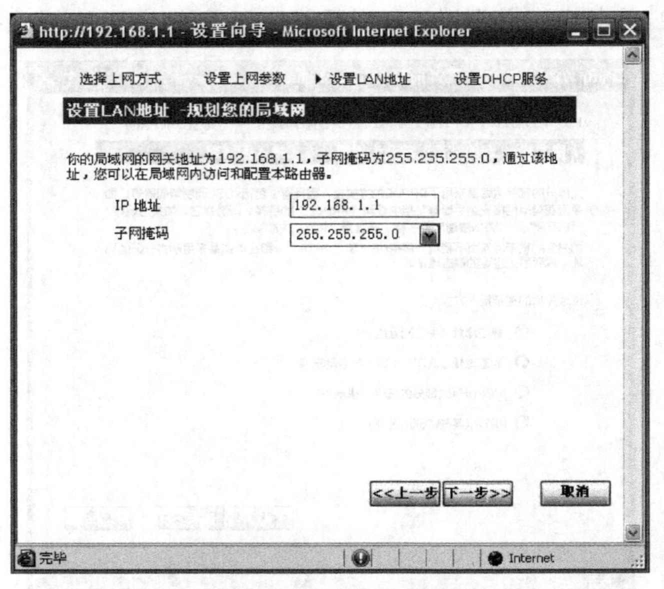

图 4-13　LAN 网络参数设置

按需要输入 AP 的 IP 地址及子网掩码，单击“下一步”按钮，进入“设置 DHCP 服务”屏幕，如图 4-14 所示。

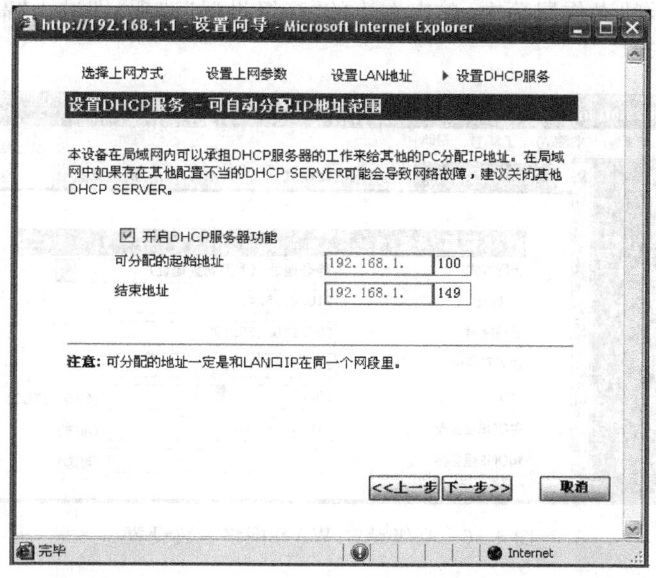

图 4-14　DHCP 服务设置

在图 4-14 中，输入相应的 DHCP 服务地址范围（起始 IP 地址为 192.168.1.100，结束 IP 地址为 192.168.1.149），单击“下一步”按钮，得到“设置参数汇总”屏幕，如图 4-15 所示。

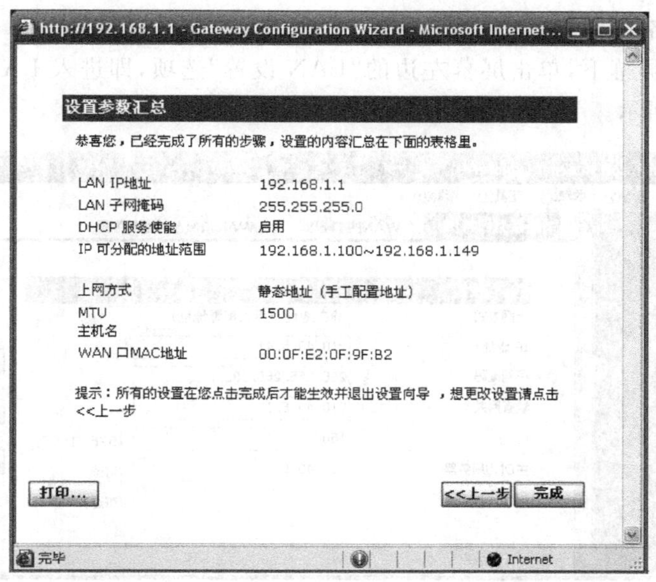

图 4-15　设置参数汇总

单击“完成”按钮，AP 参数配置完毕。

(3) 使用“高级设置”进行配置

在图 4-9 所示的操作屏幕中，单击右边的“高级设置”选项，即进入“高级设置”操作屏幕，如图 4-16 所示。

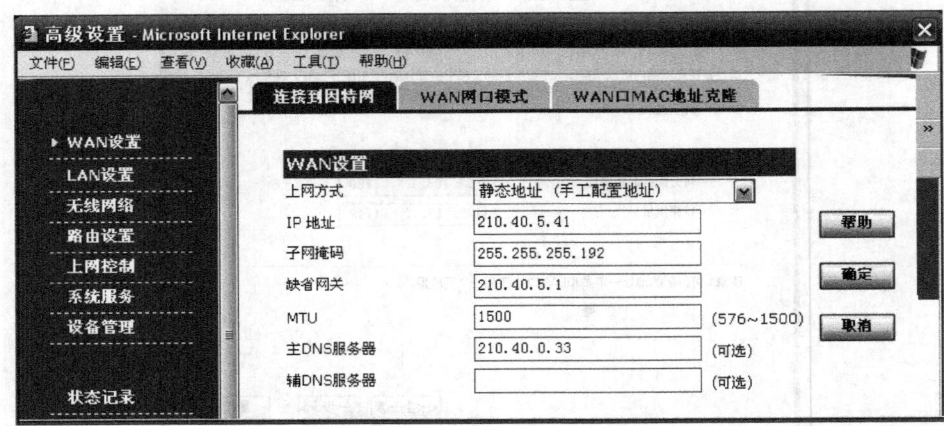

图 4-16 高级设置-WAN 网络参数设置

在高级设置方式下，可进行 WAN 设置、LAN 设置、无线网络设置、路由设置等。在这里，只介绍 WAN 设置、LAN 设置这两种方式。

① WAN 网络参数设置

在高级设置屏幕下，单击屏幕左边的“WAN 设置”选项，即进入 WAN 网络参数设置屏幕，如图 4-16 所示。

② LAN 网络参数设置

在高级设置屏幕下，单击屏幕左边的“LAN 设置”选项，即进入 LAN 网络参数设置屏幕，如图 4-17 所示。

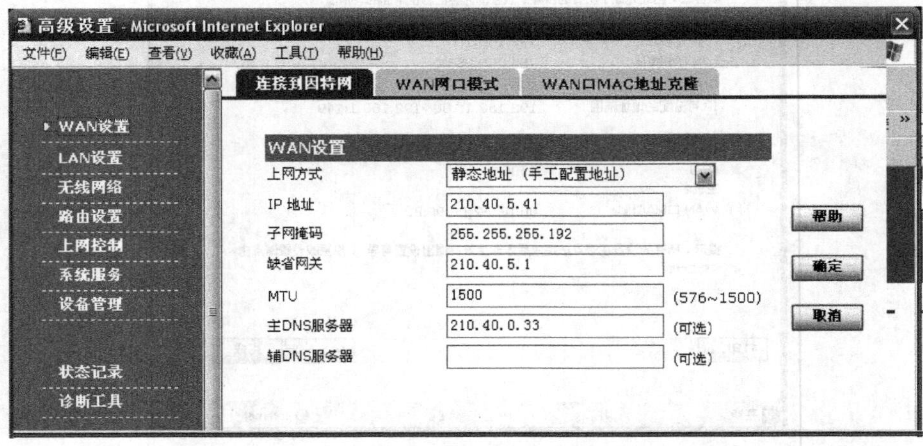

图 4-17 高级设置-LAN 网络参数设置

③ 在 Windows 下对 Internet 协议的 TCP/IP 属性进行设置

在 Windows 下，单击“开始”→“控制面板”→“网络连接”→“本地连接”→“属性”，进入“本地连接属性”设置对话框；单击“Internet 协议(TCP/IP)”，再单击“属性”按钮，得到“Internet 协议 TCP/IP 属性”设置对话框；选择“自动获得 IP 地址”选项，再单击“确定”按钮，配置完毕。

2. 无线网络的应用

无线局域网技术应用范围十分广泛，包含从允许用户建立全球语音和数据远距离无线连接，到建立红外线和无线电频率技术的近距离无线连接。通常用于无线局域网的设备包括便携式计算机、台式计算机、手持计算机、个人数字设备(PDA)、移动电话、笔式计算机和寻呼机。例如，通过无线局域网，手机用户可以浏览电子邮件，使用便携式计算机的旅客可以通过安装在机场、车站和其他公共场所的无线局域网接入点连接到 Internet 中。

3. 无线网络的安全技术

随着无线技术运用的日益广泛，无线网络的安全问题越来越受到人们的关注。通常网络的安全性主要体现在访问控制和数据加密两个方面。访问控制保证敏感数据只能由授权用户进行访问，而数据加密则保证发出的数据只能被所期望的用户所接收和理解。对于有线网络来说，访问控制往往以物理端口接入方式进行监控，它的数据输出通过电缆传输到特定的目的地，一般情况下，只有在物理链路遭到破坏的情况下，数据才有可能被泄漏。而无线网络的数据传输则是利用微波在空气中进行辐射传播，因此只要在 Access Point (AP)覆盖的范围内，所有的无线终端都可以接收到无线信号，AP 无法将无线信号定向到一个特定的接收设备，因此无线的安全保密问题就显得尤为突出。

目前使用最广泛的 IEEE802.11b 标准提供了两种手段来保证 WLAN 的安全：SSID 服务配置标示符和 WEP 无线加密协议。SSID 提供低级别的访问控制，WEP 是可选的加密方案，它使用 RC4 加密算法，一方面用于防止没有正确的 WEP 密钥的非法用户接入网络，另一方面只允许具有正确的 WEP 密钥的用户才能对数据进行加密和解密。

在这里，对无线网络的 AP 进行一些有效的安全设置。

在图 4-16 所示的“高级设置”操作屏幕中，选择屏幕左边的“上网控制”功能，得到网络安全设置屏幕，如图 4-18 所示。

从图 4-18 看到，无线 AP 的安全设置有站点过滤、访问控制和 MAC 过滤三个功能。

1) 站点过滤

在图 4-18 中，选择“站点过滤”选项卡，即进入站点过滤操作屏幕，如图 4-19 所示。

说明：站点过滤有两种策略：禁止访问策略和允许访问策略。若采用禁止访问策略，则凡是未禁止的站点都是允许访问的，如图 4-19 中，对“163.com”站点设置了禁止访问权限，说明 163.com 网站不能访问本地无线网络以外，其余站点都能访问本地无线网络。

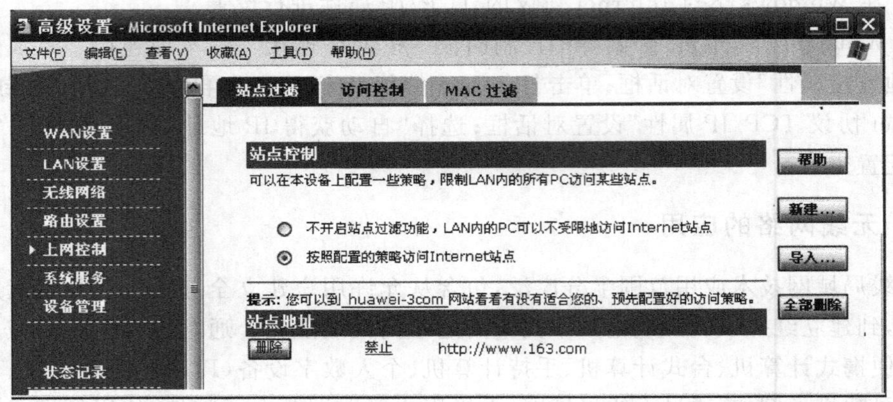

图 4-18　安全设置

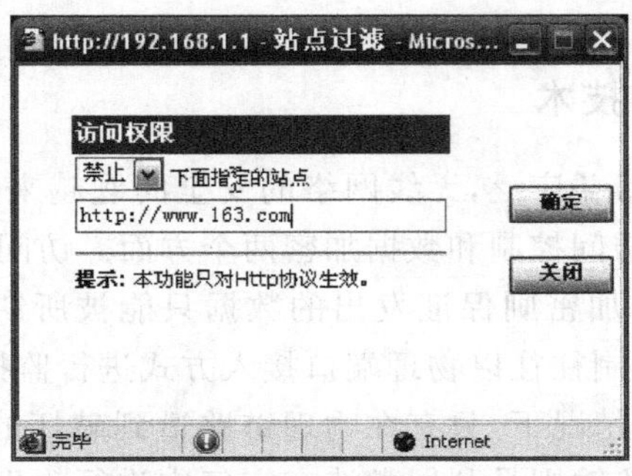

图 4-19　访问权限设置

2）访问控制

在图 4-18 中，选择"访问控制"选项卡，即进入访问控制操作屏幕，如图 4-20 所示。在该屏幕中，可设置哪些用户在哪段时间可上网，并可设置哪些端口号开放。

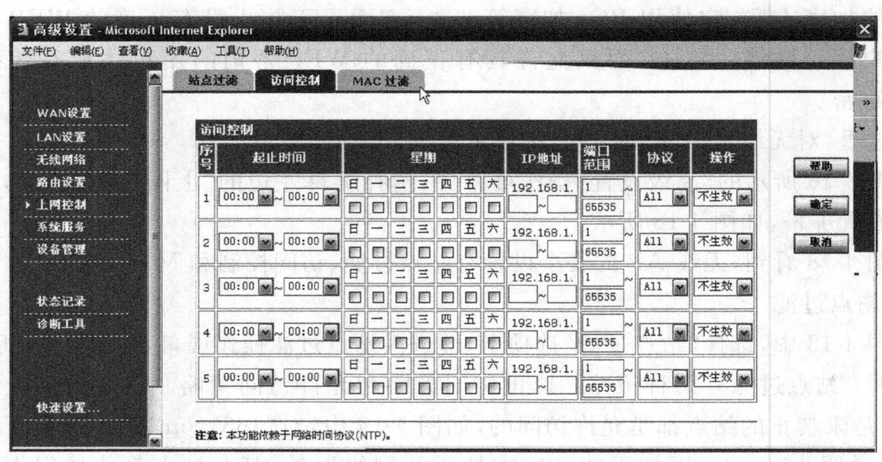

图 4-20　访问控制设置

3) MAC 地址过滤

在图 4-18 中,选择“MAC 过滤”选项卡,即进入 MAC 地址过滤操作屏幕,如图 4-21 所示。在该操作屏幕中,可设置哪些 MAC 地址被允许或被禁止访问本地无线网络。

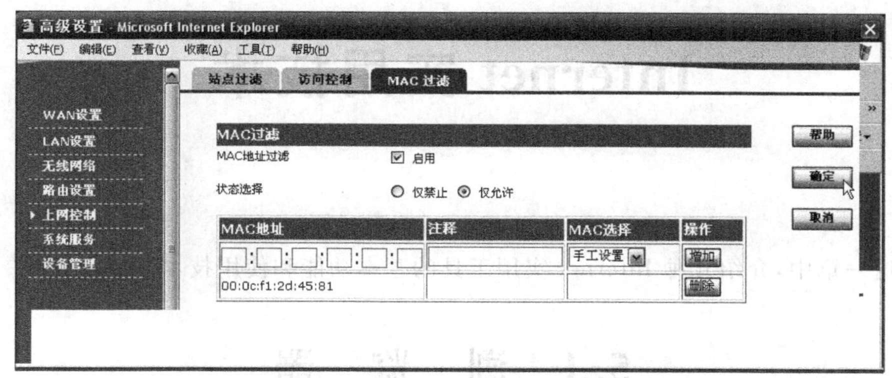

图 4-21 MAC 过滤设置

习 题

4.1 无线局域网有哪些主要标准?哪些是现在的主流技术的依据?

4.2 按照 IEEE 802.11 标准组建的局域网有哪两种类型?各自特点是什么?

4.3 针对 IEEE 802.11 提供的两种类型进行无线局域网设计,适合于哪些场合?各自怎么设计?

4.4 简述 IEEE 802.11 的认证过程。

4.5 无线局域网设备有哪些?查阅资料,了解无线天线的总类与作用。

4.6 设计题:根据组网需求,设计无线组网部分,如果某些小组在需求中没有体现,可单独进行无线局域网的组建设计。

第5章

Internet 实用技术

在这一章中，介绍几种 Internet 实用工具的基本功能和使用技术。

5.1 浏 览 器

5.1.1 Web 网页和浏览器

Internet 把所有上网信息组织成超文本 Web 网页文件存放在 Web 服务器(又称 WWW 服务器)上，Web 服务器之间以超链接的方式相互链接。只要在网页上单击相应的标题或图标，就能在 Internet 得到所需的信息资源。

Web 网页文件是用超文本标记语言 HTML 编写的超文本文件。网页文件除了文字描述以外，还有图形、动画、音频和视频。

浏览器是一个网页浏览的应用软件，不但可以浏览文本信息，还可以浏览图形、音频和视频信息。

目前，普遍使用的浏览器 IE(Internet Explorer，Internet 网络探测者)是 Windows 自带的一个应用软件。

5.1.2 IE 浏览器

IE 是 Windows 的应用组件，在安装 Windows 时，已自动安装 IE 软件，启动 Windows 后可直接使用。

另外，在 http://www.msn.com 网站上有许多优秀的免费软件，其中包括 Internet Explorer 的各种版本，可以在该网站下载所需的 IE 版本，下载完后，用 Setup.exe 文件进行安装。

IE 的启动：在 Windows 桌面上，单击"开始"→"程序"→Internet Explorer，即进入 IE 窗口，如图 5-1 所示。

1. 如何用 IE 浏览网上信息

启动 IE 后，在"地址(URL)"栏中输入相应的网址并按回车键即可进入网站的主页。

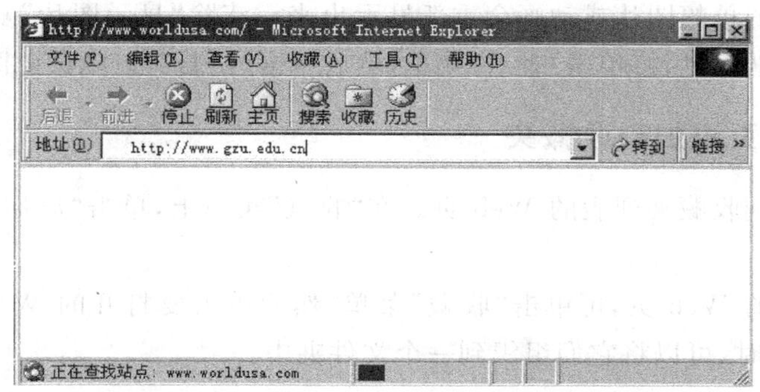

图 5-1 IE 主窗口

例如，在地址栏中输入“http://www.gzu.edu.cn”并按回车键即进入贵州大学网站的主页；输入“http://www.pku.edu.cn”即进入北京大学网站的主页。进入主页后，单击感兴趣的标题或图形，则进入相应的网页或相应的网站。例如，在贵州大学网站主页上单击“贵大概况”，即进入“贵州大学概况介绍”网页；在贵州大学主页上单击“国内大学”→“北京”→“清华大学”即进入(链接到)清华大学网站。

2. 为 Web 页面指定语言编码

在 IE 的“查看”菜单上，指向“编码”，然后选择所需的语言。若正在浏览的是国内的中文网站的网页，一般选择“简体中文(GB2312)”；但若要浏览中国台湾网站，则必须选择“繁体中文(Big5)”。

3. 如何设置 IE 自动访问主页

如果希望每次打开 Internet Explorer 时自动访问某一网站或某一网页，则可事先对其进行设置。例如，若希望在启动 Internet Explorer 时自动进入“北大天网”主页，则在“工具”→“Internet 选项”→“常规”窗口的“地址”栏中输入北大天网的网址：http://e.pku.edu.cn，并单击“确定”按钮，如图 5-2 所示。

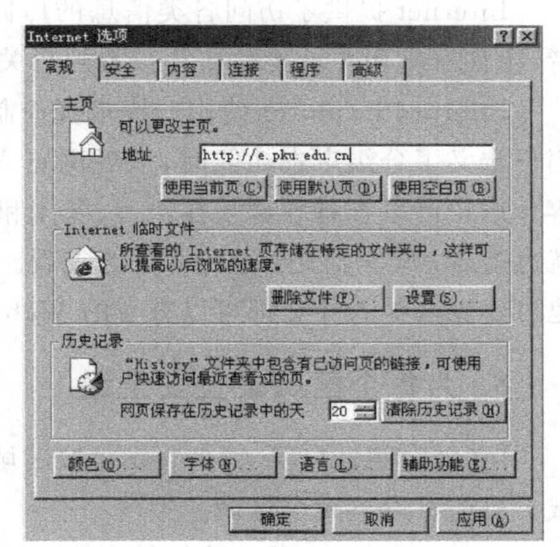

图 5-2 自动浏览网页设置

4. 关闭图形以加快所有 Web 页的显示速度

在 Internet Explorer 的“工具”菜单上，单击“Internet 选项”。单击“高级”标签。在“多媒体”区域，清除“显示图片”“播放动画”“播放视频”和“播放声音”等全部或部分复选框。

即使清除了“显示图片”或者“播放视频”复选框，也可以通过右击相应图标，然后单击“显示图片”,则选中的单幅图片或动画会重新显示出来。清除“显示图片”复选框后,如果当前页上的图片仍然可见,可单击“查看”菜单,然后单击“刷新”,以隐藏此图片。

5. 将 Web 页添加到收藏夹

转到要添加到收藏夹列表的 Web 页。在“收藏”菜单上,单击“添加到收藏夹”,输入该网页的新名称。

要打开收藏的 Web 页,可单击“收藏”菜单,然后单击要打开的 Web 页。当收藏的 Web 页不断增加时,可以将它们组织到一个文件夹中。

6. 合理使用 Cookie

Cookie 是一个在网站上能自动保存用户访问过程的文件。

Cookie 包含的信息与用户的爱好有关。例如,如果用户在某家航空公司的站点上查阅了航班时刻表,该站点就在用户的硬盘上创建了包含用户的旅行计划的 Cookie。也可能它只记录了用户在该站点上曾经访问过的 Web 页,由此帮助该站点在用户再次访问时根据用户的情况对显示的内容进行调整。

Internet Explorer 允许创建 Cookie。但是,用户可以指定当某个站点要在计算机上创建 Cookie 时是否给出提示,这样就可以选择允许或拒绝创建 Cookie,也可以禁止 Internet Explorer 接受任何 Cookie。

可对不同的安全区域指定不同的设置。如果站点位于“可信站点”区域或“本地 Intranet”区域,则允许站点创建 Cookie;如果位于“Internet 区域”,则在创建 Cookie 之前给出提示;如果位于“受限站点”区域,则不允许创建任何 Cookie。

7. 使用分级审查控制访问

Internet 提供了访问各类信息的广阔天地。但是,并非所有信息都适合每一位浏览者,比如家庭用户就要防止小孩看到有关暴力或色情等方面的内容。

Internet Explorer 使用分级审查控制计算机在 Internet 上可以访问的内容类型。当用户定义了分级审查功能时,以后浏览 Web 时将只能显示满足或不超过标准的分级内容。用户可以查看和调整在语言、裸体和暴力等方面的分级设置,规定哪些内容不经允许就可查看,哪些必须经过允许才能查看。即可建立其他人不能查看的 Web 站点的列表,也可建立其他人什么都可以查看的 Web 站点的列表。

8. 为每个区域设置安全级

Internet Explorer 将 Internet 按区域划分,以便将 Web 站点分配到适当安全级的区域。目前有以下 4 个区域。

(1) Internet 区域:默认情况下,该区域包含未分配到其他任何区域的所有站点。Internet 区域的默认安全级为“中”。

(2) 本地 Intranet 区域:该区域通常包含按照系统管理员的定义不需要代理服务器

的所有地址。包括在“连接”选项卡中指定的站点、网络路径和本地 Intranet 站点。也可以将站点添加到该区域。本地 Intranet 区域的默认安全级为“中低”。

(3) 可信站点区域：该区域包含信任的站点，将用户认为是可信的站点分配到该区域。可信站点区域的默认安全级为“低”。

(4) 受限站点区域：该区域包含不信任的站点，可将不信任的站点分配到该区域。受限站点区域的默认安全级为“高”。

Internet Explorer 状态栏的右侧显示当前 Web 页处于哪个区域。无论何时打开或下载 Web 上的内容，Internet Explorer 都将检查该 Web 站点所在区域的安全设置。

在 Internet Explorer 的“工具”菜单上，单击“Internet 选项”。单击“安全”标签。单击要设置安全级的某个区域。向上移动滑块可调高安全级，向下移动滑块则调低安全级。

5.1.3 Maxthon 浏览器

傲游浏览器(Maxthon Browser)原名 MyIE2，是基于微软 Internet Explorer 或 Gecko 核心的、多功能、多页面的网页浏览器，是由 Bloodchen 在畅游所写的 MyIE 代码基础上修改而来。它允许在同一窗口内打开任意多个页面，减少浏览器对系统资源的占用率，提高网上冲浪的效率。同时它又能有效防止恶意插件，阻止各种弹出式、浮动式广告，加强网上浏览的安全。傲游浏览器的主要特点：多标签浏览界面；鼠标手势；超级拖曳；隐私保护；广告猎手；RSS 阅读器；IE 扩展插件支持；外部工具栏；自定义皮肤。遨游浏览器的官方下载地址为 http://www.maxthoncn.com/，如图 5-3 所示。

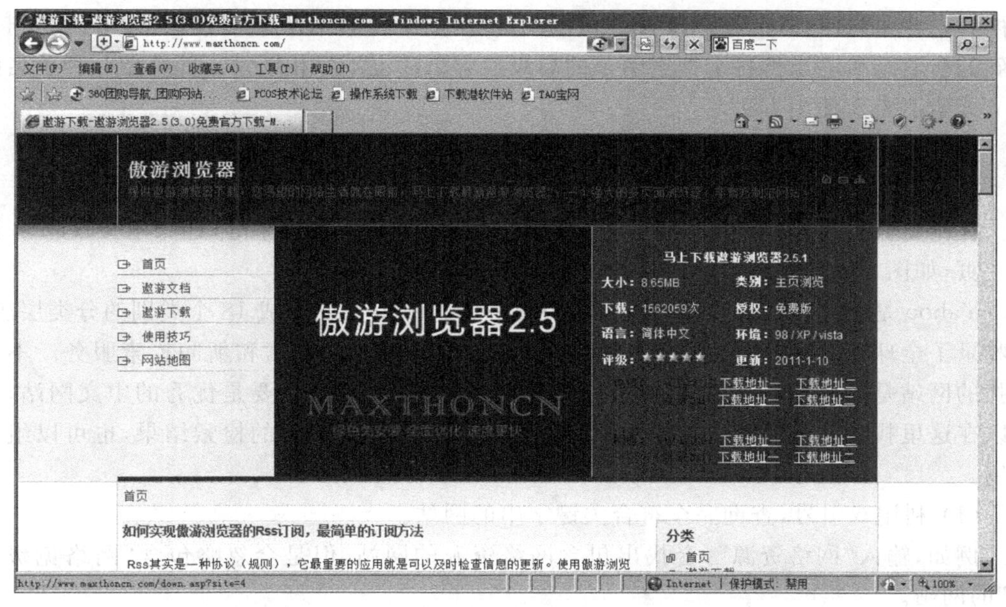

图 5-3 傲游浏览器

5.2 网络搜索引擎

搜索引擎(Search Engines)是 Web 网页的组成部分(许多网站的主页上都有搜索引擎,比如 263 网站 http://www.263.net),它能对 Internet 上的所有信息资源进行搜集整理,以供用户查询。它包括信息搜集、信息整理和用户选择查询三部分。

搜索引擎为用户提供信息"综合检索"服务,它使用特殊手段把 Internet 上的所有信息归类,以帮助人们在茫茫网海中搜寻到自己所需要的信息。

在搜索引擎的检索文本框中输入关键词,便可将相关的网站和网页全部列出供挑选。例如,当在搜索引擎检索文本框中输入"计算机网络"一词后再单击"搜索"按钮,便会自动将与"计算机""网络"及"计算机网络"有关的网站、论文论著、软件、网络设备、课程安排、会议通知等全部在网页上列出来,以供挑选。

目前全世界拥有许多网络搜索引擎,分为普通搜索引擎、集成搜索引擎和专业搜索引擎三类。

5.2.1 普通搜索引擎

一般搜索引擎均提供分类目录及关键词检索,而这些搜索引擎的基本用法是在输入框内输入要查找内容的关键字或词,再单击"搜索"或 Search 等按钮即可。用户只需通过搜索引擎提供的链接地址,就可以访问到相关信息。但是用这种方法检索可能会找到许多内容,为了提高检索的精确度,检索时应尽量用高级检索语法来检索,这样可以得到更精确的检索结果。当然各个搜索引擎的高级检索语法也不尽相同。下面介绍几种著名的中文搜索引擎及使用方法。

1. 中文雅虎

在浏览器的 URL 栏中输入"http://cn.yahoo.com"并按回车键,进入中文 Yahoo 网站主页,如图 5-4 所示。

Yahoo 是全球中文读者最喜爱的网站之一。Yahoo 共划分成 18 个类别的分类层次,它收录了全球 Internet 上数以万计的中文网站,并支持全文检索和新闻检索服务。不论要找的网站是用国标码简体字、大五码繁体字还是图形中文,只要是优秀的中文网站,都可以在这里找到。可运用下列几种高级检索方式来获得更精确的检索结果,也可以组合运用。

(1) 利用双引号,查询完全符合关键字串的网站。

例如,输入"网络资源",会找出包含网络资源的网站,但是会忽略包含"网络免费资源"的网站。

(2) 在关键字前加"t:",搜寻引擎仅会查询网站名称。例如,输入"t:网络",找出包含"网络"的网站名称。

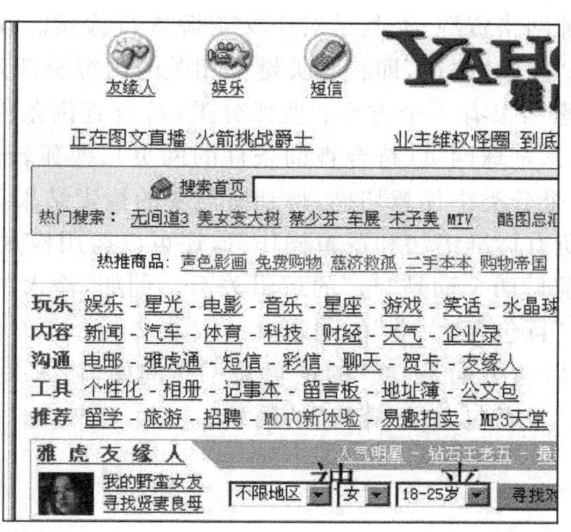

图 5-4　中文 Yahoo 网站主页

(3) 在关键字前加“u:”，搜寻引擎仅查询网址(URL)。例如，输入“u:free”，找出包含“free”的网址。

(4) 利用“＋”来限定关键字串一定要出现在结果中。例如，输入“北京＋大学”，找出包含“北京”和“大学”的网站。

(5) 利用“－”来限定关键字串不要出现在结果中。例如，输入“大学－北京”，找出包含“大学”但除了“北京”的网站，即除“北京”以外的大学网站。

2. 搜狐

在浏览器的 URL 栏中输入“http://www.sohu.com/”并按回车键，进入搜狐网站主页，如图 5-5 所示。

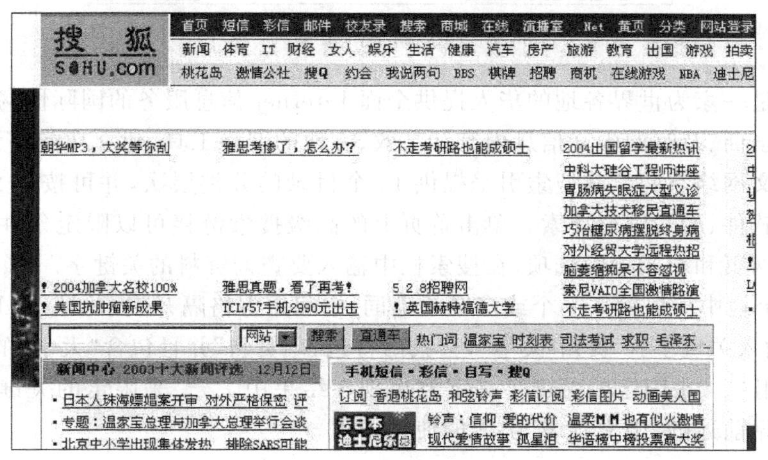

图 5-5　搜狐网站主页

搜狐中文检索系统的核心是在全文检索产品 Search'97 引擎的基础上发展起来的，

能够非常快捷地对各种网络资源，尤其是对中文资源进行检索。在检索文本栏中输入要查询的关键字，并单击“搜索”按钮，即将与关键字相关的内容全部列出以供选择。搜狐中文检索系统返回的检索结果有 4 个方面：搜狐分类（符合查询条件分类目录）、搜狐网站（符合查询条件的网站）、全球网页（符合查询条件的网页）、搜狐新闻（符合查询条件的新闻）。可以在以上这 4 个分类中任意切换，得到所需要的检索结果。搜狐中文检索系统兼容传统的搜索引擎中所有标准语法和逻辑操作符，还可以运用检索的语法。

（1）“AND”表示前后两个词是“与”的逻辑关系。例如，输入关键字：“北京 AND 大学”，找出将包含“北京”且包含“大学”的网站。

（2）“OR”表示前后两个词是“或”的逻辑关系。例如，输入关键字：“电脑 OR 计算机”，将所有包含“电脑”或者包含“计算机”的网站。

3. 新浪网

在浏览器的 URL 栏中输入“http://search. sina. com. cn/”并按回车键，进入新浪网站主页，如图 5-6 所示。

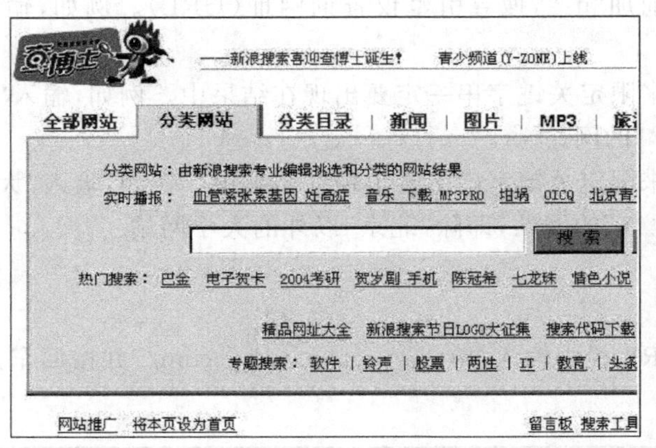

图 5-6 新浪网站主页

新浪网是一家为世界各地的华人提供全面 Internet 信息服务的国际性网站。其目标是通过提供全面、及时的中文信息内容和高效、方便的网络工具，建立功能多元化、使用简单快捷的中文网络空间。其搜索引擎提供 15 个目录的分类层次，并可按中文网页、英文网页、新闻、软件、游戏进行搜索。单击首页上的高级搜索链接可以限定条件进行高级搜索，有网站、网页和新闻检索选项，在搜索栏中输入要查询资料的关键字。

（1）每个栏中可以输入一个或多个关键词，中间用空格隔开表示“且(and)”关系。

例如，输入关键字：“贵州 大学”，会找出将包含“贵州”并且包含“大学”的网站。

（2）利用“＋”来限定的关键字一定要出现在结果中，“－”来限定的关键字不出现在结果中。参见前述的“中文雅虎”引擎的使用技术。

4. 悠游

在浏览器的 URL 栏中输入“http://www. ioyoyo. com. cn/”并按回车键，进入悠游网站主页,如图 5-7 所示。

图 5-7　悠游网站主页

悠游中文搜索引擎是世界上第一个中文智能搜索引擎,于 1997 年 5 月投入使用。它是以香港中文大学科研成果为基础,专为中文设计开发的产品。除具备以西文为基础的搜索引擎的优点外,还由于融入了计算机人工智能技术,可自动分析中文网页进行分词处理,并自动提取关键词,建立以关键词为基础的查询数据库,因而降低了系统开销,大大提高了查询效率。悠游推出的针对特定站点的搜索服务,既可用于各网站自身,又可组合成为查询特定行业(如新闻、金融等)相关网站的专业搜索引擎,此服务将会在中文互联网行业产生深远的影响。

5. 其他中文搜索引擎

网络指南针(GB 码)(http://compass. edu. cn:8010/)提供分类目录、全文检索功能,共收录 20 万网页,且支持中文、英文和拼音输入进行检索。

北大天网(GB 码)(http://e. pku. edu. cn) 提供分类目录、网站检索功能。

"北极星"(GB 码)(http://www. beijixing. com. cn/)提供分类目录、网站检索功能。

"我是野虎"(GB 码)(http://www. 5415. com/)提供分类目录、网站检索功能。

"华好网景"(GB 码)(http://www. chinaok. com/)提供分类目录、网站检索。

"哇塞网"(BIG5 码)(http://www. whatsite. com. tw/)提供分类目录、网站检索功能,收录非常丰富,包括不少台湾地区以外的中文网站,提供 gif 图形中文界面。

"奇摩站"(BIG5 码)(http://www. kimo. com. tw/)提供分类目录、网站检索功能,收录较丰富,还提供股市等服务。

"番薯藤"(BIG5 码)(http://www. yam. com. tw/)提供分类目录、网站检索、BBS 检索。

6. 常用英文搜索引擎

Yahoo!（http://www. yahoo. com/）提供分类目录、网站检索、新闻检索功能，并支持全文检索。

Excite(http://www. excite. com/)提供分类目录、网站检索功能，并支持全文检索。

AltaVista(http://www. altavista. com/)提供分类目录、网站检索功能，并支持全文检索。可以对返回结果的格式进行控制，分为标准、压缩和详细三种格式。

Infoseek(http://www. infoseek. com/)曾经是 Netscape 的默认搜索引擎。提供分类目录、网站检索、E-mail 地址检索，并支持全文检索。检索中还支持类似 DOS 中的通配符。

Lycos(http://www. lycos. com/)是较早出现的搜索引擎，提供分类目录、网站检索功能，但它不支持高级搜索功能。

5.2.2 集成搜索引擎

集成搜索引擎网站一般没有自己的数据库，当用户在这种搜索引擎中输入关键词并单击"搜索"按钮后，该网站将检索要求发往多个搜索引擎，并返回搜索结果，有些搜索引擎还支持将搜索结果用 E-mail 发送。这特别适合对于需要快速获得大量查找信息的情况。常见的集成搜索引擎如下。

"香港频道"(http://www. chkg. com/)集成 Excite、WebCrawler、InfoSeek 三个著名搜索引擎。

1blink(http://www. 1blink. com/)集成 11 个英文搜索引擎。

Digi Way(http://www. digiway. com/)集成 18 个搜索引擎。

All 4 One(http://www. all4one. com/)集成 4 个英文搜索引擎。

Meta Search(http://www. metasearch. com/)可将搜索结果进行整理、合并、集成一份报表。

Ask Jeeves(http://www. askjeeves. com/)集成 5 个搜索引擎。

Chinabusiness(http://www. chinabusiness. org/search. htm)集成 11 个中文搜索引擎。

5.2.3 专业搜索引擎

"驱动之家"(http://www. mydrivers. com/)提供查找驱动程序及硬件厂商信息。

Download(http://www. download. com/)可搜寻大量的免费软件和共享软件。

Nctu(http://ftp. nctu. edu. tw/search/)文件(FTP)搜索引擎。

"常青滕"(http://www. tonghua. com. cn/)除了提供一般搜索引擎的功能外，还提供专利技术的检索服务。

Books(http://www. books. com/)热门书籍查找。

Humor Search(http://www.humorsearch.com/)笑话搜索引擎。

Medsite(http://medsite.com/)医疗信息搜索引擎。

Lawcrawler(http://www.lawcrawler.com/)法律研究搜索引擎。

Deja News(http://www.dejanews.com/)新闻组搜索引擎。

Look4u(http://www.look4u.com/gb/)全球华人寻人。

C114(http://www.c115.net)通信企业搜索。

5.3 电子邮件

5.3.1 电子邮件概述

1. 电子邮件的概念

电子邮件(Electronic mail,Email 或 E-mail)是 Internet 上最早开发、最常用的服务,它通过计算机以电子形式利用网络传递信件。使用 E-mail 简单、方便、快捷、经济,而且 E-mail 可以传递各种形式的信件,如公文、学术论文、私人信件、各种多媒体文件等。

1) 电子邮件的特点

(1) 速度快;

(2) 异步传输;

(3) 广域性;

(4) 费用低。

2) 电子邮件的传送过程

电子邮件的传送采用"存储转发"的工作方式,网络常采用数据交换技术。邮件需经多台主机中转,才能到达目的地。

传送过程:发送方计算机(客户机)将邮件拆分并封装成 TCP 邮包→包装成 IP 邮包→附上目的计算机地址(IP 地址)→客户机软件启动与下一台计算机联系→联系成功,将 IP 邮包→网络→路径选择(过程中)→存储转发→目的计算机→收集 IP 邮包,取出信息部分→复原为初始的邮件→服务器邮箱。

出错处理:发现 IP 邮包丢失或检验有误码时,要求发送端重发。

目的地计算机有故障或未开机:采用"延迟传递"的机制,把邮件存储在缓冲区中,并进行试探发送(Spooling)。

3) 电子邮件的地址格式

和日常生活中一样,一封电子邮件必须要有对方的收件地址,其地址格式为:

用户名@ 主机域名

例如:abc@163.com

说明:

(1) 用户名可以是字母和数字的任意组合,不区分大小写;

(2) 当用户在同一个域中发送电子邮件时，可以只用用户名；

(3) @符号不可少，表示某个用户在某个服务器上，而后面的如 163.com 即为服务器主机域名；

(4) 例中的邮件地址意为在网易上申请的一个用户名为 abc 的电子邮箱地址。

电子邮件系统不只支持两个用户之间通信，它的一个非常有用的功能是利用所谓邮寄表向多个用户发送同一邮件。邮寄表是一组 E-mail 地址并有一个共同的名称，也称“别名”。发给该“别名”的邮件会自动分发给它所包含的每一个 E-mail 地址。

2. 邮件传输系统

电子邮件传输系统包括两个部分：报文传输代理（Message Transfer Agent，MTA）和邮件用户代理（User Agent，UA）。

报文传输代理为用户发送和接收邮件，相当于邮局。电子邮件系统的任务不光是投递邮件，还帮助用户书写邮件等。

邮件用户代理就是邮件系统的用户界面，它帮助用户阅读、编辑和管理邮件。当 UA 按照用户的命令准备好一个要发送的邮件后，它就交给 MTA。

运行报文传输代理的主机就是邮件服务器。邮件服务器不间断地运行，它为用户发送、接收和保存邮件。每个机构一般使用网上一台或几台主机（如 UNIX 工作站）作为本域的邮件服务器，它运行报文传输代理，并为本机构用户在其上建立账号。

报文传输代理在邮件服务器上运行，但邮件用户代理既可以在邮件服务器上运行，也可以在用户主机上运行。

报文传输代理要遵循简单邮件传输协议 SMTP 的标准，也就是说，邮件服务器之间必须使用 SMTP 通信。而独立的邮件用户代理要遵循第 3 版的邮局协议 POP3 或第 4 版的 Internet 报文存取协议 IMAP4。接收的邮件在 Internet 中是以 SMTP 传递的，而到了邮件服务器后，从邮件服务器到 PC 这最后一程是使用 POP3 协议传递的。电子邮件传输系统的工作过程如图 5-8 所示。

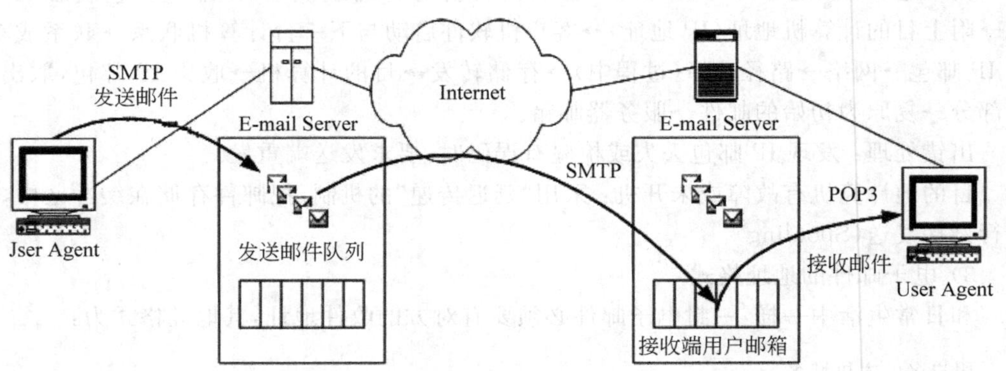

图 5-8 电子邮件传输系统

5.3.2 Outlook 邮件系统

1. Outlook 的配置

在 Windows 桌面上，单击“开始”→“设置”→“控制面板”→“邮件”，即进入 Outlook 邮件设置对话框，如图 5-9 所示。

图 5-9 “Internet 账号”管理

单击“添加”按钮，进入图 5-10 所示的对话框。

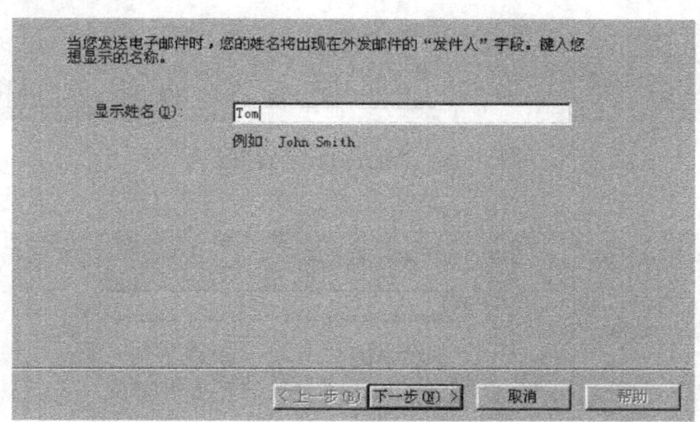

图 5-10 “发件人”姓名录入

在“显示姓名”栏后输入姓名，比如“Tom”，单击“下一步”按钮进入图 5-11 所示的对话框。

在“电子邮件地址”栏后输入 E-mail 地址，比如“tom@gzu. edu. cn”(如果使用 163 免费邮件，则输入“tom@163. com”)。单击“下一步”按钮，进入图 5-12 所示的对话框。

在“我的邮件接收服务器是”后填入“POP3”，在“邮件接收服务器”和“外发邮件服务器”栏后分别填上邮件接收服务器和外发邮件服务器的域名或 IP 地址，比如“210. 40. 0. 41”。也可以使用 163 免费邮箱，即在“邮件接收服务器 POP3”和“外发邮件服务器 SMTP”栏后分别填上“pop3. 163. com”和“smpt. 163. com”。单击“下一步”按钮，进入图 5-13 所示的对话框。

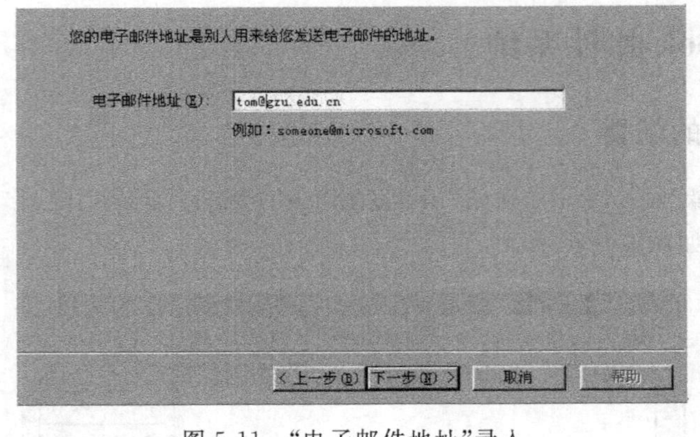

图 5-11 “电子邮件地址”录入

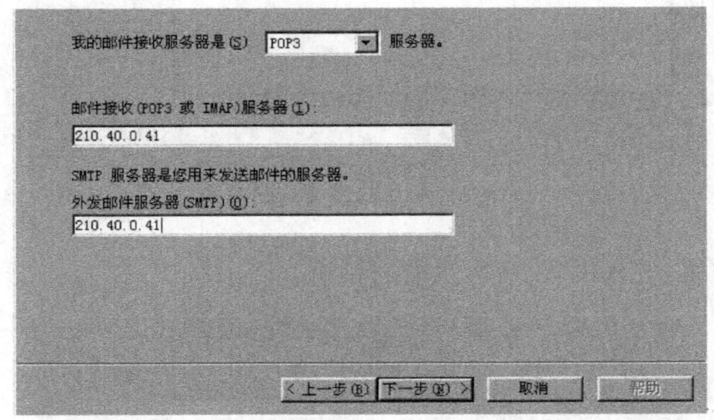

图 5-12 “邮件服务器”录入

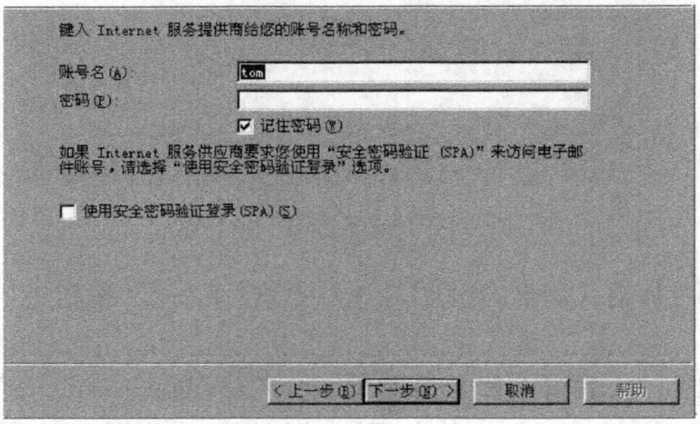

键入 Internet 服务提供商给您的账号名称和密码。

账号名(A): tom

密码(P):

☑ 记住密码(W)

如果 Internet 服务供应商要求您使用“安全密码验证（SPA）”来访问电子邮件账号，请选择“使用安全密码验证登录”选项。

☐ 使用安全密码验证登录(SPA)(S)

< 上一步(B)　下一步(N) >　取消　帮助

图 5-13 “账号名”及“密码”录入

在“账号名”文本框中填入账号，比如“tom”，并在“密码”栏后填入密码，单击“下一步”按钮，进入图 5-14 所示的对话框。

选择一种连接方式，比如“通过局域网(LAN)连接”，单击“下一步”按钮，再单击“完成”按钮即进入图 5-15 所示的对话框。

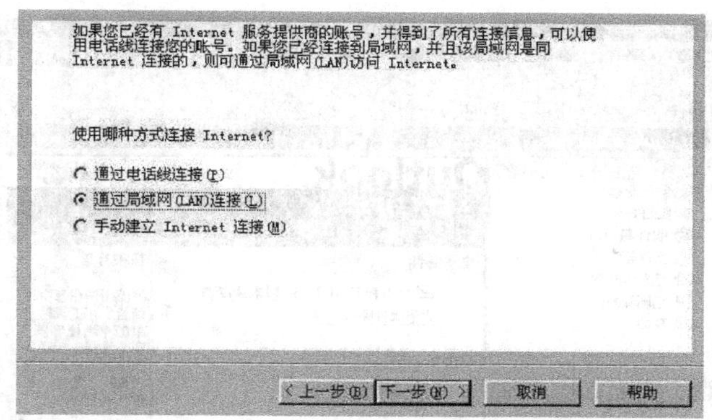

图 5-14 “网络连接方式”定义

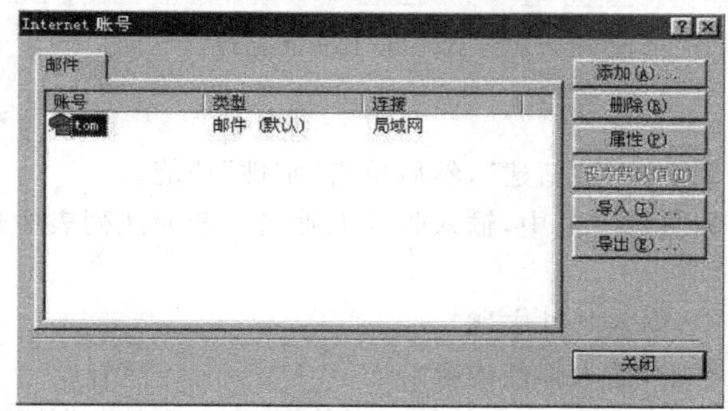

图 5-15 “Internet 账号”管理

至此，Outlook 的配置完毕。

2. Outlook 的安装与启动

因为 Microsoft Outlook 是 Office 办公组件的一个组成部分，所以它可以在安装 Office 时自动安装。

在 Windows 桌面上，单击“开始”→“程序”→Microsoft Outlook 命令，即进入 Outlook 屏幕，如图 5-16 所示。

3. 收件箱

1）检查新邮件

多数情况下，可自动接收邮件并让邮件在“收件箱”中出现。但是，Outlook 设置不同，检查新邮件的方法也不同。检查新邮件时，Outlook 检查发送给用户的邮件并送达要发送给其他人的邮件。根据特定的设置，可在“收件箱”中尝试以下方法：单击“工具”菜单中的“检查新邮件”。如果在用户配置文件中设置了多个信息服务，单击“工具”菜单中的“检查新邮件”，然后选中合适的复选框。如果使用脱机文件夹，指向“工具”菜单上的“同步处理”，然后单击“此文件夹”。

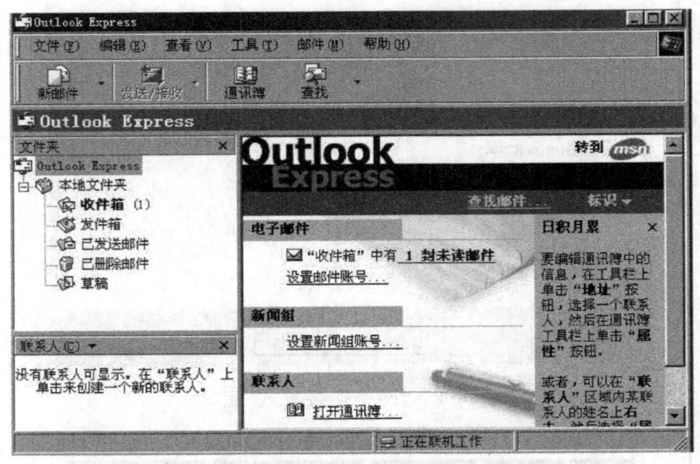

图 5-16 Outlook 主窗口

2）创建新邮件

（1）指向"文件"菜单中的"新建"，然后单击"邮件"功能。

（2）在"收件人"和"抄送"框中，输入收件人姓名。若要从列表中选择收件人姓名，请单击"收件人"或"抄送"。

（3）在"主题"框中，输入邮件主题。

（4）在邮件正文框中，输入邮件内容。

（5）单击"发送"按钮，再选择"发件箱"，再单击"发送和接收"按钮，如图 5-17 所示。

图 5-17 "新邮件"操作窗口

4. 在邮件中插入附件

打开"新邮件"窗口，从"插入"菜单中选择"附件"，或者单击工具栏上的回形针图标，从"插入附件"对话框中选择要插入的文件，然后单击"添加"按钮。这时正文编写窗口会一分为二，它的下方会显示刚才加入的文件图标。用同样的方法，可以在一个邮件中插入多个附件，不过每次只能插入一个。

在收到的邮件中若带有附件，则可在信件预览窗口上看到一个回形针标记，单击该标记可以打开附件。

5. 对“垃圾邮件”的处理

在“工具”菜单栏中选择“收件箱助理”，单击“添加”按钮，该窗口分为上下两个部分，上面是“处理条件”，下面是“处理方法”。比如经常收到发信地址为“qingzhu@990.net”的垃圾邮件，如果想从今以后不再收到它，可以在“处理条件”栏目中选择“发件人”，并在其中填入上述地址；接着在“处理方法”中选择“从服务器上删除”；单击“确定”按钮后，可以看到在描述框内，出现了“如果发件人地址中包含'qingzhu@990.net'，则直接从服务器上删除”的描述，这就达到了目的。

6. 如何解决乱码显示

使用电子邮件最大的烦恼是收到乱码邮件，Outlook Express 5 提供了解决乱码的方法：一种方法是选择乱码邮件，单击“查看”菜单指向“编码”命令中的“简体中文(GB2312)”，也可指向“编码”命令中的“其他”，这里提供了“阿拉伯字符”“波罗的海字符”“中欧字符”等 19 种字符选择，只需单击“简体中文”即可。另一种方法是：首先选择乱码邮件，右击，打开邮件快捷菜单，选择“属性”命令；然后在出现的对话框中单击“详细资料”标签，单击右下角的“邮件源文件...”按钮，这时就会打开邮件的源文件码，就可看到邮件的内容。

对 Outlook Express 5 进行设置，能够从根本上解决电子邮件的乱码，操作过程如下。

(1) 打开 Outlook Express 5，选择“工具”菜单中的“选项”命令，单击“阅读”标签。

(2) 单击“字体”按钮，选择“简体中文(GB2312)”并把它设置为默认值，设置好后单击“确定”按钮回到“阅读”对话框。

(3) 单击“国际设置”按钮，选中“为接收的所有邮件使用默认的编码”，确定退出。再次打开所有邮件，中文邮件就不会有乱码了。

5.3.3 QQ 邮件系统

1. QQ 邮件系统概述

QQ 邮箱是腾讯公司于 2002 年推出，向用户提供安全、稳定、快速、便捷电子邮件服务的邮箱产品，已为超过一亿的邮箱用户提供免费和增值邮箱服务。QQ 邮件服务以高速电信骨干网为强大后盾，独有独立的境外邮件出口链路，免受境内外网络瓶颈影响，全球传信。采用高容错性的内部服务器架构，确保任何故障都不影响用户的使用，随时随地稳定登录邮箱，收发邮件通畅无阻。

2. QQ 注册

在使用 QQ 邮件之前，必须注册 QQ，申请一个 QQ 号，比如 113369803，关于 QQ 的注册申请，详见 5.9 节。获得 QQ 号后，加上 QQ 邮箱后缀“@qq.com”，即是 QQ 邮箱号，如 113369803@qq.com。

3. QQ 邮箱的开通

申请得到 QQ 号后，还要开通邮箱才能用 QQ 邮箱收发电子邮件。

启动 QQ 聊天室后，进入“个人资料”对话框，单击电子邮件图标✉，之后根据屏幕提示开通电子邮箱即可。

4. 启动 QQ 邮箱

第 1 步：启动 IE 浏览器。

第 2 步：启动腾讯 QQ。

在 IE 浏览器的 URL 中输入“http://www.qq.com”单击“邮箱”，进入 QQ 邮箱登录对话框，如图 5-18 所示。

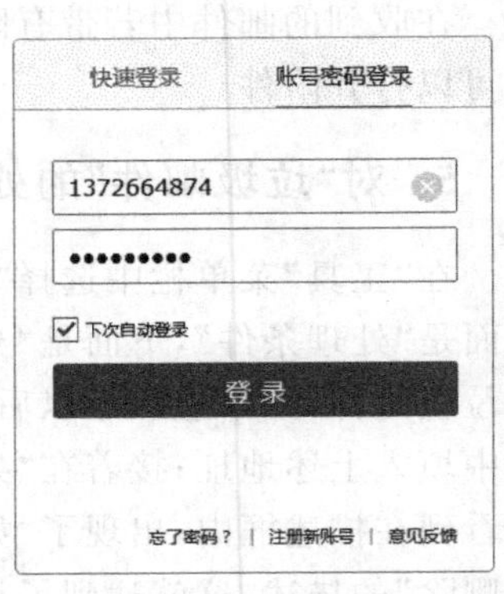

图 5-18　QQ 邮箱登录对话框

在图 5-18 所示的对话框中，输入账户名(QQ 号)及密码，单击“登录”按钮，即进入 QQ 邮箱主屏幕，如图 5-19 所示。

图 5-19　QQ 邮箱主屏幕

5. 收信

在图 5-19 所示的 QQ 邮箱主屏幕中，单击屏幕左上角的“收信”功能，即进入“收件箱”窗口，如图 5-20 所示。

在图 5-20 所示的窗口中，单击要阅读的邮件所在的行，比如发件人为“34337113”，得到图 5-21 所示的邮件阅读屏幕。

6. 复信

单击图 5-21 中的“回复”按钮，得到图 5-22 所示的复信窗口。

在图 5-22 所示的窗口中，在“正文”框中填写好邮件内容，单击“发送”按钮，回信即发送出去。

图 5-20 “收件箱”窗口

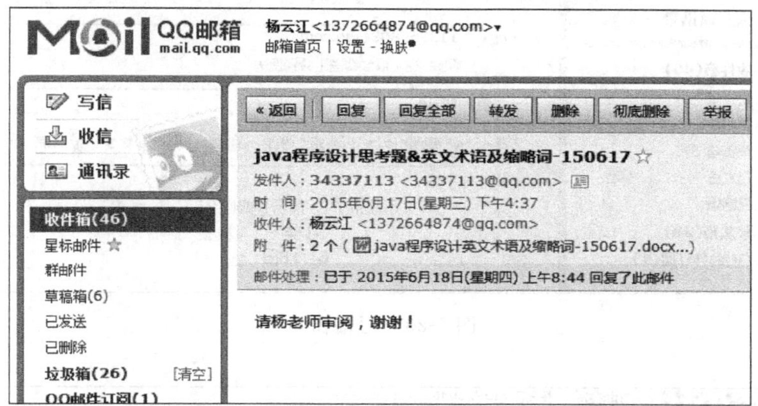

图 5-21 邮件阅读屏幕

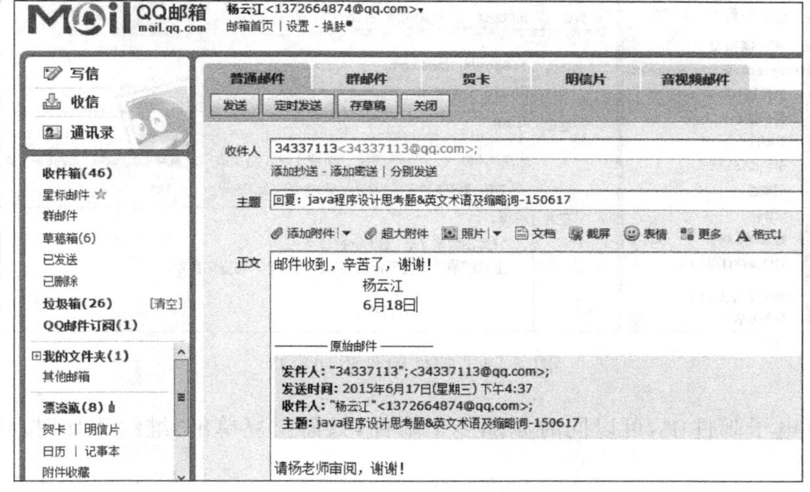

图 5-22 复信窗口

7. 写信

在图 5-19 所示的 QQ 邮箱主屏幕中，单击左上角的“写信”功能，得到图 5-23 所示的写信窗口。

在图 5-23 所示的窗口中，在“收件人”框中填写收件人的电子邮件地址，在“主题”框中填写一个邮件主题，在“正文”框中填写邮件内容，之后单击“发送”按钮即可。

8. 粘贴附件

若要发送一个文件、一张照片或一首歌曲，可在图 5-23 所示的窗口中单击“添加附件”功能，并在提示下添加相应的附件，得到图 5-24 所示的邮件附件添加窗口。

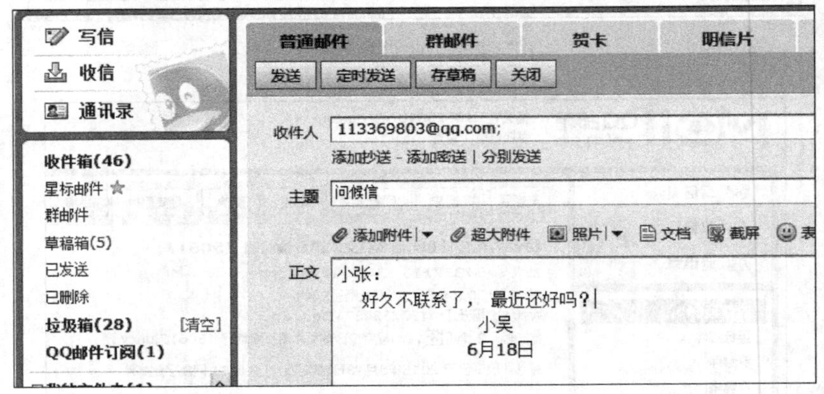

图 5-23　写信窗口

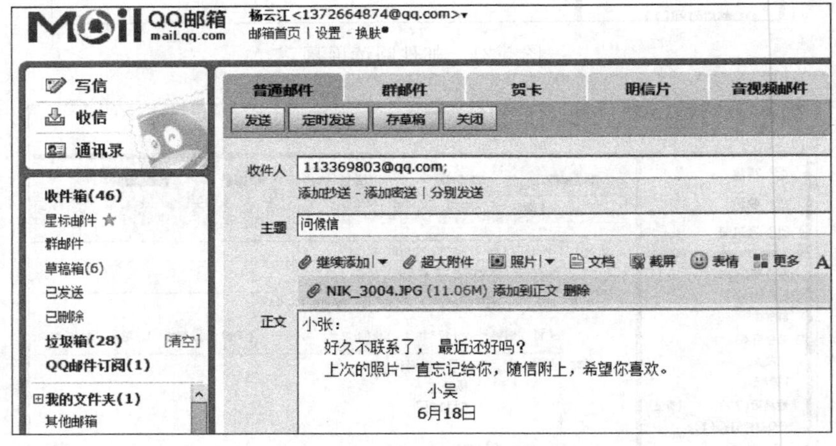

图 5-24　邮件附件添加窗口

在一封电子邮件中，可以同时添加多个附件，只需反复单击“继续添加”按钮即可。

5.4 NetAnts

NetAnts(网络蚂蚁)是一个优秀的文件下载软件,它具有其他下载软件没有的两大特点,其一是支持断点续传,其二是同时可下载 5 个文件。

5.4.1 软件下载、安装及启动

1. 软件的下载和安装

第 1 步:软件下载,下载网址:http://www.netants.com/gb。下载完毕后,用解压工具解压。

第 2 步:软件的安装,单击解包后的文件 setup.exe,即可进行安装。

2. 软件的启动

单击"开始"→"程序"→NetAnts,即进入 NetAnts 主窗口,如图 5-25 所示。

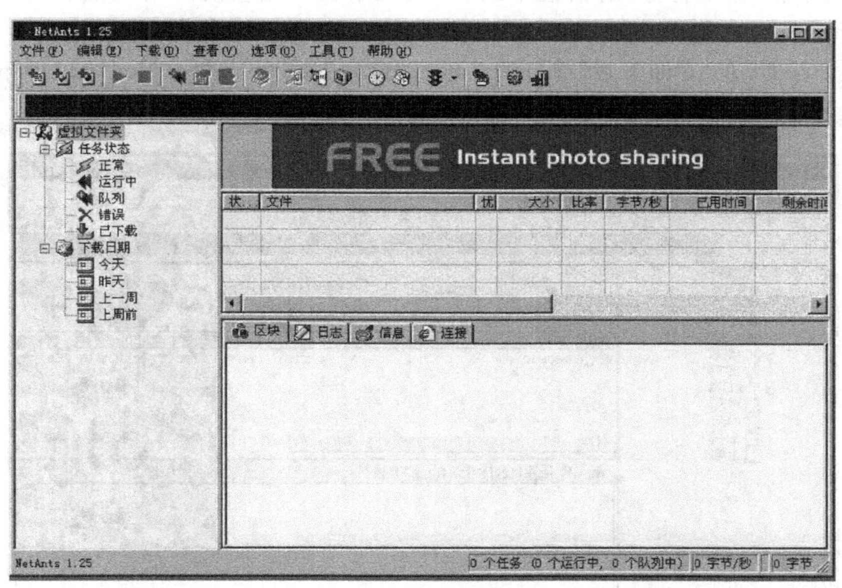

图 5-25 NetAnts 主操作窗口

5.4.2 用 NetAnts 下载文件

下面以下载 Foxmail 5.0 简体中文版为例,介绍 NetAnts 软件的下载方法。Foxmail 5.0 下载网站及文件名为:http://fox.foxmail.com.cn/download/fm50ch2.exe。

第 1 步：在图 5-25 所示的窗口下，单击“编辑”下的“添加任务”菜单项，得到图 5-26 所示的“添加任务”对话框。

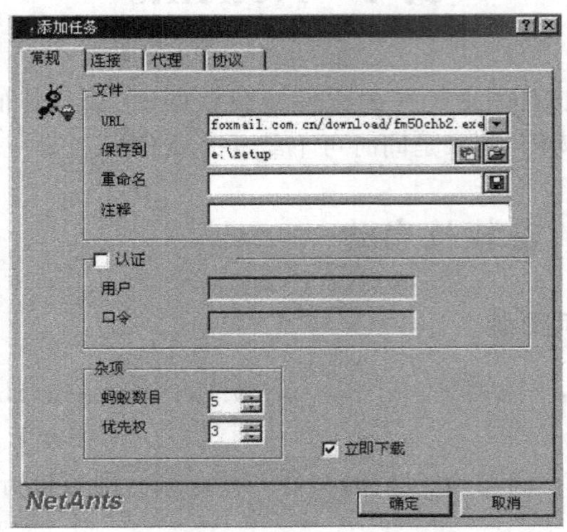

图 5-26 “添加任务”操作

第 2 步：在“添加任务”对话框中的 URL 栏中输入相应的网站地址和文件名，例如“http://fox.foxmail.com.cn/download/fm50ch2.exe”。在“保存到”栏中输入文件保存的盘符及文件夹，在“立即下载”前打钩。单击“确定”按钮后，进入 NetAnts 的下载屏幕，开始下载文件，如图 5-27 所示。

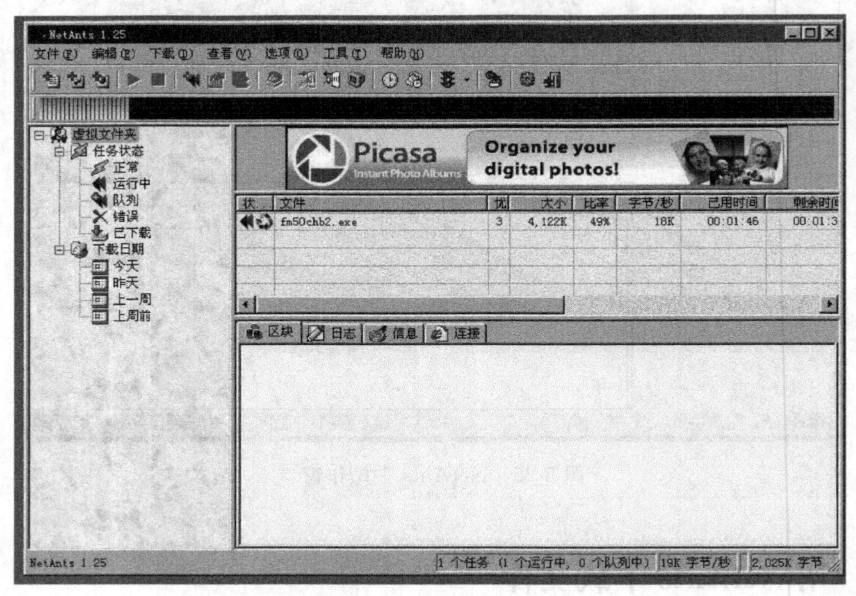

图 5-27 “文件下载”显示窗口

第 3 步：当出现“任务”完成窗口时，即说明文件已下载完毕，即可关闭 NetAnts。

5.5 文件传输 FTP

FTP 是 File Transfer Protocol(文件传输协议)的缩写。利用 FTP 可将本机上的文件传输到远程 FTP 服务器上,同时也可将远程 FTP 服务器上的文件传输到本机上来。

FTP 是用于 TCP/IP 网络及 Internet 的最简单的协议之一。FTP 用于将文件从网络上的一台计算机传送到网络上的另一台计算机。FTP 对于在不同的计算机之间传送文件特别有用,例如,从运行 UNIX 的计算机向运行 Windows NT 或 Windows 2000 的计算机传送文件。

5.5.1 FTP 的启动

FTP 是 Windows 自带的内部组件,在 Windows 安装时就一起装入了硬盘,在启动 Windows 时 FTP 也一起装入内存。因此,在启动了 Windows 后,可直接使用 FTP 命令。

FTP 命令的启动有两种方式:一种是 MS-DOS 方式,另一种是"运行"执行方式。

1. MS-DOS 方式

第 1 步:在 Windows 桌面下,单击"开始"→"程序"→"MS-DOS 方式"命令,即进入 MS-DOS 命令窗口。

第 2 步:在 MS-DOS 窗口的 DOS 命令提示符下输入"FTP"并按回车键,即得到图 5-28 所示的 FTP 窗口(MS-DOS 方式命令窗口)。

2. "运行"执行方式

第 1 步:在 Windows 桌面下,单击"开始"→"运行"命令。

第 2 步:在"打开"栏中输入"FTP"并单击"确定"按钮即可得到图 5-28 所示的 FTP 窗口(MS-DOS 方式命令窗口)。

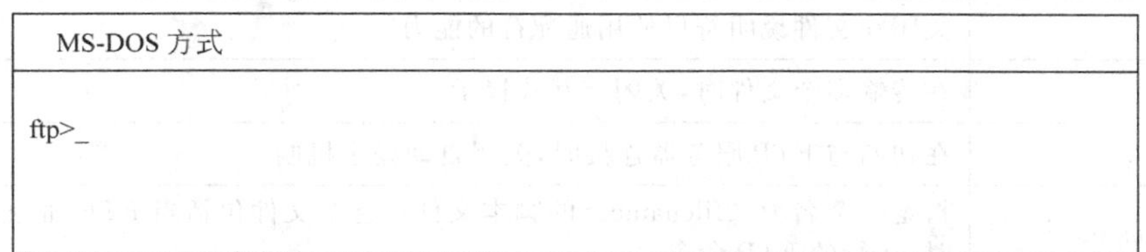

图 5-28 FTP 操作窗口示意图

在 FTP 操作窗口下就可以使用 FTP 命令了。

5.5.2 FTP 文件传输类型

FTP 的文件传输有两种类型：ASCII 文件类型和 Binary(二进制)文件类型。Word 的文档文件(.doc)、Excel 的工作簿文件(.xls)、PowerPoint 的幻灯片演示文稿文件(.ppt)以及文本文件(.txt)都属于 Binary 类型的文件，而 Web 网页文件等则属于 ASCII 类型的文件。PASCAL 文件(.pas)、BASIC 文件(.bas)、C 语言文件(.c)、汇编语言文件(.asm)、VFP 表文件(.dbf)、VFP 命令文件(.prg)、可执行文件(.exe)、命令文件(.com)等也属于 Binary 类型。

FTP 规定，在用 get 或 put 命令进行文件传输之前，必须先设置文件传输类型，否则将会出现文件传输错误。

5.5.3 FTP 命令

1. FTP 命令格式

在 MS-DOS 方式窗口的 DOS 命令提示符下，执行 FTP 命令时，可以带上所需的参数开关，其格式如下：

```
ftp  [<开关>]  <回车>
```

例如：ftp -d

2. FTP 命令开关

FTP 命令开关如表 5-1 所示。

表 5-1 FTP 命令开关

开　关	含　义
host	指定 FTP 服务器的主机名或 IP 地址
-d	打开调试模式，之后所有的 FTP 命令都被显示出来
-g	关闭在文件说明符里使用通配符的能力
-i	在传输多个文件时，关闭交互式提示
-n	在初始与 FTP 服务器连接时，关闭自动登录机制
-s:filename	指定一个名为＜filename＞的脚本文件。这个文件包括当 FTP 命令首次启动时，运行的 FTP 命令
-v	关闭 FTP 服务器响应的显示

3. FTP 命令

FTP 命令如表 5-2 所示。

表 5-2　FTP 命令

命　令	含　　义
!＜命令＞	在本地计算机上运行指定的命令
?	显示 FTP 命令的描述，等同于帮助(help)
append	利用当前文件类型的设置，将一个本地文件追加到远程计算机的一个文件上
ascii	将文件传输类型设置为 ASCII(默认类型)
bell	打开/关闭铃声
binary	将文件传输类型设置为 Binary(二进制类型)
bye	断开与 FTP 的连接，并退出 FTP。等同于 quit 命令
cd ＜目录＞	在远程计算机上，切换到指定的目录
close	结束与远程服务器的 FTP 会话，并返回至命令解释器
debug	切换 debug(调试)设置。等同于-d 开关
dir	显示出 FTP 服务器上的一个目录
disconnect	断开与 FTP 的连接，但 FTP 程序仍保留在内存中
get ＜文件名＞	将 FTP 服务器上的文件复制到本机上。在用本命令之前必须先设置文件传输类型
glob	打开或关闭在文件名中使用通配符。等同于-g 开关
hash	打开或关闭 hash 标记。在打开时，每传输 2048B 数据就显示一个 #
help	帮助。显示 FTP 命令描述。等同于? 命令
lcd ＜目录＞	在本地计算机上切换目录
ls	显示 FTP 服务器上的一个紧缩形式目录
mdelete ＜文件列表＞	删除 FTP 服务器上的多个文件
mdir ＜文件列表＞	显示 FTP 服务器上的多个目录
mget ＜文件列表＞	将 FTP 服务器上的多个文件复制到本地计算机上
mkdir ＜目录＞	在 FTP 服务器上建立一个目录
mls ＜文件列表＞	显示 FTP 服务器上的多个文件或目录
mput ＜文件列表＞	将本机上的多个文件复制到 FTP 服务器上
open＜主机名或 IP 地址＞	建立与主机(FTP 服务器)的连接
prompt	打开或关闭提示信息
put ＜文件名＞	将本机上的文件复制到 FTP 服务器上。在用本命令之前必须先设置文件传输类型
pwd	显示 FTP 服务器上当前的目录名
quit	断开与 FTP 服务器的连接，退出 FTP

续表

命　令	含　义
recv ＜文件名＞	等同于 get 命令
rename 文件 1 文件 2	将 FTP 服务器上的“文件名 1”换名为“文件名 2”
rmdir 目录	删除 FTP 服务器上的一个目录
send ＜文件名＞	等同于 put 命令
status	显示 FTP 连接及各开关设置的当前状态
trace	打开或关闭分组跟踪设置。在打开状态下，显示每个分组的路由(在本机和 FTP 服务器之间的所有分组路由)
type ＜文件传输类型＞	设置文件传输类型
verbose	打开或关闭 verbose 设置。在打开状态(默认值)下，显示所有的 FTP 响应，否则不显示

5.5.4　FTP 的操作过程

第 1 步：在 FTP 提示符“FTP＞”下用 open 命令与远程 FTP 服务器建立连接。

第 2 步：在“User :”提示下输入用户名并回车。

第 3 步：在“Password:”后输入口令并回车。

第 4 步：用 dir 命令查看 FTP 服务器上的文件夹及文件目录(这一步不是必需的)。

第 5 步：用 cd 命令打开文件夹(这一步不是必需的)。

第 6 步：设置文件传输类型(ASCII 或 Binary)，默认为 ASCII。

第 7 步：用 get 命令下载文件或用 put 命令上传文件。

第 8 步：用 close 命令断开与 FTP 服务器的连接。

第 9 步：用 quit 命令退出 FTP，回到 MS-DOS 命令状态。

第 10 步：用 exit 命令退出 MS-DOS，回到 Windows 屏幕。

5.5.5　FTP 应用实例

在本例中，设 FTP 服务器的 IP 地址为 210.40.0.35，将本机上的 ASCII 文件 readme.htm 和二进制文件 tz20031205.doc 传输到 FTP 服务器上。其操作过程如下。

C:＞ftp　＜回车＞(启动 FTP 服务器)

ftp＞open 210.40.0.35　　＜回车＞(建立与主机 210.40.0.35 的连接)

Connected to 210.40.0.35.

220　wwwwcache.gzu.edu.cn FTP server (Version wu-2.6.0(1) Fri Oct 22 00:38:20 CDT 1999) ready.

User (210.40.0.35:(none)): scient　＜回车＞ (输入用户名)

331 Password required for scient.

Password：************** ＜回车＞（输入密码）

230 User scient logged in.

ftp＞ascii ＜回车＞（设置 ASCII 文件传输类型）

200 Type set to A.

ftp＞put readme. htm ＜回车＞ （将文件 readme. htm 上传至 210. 40. 0. 35）

200 PORT command successful.

150 Opening ASCII mode data connection for README. HTM.

226 Transfer complete.

ftp:578 bytes sent in 2. 04 Seconds 587000. 00Kbytes/sec.

ftp＞binary ＜回车＞（设置"二进制"文件传输类型）

200 Type set to I.

ftp＞ put tz20031203. doc ＜回车＞（将文件 tz20031203. doc 上传至 210. 40. 0. 35）

200 PORT command successful.

150 Opening BINARY mode data connection for tz20031203. doc.

226 Transfer complete.

ftp：29184 bytes sent in 28. 34 Seconds 1. 03Kbytes/sec.

ftp＞quit ＜回车＞（退出 FTP，回到 MS-DOS 方式）

C:＞exit ＜回车＞ （返回到 Windows 屏幕）

说明：在上例中，"ftp＞"为 ftp 提示符，圆括号中为注释内容；黑体为 FTP 提示，如"User:"；有下划线为用户输入信息，如"acsii"，注意，在输入用户信息时不能输入下划线；其余为系统信息。

5.5.6 匿名 FTP

在 Internet 中除了有收费的 FTP 服务器外，还有众多的免费 FTP 服务器（如微软公司的免费服务站 ftp. microsoft. com），在免费 FTP 服务器上，不需要专门的用户名和口令就可连接。这种免费的 FTP 服务器就叫作匿名 FTP 服务器，用户以匿名方式进行连接。当使用匿名 FTP 时，其用户名为 anonymous，口令为自己的电子邮件地址（在这里，允许使用假的电子邮件地址作为匿名口令）。

5.6 远程登录 Telnet

5.6.1 远程登录的概念

1. Telnet 概述

Telnet 协议是 TCP/IP 协议族中的一员，是 Internet 远程登录服务的标准协议和主要方式。它为用户提供了在本地计算机上完成远程主机工作的能力。在终端使用者的计算机上使用 Telnet 程序,用它连接到服务器。终端使用者可以在 Telnet 程序中输入命令,这些命令会在服务器上运行,就像直接在服务器的控制台上输入一样。可以在本地就能控制服务器。要开始一个 Telnet 会话,必须输入用户名和密码来登录服务器。Telnet 是常用的远程控制 Web 服务器的方法。

2. Telnet 远程登录

Telnet 远程登录是 Internet 的一种特殊服务,它是指用户使用 Telnet 命令,通过网络登录到远在异地的主机系统,把用户正在使用的终端或主机虚拟成远程主机的仿真终端,仿真终端等效于一个非智能的机器,它只负责把用户输入的每个字符传递给主机,再将主机输出的每条信息回显在屏幕上,从而使用户可以像使用本地资源一样使用远程主机上的资源。提供远程登录服务的主机一般都位于异地,但使用起来就像在身旁一样方便。

5.6.2 Telnet 协议的设置

Telnet 协议是 TCP/IP 协议族中的一员,是 Internet 远程登录服务的标准协议。应用 Telnet 协议能够把本地用户所使用的计算机变成远程主机系统的一个终端。它提供了以下三种基本服务。

Telnet 定义一个网络虚拟终端为远程系统提供一个标准接口。客户机程序不必详细了解远程系统,只需构造使用标准接口的程序;

Telnet 包括一个允许客户机和服务器协商选项的机制,而且它还提供一组标准选项;

Telnet 对称处理连接的两端,即 Telnet 不强迫客户机从键盘输入,也不强迫客户机在屏幕上显示输出。

现在来说明在 Windows 7 上添加 Telnet 服务的操作过程。

第 1 步:单击"开始"→"控制器面板"→"查看方式:类型",单击"程序"("查看方式:大图标"则单击"程序和功能")→"打开或关闭 Windows 功能",在"Windows 功能"界面勾选 Telnet 服务器和客户端,最后单击"确定"按钮等待安装,如图 5-29 所示。

第 2 步:右击"计算机",单击"管理",展开"服务和应用程序",单击"服务",右击"Telnet 服务",在其菜单栏中单击"属性",将"启动类型"设置为"自动",单击"确定"按钮完成启动类型设置。再次右击 Telnet 服务,在其菜单栏中单击"启动"完成 Telnet 服务启动,如图 5-30 所示。

5.6.3 Telnet 的应用

检验 Telnet 服务是否成功安装和启动的步骤如下。

第 1 步:在命令提示符中输入:telnet -help,如图 5-31 所示。即解决"telnet 不是内部或外部命令"。

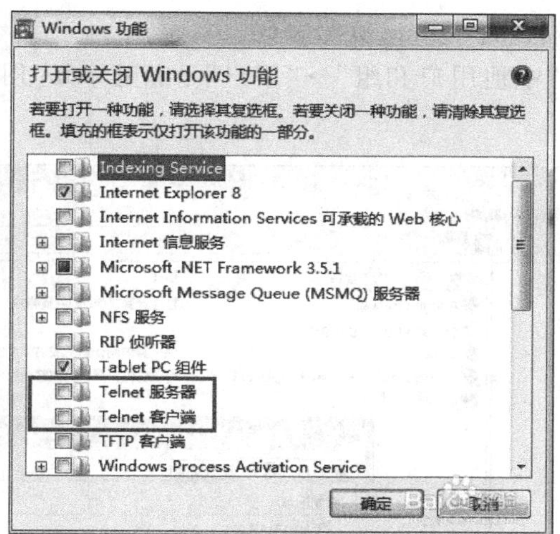

图 5-29　Windows 功能

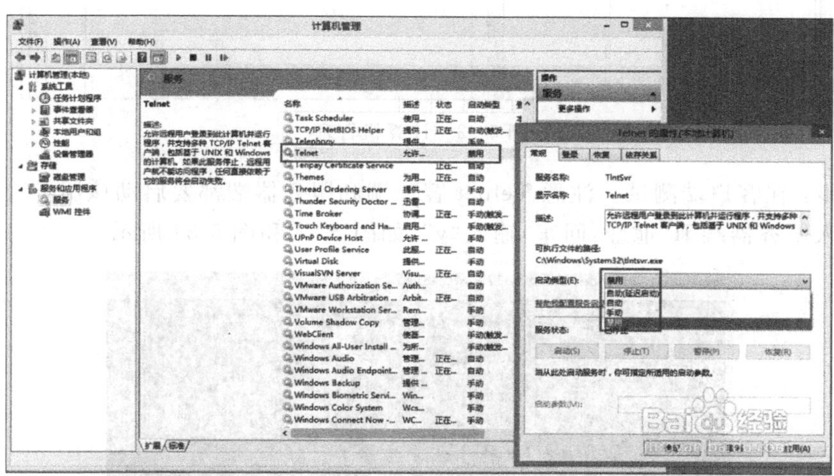

图 5-30　计算机管理

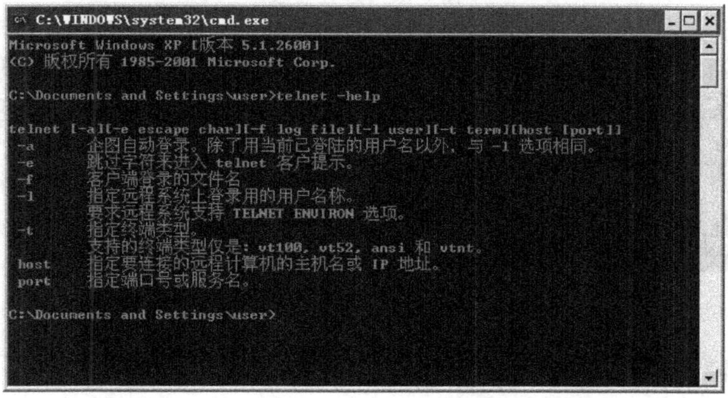

```
C:\WINDOWS\system32\cmd.exe
Microsoft Windows XP [版本 5.1.2600]
(C) 版权所有 1985-2001 Microsoft Corp.

C:\Documents and Settings\user>telnet -help

telnet [-a][-e escape char][-f log file][-l user][-t term][host [port]]
 -a       企图自动登录。除了用当前已登陆的用户名以外，与 -l 选项相同。
 -e       跳过字符来进入 telnet 客户提示。
 -f       客户端登录的文件名
 -l       指定远程系统上登录用的用户名称。
          要求远程系统支持 TELNET ENVIRON 选项。
 -t       指定终端类型。
          支持的终端类型仅是: vt100, vt52, ansi 和 vtnt。
 host     指定要连接的远程计算机的主机名或 IP 地址。
 port     指定端口号或服务名。

C:\Documents and Settings\user>
```

图 5-31　命令提示符

第 2 步：在服务器端设置 Telnet 账号密码。

在"计算机管理"→"本地用户和组"→"用户"下新建 john 用户，属于 TelnetClients 组，如图 5-32 所示。

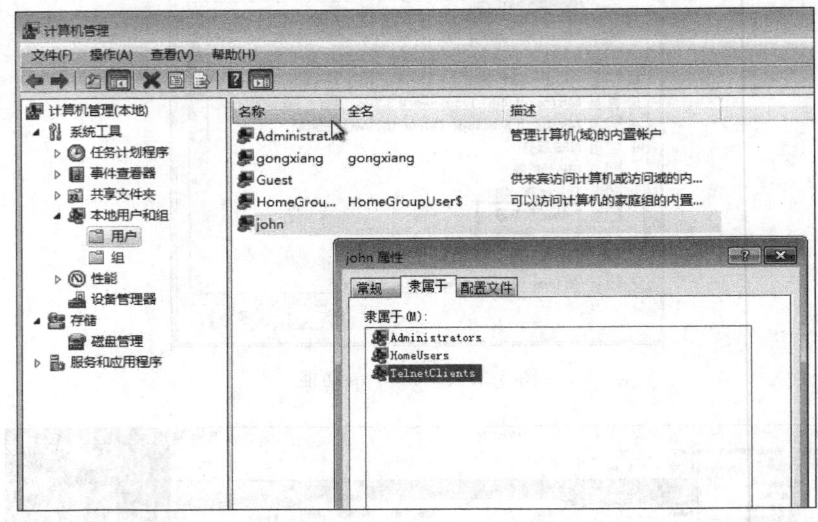

图 5-32 计算机管理

第 3 步：在客户端测试。注意 Telnet 客户端和服务器端都要启动该服务。在命令提示符里输入服务器端 IP 地址，回车，输入"y"，如图 5-33 和图 5-34 所示。

图 5-33 远程登录

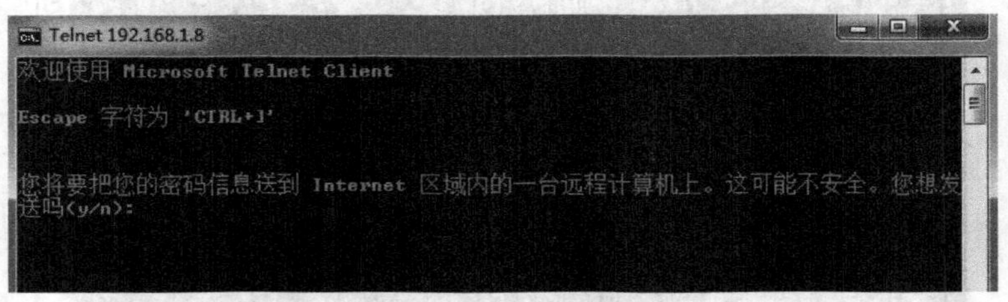

图 5-34 远程登录

第 4 步：输入刚才设置好的账号 john 和密码，如图 5-35 所示。

第 5 步：登录成功，显示 john 工作目录和内容，如图 5-36 所示。

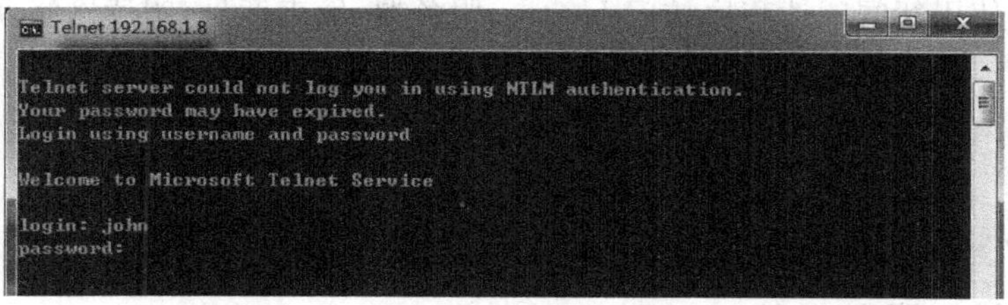

图 5-35　输入账号密码

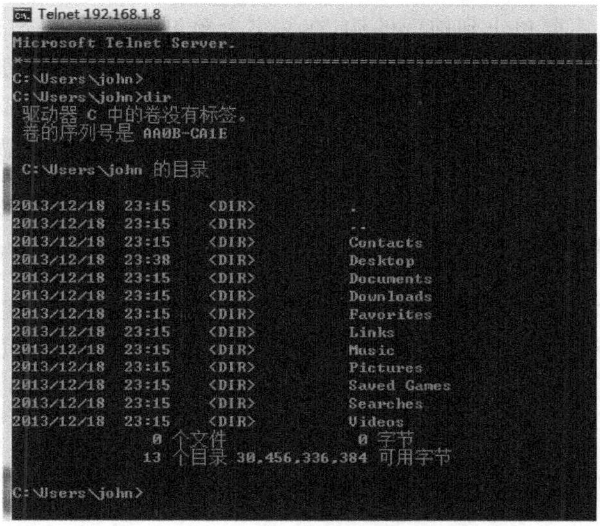

图 5-36　显示出的工作目录和内容

5.7　网络新闻组 Usenet

5.7.1　网络新闻组概述

网络新闻组(Usenet)是一种利用网络进行专题研讨的国际论坛。到目前为止，Usenet 仍是最大规模的网络新闻组，拥有数以千计的讨论组，每个讨论组都围绕某个专题展开讨论，例如哲学、数学、计算机、文学、艺术、游戏与科学幻想等，所有能想到的主题都会有相应的讨论组。

Usenet 并不是一个网络系统，知识建立在 Internet 上的逻辑组织，也是 Internet 以及其他网络系统的一种文化体现。Usenet 是自发产生的，并像一个有机体一样不断地变化着。新的新闻组不断在产生，大的新闻组可能分裂成小的新闻组，同时某些新闻组也可能会解散。Usenet 的基本组织单位是特定讨论主题的讨论组，例如，comp 是关于计算机话题的讨论组，sci 是关于自然科学各个分支话题的讨论组。

用户可以使用新闻阅读程序访问 Usenet 服务器，发表意见，阅读网络新闻。

5.7.2 新闻服务器的设置与使用

以 Windows Server 2003 服务器为例，新闻服务器的设置与使用过程如下。

1. 安装新闻服务组件

单击“开始”菜单→“控制面板”→“添加或删除程序”→“添加/删除 Windows 组件”→“应用程序服务器”(不要单击到前面的钩，在文字上单击即可，需要勾选的选项将会注明，下同)→“详细信息”→“Internet 信息服务(IIS)”→“详细信息”→勾选 NNTP Service→“确定”→“确定”→“下一步”，弹出“所需文件”对话框(此时需要 Windows Server 2003 的安装光盘，请用“浏览”的方式查找 i386 目录，打开后在“文件复制来源”处显示结果类似“C:\I386”)→“确定”→“完成”。

2. 配置新闻服务

单击“开始”→“管理工具”→“Internet 信息服务(IIS)管理器”，展开左窗格中全部目录树，右击“默认 NNTP 虚拟服务”可以“启动/停止/暂停”服务，也可以查看“默认 NNTP 虚拟服务”的属性：

(1)“常规”；

(2)“访问”；

(3)“设置”；

(4)“安全性”。

3. 新闻组的管理

1) 创建新闻组

单击“Internet 信息服务(IIS)管理器”→“默认 NNTP 虚拟服务”，右击“新闻组”→“新建”→“新闻组”，在“名称”中输入“user. school”，单击“下一步”在“描述”中输入“school life”、“昵称”中输入“校园生活”→“完成”。

2) 修改新闻组属性

在右窗格中右击刚才新建的新闻组 user. school，在“属性”中可以查看和修改相关属性选项，单击“确定”按钮。

4. 配置过期策略

新闻组上的新闻都具有时效性，超过一定时间期限后，该新闻也就失去了价值。对于这些失去价值的新闻既可以由管理员手工删除，也可以通过配置过期策略，由系统自动处理。过期策略实际上就是限制了文章在 NNTP 新闻组中存放的时间长短。过期策略既可以只应用于一个新闻组，也可以应用于任意数量的新闻组。可以根据需要定义任意一个策略。在任何情况下，总是首先删除最旧的文章。如果没有为新闻组指定过期策略，则应手动删除不再需要的文章。

右击“过期策略”→“新建”→“过期策略”，在“过期策略名称”中输入“user. school 新闻组过期策略”→“下一步”→“删除”带“ * ”的所有新闻组，然后“添加”user. school 新闻组→“下一步”→“删除早于以下时间的文章(小时)”为“168”→“完成”。

5. 网络新闻组的应用

新闻组的信息由新闻服务器发送到世界各地，可以通过设置自己的新闻服务器来接收这些信息并参与讨论。

新闻讨论组软件很多。可以用 IE 自带的 Outlook Express 来查看新闻讨论组。如图 5-37 所示，是万千新闻组的主题。

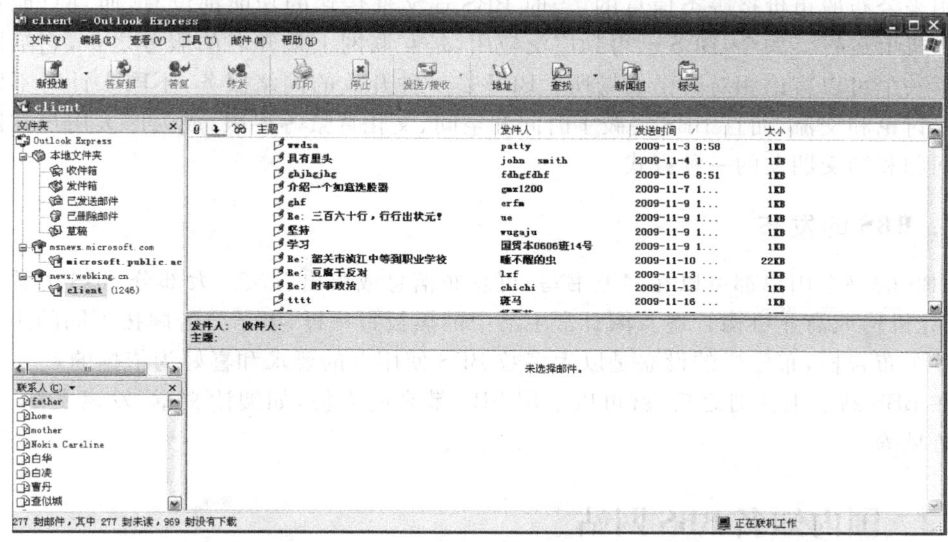

图 5-37　万千新闻组的主题

5.7.3　Usenet 资源下载

Usenet 除了新闻讨论之外，另外一个重要的功能就是下载软件和电影资源。Usenet 上面有许多文件可供下载，而且每天还在以 2800GB 的速度增加，每天增加 3.8TB 新的下载。所有的文件，包括那些正常的发言和讨论，都包括在讨论组(groups)里，所以 Usenet 又被叫作“新闻组”(Newsgroup)。每个新闻组都有一个独一无二的地址，例如 alt. binaries. dvd 或者 alt. binaries. mp3。前者可以下载 DVD 文件，后者可以下载 mp3 文件。当然，Usenet 资源不仅数量丰富而且范围很广泛，很多通过普通下载方式无法得到的资源在 Usenet 中都可以得到。

Usenet 资源下载的最大好处是速度快，而且不暴露隐私。但是大部分的 Usenet 服务都是要收费的。

当然，由于国内已经存在很多下载软件，Usenet 的存在似乎被忽略了。但是作为功能独特的 Usenet 下载仍会有它存在的意义。

5.8 电子公告板 BBS

5.8.1 BBS 概述

1. BBS 的概念

BBS 的英文全称是 Bulletin Board System，翻译为中文就是"电子公告板"。BBS 最早是用来公布股市价格等类信息的，当时 BBS 连文件传输的功能都没有，而且只能在苹果计算机上运行。如今，BBS 已得到广泛应用，是互联网上最知名的服务之一，它给网民提供了一个可以言论相对自由的场所。BBS 是一种开放的网络服务，不同人针对不同主题进行讨论和交流，而且 BBS 突破了时间和空间、文化背景等界限，成为广大用户在网上讨论问题和结交朋友的一种方式。

2. BBS 的发布

BBS 的每个用户都可以在网上书写，可发布信息或提出看法。大部分 BBS 由教育机构、研究机构或商业机构管理。像日常生活中的黑板报一样，电子公告牌按不同的主题分成很多个布告栏，布告栏的设立是以大多数 BBS 使用者的要求和喜好为依据的。

在 BBS 站点上注册之后，就可以享用 BBS 带来的方便，如阅读文章、发表文章、提出个人意见等。

5.8.2 国内知名 BBS 网站

当前，国内主要知名 BBS 网站有以下几个。

北大未名 BBS(http://bbs.pku.edu.cn/)：北大未名 BBS 创立于 2000 年，作为北京大学唯一的官方 BBS 论坛，是北大师生、校友日常交流的重要信息传播载体和信息服务形式。

北邮人论坛 BBS(http://bbs.byr.cn/index)：北邮人论坛，成立于 2003 年 9 月 26 日，创站站长为 chit 和 seasir。经过十几年的发展，已经成为北邮校内最大的信息交流平台，在北邮及周边学校中拥有较为固定的使用人群，在高校论坛里十分火爆，人气颇高。

日月光华 BBS(http://bbs.fudan.edu.cn/)：日月光华 BBS 站成立于 1996 年，目前依托于复旦大学，拥有将近 400 个版面，近 8 万个注册账号，每天最多在线人数近万人，是上海高校中最大的网站之一，在华东地区高校当中有一定的影响力。

观海听涛 BBS(http://www.ghtt.net/)：哈尔滨工业大学(威海)，高校 BBS，包含威海校区的历届 GHTTers 学习、生活、感情、思想等方方面面，并由它们点滴积存，影响了一届又一届工大校友的大学生活。

其他在线人数较多的 BBS 还有：

饮水思源(https://bbs.sjtu.edu.cn/file/bbs/index/index.htm)；

兵马俑 BBS(http://bbs.xjtu.edu.cn/)；
蓝色星空站(http://www.lsxk.org/wForum/)；
天地农大 BBS(http://www.tdnd.cn/forum.php)；
沁水青山 BBS(http://bbs.wust.edu.cn/portal.php)。

5.9 腾讯 QQ

1. QQ 概述

QQ 是深圳市腾讯计算机系统有限公司开发的一款基于 Internet 的即时通信(IM)软件。腾讯 QQ 支持在线聊天、视频电话、点对点断点续传文件、共享文件、网络硬盘、自定义面板、QQ 邮箱等多种功能，并可与移动通信终端等多种通信方式相连。用户可以使用 QQ 方便、实用、高效地和朋友联系，而这一切都是免费的。1999 年 2 月，腾讯正式推出第一个即时通信软件——“腾讯 QQ”，QQ 在线用户由 1999 年的两个人到现在已经发展到上亿用户了，在线人数超过两亿，是目前使用最广泛的聊天软件之一。

2. QQ 客户端的安装

下载 QQ 软件。单击 http://im.qq.com/页面上的“下载”按钮即可获得最新发布的 QQ 正式版本。

下载成功后，打开程序，开始安装，出现腾讯 QQ 安装向导，阅读并同意软件许可协议和青少年上网安全指导，然后继续单击“立即安装”按钮进行安装。

安装完毕后，单击“完成”按钮安装，即可登录 QQ，如图 5-38 所示。

图 5-38 登录 QQ 界面

3. QQ 用户的申请

在登录界面中，单击“注册账号”，进入注册界面，如图 5-39 所示。

在注册页面中填写个人信息，勾选“同时开通 QQ 空间”和“我已阅读并同意相关服务

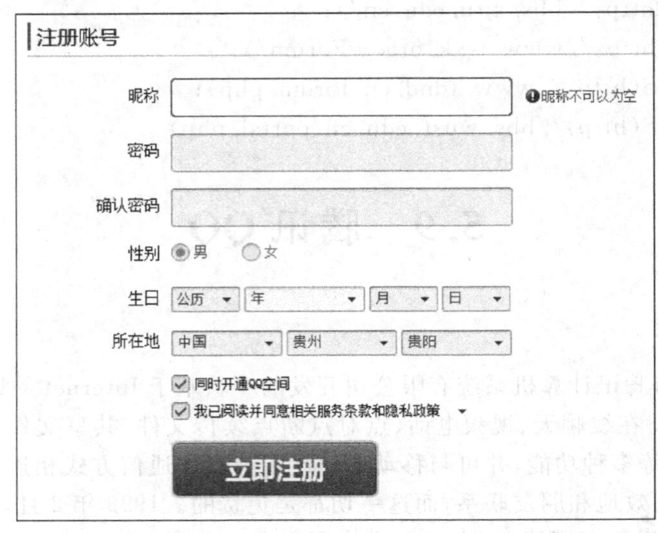

图 5-39　注册界面

条款和隐私政策”,然后单击“立即注册”按钮;注册需要短信验证,输入手机号码,单击“下一步”按钮,通过手机发送“1”至 1069070059,验证成功后,获得新的 QQ 号码,即申请成功,可登录 QQ,如图 5-40 所示。

4. QQ 用户间的通信

此时,可以通过申请的 QQ 号码和设置的密码登录 QQ 客户端,并可建立用户间的通信。由于初始登录,没有任何联系人,可以通过查找对方的 QQ 号码来加为联系人,并对联系人进行分组,如图 5-41 所示。

图 5-40　申请成功界面

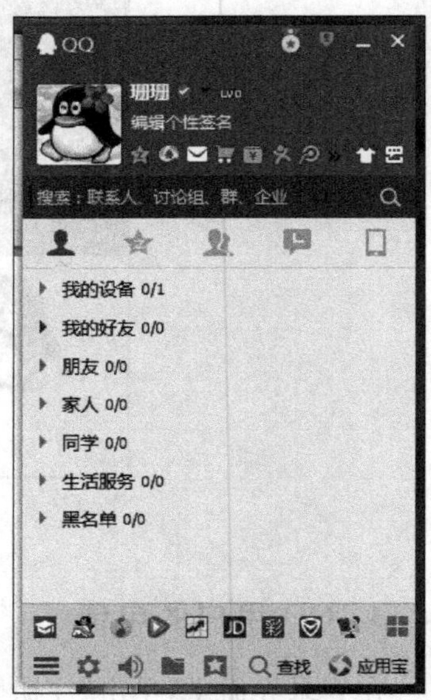

图 5-41　初始登录

至此,QQ 已建立完毕,便可通过 QQ 进行交友、聊天、传送文件、建立 QQ 空间等。

5.10 微　　信

5.10.1 微信概述

微信(WeChat)是腾讯公司于 2011 年 1 月 21 日推出的一个为智能终端提供即时通信服务的免费应用程序。微信支持跨通信运营商、跨操作系统平台通过网络快速发送免费语音短信、视频、图片和文字,同时,也可以使用通过共享流媒体内容的资料和基于位置的社交插件“摇一摇”“漂流瓶”“朋友圈”“公众平台”“语音记事本”等服务插件。

微信提供公众平台、朋友圈、消息推送等功能,用户可以通过“摇一摇”“搜索号码”“附近的人”、扫二维码方式添加好友和关注公众平台,同时微信将内容分享给好友以及将用户看到的精彩内容分享到微信朋友圈。

微信分为两种:计算机微信和手机微信。因现在的用户大多数使用的是手机微信,在这里仅介绍手机微信。

5.10.2 手机微信的安装与开通

手机微信是一款通过网络快速发送语音短信、视频、图片和文字,支持多人群聊的手机聊天软件。用户可以通过微信与好友进行形式上更加丰富的类似于短信、彩信等方式的联系。微信软件本身完全免费,使用任何功能都不会收取费用,微信时产生的上网流量费由网络运营商收取。

在这里,以使用三星手机 GT-N7012 为例,介绍手机微信的安装与开通技术。

第 1 步:微信软件下载。

在百度里输入“GT-N7012 三星手机微信开通”,得到图 5-42 所示的屏幕。

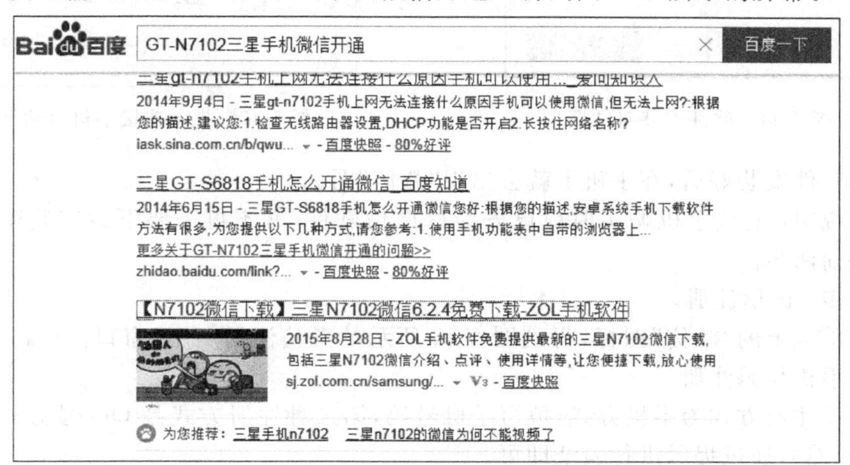

图 5-42　微信软件搜索屏幕

单击“【N7102 微信下载】”，得到图 5-43 所示的软件下载窗口。

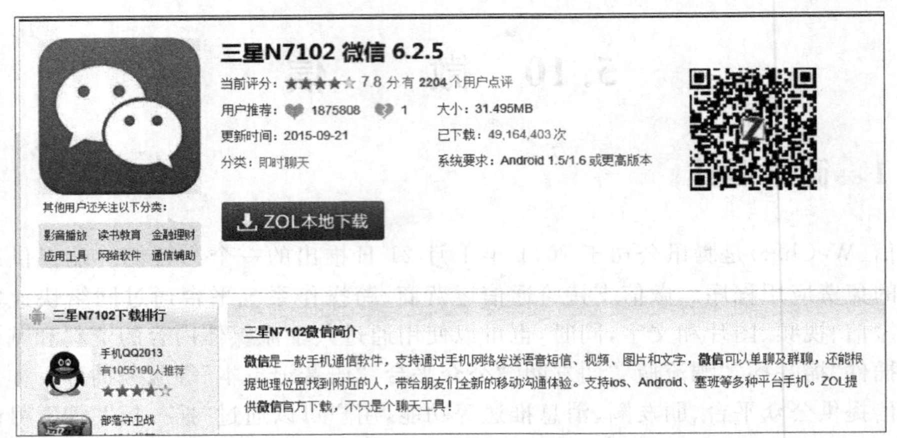

图 5-43 微信软件下载窗口

单击“ZOL 本地下载”按钮，即将微信软件下载到本机上。

第 2 步：软件安装。

准备好手机(智能手机)并用 USB 线与计算机连接好，当然，之前要开通流量，系统要兼容微信软件。

运行微信文件名，例如“weixin_621. apk”，得到图 5-44 所示的对话框，开始自动将微信软件安装到手机上。

如果此时还没有连接手机，则会有图 5-45 所示的提示对话框。

图 5-44 软件安装对话框

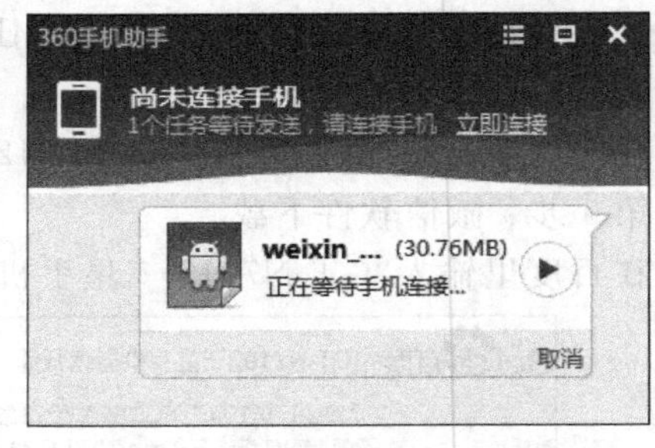

图 5-45 提示连接手机对话框

微信软件安装好后，在手机上就会出现“微信”图标。

特别说明：有些手机购买时就已安装好微信软件，就不再需要下载安装微信软件，可以省略前两步。

第 3 步：微信注册。

单击手机上的“微信”图标，得到图 5-46 所示的微信注册/登录窗口。可以使用 QQ 号码或者手机号码注册。

第一种注册方式为手机方式，填写手机号码，第二种注册方式是 QQ 号方式，要求填写 QQ 号，然后通过提示进行验证即可。

第 4 步：设置微信名字。

注册好后，设置微信名字即可，如图 5-47 所示。

设置好后，就可以进入微信主界面进行聊天了，如图 5-48 所示。

图 5-46　微信注册/登录窗口

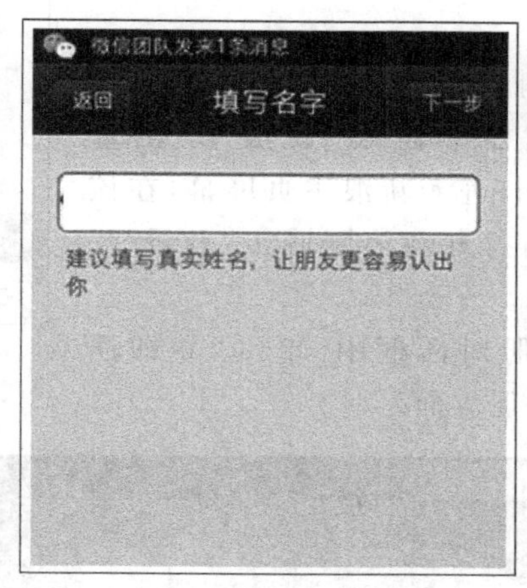

图 5-47　设置微信名字

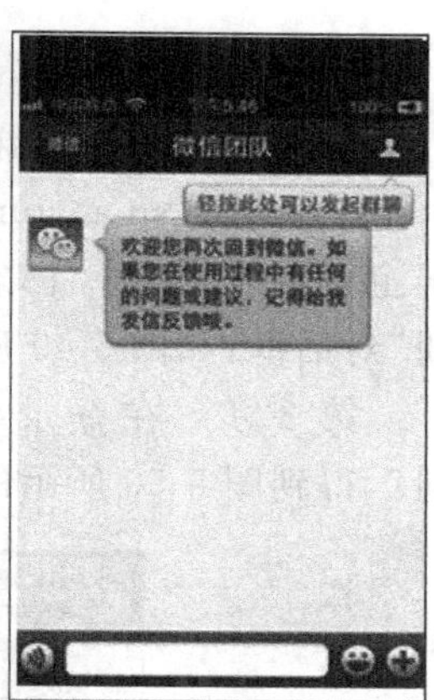

图 5-48　聊天窗口

5.11　博　　客

5.11.1　博客的概念

博客(Blog，WebLog 的缩写)，是一种由个人管理、不定期张贴新文章的个人网站。它通常是由简短且经常更新的张贴文章所构成；这些张贴的文章都按照年份和日期排列。博客的内容和目的可以有很大的不同，可以是对其他网站的超级链接和评论，有关公司、个人、构想的新闻或日记、照片、诗歌、散文，甚至科幻小说的发表或张贴都可以。博客是互联网上的一种发展潮流，是继 E-mail、BBS、ICQ(IM)之后，出现的第 4 种网络交流方式。博客其实就是一个网页，提供了个人信息能简单、方便实现网上发布的一种方式，降低了网上发布信息的门槛，使网络真正成为一个知识库和媒体库的可能性增大。

博客，既可用作名词指具有博客行为的人群，他们将其生活与网络相结合，通过网络展示自己的生活，并通过网络社区实现其价值；也可用作动词，指在博客的虚拟空间中发布文章等各种形式的过程。

一个典型的博客网站可以为用户提供免费的博客空间，每个申请博客的用户都可以用到这些空间。用户可以在这里建立一个网络日志，还可以尝试制作个人主页，并且在这个媒体人博客社区展开网络生活。

博客是个人性和公共性的结合体，其精髓不是主要表达个人思想，不是主要记录个人日常经历，而是以个人的视角，以整个互联网为视野，精选和记录自己互联网上看到的精彩内容，为他人提供帮助，使其具有更高的共享价值。

5.11.2 博客的建立技术

这里，以新浪博客为例，介绍博客的建立步骤。

第 1 步：在 IE 浏览器中输入“新浪网”网址 http://www.sina.com.cn，进入新浪主页屏幕，在该屏主页幕下，单击“博客”，打开新浪网博客“登录/注册”对话框，如图 5-49 所示。

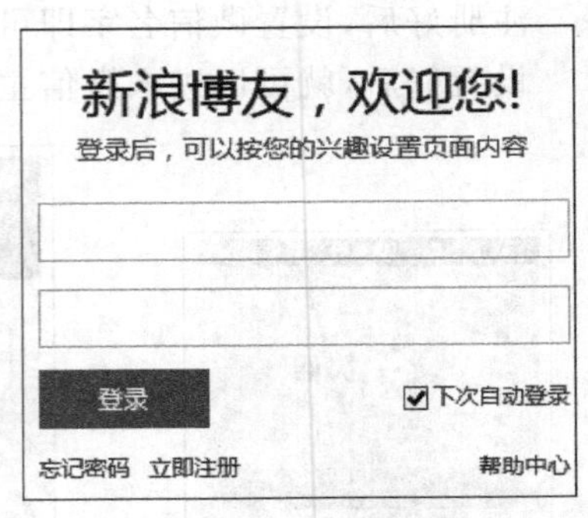

图 5-49 登录/注册对话框

第 2 步：在登录/注册对话框中，单击“立即注册”，得到图 5-50 所示的注册界面。

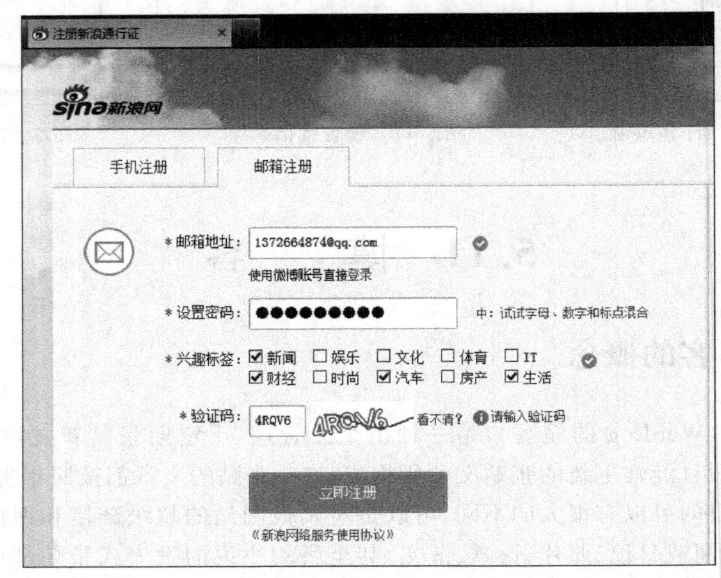

图 5-50 注册界面

从图 5-50 看出，新浪博客注册方式有两种：手机注册方式和邮箱注册方式。单击“手机注册”和“邮箱注册”标签则分别选择“手机注册方式”和“邮箱注册方式”。当前方式是邮箱注册方式。

在图 5-50 所示界面中，填入邮箱地址，并设置相应的登录密码和验证码，同时选择“兴趣标签”（兴趣标签为必选项，至少要选择一个标签）。

单击“立即注册”按钮，注册完成。

在图 5-50 所示界面中，选择“手机注册”选项卡，进入“手机注册方式”界面，如图 5-51 所示。

在图 5-51 所示界面中，填入手机号码，并设置相应的登录密码和验证码，同时选择“兴趣标签”，兴趣标签为必选项，至少要选择一个标签。

按照提示，用手机向 1069009010021 发送一条短信，短信内容为“yz”，之后单击“短信已发，立即注册”按钮，注册完成。

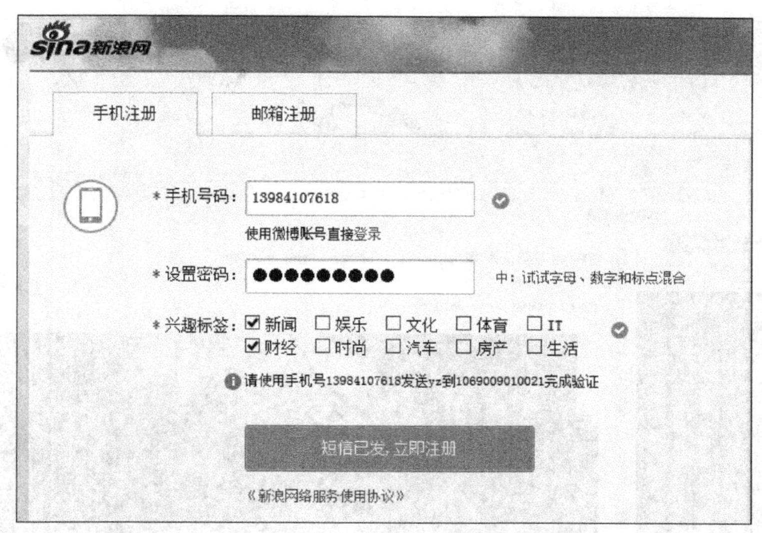

图 5-51　手机注册界面

第 3 步：登录博客。

在图 5-49 所示的界面中，输入“登录名(邮箱地址或手机号码)”和“密码”，单击“登录”按钮，即进入新浪博客界面，如图 5-52 所示。

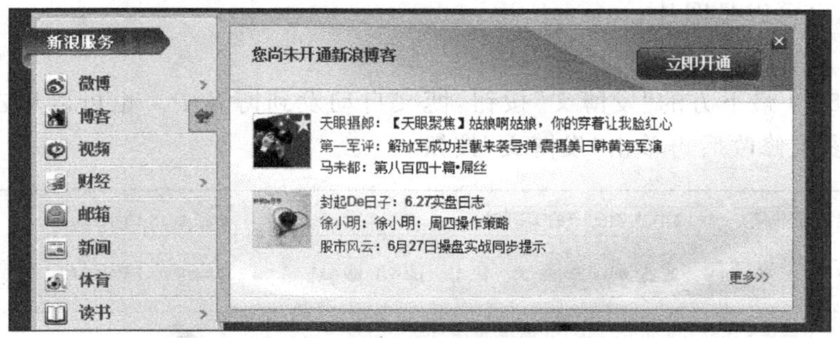

图 5-52　新浪博客界面

第 4 步：登录“微博/博客”。在图 5-52 所示的界面中，单击左边的“微博”，即进入新浪微博，若单击“博客”则进入新浪博客。

图 5-53 所示的就是一个典型的新浪博客(贵州龙的博客，即本书主编的博客，可用“http://blog.sina.com.cn/u/2279278531”进行登录)。

博客/微博建立好以后，就可按照屏幕提示使用并维护博客或微博了。

5.11.3　博客的使用技术

1. 撰写和发博文

单击图 5-53 右上角的“发博文”按钮，得到图 5-54 所示的博文撰写/发博文窗口。

图 5-53 “贵州龙的博客”主页

1）撰写博文

首先要给博文取一个名字填写到“标题”栏中，然后在博文编辑窗口中输入博文内容，可以是文字，也可以是图片。

2）发博文

单击图 5-54 最下方的“发博文”按钮，博文自动发到博客中。也可以单击“保存到草稿箱”按钮，多次修改后再单击“发博文”按钮。

图 5-54 撰写和发表博文窗口

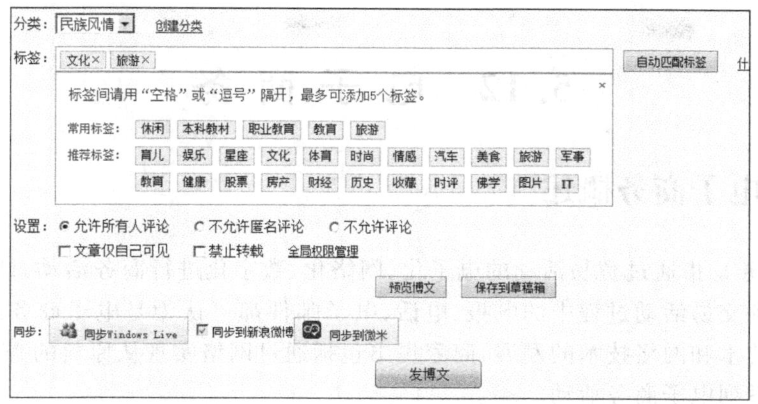

图 5-54 （续）

2. 个性化页面设置

按照个人喜好自定义个性化页面，单击图 5-53 右上角的“页面设置”，进入个性化页面设置窗口。

常规的个性化页面设置有“风格设置”“版式设置”和“组件设置”，如图 5-55～图 5-57 所示。

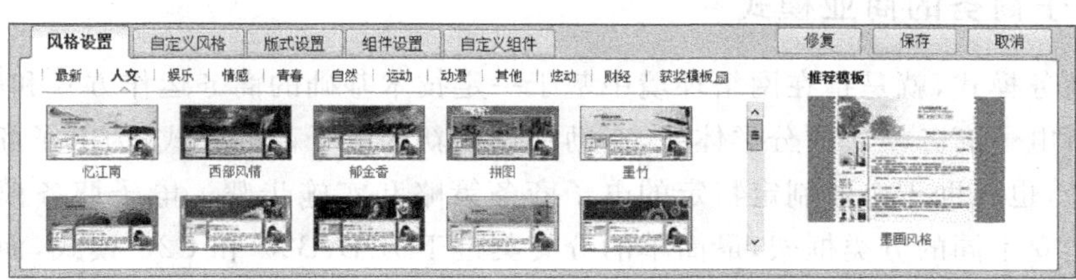

图 5-55 风格设置

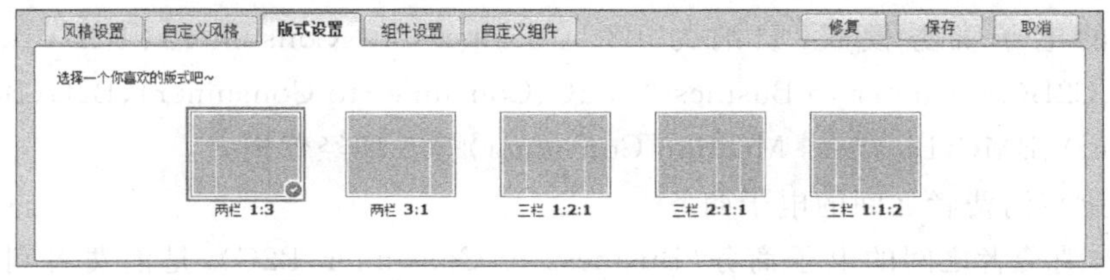

图 5-56 版式设置

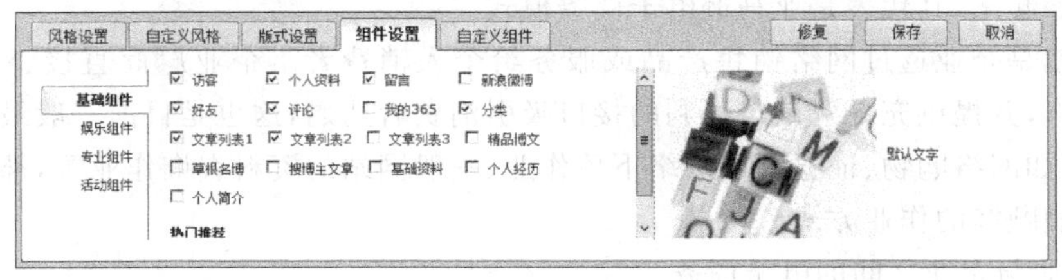

图 5-57 组件设置

5.12 电子商务

5.12.1 电子商务概述

电子商务是指通过贸易活动的电子化、网络化、数字化进行商务活动，即通过电子手段实现的商务交易活动过程中的电报、电话、电子邮件都可认为是电子商务的初级形态。随着计算机技术和网络技术的发展，商家提出包括通过网络实现从原料的查询、采购到产品演示的一系列电子商务活动。

因此，电子商务不仅是软硬件的结合，而且是买家、卖家、厂家和合作伙伴通过Internet与现有的系统紧密结合，进行商务活动。

目前，电子基础设施涵盖了电话网、数据网、传输网、接入网、Internet等方面，这是电子商务发展的重要网络基础。

5.12.2 电子商务的商业模式、赢利模式

1. 电子商务的商业模式

电子商务模式，就是指在网络环境中基于一定技术基础的商务运作方式和赢利模式。研究和分析电子商务模式的分类体系，有助于挖掘新的电子商务模式，为电子商务模式创新提供途径，也有助于企业制定特定的电子商务策略和实施步骤。电子商务模式可以从多个角度建立不同的分类框架，最简单的分类莫过于B2B、B2C和C2C模式，而且各模式还可以再次细分。

电子商务模式是指企业运用互联网开展经营取得营业收入的基本方式，传统的观点是将企业的电子商务模式，归纳为B2C(Business to Consumer)、B2B(Business to Business)、C2B(Consumer to Business)、C2C(Consumer to Consumer)、B2G(Business to Government)、BMC(Business Medium Consumer)等6种经营模式。

1）企业与消费者之间的电子商务

企业与消费者之间的电子商务(Business to Consumer，B2C)，是消费者利用因特网直接参与经济活动的形式，类似于商业电子化的零售商务。随着因特网的出现，网上销售迅速地发展起来，其代表是亚马逊电子商务模式。

B2C就是企业透过网络销售产品或服务给个人消费者。企业厂商直接将产品或服务推上网络，并提供充足资讯与便利的接口吸引消费者选购，这也是目前一般最常见的作业方式，例如网络购物、证券公司网络下单作业、一般网站的资料查询作业等，都是属于企业直接接触顾客的作业方式。

2）企业与企业之间的电子商务

企业与企业之间的电子商务(Business to Business，B2B)，是电子商务应用最多和最

受企业重视的形式，企业可以使用 Internet 或其他网络对每笔交易寻找最佳合作伙伴，完成从订购到结算的全部交易行为，其代表是阿里巴巴电子商务模式。

B2B 主要是针对企业内部以及企业(B)与上下游协力厂商(B)之间的资讯整合，并在互联网上进行的企业与企业间交易。借由企业内部网(Intranet)建构资讯流通的基础，及外部网络(Extranet)结合产业的上中下游厂商，达到供应链(SCM)的整合。因此透过 B2B 的商业模式，不仅可以简化企业内部资讯流通的成本，更可使企业与企业之间的交易流程更快速，更减少成本的耗损。

3）消费者与消费者之间的电子商务

消费者与消费者之间的电子商务(Consumer to Consumer，C2C)，就是通过为买卖双方提供一个在线交易平台，使卖方可以主动提供商品上网拍卖，而买方可以自行选择商品进行竞价，其代表是 eBay、taobao 电子商务模式。

C2C 是指消费者与消费者之间的互动交易行为，这种交易方式是多变的。例如，消费者可同在某一竞标网站或拍卖网站中，共同在线上出价而由价高者得标。或由消费者自行在网络新闻论坛或 BBS 上张贴布告以出售二手货品，甚至是新品，诸如此类因消费者间的互动而完成的交易，就是 C2C 的交易。

4）消费者与企业之间的电子商务

消费者与企业之间的电子商务(Consumer to Business，C2B)，是一种创新型的电子商务模式，不同于传统的供应商主导商品，这是通过汇聚具有相似或相同需求的消费者，形成一个特殊群体，经过集体议价，以达到消费者购买数量越多，价格相对越低的目的。

C2B 是商家通过网络搜索合适的消费者群，真正实现定制式消费。对消费者而言，是一种理想化的消费模式。

5）企业与政府之间的电子商务

企业与政府之间的电子商务涵盖了政府与企业间的各项事务，包括政府采购、税收、商检、管理条例发布，以及法规政策颁布等。政府一方面作为消费者，可以通过 Internet 发布自己的采购清单，公开、透明、高效、廉洁地完成所需物品的采购；另一方面，政府对企业宏观调控、指导规范、监督管理的职能通过网络以电子商务方式更能充分、及时地发挥。借助于网络及其他信息技术，政府职能部门能更及时全面地获取所需信息，做出正确决策，做到快速反应，能迅速、直接地将政策法规及调控信息传达于企业，起到管理与服务的作用。在电子商务中，政府还有一个重要作用，就是对电子商务的推动、管理和规范作用。

6）企业、中间监管与消费者之间的电子商务

企业、中间监管与消费者之间的电子商务模式即指 BMC 模式，是一种全新的电子商务模式。BMC 是 Business-Medium-Consumer 的缩写，率先集量贩式经营、连锁经营、人际网络、金融、传统电子商务(B2B、B2C、C2C、C2B)等传统电子商务模式优点于一身，解决了 B2B、B2C、C2C、C2B 等传统电子商务模式的发展瓶颈，是 B2M 和 M2C 的一种整合电子商务模式，即 B2M＋M2C＝BMC。

2. 电子商务的赢利模式

通过研究数以百计的电子商务项目，有充分的理由认为可以将电子商务项目的赢利

模式归结为以下三种。

1）利用已有资源

例如，某服装企业通过网络销售产品（企业产品即其资源）、某营销顾问公司通过网络提供顾问服务、门户网站利用已有的巨大流量卖广告位等。

对于这种模式的电子商务企业，只要向客户提供良好的产品（自有的资源），找到合适的销售渠道，并进行必要的宣传推广就可以了。

2）利用积累的某种资源

例如，音乐网站上的海量乐曲、中国知网上的海量学术文献、英语听力站点上的海量英文音频、讲座网上的海量视频讲座。

对于这种模式的电子商务企业，只要积累丰富的资源，建设一个良好的平台，并加大宣传推广的力度就可以取得成功。可通过提供免费服务吸引大量网民访问从而获得广告收入，也可以采取付费会员制（资源具有不易获得性时，采取付费会员制为最佳）。

3）利用汇聚起来的两种访客资源

例如，淘宝网和阿里巴巴汇聚商品的买家和卖家资源、任务中国网站汇聚劳务的买家和卖家资源、商祺软文广告联盟汇聚软文广告位的买家和卖家资源、智联招聘网汇聚求职者信息和招聘方信息资源、网络游戏汇聚众多游戏者（每一个游戏者兼具双重身份，既是玩家也是其他玩家所处游戏环境中的一个组成部分）。

对于这种模式的电子商务企业，需要建设一个优秀的平台，并通过强力的宣传推广吸引平台所面向的两种访客，通常起步阶段对两种访客都同时采取免费策略。

5.12.3 电子商务的结算系统

电子结算或电子支付系统是指电子交易的当事人，包括消费者、厂商和金融机构，使用安全电子支付手段通过网络进行的货币支付与资金流通。

电子支付的发展经历了以下几个阶段。

(1) 第一阶段：银行利用计算机处理银行间的货币汇划业务，办理汇划结算。

(2) 第二阶段：银行计算机与其他机构的计算机之间进行资金汇划结算，如代发工资，代缴水电费等。

(3) 第三阶段：银行利用自动柜员机(ATM)等网络终端向客户提供各项银行服务，如客户在ATM机上进行存取款操作。

(4) 第四阶段：银行通过销售点终端(POS)向客户提供自动的扣款服务，这也是现阶段电子支付的主要形式。

(5) 第五阶段：电子货币可以随时随地通过互联网进行直接的转账结算，以资金流的畅通来支持电子商务，这是电子支付的最新发展阶段，又称为网上支付或在线支付。

1. 电子结算手段

网上进行电子结算的主要手段有信用卡，数字现金，电子支票，智能卡，电子钱包等。

1）信用卡

信用卡是银行或金融机构发行的，授权持卡人在指定的商店或场所进行记账消费的信用凭证，是一种特殊的金融商品和金融工具。

2）数字现金支付形式

数字现金又称电子现金，是一种以数据形式流通的，能被消费者和商家接受的，通过Internet购买商品或服务时使用的货币。

电子现金是以电子方式存在的现金货币，其实质是代表价值的数字。这是一种储值型的支付工具，使用时与纸币类似，多用于小额支付，可实现脱机处理。按其载体来划分，电子现金主要包括两类：一类是币值存储在IC卡上，另一类是以数据文件存储在计算机的硬盘上。数字现金的表现形式有两类：预付卡和纯电子系统。

3）电子支票

电子支票是一种借鉴纸张支票转移支付的优点，利用数字传递将钱款从一个账户转移到另一个账户的电子付款形式。电子支票主要用于企业与企业中的大额付款。电子支票的支付一般是通过专用的网络、设备、软件及一整套的用户识别、标准报文、数据验证等规范化协议完成数据传输、从而控制安全性。支票与现金最大的区别是有明确的用途、金额等。在交易中，商家要验证支票的签发单位是否存在，支票的单位是否与购货单位一致，还要验证消费者的签名等。

4）智能卡

智能卡最早于20世纪70年代中期在法国问世。它类似于信用卡，但卡上不是磁条，而是计算机芯片和小的存储器。智能卡的应用范围是：电子支付，电子识别，数字存储。存储在智能卡上的钱是以一种加密的形式保存下来的，而且由一个口令保护，以保护智能卡解决方案的安全性。为了用智能卡支付，必须将卡引入到硬件终端设备，该设备需要一个来自发行银行的特殊密钥来启动任一方向的货币转账。

5）电子钱包

电子钱包通常也叫储值卡，是用集成电路芯片来储存电子货币并被顾客用来作为电子购物活动中常用的一种支付形式。使用电子钱包的顾客通常在银行里都是有账户的。在使用电子钱包时，将相关的应用软件安装到电子商务服务器上，利用电子钱包服务系统就可把自己的各种电子货币用于交易。

2. 电子货币

电子货币是利用银行的电子存款系统和各种电子结算系统进行金融资金转移的方式，它是计算机介入货币流通领域后产生的，是现代商品经济高度发展，要求资金快速流通的产物。

5.12.4 应用实例：支付宝与网上银行

电子商务的各种业务中，支付环节是重中之重。电子支付中各种电子货币的形式和结算系统是手段，而安全则是首要考虑的方面。

对于电子商务交易中，买卖双方在支付环节上的交易安全问题，著名的淘宝平台推出了名为“支付宝”的付款发货方式，以此来降低交易的风险。支付宝特别适用于计算机、手机、首饰及其他单价较高的物品交易或者一切希望对安全更有保障的交易。

支付宝(www.alipay.com)致力为上亿计的个人及企业用户提供安全可靠、方便快捷的网上支付和收款服务,目前是中国领先的第三方网上支付平台,拥有最大的市场份额。截至2010年6月月底,支付宝的注册用户数已超越3.5亿,每天在支付宝上完成的网上交易约有550万笔,日交易金额超过14亿元人民币。

支付宝提供的第三方信用担保服务,让买家可在确认满意所购的产品后才将款项发放给商家,降低了消费者网上购物的交易风险。支付宝与全中国逾65个金融机构以及Visa为合作伙伴,为国内超过46万家企业提供支付方案,同时提供有助全球卖家直销到中国消费者的支付方案。目前,支付宝已经跟超过三百家境外企业合作,并支持12种主要外币的支付服务。

下面是支付宝账号的注册和登录页面,支付宝首页URL地址为https://www.alipay.com,其页面如图5-58所示。

图5-58 支付宝首页

单击“立即注册”按钮,即可拥有自己的支付宝账号,如图5-59所示。

图5-59 支付宝账号注册信息

注册完毕后即可登录，登录页面如图 5-60 所示。

图 5-60　登录账号

需要提醒的是，当我们在网上进行支付宝活动时，需要有能够进行网络支付的银行卡或信用卡，这使得我们的现金流在网络上的转账成为可能。如果银行卡还不是网银客户，需要到开户银行的官方网站进行一系列的申请操作以获取网上支付的权限。

5.13　电子政务

5.13.1　电子政务概述

关于电子政务(Electronic Government，E-Government)的概念，国内外没有形成统一的表述，叫法也各异，如政府办公自动化、电子政府、数字政府、政府信息化等。随着时代的发展，电子政府的概念和内涵还在不断深化和拓展，但其基本的内涵是一样的，即“电子政务是政府机构利用网络通信与计算机等现代信息技术将其内部和外部的管理和服务职能进行无缝隙集成，在政府机构精简、工作流程优化、政府资源整合，政府部门重组后，通过政府网站大量频繁的行政管理和日常事务按照设定的程序在网上实施，从而打破时间、空间及部门分割的制约，全方位地为社会及自身提供一体化的规范、高效、优质、透明、符合国际惯例的管理和服务”。

根据上述界定，电子政务至少包括三层含义：①电子政务必须借助信息技术和数字网络技术，依赖于信息基础设施和相关软件的发展。②电子政务并不是简单地将传统政府服务进行简单网上移植，而是要对其进行组织结构重组和业务流程再造。电子政务的建设是一项复杂的系统工程，是对传统政府管理的重组、整合和创新，不仅是技术创新，而是包括管理创新、制度创新在内的社会的全面创新。③电子政务的目的是要大力利用网络通信与计算机等现代信息技术更好地履行政府职能，塑造一个更有效率、更精简、更公开、更透明的政府，为公众、企业和社会提供更好的公共服务，最终构建政府、企业、公民和社会和谐互动的关系。电子政务堪称政府管理的革命。

5.13.2 电子政务网络架构设计

电子政务以拟建立统一的网络管理中心，实现对电子政务运行管理、网络控制管理、信息交换、数据资源以及网络安全、网络设备的统一管理。实现以一个中心四个平台，即基础网络平台、系统支持平台、综合信息资源库共享平台、安全支撑平台，所构建的电子政务体系为政府机关实现门户网站与信息发布系统、办公自动化系统与公文交换系统、网上行政服务与并联审批系统、决策支持与宏观经济分析系统 5 类基础应用的整合。

在建设电子政务系统时，所利用的现代信息技术囊括计算机科学领域信息系统所涉及的众多学科，如网络技术、Web 应用服务、数据库技术等，利用它们的结合共同搭建起电子政务的网络信息平台。同时，电子政务平台数据的特殊性决定了系统要绝对的安全，因此在进行网络建构的过程中，网络安全解决方案是重要的一环。基于信息安全的电子政务架构如图 5-61 和图 5-62 所示。

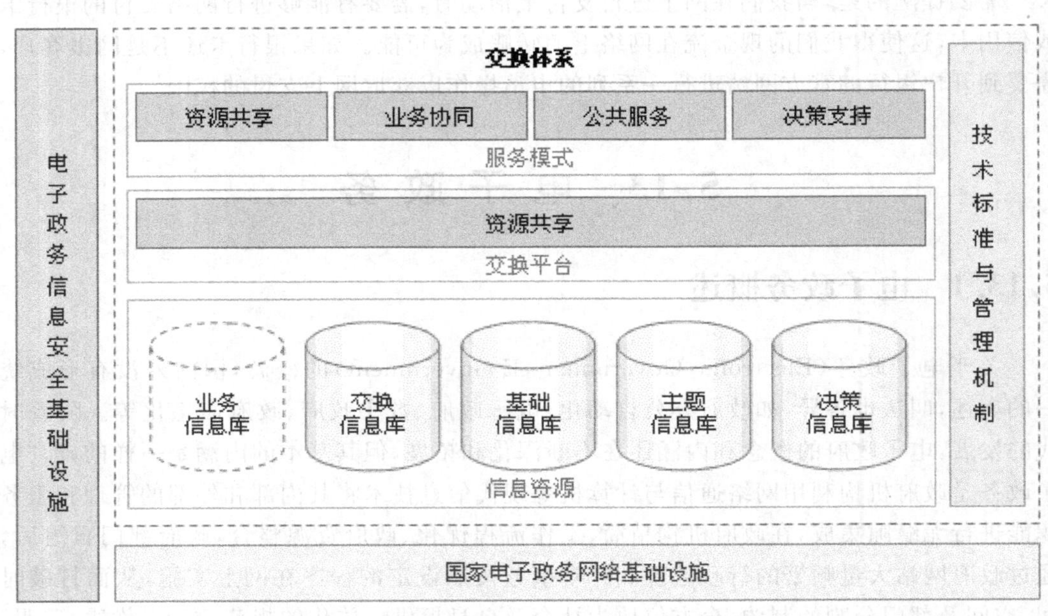

图 5-61 电子政务网络基础设施

1. 网站技术

政府网站建设案例：工商行政管理信息网——红盾网。

在我国的电子政务发展中，各国家行政职能部门或机构都建设了自己的电子政务信息平台，以国家工商行政管理总局和各省(自治区、直辖市)、市工商行政管理局为例，红盾网的实践和运行深得人心，红盾网这一电子政务平台极大地降低了工商事务管理环节上

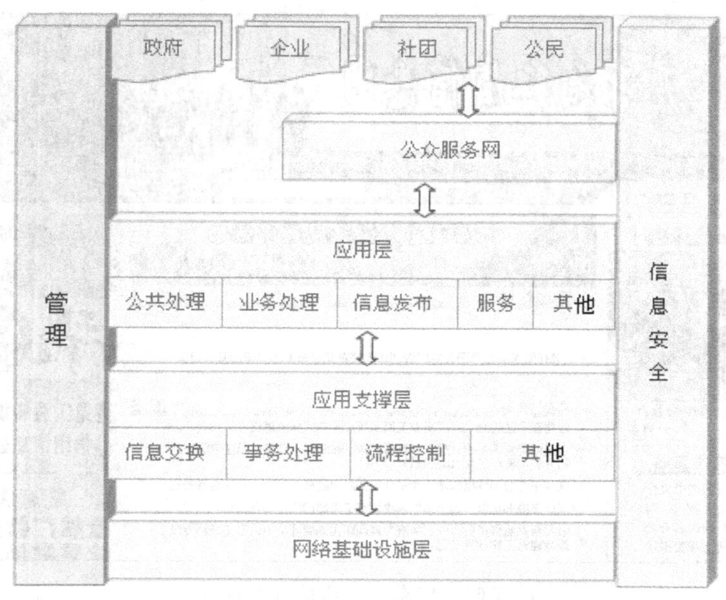

图 5-62　电子政务体系结构

的繁复和琐碎，同时，政务网站的栏目上还凸显了与群众互动沟通，合法保护消费者利益，正确引导、规范市场，学习、传达上级精神，贯彻、落实工商法律等一系列工作，收到良好的效果。

网站页面效果如图 5-63 和图 5-64 所示。

图 5-63　国家工商行政管理总局网站首页

图 5-64　广东省红盾信息网首页

2. 协同办公技术——政府“三金”工程

继美国提出信息高速公路计划之后，世界各地掀起信息高速公路建设的热潮，中国迅速做出了反应。1993 年年底，中国正式启动了国民经济信息化的起步工程——“三金工程”。所谓“三金工程”，即金桥工程、金关工程和金卡工程。“三金工程”的目标，是建设中国的“信息准高速国道”。

(1) 金桥工程：属于信息化的基础设施建设，是中国信息高速公路的主体。金桥网是国家经济信息网，它以光纤、微波、程控、卫星、无线移动等多种方式形成空、地一体的网络结构，建立起国家公用信息平台。其目标是：覆盖全国，与国务院部委专用网相联，并与 31 个省、市、自治区及 500 个中心城市、1.2 万个大中型企业、100 个计划单列的重要企业集团以及国家重点工程联接，最终形成电子信息高速公路大干线，并与全球信息高速公路互联。

(2) 金关工程：即国家经济贸易信息网络工程，可延伸到用计算机对整个国家的物资市场流动实施高效管理。它还将对外贸企业的信息系统实行联网，推广电子数据交换(EDI)业务，通过网络交换信息取代磁介质信息，消除进出口统计不及时、不准确，以及在许可证、产地证、税额、收汇结汇、出口退税等方面存在的弊端，达到减少损失，实现通关自动化，并与国际 EDI 通关业务接轨的目的。

(3) 金卡工程：即从电子货币工程起步，计划用十多年的时间，在城市三亿人口中推广普及金融交易卡，实现支付手段的革命性变化，从而跨入电子货币时代，并逐步将信用卡发展成为个人与社会的全面信息凭证，如个人身份、经历、储蓄记录、刑事记录等。

除“三金工程”外，其他信息化建设的“金字工程”还有以下几个。

(1) 金智工程：与教育科研有关的网络工程。金智工程的主体部分是“中国教育和科研计算机网示范工程”(即 CERNET),1994 年 12 月由国家计委正式批复立项实施。CERNET 由教育部主持,清华大学、北京大学、上海交通大学等 10 所高校承担建设任务,包括全国主干网、地区网和校园网三级网络层次结构,网络中心设在清华大学。金智工程的最终目的,是实现世界范围内的资源共享、科学计算、学术交流和科技合作。

(2) 金企工程:由国家经贸委所属的经济信息中心规划的“全国工业生产与流通信息系统”的简称,于 1994 年年底正式启动建设。

(3) 金税工程:与税务信息系统有关的信息网络工程。

(4) 金通工程:与交通信息系统有关的信息网络工程。

(5) 金农工程:与农业信息系统有关的信息网络工程。

(6) 金图工程:即中国图书馆计算机网络工程。

(7) 金卫工程:即中国医疗和卫生保健信息网络工程。

习　题

5.1 什么是 WWW? 什么是主页?

5.2 HTTP 的含义是什么? 其功能是什么?

5.3 目前的主流浏览器有哪几种?

5.4 目前的主流电子邮件工具有哪几种?

5.5 如何改变 IE 浏览器的系统默认开始页?

5.6 搜索引擎的功用是什么? 可分为哪几种类型?

5.7 在进行网上搜索的时候,如果要想精确地查找关键词“网络拓扑结构”,应如何操作?

5.8 什么是 FTP?

5.9 FTP 服务器分为哪两类? 它们的区别是什么?

5.10 FTP 的文件传输类型有几种? 各指哪些文件?

5.11 试述 FTP 下载文件的步骤。

5.12 NetAnts 支持多点传输功能,它最多可支持多少个链接?

5.13 试述 BBS 与 QQ 的区别。

5.14 建立一个个人博客。

5.15 试述电子商务的动作模式。

5.16 试述电子政务的主要功能。

第6章

网络体系结构

计算机网络的通信是一个非常复杂的过程，因此通信双方都应遵循一定的规则和规程。这里所说的规则和规程，就是下面要介绍的网络通信协议。

20世纪70年代中期，计算机网络技术发展到了一个新的阶段，各计算机厂家纷纷研制出了自己的网络产品，它们的体系结构各不相同。特别是由于各种网络产品的体系结构不同，使各种不同的网络产品很难互联。随着网络技术的广泛应用和发展，人们迫切需要有一套标准化的体系结构，能使各种网络产品都符合标准的规定，达到简化通信手续，便于在不同计算机上实现互联的目的。为此，国际标准化组织（简称ISO）于1978年专门设立了一个分委员会，主要研究网络结构实现标准化的问题。

6.1 网络体系结构概述

6.1.1 通信协议

通信协议就是在网络信息传输过程中，数据通信格式的约定，是在网络中规定信息怎样流动的一组规则。它包括控制格式、分时和纠错的有关内容，它的基本功能是对外来信息进行译码。协议一般成组应用在网络上，每一种协议完成一种类型的通信功能。

协议代表着标准化，它是一组规则的集合，是进行交互的双方必须遵守的约定。在网络系统中，为了保证数据通信双方能正确而自动地进行通信，针对通信过程的各种问题，制定了一整套约定，这就是网络系统的通信协议。通信协议是一套语义和语法规则，用来规定有关功能部件在通信过程的操作。通信协议一般具有如下特点。

1. 通信协议具有层次性

这是由于网络系统体系结构是有层次的，通信协议分为多个层次，在每个层次内又可以分成若干子层次，协议各层次有高低之分。

2. 通信协议具有可靠性和有效性

如果通信协议不可靠就会造成通信混乱和中断，只有通信协议有效，才能实现系统内各种资源共享。

网络协议的三要素是语法、语义和同步。

(1) 语法是数据与控制信息的结构或格式,如数据格式、编码、信号电平等。

(2) 语义是用于协调和进行差错处理的控制信息,如需要产生何种控制信息,完成何种动作,做出何种应答等。

(3) 同步(定时)是对事件实现顺序的详细说明,如速度匹配、排序等。

用通俗的话来说:“语法”规定了协议要做什么,“语义”规定怎么做,而“同步”则规定什么时间做什么。

协议只确定计算机各种规定的外部特点,不对内部的具体实现做任何规定。这同人们日常生活中的一些规定是一样的,规定只说明做什么,对怎样做一般不加以描述。计算机网络软硬件厂商在生产网络产品时,是按照协议规定的规则生产的,使生产出的产品符合协议规定的标准。但生产厂商选择什么电子元件、采用什么样的生产工艺、使用何种语言是不受约束的。

6.1.2 网络系统的体系结构

计算机网络的结构可以从网络体系结构、网络组织和网络配置等三方面来描述。网络组织是从网络的物理构成,网络实现等方面来描述计算机网络的;网络配置是从网络应用方面来描述计算机网络的布局、硬件、软件和通信线路的;网络体系结构则是从功能上来描述计算机网络结构的,网络体系结构又称网络逻辑结构。计算机网络的体系结构是抽象的,是对计算机网络通信所需要完成的功能的精确定义。而对于体系结构中所确定的功能如何实现,则是网络产品制造者遵循体系结构进行研究和实现的问题。

计算机网络系统的体系结构,类似于计算机系统多层的体系结构,它是以高度结构化的方式设计的。所谓结构化是指将一个复杂的系统分解成一个个容易处理的子问题,然后加以解决。这些子问题相对独立,又相互联系。所谓层次结构是指将一个复杂的系统设计问题划分成层次分明的一组组容易处理的子问题,各层执行自己所承担的任务。层与层之间有接口,它们为层与层之间提供了组合的通道。层次结构是结构化设计中最常用、最主要的设计方法之一。

网络体系结构是分层结构,它是网络各层及其协议的集合。实质上是将大量的、多类型的协议合理地组织起来,并按功能顺序的先后进行逻辑分割。网络体系结构的研究内容包括:如何分层,每一层应具有什么样的功能,各层之间的联系和接口是什么,对应层之间应遵守什么样的协议等。

在网络分层结构中,N 层是 $N-1$ 层的用户,同时是 $N+1$ 层的服务提供者。对 $N+1$ 层来说,$N+1$ 层的用户直接使用的是 $N+1$ 层提供的服务,而事实上 $N+1$ 层的用户(第 N 层)是通过 $N+1$ 层提供的服务享用到了 N 层内所有层的服务。

6.1.3 网络分层结构模型

(1) 真正的网络结构模型只存在于 OSI 的第一层(即物理介质传输层),因此,第一层的通信是物理通信，而其余各层之间的通信都是虚拟通信（也称为逻辑通信）。

（2）等同实体（即对等实体）之间的通信都是遵守同层协议进行的。

（3）各层之间（即相邻层实体之间）进行的通信是遵循层间协议规则进行的。

6.2 ISO/OSI 网络体系结构

任何计算机网络系统都是由一系列用户终端、计算机、具有通信处理和数据交换能力的结点（如路由器）、数据传输链路等组成的。完成计算机与计算机、用户终端的通信都要具备下述基本功能，这是任何一个计算机网络系统所具有的共性。

（1）保证存在一条有效的传输路径；

（2）进行数据链路控制、误码检测、数据重发，以保证实现数据无误码地传输；

（3）实现有效的寻址和路径选择，保证数据准确无误地到达目的地；

（4）进行同步控制，保证通信双方传输速率的匹配；

（5）对报文进行有效的分组和组合，适应缓冲容量，保证数据传输质量；

（6）进行网络用户对话管理和实现不同编码、不同控制方式的协议转换，保证各终端用户进行数据识别。

根据这些特点，OSI 组织推出了开放系统互连协议，简称 ISO/OSI 7 层结构的开放式互连参考模型（所谓开放是指系统按 OSI 标准建立的系统，能与其他按 OSI 标准建立的系统相互连接）。OSI 开放系统模型把计算机网络通信分成 7 层，即物理层、数据链路层、网络层、传输层、会话层、表示层、应用层，如图 6-1 所示。

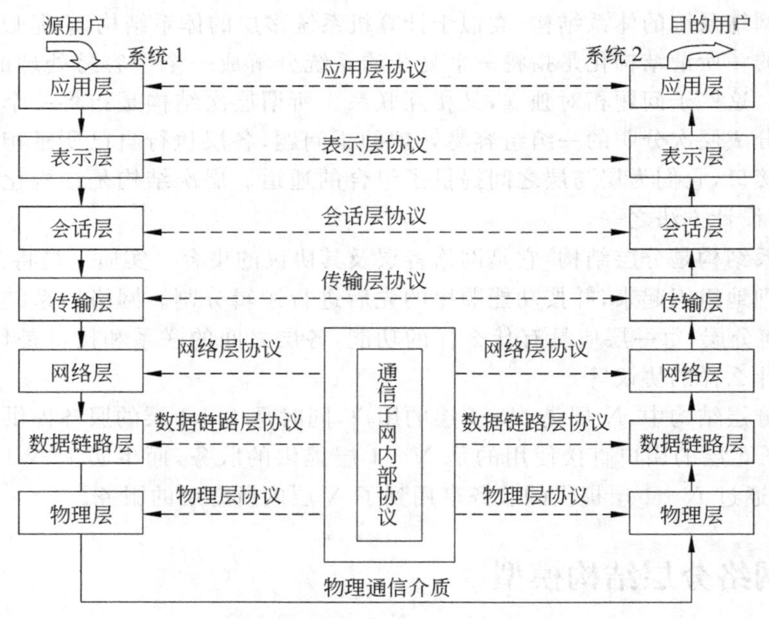

图 6-1 ISO/OSI 开放系统互连参考模型

OSI 参考模型定义了不同计算机互连标准的框架结构，得到了国际上的承认。它通过分层结构把复杂的通信过程分成了多个独立的、比较容易解决的子问题。在 OSI 模型中，下一层为上一层提供服务，而各层内部的工作与相邻层是无关的。

ISO/OSI 参考模型分层信息表示形式及协议标准如表 6-1 所示。

表 6-1　各层数据单元及协议标准集

层次	名　称	数据单元	主要协议标准
7	应用层	报文	FTP、Telnet、SMTP、SNMP
6	表示层	报文	VTP、RPC
5	会话层	报文	NetBIOS、DNA SCP、NFS、ODBC、DRDA
4	传输层	报文	TCP、UDP、ICMP、SPX
3	网络层	分组	IP、IPX
2	数据链路层	帧	PPP、IEEE、FDDI、SDLC、HDLC
1	物理层	比特	Ethernet、ARCnet、RS232C

表中，FTP：文件传输协议；

Telnet：远程登录协议；

SMTP：简单邮件传输协议；

SNMP：简单网络管理协议；

VTP：虚拟主干道协议；

RPC：远程过程调用协议；

DNS SCP：数字网络结构会话控制协议；

NFS：网络文件服务标准协议；

ODBC：开放式数据库互连协议；

DRDA：分布式关系数据库结构协议；

NetBIOS：网络基本输入/输出系统协议；

TCP：传输控制协议；

UDP：用户数据报协议；

ICMP：Internet 控制报文协议；

SPX：顺序报文分组交换协议；

IP：网间网协议；

IPX：互联网数据包交换协议；

PPP：点对点协议；

IEEE：局域网接入控制协议

FDDI：光纤分布式数据接口协议；

SDLC：同步数据链路协议；

HDLC：高级数据链路控制协议；

Ethernet：以太网协议；

ARCnet：ARC 网络控制协议；

RS232C：计算机 RS-232C 接口协议。

6.3 OSI 分层结构

6.3.1 物理层

1. 物理层的基本概念

物理层(Physical Layer)是 OSI 分层结构体系中的最底层，也是最重要、最基础的一层。它是建立在通信介质基础上的，实现设备之间的物理接口。特别要指出的是，物理层并不是指连接计算机的具体物理设备或具体传输介质，而是指在物理介质之上为上一层(数据链路层)提供传输原始比特流的物理连接。

ISO/OSI 模型对物理层的定义为：在物理信道实体之间合理地通过中间系统，为比特传输所需的物理连接的激活、保持和激活提供机械的、电气的、功能特性和规程特性的手段。激活就是建立，当发送端要发送一个比特时，在接收端要做好接收该比特的准备，准备好接收该比特所需的必要资源，如缓冲区。当发送端发送完比特流后，接收端要释放为接收比特流而准备和占用的资源。

物理层是利用物理的、电气的、功能和规程特性在 DTE(数据终端设备)和 DCE(数据通信设备)之间实现对物理信道的建立、保持和拆除功能。其中，DTE 指的是数据终端设备，是对所有联网的用户设备或工作站的通称，如数据输入输出设备、通信处理机、计算机等。DTE 既是信源，又是信宿，它具有根据协议控制数据通信的功能。DCE 指的是数据电路端接设备或数据通信(传输)设备，如调制解调器，自动呼叫应答机等。

物理层协议是为了把信号由一方经过物理介质传到另一方，物理层所关心的是如何把通信双方连起来，为数据链路层实现无差错的数据传输创造环境。物理层不负责传输的检错和纠错任务，检错和纠错工作由数据链路层完成。物理层协议规定了为此目的进行建立、维持与拆除物理信道有关的特性。这些特性分别是物理特性(机械特性)、电气特性、功能特性和规程特性。

2. 物理层的基本功能

(1) 实现实体之间的按位传输。保证按位传输的正确性，并向数据链路层提供一个透明的位流传输。即将原始比特流从一台计算机传送到另一台计算机。

(2) 在数据终端设备、数据通信和数据交换设备之间完成对数据链路的建立、保持和拆除操作。

物理层涉及的参数有信号电平、比特宽度、通信方式(单工、半双工、全双工)。

3. 物理层连接的网络连接设备

网卡、中继器、光纤收发器及调制解调器是连接在物理层的网络连接设备。

6.3.2 数据链路层

1. 数据链路层的基本概念

物理层是通过通信介质，实现实体之间链路的建立、维护和拆除，形成物理连接。物理层只是接收和发送一串比特位信息，不考虑信息的意义和信息的结构。物理层不能解决真正的数据传输与控制，如异常情况处理、差错控制与恢复、信息格式、协调通信等。为了进行真正有效的、可靠的数据传输，就需要对传输操作进行严格的控制和管理，这就是数据链路传输控制规程，也就是数据链路层协议。数据链路层协议是建立在物理层基础上的，通过一些数据链路层协议，在不太可靠的物理链路上实现可靠的数据传输。

2. 数据链路层的基本功能

数据链路层的功能包括：检测和纠正由物理层提供的原始比特流中的差错，为网络层提供设计良好的链路层服务接口，即将网络层提供的比特流组合成帧传送给网络层。

由于系统中所传输的数据是任意模式的二进制位，所以数据链路层的功能就是实现实体间二进制信息块的正确传输，通过必要的同步控制、差错控制、流量控制，为网络层提供可靠、无差错的数据信号。

在数据链路层将分组信息以“帧”为基本单位进行传输。数据链路层的主要功能如下。

(1) 帧同步。帧同步是指接收方应当从收到的比特流中准确地区分帧的起始与终止。

(2) 链路管理。链路管理就是数据链路层连接的建立、维持和释放操作。

(3) 差错控制。常用的差错控制有两种，一种是向前纠错，另一种是检错重发。向前纠错是接收方收到有差错信息时，能够自动将其错误纠正过来。检错重发是接收方发现错误信息后，要求发送方将出错的信息帧重新发一次。

(4) 流量控制。在数据传输过程中，如果对信息流量控制不好就会产生严重的数据过载、阻塞和死锁现象，造成数据不能正常传输。对数据传输加以流量控制，即可防止在数据传输过程中的数据过载、阻塞和死锁现象的发生。

(5) 透明传输。在数据链路层中，对所传输的数据无论它们是由什么样的比特组合起来的，在数据链路上都应该能够正确地传输，这就叫作透明传输。

(6) 识别数据和控制。在多数情况下数据和控制信息处于同一帧中，并且它们由同一通信信道传输，因此要有使接收方能将它们区分开来的方法和措施。

(7) 寻址。在多点连接进行数据传输时，要保证每一帧数据送到指定的地方，接收方要能知道数据的发送方是谁，这就需要系统具有寻址功能。

(8) 通信控制规程。通信控制规程又称传输控制规程。它是为实现传输控制所制定的一些规格和顺序。数据通信过程包括 5 个阶段：线路连接、确定发送关系、数据传输、传输结束、拆除线路。

3. 数据链路层连接的网络连接设备

网桥、网关及二层交换机是连接在数据链路层上的网络连接设备。

6.3.3 网络层

1. 网络层基本概述

网络层(Network Layer)也称通信子网层。网络层是通信子网的最高层,是高层与低层协议之间的接口层。网络层用于控制通信子网的操作,是通信子网与资源子网的接口。网络层关系到通信子网的运行控制,体现了网络应用环境中资源子网访问通信子网的方式。

两台主计算机之间的通信是非常复杂的。它们之间通常包括许多段链路,这些链路构成了两台计算机的通信通路。数据链路层研究和解决的问题是两个相邻的结点之间的通信问题,实现的任务是在两个相邻结点间透明的无差错的帧信息传送。

2. 网络层的基本功能

网络层的主要功能就是实现整个网络系统内连接,为传输层提供整个网络范围内两个终端用户之间数据传输的通路。网络层所研究和解决的问题如下。

(1) 为上一层(数据链路层)传输层提供服务。

(2) 路径选择。路径选择又称为路由选择,它解决的问题是在具有许多结点的广域网中,通过哪一条或哪几条通路能将数据从信源主计算机传送到信宿主计算机中。

(3) 流量控制。数据链路层的流量控制是针对数据链路相邻结点进行的。网络层的流量控制是对整个通信子网内的流量进行控制,是对进入分组交换网的通信量进行控制。流量控制的主要目的是避免发方快发而收方慢收时发生信息淹没而导致丢失信息的恶果,同时也是防止线路拥塞的有效措施。

(4) 连接的建立、保持和终止。网络层实现在通信子网内把报文分组从信源结点送到信宿结点。网络层所提供的服务有两个大类:面向连接的网络服务和无连接的网络服务。所谓连接是两个对等实体为进行数据通信而进行的一种结合。

3. 网络层连接的网络连接设备

路由器、三层交换机是连接在网络层的网络连接设备。

6.3.4 传输层

1. 传输层的基本概念

传输层(Transport Layer)又称运输层,是建立在网络层和会话层之间的一个层次。实质上它是网络体系结构中高低层之间衔接的一个接口层。传输层不仅是一个单独的结构层，而是整个分层体系协议的核心，没有传输层整个分层协议就没有意义。

从不同的观点来看传输层，传输层可以被划入高层，也可以被划入低层。如果从面向通信和面向信息处理的角度看，传输层属于面向通信的低层中的最高层，属于低层。如果从网络功能和用户功能的角度看，传输层则属于用户功能的高层中的最低层，属于高层。

2. 传输层的基本功能

从前述物理层、数据链路层和网络层的作用中可知：物理层是在各链路上透明地传送比特流；数据链路层使得相邻结点所构成的不太可靠的链路能够传输无差错的帧；而网络层是在链路层的基础上提供路由选择、流量控制、防止阻塞和死锁现象的产生，并提供网络互联服务功能。

对通信子网的用户来说，希望得到的是端到端的可靠通信服务。通过传输层的服务来弥补各通信子网提供的有差异和有缺陷的服务。通过传输层的服务，增加服务功能，使通信子网对两端的用户都变成透明的。也就是说传输层对高层用户来说，它屏蔽了下面通信子网的细节，使高层用户看不见实现通信功能的物理链路是什么，看不见数据链路的规程是什么，看不见下层有多少个通信子网和通信子网是如何连接起来的。传输层使高层用户感觉到好像是在两个传输层实体之间有一条端到端的可靠通信通路。

简言之，传输层的功能就是在网络层的基础上，完成端对端的差错纠正和流量控制，并实现两个终端系统间传送的分组无差错、无丢失、无重复且分组顺序无误。

6.3.5 会话层

1. 会话层的基本概念

会话层(Session Layer)又称会晤层，其服务就如两个人进行对话。会话层可以看成是用户与网络之间的接口，其基本任务是负责两主机之间的原始报文的传输。通过会话层提供的一个面向用户的连接服务，为合作的会话层用户之间的对话和活动提供组织和同步所必需的手段，并对数据的传输进行控制和管理。

会话是提供建立连接并有序传输数据的一种方法，在 OSI 体系结构中，会话可以使一个远程终端登录到远地计算机上，并进行文件传输或进行其他的应用。

2. 会话层的基本功能

会话层提供的主要功能有会话连接管理和会话交换两大部分。

会话连接管理使一个应用层的进程在一个完整的活动中，通过表示层提供的服务，与对等应用进程建立和维持一条畅通的通信信道。

会话数据交换服务为两个进行通信的应用进程提供在信道上交换对话的单元手段。对话单元是一个活动中数据的基本交换单元。

除此之外，会话层还提供下述功能。

(1) 隔离服务；

(2) 交互管理服务；

(3) 会话连接服务；

(4) 异常报告服务。

6.3.6 表示层

1. 表示层的基本概念

表示层(Presentation Layer)向上对应用层服务，向下接受来自会话层的服务。表示层为在应用过程之间传送的信息提供表示方法的服务，它只关心信息发出的语法和语义。

表示层为应用层提供的服务有三项内容：语法转换、语法选择和连接管理。

(1) 语法转换：语法转换涉及代码转换和字符集的转换，数据格式的修改、数据结构操作的适配、数据压缩、数据加密等。

(2) 语法选择：语法选择是提供初始选择的一种语法和随后修改这种选择的手段。

(3) 连接管理：利用会话层提供的服务建立表示连接，管理在这一连接之上的数据运输和同步控制，以及正常或非正常地终止连接。

2. 表示层的基本功能

(1) 网络的安全和保密管理；

(2) 文本的压缩与打包；

(3) 虚拟终端协议(VTP)。

6.3.7 应用层

1. 应用层的基本概念

应用层(Application Layer)中包含若干个独立的、用户通用的服务协议模块。网络应用层是 OSI 的最高层，为网络用户之间的通信提供专用的应用程序(如 WWW、FTP、Telnet 等)。应用层的主要内容取决于用户的各自需要，这一层涉及的主要内容有：分布数据库、分布计算技术、网络操作系统和分布操作系统、远程文件传输、电子邮件、终端电话及远程作业录入与控制等。

应用层是直接面向用户的一层协议，用户的通信内容要由应用进程解决，这就要求应用层采取不同的应用协议来解决不同类型的应用要求，并且保证不同类型的应用所采取的低层通信协议是一样的。

2. 应用层的基本功能

应用层的作用不是把各种应用进行标准化，而是把应用进程经常使用到的应用层服务、功能及实现这些功能所要求的协议进行标准化。换句话说，应用层是直接为用户的应用进程提供服务的。

6.4 TCP/IP 协议

6.4.1 TCP/IP 体系结构

TCP/IP 协议又称为 TCP/IP 模型，是 Internet 的协议族，也是一种分层的结构，共分为 4 层：网络接口层(Network Interface Layer)、互联网层(Internet Layer)、传输层(Transport Layer)和应用层(Application Layer)。其中，网络接口层对应于 OSI 模型的第 1 层(物理层)和第 2 层(数据链路层)，互联网层对应于 OSI 模型的第 3 层(网络层)，传输层对应于 OSI 模型的第 4 层(传输层)，应用层对应于 OSI 模型的第 5 层(会话层)、第 6 层(表示层)和第 7 层(应用层)。其对应关系如图 6-2 所示。

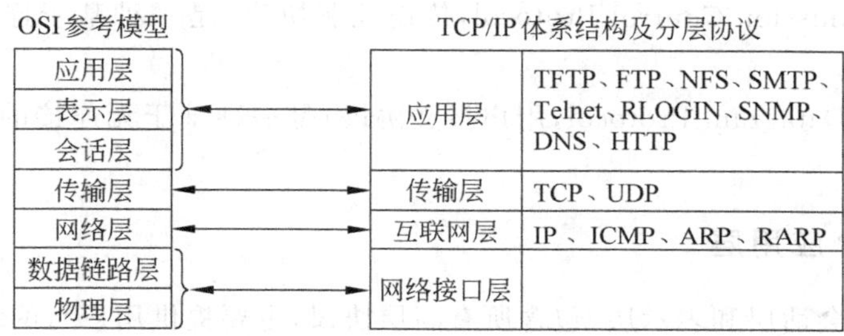

图 6-2　OSI 参考模型与 TCP/IP 协议对应关系

6.4.2 TCP/IP 协议

1. TCP/IP 网络接口层

网络接口层提供 TCP/IP 协议与各种物理网络的接口，提供数据包的传送和校验，并为上一层(互联网层)提供服务。

由于 TCP/IP 网络接口层完全对应于 OSI 模型的物理层和数据链路层，因此，其协议也与 OSI 的最低两层协议基本相同。

2. TCP/IP 互联网层

互联网层又称网间网层。网络接口层只提供简单的数据流传送任务，而不负责数据的校验和处理，这些工作正是互联网层的主要任务。

互联网层最主要的协议是 IP 协议，其主要功能如下。

(1) 管理 IP 地址；

(2) 路由选择；

(3) 数据包的分片与重组。

互联网层的主要协议有以下几个。

IP(Internet Protocol,网间网协议)为其上层(传输层)提供互联网络服务,并提供主机与主机之间的数据报服务。

ICMP(Internet Control Message Protocol,控制报文协议)提供控制和传递消息的功能。

ARP(Address Resolution Protocol,地址解析协议)将已知的 IP 地址映射到相应的 MAC 地址。

RARP(Reverse Address Resolution Protocol,反向地址解析协议)将已知的 MAC 地址映射到相应的 IP 地址。

3. TCP/IP 传输层

传输层中的 TCP 提供了一种可靠的传输方式,解决了 IP 协议的不安全因素,为数据包正确、安全地到达目的地提供可靠的保障。

传输层的主要协议有以下两个。

TCP(Transmission Control Protocol,传输控制协议)是一种基于连接、可靠的字节流传输控制协议。

UDP(User Datagram Protocol,用户报文协议)是一种基于无连接的、不可靠的报文传输协议。

4. TCP/IP 应用层

应用层包含会话层和表示层,包含所有高层协议,主要提供用户与网络的应用接口以及数据的表示形式。

应用层的主要协议有以下几个。

1) 简单文件传输协议

TFTP(Trivial File Transfer Protocol,一般的文件传输协议)用以实现简单的文件传输。

FTP(File Transfer Protocol,文件传输协议)用以实现主机之间的文件传输。

NFS(Network File Standard,网络文件服务标准协议)。

2) 电子邮件协议

SMTP(Simple Mail Transfer Protocol,简单邮件传输协议)提供主机之间的电子邮件传输服务。

3) 远程登录协议

Telnet(Telecommunication Network,远程登录协议)用以实现远程登录,即提供终端到主机交互式访问的虚拟终端访问服务。

RLOGIN(Remote Login,远程注册协议)用以对远程主机进行登录。

4) 网络管理协议

SNMP(Simple Network Management Protocol,简单网络管理协议)用以监测连接到网络上的设备的运行状态。

5) 域名管理协议

DNS(Domain Name Service,域名地址服务协议)用以提供域名和 IP 地址间的转换服务。

6）超文本传输协议

HTTP(Hyper Text Transfer Protocol，超文本传输协议)用于对Web网页进行浏览。

习　　题

6.1　网络体系结构是什么？

6.2　什么是网络协议？

6.3　网络协议的主要特点是什么？

6.4　网络协议的三要素是什么？

6.5　TCP和IP各自的含义是什么？

6.6　ISO/OSI的含义是什么？

6.7　简述物理层、数据链路层和网络层的基本功能及这三层之间的联系。

6.8　网卡、调制解调器、路由器各应连接在OSI模型的第几层？

6.9　TCP/IP的体系结构共有几层？它的每一层与OSI模型的对应关系是什么？

6.10　在网络通信中，为什么要进行流量控制？

6.11　网络分层结构给网络通信带来了极高的效率，是不是网络分层越多越好？为什么？

6.12　简述OSI 7层协议的功能。

第7章

网络通信技术

7.1 数据通信

7.1.1 数据通信的基本概念

1. 通信

将信息从一个地方传送到另一个地方的过程称为通信。用以实现通信过程的系统称为通信系统。通信系统的三要素是信源、通信介质、信宿，如图 7-1 所示。

信源 → 通信介质 → 信宿

图 7-1 通信过程的三要素示意图

2. 通信系统的基本构成

通信系统的构成是在图 7-1 的基础上增加了信号转换器，如图 7-2 所示。

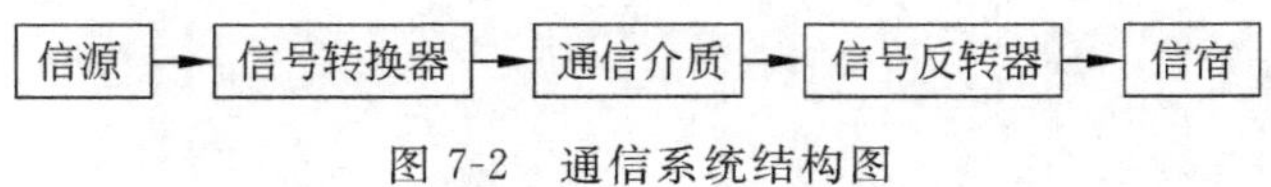

图 7-2 通信系统结构图

7.1.2 数据通信过程

数据从信源端发出到数据信宿端接收的整个过程称为通信过程。

数据通信过程通常分为以下 5 个基本阶段。

(1) 建立通信链路；

(2) 建立数据传输链路；

(3) 传输数据及控制信号；

(4) 数据传输结束；

（5）通信结束，断开通信线路。

7.1.3 模拟通信系统和数字通信系统

在通信过程中，采用离散的电信号表示的数据称为数字数据，而采用连续电信号表示的数据称为模拟数据。

1. 模拟通信系统

在数据通信系统中，两台数据终端设备之间的传输信号为模拟信号的通信系统称为模拟通信系统。典型的模拟通信系统是以电话线为传输介质的通信系统，如图 7-3 所示。

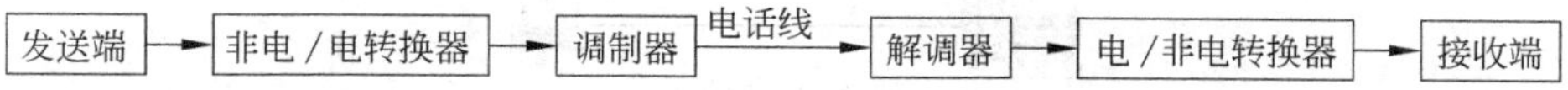

发送端 → 非电/电转换器 → 调制器 —电话线→ 解调器 → 电/非电转换器 → 接收端

图 7-3　模拟通信系统结构图

2. 数字通信系统

数字通信系统是数据通信系统中处于数据终端设备（DTC）之间的信号为数字信号的通信系统。

数字通信系统的通信模型有 4 种：第一种情况是，收发双方都是数字信号，在这种情况下不需要转换就可直接进行传输，如图 7-4(a)所示。第二种情况是，收发双方都是模拟信号，发送方要进行 A/D(即模/数）转换，而接收方要进行 D/A（即数/模）转换，如图 7-4(b)所示。第三种情况是，发送方是模拟信号而接收方是数字信号，只需在发送方进行（A/D）转换即可，如图 7-4(c)所示。第四种情况是，发送方是数字信号，而接收方是模拟信号，发送方不用转换而直接发送，但在接收方要进行（D/A）转换，如图 7-4(d)所示。

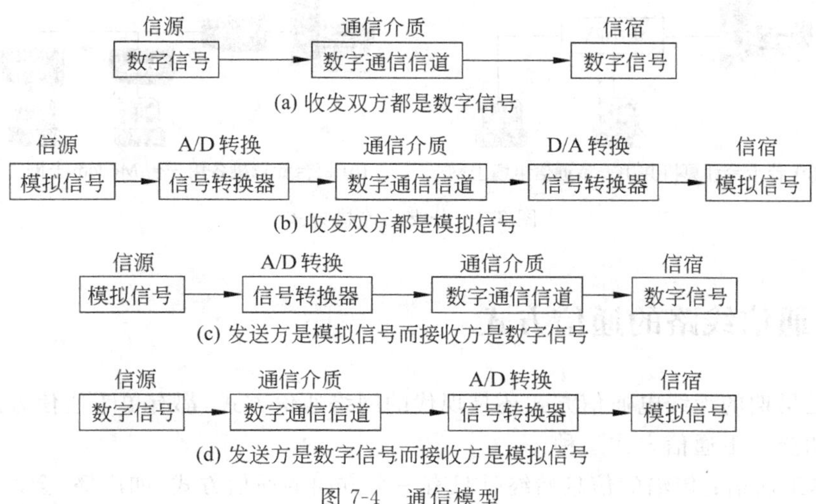

图 7-4　通信模型

数字通信系统的特点如下。

(1) 模拟通信系统通过信道的信号频谱较窄,抗干扰能力差。

(2) 数据通信系统通过信道的信号频谱较宽,抗干扰性强,是数据通信中普遍采用的通信方式。

7.1.4 通信线路的连接方式

1. 点对点的连接

点对点的连接分为两种:其一是两台计算机直接相连,如图 7-5(a)所示;其二是通过 Modem 连接,如图 7-5(b)所示。

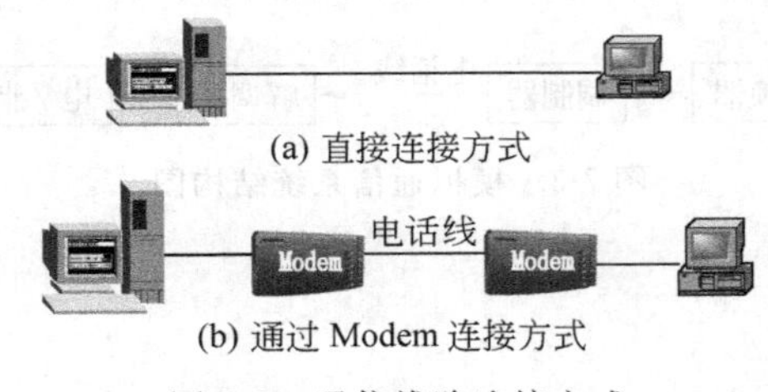

图 7-5 通信线路连接方式

2. 分支式连接

分支式连接是一条通信线路(通常使用的是电话线)连接两个以上终端结点进行通信的方式。

第一种连接方式是通过集中器与多台主机相连,如图 7-6(a)所示;第二种连接方式是通过 Modem 与多台主机相连,如图 7-6(b)所示。

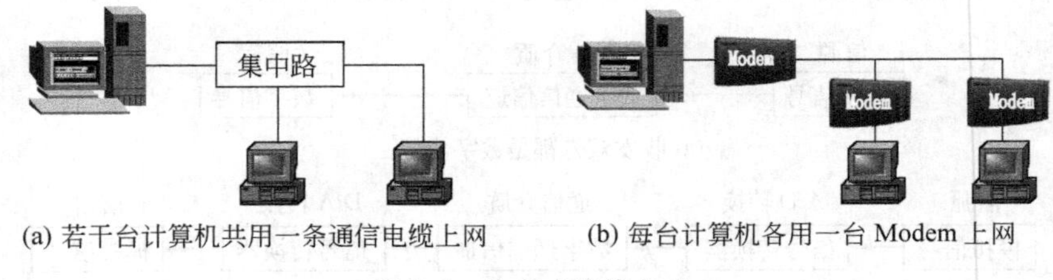

图 7-6 分支式连接方式

7.1.5 通信线路的通信方式

无论是早期的无线电通信方式还是现代的网络通信方式,都有单工通信方式、半双工通信方式和全双工通信方式三种。

(1) 单工通信:传输的信息始终是只有一个方向的通信方式,如广播、会议通知等。

(2) 半双工通信:通信双方都可收发信息,但同一时刻只能有一方传输信息。当一方在传输信息时,另一方只能接收信息,如对讲机、基带以太网络的信息交换等。

(3) 全双工通信：两个端点可以同时进行收发信息，如电话机、实时聊天等。

7.1.6 数据传输方式

数据传输方式有两种，并行数据传输方式及串行数据传输方式。

(1) 并行数据传输方式：速度快，可同时传 8 位、16 位或 24 位，但成本高，只适用于短距离传输。

(2) 串行数据传输方式：只能一位一位地传输，速度慢，但成本低，普遍用于网络远距离通信。

并行数据传输一般只应用于计算机内部及其外围设备(如打印机、移动磁盘)的连接，串行数据传输一般应用于计算机与计算机之间的远程连接。

7.2 数据传输技术

7.2.1 基带传输与频带传输

1. 基带传输

基带是指调制前原始信号所占用的频带，它是原始信号所固有的基本频带，在信道中直接传送基带信号称为基带传输(未经调制的原始信号称为基带信号)。进行基带传输的系统称为基带传输系统。局域网中的通信大都采用的是基带传输，但也可采用频带传输。

2. 频带传输

将基带信号经调制变换后进行传输的过程称为频带传输。

如远程拨号网络，收发双方都通过 Modem 将信号进行调制或解调，信号是以模拟信号在公用电话线上进行传输的。

3. 宽带传输

早期的宽带是指比音频带宽(14.4kb)更宽的频带，信号用宽带进行的传输称为宽带传输，这样的系统称为宽带传输系统。在现代网络通信系统中，宽带是指 100Mb/s 以上带宽的频带。

7.2.2 数据编码

1. 数字数据的数字信号编码

数字数据的数字信号编码就是将二进制数字数据用两个电平来表示，形成矩形脉冲电信号。

1）全宽单极码脉冲

全宽单极码脉冲是用电压或电流的有和无来表示数据的，无电信号表示数码 0，有电信号表示数码 1。

所谓单极码，其脉冲信号是单极的，即只有正脉冲信号，而无负脉冲信号，如图 7-7 所示。

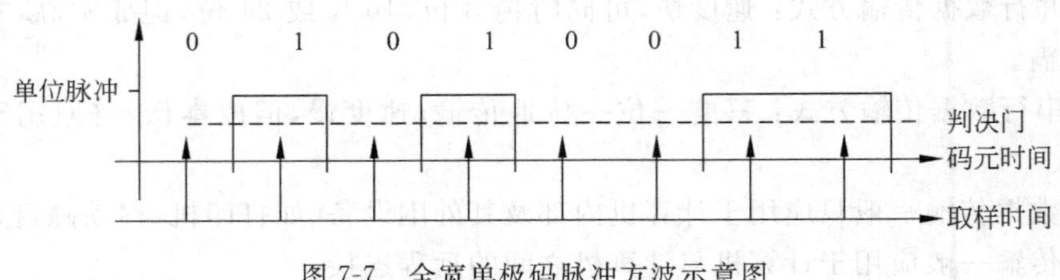

图 7-7 全宽单极码脉冲方波示意图

图 7-7 是一个理想的方波示意图，在实际传输过程中，其波形如图 7-8 所示。

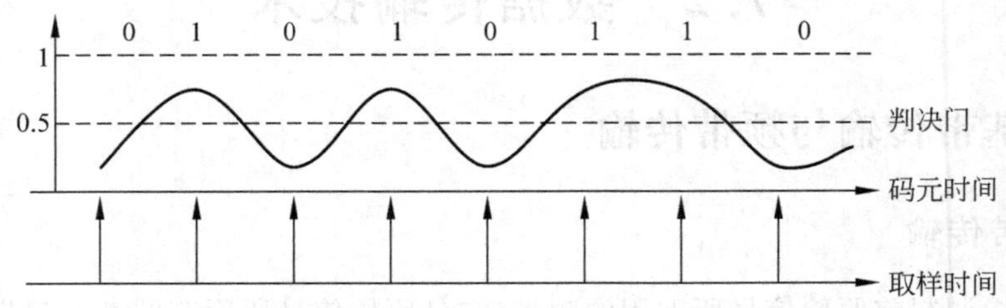

图 7-8 实际的全宽单极码脉冲示意图

在图 7-8 中，取样时间在每一码元时间的中间，判决门为半幅度电平。当接收电平值在 0～0.5 之间就认定为"0"码，电平值≥0.5 时就认定为"1"码。

2）全宽双极码脉冲

全宽双极码脉冲是用恒定的负电压表示"0"，用恒定的正电压表示"1"，两种信号波形也是在一码元全部时间内发出或不发出电信号表示，如图 7-9 所示。

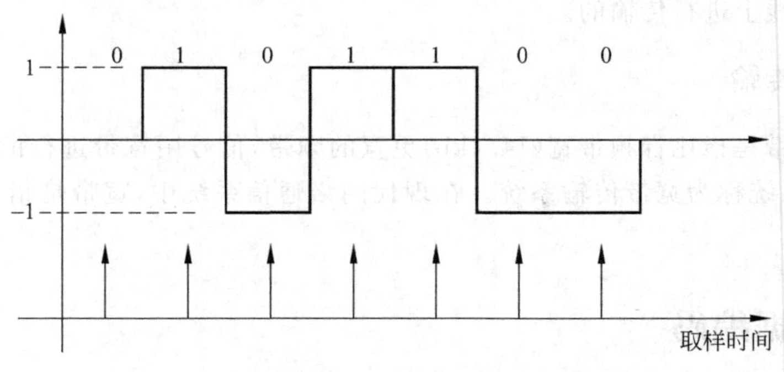

图 7-9 全宽双极码脉冲方波示意图

在图 7-9 中，判决门为 0 电平，当接收信号的值在 0～−1 之间就判定为"0"码，当接收信号的值在 0～+1 之间就判定为"1"码。

2. 数字数据的模拟信号编码

计算机网络的远程通信通常采用频带传输。频带传输的基础是载波，它是恒定的连续模拟信号，因此，它是利用调制技术将基带脉冲信号调制成合适的模拟信号。通常的调制技术有移幅键控法、移频键控法和移相键控法等三种。

1) 移幅键控法 ASK

移幅键控法是把频率和相位固定为常量，而将振幅定义为变量，每个振幅值代表一种信息位，即用振幅调制二进制信号。在传输过程中，有振幅表示信息"1"，无振幅表示信息"0"，如图 7-10 所示。

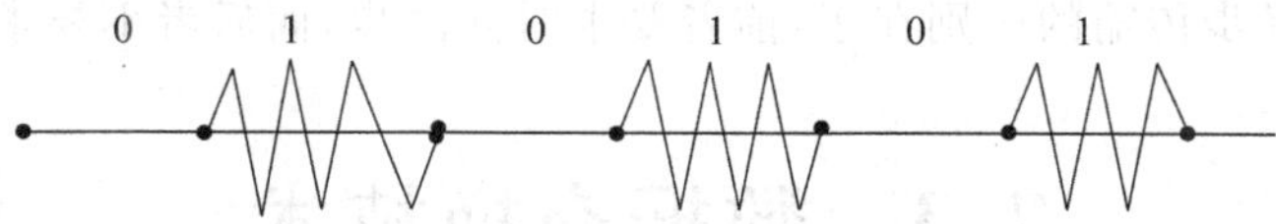

图 7-10 移幅键控法脉冲示意图

2) 移频键控法 FSK

移频键控法是将振幅和相位定义为常数，而用频率的变化代表数字脉冲的两种信息位。在传输过程中，频率高(脉冲窄)的信号表示信息"0"，频率低(脉冲宽)的信号表示信息"1"，如图 7-11 所示。

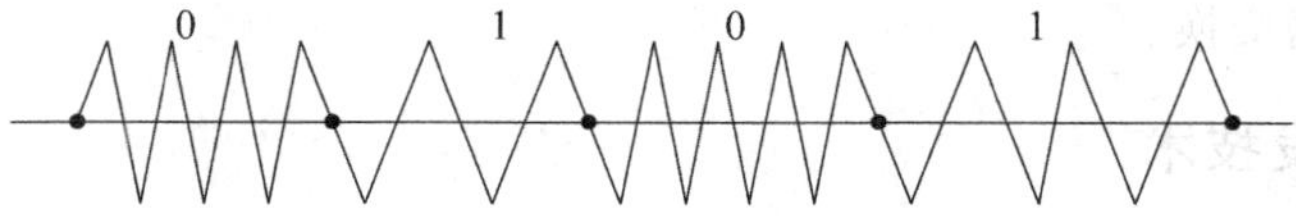

图 7-11 移频键控法脉冲示意图

3) 移相键控法 PSK

移相键控法是将振幅和频率定义为常数，而用正弦波的起始相位来表示信息位。若正弦波起始相位为正表示信息"1"，正弦波起始相位为负表示信息"0"，如图 7-12 所示。

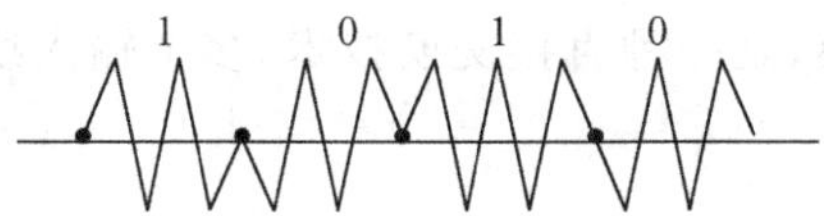

图 7-12 移相键控法脉冲示意图

7.2.3 同步传输与异步传输

1. 同步传输

同步传输采用的是按位同步的同步技术进行信息传输。在同步传输过程中，每个数据位之间都有一个固定的时间间隔，这个时间间隔由通信系统中心的数字时钟确定。在同步传输过程中，不要求每一个字符都有起始位和结束位，而是若干个字符共用一个起始位和一个结束位，即在一个起始位和一个结束位之间可传输若干个字符。在通信过程中，要求接收端和发送端的数据序列在时间上必须取得同步。

2. 异步传输

异步传输又叫异步通信，采用的是群同步技术进行信息传输。

异步传输的原理是：将信息分成若干等长的小组（“群”），每次传输一个“群”的信息码。具体过程是，每一“群”为8个或5个信息位，每个“群”前面放一个起始码，后面放一个停止码。一般来说，起始码为一个比特，通常为“0”，而停止码为1或2比特，通常用“1”表示。当无数据发送时，就连续地发送“1”码，接收端收到第一个“0”后，就开始接收数据。

同步传输与异步传输的区别在于，前者要求时间同步，而后者不要求时间同步。

7.3 数据交换技术

前面说过，现代网络的通信是一种分组交换技术的通信。分组交换技术有以下两种。

1. 电路交换技术

(1) 空分线路交换；

(2) 时分线路交换。

2. 存储转发技术

(1) 报文交换；

(2) 分组交换。

7.3.1 电路交换技术

电路交换又称线路交换，是一种直接交换技术，多个输入线和多个输出线之间直接形成传输信息的物理链路。

1. 空分交换

空分交换技术是一种早期的电话交换技术，电话交换机上是由若干条横向排列的线缆和若干条纵向排列的线缆交叉组成，每一条横线和每一条纵线之间都有一个连接开关，要想两个用户通信，就用这两个用户所对应的开关进行连接，如图7-13所示。

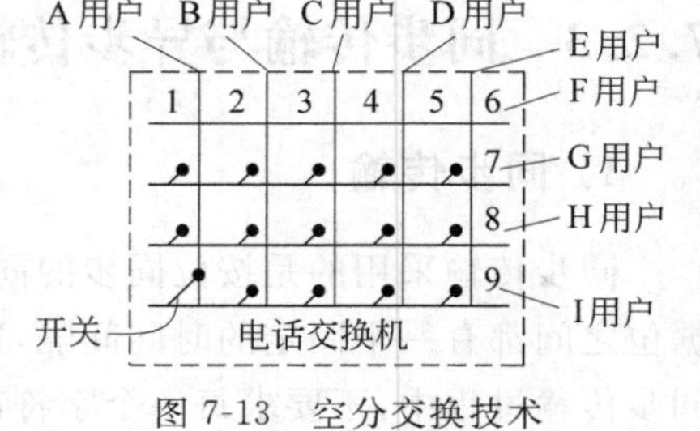

图7-13 空分交换技术

图7-13所示的是一个电话交换机示意图（空分交换机），有A用户、B用户、C用户等9个用户，分别与交换机中的第1条、第2条到第9条线相连，在

交换机内，任意两条线之间都有一个连线开关，任意两条线需要连通则用相应的开关连接。图 7-13 中第 1 条线与第 9 条线相连，表示 A 用户与 I 用户已连接。

2. 时分交换

时分交换即是时分复用技术在数据交换中的利用。典型的例子是，在图 7-13 中，每隔一定的时间（如 1ms）自动接通某两用户。如第 1ms 接通 A 用户和 F 用户，第 2ms 接通 A 用户和 G 用户，第 3ms 接通 A 用户和 H 用户，第 4ms 接通 A 用户和 I 用户，第 5ms 接通 B 用户和 F 用户，第 6ms 接通 B 用户和 G 用户，等等。

值得注意的是，时分交换只适用于数据交换通信，不能作为语音交换通信。

7.3.2 存储转发技术

电路交换是一种较早的交换技术，在现代计算机网络通信中，一般采用的是存储转发技术，很少使用电路交换。

存储转发技术的数据交换原理是：每一台路由器中都有一个缓冲区，先将要传递的分组信息存放在该缓冲区中，当线路空闲时由交换机将分组信息传输到下一跳的缓冲区去。

通常，从数据源到目的地要进行多级转发，即要通过多个路由器进行传递，每经过一个路由器称为一“跳”，每跳都有缓冲区。

存储转发技术的特点：可靠性高，可采用差错控制技术和重发措施，并可使用不同的线路进行重发。

1. 报文交换

从逻辑意义上讲，一个完整的数据段称为一个报文，一个报文可以是一个数据、一条记录或一个文件，一个报文的大小通常为数千字节。

(1) 报文的构成：报头＋正文。

(2) 报文交换就是以报头加正文的形式进行数据交换的。

(3) 报文交换的优点：线路利用率高。

(4) 报文交换的缺点：时延过长。

2. 分组交换

1) 分组交换的概念

分组交换又叫包交换。分组交换是一种特殊的报文传送方式。其基本思想是，将需要在通信网络中传送的信息分割成一块块较小的信息单位，每块信息再加上信息交换时所需要的呼叫控制信号（如分组序号、发送端地址、接收端地址等）和差错控制信号（如奇偶校验位等）。每一个分组信息就是一个“包”，“包交换”的概念即由此而来。

分组信息先存入与发送端主机相连的交换设备的缓冲区中。系统根据分组信息中的目的地址，利用数据传输的路径算法确定分组传输的路径。就这样，分组被一步步地传下去,直到目标计算机接收为止。

在网络通信过程中,分组信息是作为一个独立体进行交换的。在信息传输过程中,分组与分组之间不存在任何联系,各分组信息可以断续地传输,也可经由不同的路径进行传输。分组信息到达目的地后,由接收处理机将它们按原来的顺序装配起来。

值得一提的是,分组信息在发送端可以按顺序依次发送出去,但由于分组在传送过程中,所经由的路径可能各不相同,所以,分组信息到达目的地的时间会大相径庭,有可能后发出的分组信息先收到,而先发出的分组信息后收到。这与日常生活中收发信件一样,对于同一个收件人和发件人,完全有可能先发出的信件后收到,而后发出的信件先收到。

分组交换的优点:减少了时延,对缓冲区的大小要求不高,出错率也低,重传的时间短、速度快,提高了通信效率。

2) 分组交换的特点

(1) 通信子网中结点暂时存储的是一个个的分组,而不是整个文件。

(2) 分组信息保存在通信子网结点的内存中,保证了交换的高速和高效。

(3) 分组交换采用的是动态分配信道的策略,极大地提高了线路的利用率。

(4) 分组数据不必连续传输,即允许传输完一个分组后,可隔一段时间再传下一个分组。这可有效地避免线路拥塞。

(5) 一个分组信息必须一次传完,一个分组数据是一个不可再分割的整体。

3) 应用实例

在图 7-14 中,H1、H2、H3、H4、H5 和 H6 为主机结点,A、B、C、D、E、F、G 和 H 为交换结点。若主机 H2 要向主机 H6 发送信息,其过程如下。

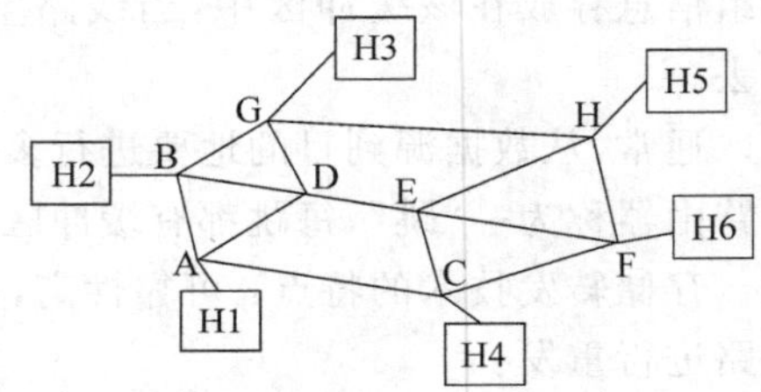

图 7-14　分组交换技术示意图

第 1 步:主机 H2 将数据进行分组。

第 2 步:主机 H2 将分组信息送到与 H2 相连的交换设备 B 的缓冲区中。

第 3 步:根据路径算法,计算出每一分组信息的传输路径。并将分组信息往下传(由交换机或路由器往下传),直到将所有分组信息传输到 F 结点为止。每个分组在传输过程中,所经过的路径可能各不相同。

第 4 步:接收端主机 H6 从 F 结点接收分组信息,并按原来的分组序号进行组装。

7.4　差错控制

7.4.1　差错的基本概念

1. 差错

所谓差错就是在数据通信中,接收端接收到的数据与发送端发出的数据不一致的现象。差错包括以下两种。

(1) 数据传输过程中有位丢失；

(2) 发出的位值为“0”而接收到的位值为“1”，或发出的位值为“1”而接收到的位值为“0”，即发出的位值与接收到的位值不一致。

2. 热噪声

这里所说的噪声是指不正常的干扰信号。在网络通信中要尽量避免噪声或减少噪声对信号的影响。

热噪声是影响数据在通信介质中正常传输的各种干扰因素，热噪声分为随机热噪声和冲击热噪声两大类。

随机热噪声是通信信道上固有的，持续存在的热噪声。这种热噪声具有不固定性，所以称为随机热噪声。

冲击热噪声是由外界某种原因突发产生的热噪声。

3. 差错的产生

数据传输中所产生的差错都是由热噪声引起的。由于热噪声会造成传输中的数据信号失真，产生差错，因此在传输中要尽量减少热噪声。

4. 差错控制

差错控制就是指在数据通信过程中，发现差错，检测差错，对差错进行纠正，从而把差错尽可能限制在数据传输所允许的误差范围内所采用的技术和方法。

在数据传输中，没有差错控制的传输通常是不可靠的。

5. 差错控制编码

差错控制的核心是差错控制编码。差错控制编码的基本思想是通过对信息序列实施某种变换，使原来彼此独立、没有相关性的信息码元序列，经过变换产生某种相关性，接收端据此来检查和纠正传输序列中的差错。不同的变换方法构成不同的差错控制编码。

用以实现差错控制的编码分为检错码和纠错码两种。检错码是能够自动发现错误但不能自动纠错的传输编码；纠错码是既能发现错误，又能自动纠正传输错误的编码。

7.4.2 差错控制方法

差错控制方法主要有自动请求重发、向前纠错和反馈校验法。

1. 自动请求重发 ARRS

自动请求重发(Automatic Repeat Request System，ARRS)又称检错重发。它是利用编码的方法在数据接收端检测差错，当检测出差错后，设法通知发送数据端重新发送出错的数据，直到无差错为止。ARRS 的特点是只能检测出错码是在哪些接收码之中，但确定不出错码的准确位置，应用 ARRS 需要系统具备双向信道，如图 7-15 所示。

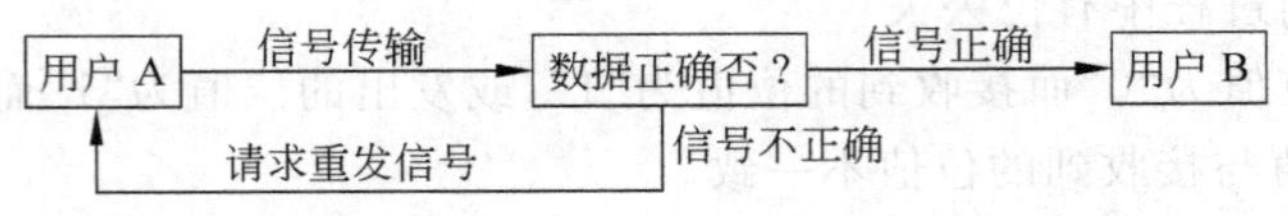

图 7-15　自动请求重发技术流程图

2. 前向纠错 FEC

前向纠错(Forward Error Correct,FEC)是利用编码方法,在接收端不仅能对接收的数据进行检测,而且当检测出错误码后能自动进行纠正。FEC 的特点是接收端能够准确地确定错误码的位置,从而可自动进行纠错。应用 FEC 不需要反向信道,不存在重发延时问题,所以实时性强,但纠错设备比较复杂。其纠错过程如图 7-16 所示。

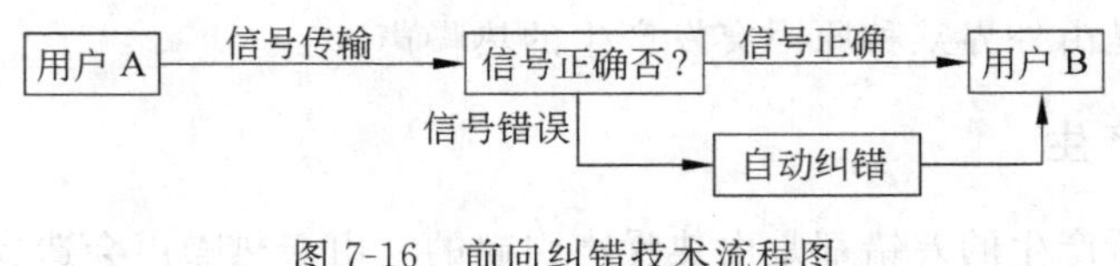

图 7-16　前向纠错技术流程图

前向纠错是利用编码方法,在接收端检测出有数据错误,并能定位是哪一位编码错误后,可自动纠错。纠错很简单,将错误位的数码求反,将“0”变为“1”,将“1”变为“0”即可。

3. 反馈校验法 FVM

反馈校验法(Feedback Verify Method,FVM)是接收端将收到的信息码原封不动地发回发送端,再由发送端用反馈回来的信息码与原发信息码进行比较,如果发现错误,发送端进行重发。反馈校验的特点是其方法、原理和设备都比较简单,但需要系统提供双向信道,因为每一个信息码都至少传输两次,所以传输效率低,如图 7-17 所示。

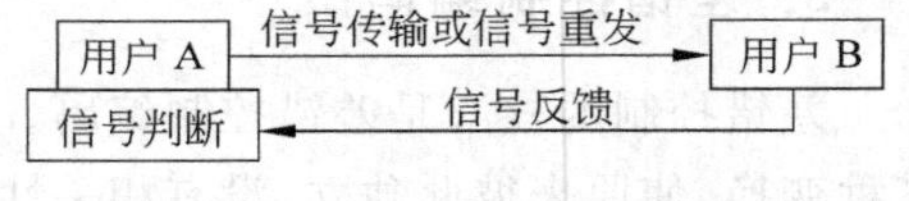

图 7-17　反馈校验技术流程图

7.4.3　检错编码方法

差错检测方法很多,比如垂直奇偶校验检测、水平垂直奇偶校验检测、定比检测、正反检测、循环冗余码检测及海明检测等方法。所有这些方法分别采用了不同的差错控制编码技术。下面介绍几种常用的检错控制编码方法。

1. 垂直奇偶校验法

垂直奇偶校验是以字符为单位的一种校验方法。以 ASCII 码为编码的字符为例,一个字符由 8 位组成,其中低 7 位是信息位,最高位是校验位。

奇校验的规则是,确保发出的一组信息码中含“1”的个数为奇数;偶校验的规则是,确保发出的一组信息码中含“1”的个数为偶数。根据奇偶校验的规则,校验位值如表 7-1

所示。

表 7-1　奇偶校验表

校验方式	信息位中含 1 的个数	校验位的值	校验方式	信息位中含 1 的个数	校验位的值
奇校验	偶个数 奇个数	1 0	偶校验	偶个数 奇个数	0 1

例如,如果一个字符的 7 位信息码为 1001101,采用奇校验编码,求其校验位的值。

由于这个字符的 7b 代码中有"1"的个数为偶数(4 个),所以其校验位的值为"1"。即整个 8b 发送编码为：11001101(最高位为核验位)。

在传输中,当接收端接收到字符 8b 编码后,即开始检测,若检测出其含"1"的个数为奇数,则被认为传输正确,否则就被认为传输中出现差错。

2. 水平奇偶校验法

水平奇偶校验是以字符组为单位的一种校验方法。对一组中的相同位进行奇偶校验。数据传输以字符为单位进行传输,传输按字符一个个地进行,最后传输一个字节的校验码。

假设水平奇偶校验以 7 字节数据外加 1 字节的校验码为一组(共 8 字节)进行奇偶校验。其构成的水平奇偶校验(采用奇校验)的例子如表 7-2 所示。

表 7-2　水平奇校验编码表

字节＼位	0	1	2	3	4	5	6	7
1	0	1	1	0	1	0	1	1
2	1	0	0	1	0	0	1	0
3	1	1	1	1	0	1	1	1
4	0	1	0	1	0	1	0	0
5	1	0	1	0	0	0	0	1
6	1	1	0	0	1	1	1	0
7	0	1	1	1	0	0	0	0
8(校验码)	1	0	1	1	1	0	1	0

3. 水平垂直奇偶校验法

水平垂直奇偶校验是同时进行水平和垂直奇偶校验的校验。其具体实现过程如下。

(1) 组成一个字符组(8B 一个组)；

(2) 对每一个字符增加一个校验位(7 个数据位,1 个校验位)；

(3) 对每组字符相同的位增加一个校验位(即多传输 1B 的校验信息)。

水平垂直奇偶校验码如表 7-3 所示。

表 7-3　水平垂直奇校验编码表

字节＼位	0	1	2	3	4	5	6	7(水平校验位)
1	0	1	1	0	1	0	0	0
2	1	0	0	1	0	0	0	1
3	1	1	1	1	0	1	1	1
4	0	1	0	1	0	1	1	1
5	1	0	1	0	0	0	0	1
6	1	1	0	0	1	0	1	1
7	0	1	1	1	0	1	0	1
8(垂直校验位)	1	0	1	1	1	0	0	1

表 7-3 中采用的是奇校验。

具体传输过程是，先按水平奇偶校验法进行数码传输和校验，待一组字符(8B)全部传输完毕后，再进行垂直校验。

水平垂直奇偶校验法的可靠性高，但编码复杂，检测时间长。

7.4.4　前向纠错技术

前向纠错就是在接收端不但能自动检测错误，并能进行错误编码的定位，从而能自动进行纠错。纠错很简单，将错误码求反即可，关键是如何定位错误码的位置。

1. 半进位运算规则

在自动纠错算法中，要用到半进位运算，所以，在这里先介绍半进位的运算规则。

(1) 半进位加法(又叫按位加法运算)：按二进制加法进行加运算，不保留进位位。

(2) 半借位减法(又叫按位减法运算)：按二进制减法进行减运算，不存在借位。

半进位运算又叫逻辑异或运算，由以上运算规则可看出，相同两数码异或得“0”，不同两数码异或得“1”。

2. 前向纠错算法

1) 前向校验公式及校验码

这里，以传输一个 4 位数据为例，介绍一种前向纠错的算法。

每个字符除了 4 位数码外，还要增加 4 个校验位，即一组信息共 8 位。从左到右其二进制编码用 C1～C8 表示，校验码计算公式如下：

$$C1 \oplus C2 \oplus C3 \oplus C4 \oplus C5 = 0 \quad (1)$$

$$C1 \oplus C2 \oplus C3 \oplus C6 = 0 \quad (2)$$

$$C1 \oplus C3 \oplus C4 \oplus C7 = 0 \quad (3)$$

$$C1 \oplus C2 \oplus C4 \oplus C8 = 0 \quad (4)$$

即

$$C5 = C1 \oplus C2 \oplus C3 \oplus C4 \tag{5}$$

$$C6 = C4 \oplus C5 \tag{6}$$

$$C7 = C2 \oplus C5 \tag{7}$$

$$C8 = C3 \oplus C5 \tag{8}$$

2）校验方法

在发送端，用(5)～(8)式计算出校验码 C5、C6、C7 和 C8，连同前 4 位数码一起发给接收端；在接收端，用(1)～(4)式进行校验。若 4 个式子计算结果都为"0"，则传输正确，只要有一个式子的计算结果为"1"，说明传输有错。

实例：设信息码为 1101，即 C1=1、C2=1、C3=0、C4=1，求出 4 位校验位 C5、C6、C7、C8。根据上述计算公式(5)～(8)计算得到：

$$C5 = 1 \oplus 1 \oplus 0 \oplus 1 = 1$$

$$C6 = 1 \oplus 1 = 0$$

$$C7 = 1 \oplus 1 = 0$$

$$C8 = 0 \oplus 1 = 1$$

因此，得到 8 位发送编码如下：

C1	C2	C3	C4	C5	C6	C7	C8
1	1	0	1	1	0	0	1

在接收端收完 8 位数码后即用(1)～(4)式进行校验，若接收端收到的 8 位编码都正确，则 4 个式子的计算结果肯定为 0，如果有一位错误，则至少有一个式子的结果不为 0。例如，接收端收到的 C4=0，而其余位正确，将 C1～C8 代入(1)～(4)，则：

$$1 \oplus 1 \oplus 0 \oplus 0 \oplus 1 = 1$$

$$1 \oplus 1 \oplus 0 \oplus 0 = 0$$

$$1 \oplus 0 \oplus 0 \oplus 0 = 1$$

$$1 \oplus 1 \oplus 0 \oplus 1 = 1$$

3）差错判断法则

若(1)、(2)、(3)、(4)式全错，则 C1 必错；

若(1)、(2)、(4)式错而(3)式不错，则 C2 必错；

若(1)、(2)、(3)式错而(4)式不错，则 C3 必错；

若(1)、(3)、(4)式错而(2)式不错，则 C4 必错；

若只有(1)式错，则 C5 必错；

若只有(2)式错，则 C6 必错；

若只有(3)式错，则 C7 必错；

若只有(4)式错，则 C8 必错。

值得注意的是，上述介绍的几种检错及纠错方法中，只能检测出一位编码错误，对于两位以上的错误是检验不出的。在实际通信过程中，误码本身是小概率事件，对于在一组数码中同时出现两位或两位以上的错误的概率则更小，几乎为 0，所以在实际应用过程中，只考虑发生一位编码错误的情况，即只对一位编码错误进行校验和纠错。

在实际应用中，只判断前 4 位数据编码的正确性，即 C1、C2、C3 和 C4，后 4 位是无须判断的，也无须进行纠错。这样能节省错误判断和纠错的时间，以提高数据传输的速度和效率。

特别说明：本前向纠错算法是本书主编杨云江教授于 2004 年创建的，算法经过严格的数学证明，其算法及其证明过程参见参考文献[10]。

7.5 多路复用技术

多路复用技术是指多个用户使用同一条通信信道同时传输信息所采用的技术。

7.5.1 频分复用技术

频分复用技术(Frequency Division Multiplexing，FDM)将一个有足够带宽的信道划分成若干等宽的子频段(每一个频段称为一个子信道)，事先固定将每一个频段分配给一个用户专用。即一个频段只传送一个用户的信息。值得注意的是，在划分子信道时，两个子信道之间要预留一定的间隙，以防止相邻的两个子信道的信号相互重叠和干扰，造成信号的失真，如图 7-18 所示。

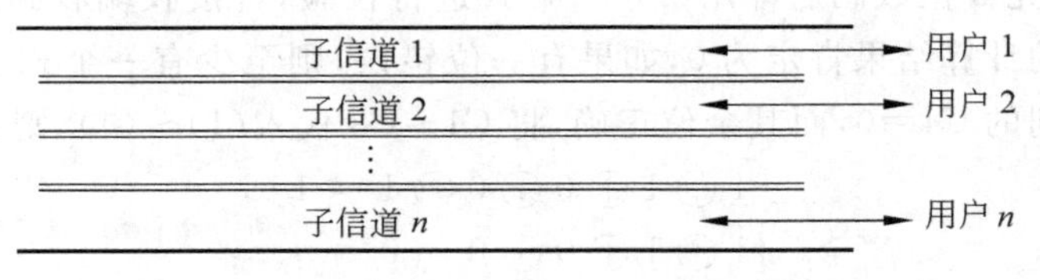

图 7-18 频分复用技术示意图

7.5.2 时分复用技术

频分复用技术存在的问题是，随着用户数量的增加，子信道频带越来越窄，为解决这一问题，引入了时分复用技术。

时分复用技术(Time Division Multiplexing，TDM)是在通信信道上形成一种时间上的逻辑子信道。信道不再细分，而是作为一整条通道来使用，每一个用户预先分配一个等宽的时间片，任一个用户是在固定的时间片中进行信息的传输，如图 7-19 所示。

图 7-19 中的 U1～Un 是指用户 1(User1)到用户 n(User$n$)。

频分复用技术通常用以传输连续信号，时分复用技术通常用以传输离散信号。

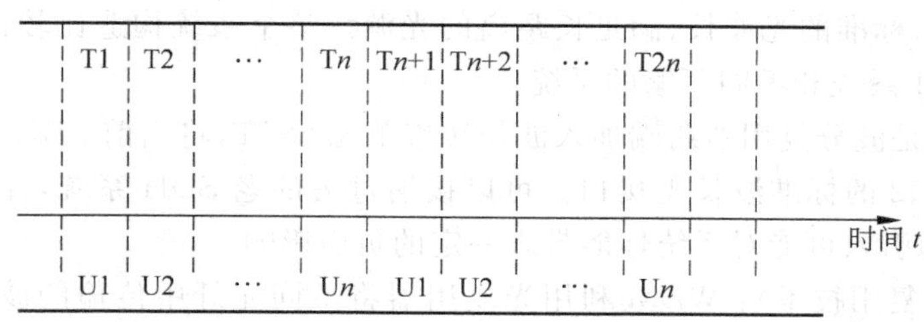

图 7-19　时分复用技术示意图

7.5.3　排队复用技术

排队复用技术(Queueing Division Multiplexing,QDM)是按先来先服务的原则进行信道分配,用户要发送的数据先放在缓冲区中排队,先来的用户数据传输完后才能进行排在后面的数据的传输,如图 7-20 所示。排队复用技术的优点是,临时将整个信道都分配给一个用户使用,在传输数据时效率较高,而且这种技术实现比较简单。缺点是用户等待的时间过长,尤其是对信息量不大的用户,有时为了发送几十字节的数据而要等待几十分钟甚至几个小时的时间。在现代网络系统中,很少使用排队复用技术。

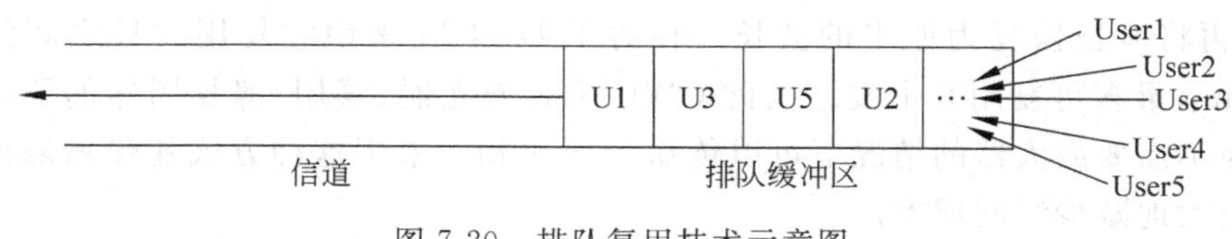

图 7-20　排队复用技术示意图

7.5.4　波分复用技术

在传统的时分复用(TDM)光纤传输系统中,支路信号的复用和解复用、发送和接收单元、时钟提取电路、信号再生器都工作于高速复用信号速率上,使得这些器件的速率和带宽日益成为提高传输速率的瓶颈,因为微电子大规模集成芯片对于运行速率有一定的限度。另外,光纤线路传输性能也会遇到困难,这是因为单模光纤本身的传输容量虽有很大潜力,但每一光载波如传输过高的数字速率,将受到光纤色散和偏振模式色散以及光纤接头引起反射等因素的限制。所以按照目前的技术情况,TDM 适合的数字速率高到 2.5G 较为合适,最高不宜超过 10G,所以波分复用方式已成为提高光纤传输容量的必然选择。

波分复用技术(Wavelength Division Multiplexing,WDM)就是不同波长的光载波同在一根光纤上传输,它的本质就是光纤上频分复用 FDM 技术,每个通路通过频域的分割实现,每个通路占用一部分光纤的带宽。

目前,波分复用系统分为两类:集成系统和开放系统。

集成系统就是 SDH(Synchronous Digital Hierarchy,同步数字系列)终端具有满足

G. 692 的光接口；标准的光波长、满足长距离的光源。整个系统构造比较简单，但是不能直接接纳老 SDH 系统和不同厂家的系统。

开放系统就是波分复用器前端加入波长转移单元 OUT，将当前 SDH 的 G. 957 接口波长转换为 G. 692 的标准波长光接口。可以接纳过去的老 SDH 系统，并实现不同厂家互连，但 OUT 的引入可能对系统性能带来一定的负面影响。

WDM（波分复用技术）：WDM 利用光复用器将不同光纤中传输的波长结合到一根光纤中传输，在链路的接收端，利用解复用器将分解后的波长分别送到不同的光纤，并接到不同的接收设备。

DWDM（密集波分复用）：DWDM 具有巨大带宽和传输数据的透明性，无疑是当今光纤应用领域的首选技术，人们自然也希望能将其作为城域网的传输平台。城域网具有传输距离短、拓扑灵活（环状、星状、网状网等）和业务接口复杂多样化的特点。但 DWDM 一般不提供低速接口，成本太高，不能适应城域网复杂的各种接入方式，主要用于长途传输的 DWDM。同时，DWDM 对城域网的灵活多样性也难以适应。是否有可能以较低的成本享用波分复用技术呢？面对这一宽带需求，CWDM（粗波分复用）应运而生。

CWDM（粗波分复用）：CWDM 是一种波分复用技术，它能够延续 DWDM 的技术优势，具有 DWDM 技术所不具备的多业务接口、低成本、低功耗、小尺寸等优点。它利用光复用器，可以把在不同光纤中传输的波长复用到一根光纤中传输；在链路的接收端，利用解复用器再将波长恢复为原来的波长。相对于 DWDM 来说它复用波长之间间隔比较宽，为 20nm，最多可复用 8 个波。因此 CWDM 对激光器、复用/解复用器的要求大大降低，同时在不需要放大器的情况下可以传输 50～80km，采用这种方式建设城域网或网络扩容，可极大地减少组网成本。

7.5.5 异步频分复用技术和异步时分复用技术

前面介绍的“频分复用技术”和“时分复用技术”分别称为“同步频分复用技术”（或固定信道频分复用技术）和“同步时分复用技术”。在这两种复用技术中，子信道和时间片是固定分配给用户的，也就是说，一个子信道（或一个时间片）是被某一个用户独占使用的。由于所有用户不可能任何时刻都在传输信息，当用户不传输信息时，该子信道（或时间片）就空着，而又不能给其他用户使用，从而会造成子信道或时间片的浪费。为了解决这一问题，引入了“异步频分复用技术”和“异步时分复用技术”。

1. 异步频分复用技术

异步频分复用技术（又称随机分配信道技术），是将一个信道划分成有限的 m 个子信道，事先并不将任何子信道进行分配，而是在系统运行过程中，动态地将这 m 个子信道分配给 n 个（$m<n$）用户使用。

具体实施过程是，用户在传输信息前，先向系统申请一个子信道。系统收到用户申请后，立即在空闲的子信道中分配一个给该用户使用（若无空闲的子信道，用户必须等待）。当用户信息传输完毕，系统及时收回该子信道，以备其他用户使用。

2. 异步时分复用技术

与异步频分复用技术相似，异步时分复用技术是将系统时间划分成有限的 m 个时间片，事先并不将任何时间片进行分配，而是在系统运行过程中，动态地将这 m 个时间片分配给 n 个($m<n$)用户使用。

具体实现过程是，用户在传输信息前，先向系统申请一个时间片，系统收到用户申请后，立即在空闲的时间片中分配一个给该用户使用(若无空闲的时间片，用户必须等待)，当用户信息传输完毕，系统及时收回该时间片，以备其他用户使用。

在现实生活中，异步复用技术的例子比比皆是。如机场的跑道与飞机的起飞和降落，不可能为每一架飞机修一条跑道，因为在一天 24h 中，一架飞机在一个机场的起落时间是有限的，也就几分钟。因此，任何一个机场的跑道数量是有限的，而起落飞机的数量在理论上可以是无限的(因为时间是无限的)。机场在一架飞机起落前，才确定该架次飞机使用哪一条跑道。

7.6 应用实例：前向检错技术的应用

设要将“Computer”这一字符串(共 7 个字符)发送给远程计算机，采用奇校验的方式对数据进行编码。

“Computer”对应的 ASCII 码的十六进制及二进制表示方式如表 7-4 所示。

表 7-4 “Computer”编码表

序号	字符	十六进制编码	二进制编码	序号	字符	十六进制编码	二进制编码
1	C	43	01000011	5	u	75	01110101
2	o	6F	01101111	6	t	74	01110100
3	m	6D	01101101	7	e	65	01100101
4	p	70	01110000	8	r	72	01110010

因 ASCII 编码的高位都是“0”，为方便编码和传输，将每个字符 ASCII 码的高位“0”去掉，每个字符的编码只剩下 7 位，再给每一个字符的 7 位编码都加上一个奇校验码，正好构成一个字节，如表 7-4 所示。

在发送端，按表 7-4 列出的编码一个字节一个字节地发给接收端，接收端收到信息后，按 8 位(一个字节)一组进行校验，若每一组中含“1”的个数是奇数，说明传输正确；若一组中的 8 位编码中含“1”的个数是偶数，则可断定传输错误，请求发送端将该组编码重传。全部字符接收完毕并校验正确后，去掉每组字符的最低位(校验位)，再在高位上补充一个“0”，则还原成字符的 ASCII 编码。

下面仍以发送字符串“Computer”为例，介绍 7.4.4 节中的自动纠错技术的应用。

将每个字符的 8 位二进制编码(如表 7-5 所示)分成两段，即高 4 位和低 4 位，分别求出其自动纠错码(校验码也是 4 位)。

表 7-5　水平奇校验编码表

字节＼位	0	1	2	3	4	5	6	7
1	1	0	0	0	0	1	1	0
2	1	1	0	1	1	1	1	1
3	1	1	0	1	1	0	1	1
4	1	1	1	0	0	0	0	0
5	1	1	1	0	1	0	1	0
6	1	1	1	0	1	0	0	1
7	1	1	0	0	1	0	1	1
8(校验位)	0	1	0	1	0	1	0	0

前向纠错编码用 7.4.4 节中的(5)～(8)式计算,其校验码如表 7-6 所示。表中的"传输码"是由信息编码的 4 位再加上 4 位校验码组成的。

表 7-6　"Computer"自动纠错编码表

序号	字符	ASCII 码(二进制编码)			校验码	传输码
1	C	01000011	高 4 位	0100	1101	01001101
			低 4 位	0011	0101	00110101
2	o	01101111	高 4 位	0110	0011	01100011
			低 4 位	1111	0111	11110111
3	m	01101101	高 4 位	0110	0011	01100011
			低 4 位	1101	1001	11011001
4	p	01110000	高 4 位	0111	1000	01111000
			低 4 位	0000	0000	00000000
5	u	01110101	高 4 位	0111	1000	01111000
			低 4 位	0101	0110	01010110
6	t	01110100	高 4 位	0111	1000	01111000
			低 4 位	0100	1101	01001101
7	e	01100101	高 4 位	0110	0011	01100011
			低 4 位	0101	0110	01010110
8	r	01110010	高 4 位	0111	1000	01111000
			低 4 位	0010	1110	00101110

接收端收到信息后,按 8 位一组进行校验和纠错,即按 7.4.4 节中的(1)～(4)式进行校验,若这 4 个式子计算的结果都为"0",则说明这一组字符传输正确,否则可断定传输有

错，按7.4.4节中介绍的差错判断法进行错误码定位，再按位求反即可。全部字符接收完毕并校验正确后，去掉每组字符的低4位(校验位)，再两两组合起来(即第2组的4位码加到第1组的4位码后面，第4组的4位码加到第3组的4位码后面……)，则还原成原字符的ASCII编码。

习　题

7.1　网络通信系统的三要素是什么?

7.2　数据通信过程通常有哪5个基本阶段?

7.3　线路通信方式有哪几种?各有什么特点?

7.4　并行传输和串行传输各有什么特点?

7.5　什么是基带传输和频带传输?

7.6　试述同步传输和异步传输的基本原理。

7.7　数据交换技术有哪两种?简述用两种交换技术实现数据交换的过程。

7.8　ATM交换、电路交换及分组交换各有什么优缺点?

7.9　什么是噪声?噪声对通信数据有何影响?

7.10　噪声是影响数据通信错误的唯一因素吗?

7.11　简述数据校验、数据检错、数据自动纠错的基本概念。

7.12　试述计算机网络通信系统中自动请求重发、向前纠错及反馈校验法技术各自的优缺点。

7.13　本章介绍的自动纠错技术是否可纠正所有数据传输错误?

7.14　设信息码为“1001011”，求出其奇校验码。

7.15　举例说明频分复用技术和时分复用技术在日常生活中的应用。

7.16　设信息码为“1110”，求出其4位前向纠错码。

第8章

IPv6 技术

8.1 IPv6 的产生与发展

8.1.1 IPv6 概述

1. 什么是 IPv6

现有的互联网是在 IPv4 协议的基础上运行的。IPv6(IP version 6)是下一版本的互联网协议,也可以说是下一代互联网的协议,它的提出最初是因为随着互联网的迅速发展,IPv4 定义的有限地址空间将被耗尽,地址空间的不足必将妨碍互联网的进一步发展。为了扩大地址空间,拟通过 IPv6 重新定义地址空间。IPv4 采用 32 位地址长度,只有大约 43 亿个地址,现在已分配完毕,而 IPv6 采用 128 位地址长度,几乎可以不受限制地提供 IP 地址。

2. IPv6 的特点

IPv6 具有下列显著的特点。

(1) 扩大了地址空间,采用 128 位地址长度,可以不受限制地提供 IP 地址,从而确保了端到端连接的可能性。

(2) 提高了网络的整体吞吐量。由于 IPv6 的数据包可以远远超过 64KB,应用程序可以利用最大传输单元(MTU),获得更快、更可靠的数据传输,同时在设计上改进了选路结构,采用简化的报头定长结构和更合理的分段方法,使路由器加快数据包处理速度,提高了转发效率,从而提高网络的整体吞吐量。

(3) 服务质量得到很大改善。报头中的业务级别和流标记通过路由器的配置可以实现优先级控制和 QoS 保障,极大地改善了 IPv6 的服务质量。

(4) 安全性有了更好的保证。采用 IPSec 可以为上层协议和应用提供有效的端到端安全保证,能提高在路由器水平上的安全性。

(5) 支持即插即用和移动性。设备接入网络时通过自动配置可自动获取 IP 地址和必要的参数,实现即插即用,简化了网络管理,易于支持移动结点。IPv6 不仅从 IPv4 中借鉴了许多概念和术语,还定义了许多移动 IPv6 所需的新功能,更好地实现了多播功能。IPv6 的多播功能限定了路由范围和可以区分永久性与临时性地址,更有利于多播功能的实现。

3. IPv6 与下一代网络

为了适应以 IP 业务为代表的数据业务的迅猛发展以及数据业务量将大大超过话音业务量的发展趋势;为了适应客户/服务器等应用方式引起的网络流量分布变化以及 IP 业务特有的自相似性和收发不对称性;为了支持层出不穷、越来越多的网上应用,世界各国都在探索与试验可持续发展下一代网络。下一代网络技术的出现使得运营商们开始投入对下一代网络的研究和探索。目前,中国的电信运营商已经开始了下一代网络的试验网络建设,以软交换、IPv6 等为核心的下一代网络技术日趋成熟,国内外各大通信厂商相继推出下一代网络的产品和技术。随着业务需求和技术的发展以及网络体系结构的演变,下一代网络已经成为通信网络发展的热点。

下一代网络将是 IP 网络、光网络、无线网络的世界。下一代网络是基于 IPv6 技术的,这一点在业界已达成共识,即:从核心网到用户终端,信息的传递以 IPv6 的形式进行。除了互联网的各种应用不断深入和普及外,各种传统的电信业务也不断向基于 IPv6 的网络转移。宽带的发展需求迎来了光通信的快速发展,光通信现已渗入网络的各个层面,从广域网、城域网,一直到局域网;从长途网、本地网、接入网,一直到用户驻地网,光纤宽带网的发展为日益广泛的宽带应用提供了广阔的发展前景。无线使人摆脱了线缆的束缚,可以不受地理位置限制随时随地地获得通信与信息服务。近几年移动通信在全球的快速发展也证明,移动通信方式将逐渐占领传统有线网的中心舞台,把网络从地上的线缆移至空中的无线电波。

8.1.2 IPv6 的产生

IPv4 面临一系列难以解决的问题,IP 地址即将耗尽无疑是最为严重的。为了彻底解决 IPv4 存在的问题,从 1995 年开始,互联网工程特别小组(IETF)就开始着手研究开发下一代 IP 协议,即 IPv6(IP version 6)。IPv6 具有长达 128 位的地址空间,可以彻底解决 IPv4 地址不足的问题,除此之外,IPv6 还采用分级地址模式、高效 IP 包头、完善服务质量 QoS 和 IPSec 技术、主机地址自动配置、认证和加密等许多新技术。

8.1.3 IPv6 与 IPv4 的区别

与 IPv4 相比较,IPv6 有以下几个方面的不同。

(1) IPv4 可提供 4 294 967 296 个地址,IPv6 将原来的 32 位地址空间增大到 128 位,数目是 2 的 128 次方,能够为地球上每平方米(含海洋面积)提供 6.659×10^{23} 个网络地址,由此可见,在可预估的时间内,IPv6 地址是不会耗尽的。

(2) IPv4 使用地址解析协议 ARP,IPv6 使用多点传播 Neighbor Solicitation 消息取

代地址解析通信协议 ARP。

(3) IPv4 中路由器不能识别用于服务质量的 QoS 处理的 payload(有效载荷)。IPv6 中路由器使用 Flow Label 字段可以识别用于服务质量的 QoS 处理的 payload。

(4) IPv4 网络的回路测试地址为 127.0.0.1,IPv6 网络的回路测试地址为 0000:0000:0000:0000:0000:0000:0000:0001(可以简写为::1)。

(5) 在 IPv4 中,动态主机配置协议 DHCP 实现了主机 IP 地址及其相关配置的自动设置。一个 DHCP 服务器拥有一个 IP 地址池,主机从 DHCP 服务器租借 IP 地址并获得有关的配置信息(如默认网关、DNS 服务器等),由此达到自动设置主机 IP 地址的目的。IPv6 继承了 IPv4 的这种自动配置服务,并将其称之为“全状态自动配置”(Stateful Autoconfiguration),以区别于无状态自动配置。

(6) IPv4 使用 Internet 群组管理通信协议(IGMP)管理本机子网络群组成员身份,IPv6 使用 Multicast Listener Discovery(MLD)消息取代 IGMP。

(7) 内置的安全性。IPSec 由 IETF 开发是确保秘密、完整、真实的信息穿越公共 IP 网的一种工业标准。IPSec 不再是 IP 协议的补充部分,在 IPv6 中 IPSec 是 IPv6 自身所具有的功能。IPv4 只是选择性支持 IPSec,IPv6 是全自动支持 IPSec。

(8) 更好地支持 QoS。QoS 是网络的一种安全机制,通常情况下不需要 QoS,但是对关键应用和多媒体应用就十分必要。当网络过载或拥塞时,QoS 能确保重要业务量不受延迟或丢弃,同时保证网络的高效运行。在 IPv6 的包头中定义了如何处理与识别传输,IPv6 包头中使用 Flow Label 来识别传输,可使路由器标识和特殊处理属于一个流量的封包。流量是指来源和目的之间的一系列封包,因为是在 IPv6 包头中识别传输,所以即使透过 IPSec 加密的封包 payload,仍可实现对 QoS 的支持。

8.2 IPv6 寻址模式及地址分配

8.2.1 IPv6 地址体系结构

1. IPv6 地址表示方式

1) IPv4 地址表示方式

IPv4 地址长 32 位,由 4 个地址节组成,每个地址节长 8 位,用十进制书写,每个地址节之间用点“.”分隔,下面是一些合法的 IPv4 地址。

10.5.3.1

127.0.0.1

201.199.244.101

2) IPv6 地址表示方式

IPv6 地址长度 4 倍于 IPv4 地址,表达起来的复杂程度也是 IPv4 地址的 4 倍。IPv6 地址长 128 位,由 8 个地址节组成,每个地址节长 16 位,用十六进制书写,地址节之间用冒号":"分隔,其基本表达方式是X:X:X:X:X:X:X:X,其中X是一个4位十六进制整数。下面是一些合法的IPv6地址。

CDCD:910A:2222:5498:8475:1111:3900:2020

2001:250:2100:2:1::5

1030:0:0:0:C9B4:FF12:48AA:1A2B

2000:0:0:0:0:0:0:1

地址中的每个整数都必须表示出来,但左边的"0"可以不写(其中第二个地址是贵州大学IPv6网站的IP地址)。

可以看出:IPv4地址是"点分十进制地址格式",而IPv6地址是"冒分十六进制地址格式"。这是一种比较标准的IPv6地址表达方式,此外还有另外两种更加清楚和易于使用的方式。有些IPv6地址中可能包含一长串的0(如上面的第3个和第4个地址)。当出现这种情况时,IPv6地址中允许用简写成双冒号来表示这一长串的0。例如,地址"2000:0:0:0:0:0:0:1"可以简写成:"2000::1"。在这种表示方法中,只有当16位组全部为0时才会被两个冒号取代,且两个冒号在一个地址中只能出现一次,否则就会产生二义性而导致IP地址错误。

在IPv4和IPv6的混合环境中还有第三种表示方法。IPv6地址中的最低32位可以用于表示IPv4地址,该地址可以按照一种混合方式表达,即X:X:X:X:X:X:d.d.d.d,其中X表示一个16位整数,而d表示一个8位十进制整数。

例如,0:0:0:0:0:0:210.0.0.1就是一个基于IPv6网络的IPv4地址的表示,该地址也可以表示为:::210.0.0.1。

IPv6地址分为单播地址、组播地址和泛播地址三种,将在后面介绍。

3) IPv6地址前缀

IPv6地址前缀就是IPv6地址中的高位部分,属于128位地址空间范围之内。地址前缀部分或者有固定的值,或者是路由或子网的标识。其表示方式为"地址/前缀长度"。例如:

12AB:0:0:CD30::/60

2. IPv6地址体系结构

IPv4地址只是一台终端计算机的网络代号,不能表达网络路由结构,而IPv6地址则能充分表达网络路由结构信息,即为点对点通信设计了一种具有分级结构的地址,这种地址被称为可聚合全球单点广播地址(又称为可聚合全球单播地址)。其地址的最开头的三个地址位是地址类型前缀,用于区别其他地址类型。其后是13位TLA ID、32位NLA ID、16位SLA ID和64位主机接口ID,分别用于标识分级结构中的TLA(Top Level Aggregator,顶级聚合体)、NLA(Next Level Aggregator,下级聚合体)、SLA(Site Level Aggregator,站点级聚合体)和主机接口。TLA是与长途服务供应商和电话公司相互连接的公共网络接入点,它从国际互联网注册机构如IANA处获得地址。NLA通常是大型ISP,它从TLA处申请获得地址,并为SLA分配地址。SLA也可称为订户(Subscriber),它可以是一个机构或一个小型ISP。SLA负责为属于它的订户分配地址。

SLA 通常为其订户分配由连续地址组成的地址块,以便这些机构可以建立自己的地址分级结构以识别不同的子网。分级结构的最底级是网络主机。

IPv6 地址的体系结构体现在可聚合全球单播地址的分层结构上,IPv6 可聚合全球单播地址具有以下三个层次。

(1) 公共拓扑(Public Topology):是提供公用 Internet 传送服务的网络提供商和网络交换商群体;

(2) 站点拓扑(Site Topology):是本地的特定站点或组织,其功能是提供本站点之内的传输服务;

(3) 网络接口标识(Interface Topology):是用于标识链路上的网络接口。

8.2.2 IPv6 寻址模式

如上所述,IP 地址有三种类型:单播、组播和泛播。广播地址已不再有效。RFC 2373 中定义了以下三种 IPv6 地址类型。

1. 单播地址

1) 单播地址的概念

一个单接口的标识符。送往一个单播地址的包将被传送至该地址标识的接口上。

单播地址标识了一个单独的 IPv6 接口。一个结点可以具有多个 IPv6 网络接口。每个接口必须具有一个与之相关的单播地址。单播地址可被认为包含一段信息,这段信息被包含在 128 位字段中:该地址可以完整地定义一个特定的接口。此外,地址中数据可以被解释为多个小段的信息。但无论如何,当所有的信息被放在一起后,将构成标识一个结点接口的 128 位地址。

IPv6 地址本身可以为结点提供关于其结构的或多或少的信息,这主要根据是由谁来观察这个地址以及观察什么。例如,结点可能只需简单地了解整个 128 位地址是一个全球唯一的标识符,而无须了解结点在网络中是否存在。另外,路由器可以通过该地址来决定,地址中的一部分标识了一个特定网络或子网上的一个唯一结点。

例如,一个 IPv6 单播地址可看成是一个两字段实体,其中一个字段用来标识网络,而另一个字段则用来标识该网络上结点的接口。在后面讨论特定的单播地址类型时还会看到,网络标识符可被划分为几部分,分别标识不同的网络部分。IPv6 单播地址功能与 IPv4 地址一样受制于 CIDR,即在一个特定边界上将地址分为两部分。地址的高位部分包含选路用的前缀,而地址的低位部分包含网络接口标识符。

最简单的方法是把 IPv6 地址作为不加区分的一块 128 位的数据,而从格式化的观点来看,可把它分为两段,即接口标识符和子网前缀。RFC 2373 中表示的格式如图 8-1 所示。接口标识符的长度取决于子网前缀的长度。两者的长度是可以变化的,这取决于谁对它进行解释。对于非常靠近寻址的点接口(远离骨干网)的路由器可用相对较少的位数来标识接口。而离骨干网近的路由器,只需用少量地址位来指定子网前缀,这样,地址的大部分将用来标识接口标识符。下面要讨论的是可集聚的单播地址,它的结构更为复杂。

n位	128−n位
子网前缀	接口标识符

图 8-1　单播地址格式

2）单播地址格式

RFC 1884 给出了几种不同类型的通用 IPv6 地址。

(1) 接口标识符

在 IPv6 寻址体系结构中，任何 IPv6 单播地址都需要一个接口标识符。接口标识符非常像 48 位的介质访问控制(MAC)地址，MAC 地址由硬件编码在网络接口卡中，由厂商烧入网卡中，而且地址具有全球唯一性，不会有两个网卡具有相同的 MAC 地址。这些地址能用来唯一标识网络链路层上的接口。

IPv6 主机地址的接口标识符基于 IEEE EUI-64 格式。该格式基于已存在的 MAC 地址来创建 64 位接口标识符，这样的标识符在本地和全球范围是唯一的。RFC 2373 包括的附录解释了如何创建接口标识符。有关 IEEE EUI-64 标准更多的信息，请访问 IEEE 标准网点：http://stand-ards.ieee.org/db/oui/tutorials/EUI64.html。

这些 64 位接口标识符能在全球范围内逐个编址，并唯一地标识每个网络接口。这意味着理论上可多达 264 个不同的物理接口，大约有 1.8×1019 个不同的地址，而且这也只用了 IPv6 地址空间的一半。这至少在可预见的未来是足够的。

(2) 可集聚全球单播地址

可集聚全球单播地址是另一种类型的集聚，它是独立于 ISP 的。基于供应商的可集聚地址必须随着供应商的改变而改变，而基于交换局的地址则由 IPv6 交换实体直接定位。由交换局提供地址块，而用户和供应商为网络接入签订合同。这样的网络接入或者是直接由供应商提供，或者通过交换局间接提供，但选路通过交换局。这就使得用户改换供应商时，无须重新编址。同时也允许用户使用多个 ISP 来处理单块网络地址。

可集聚全球单播地址包括地址格式的起始三位为“001”的所有地址(此格式可在将来用于当前尚未分配的其他单播前缀)。地址格式化为如图 8-2 所示的字段。

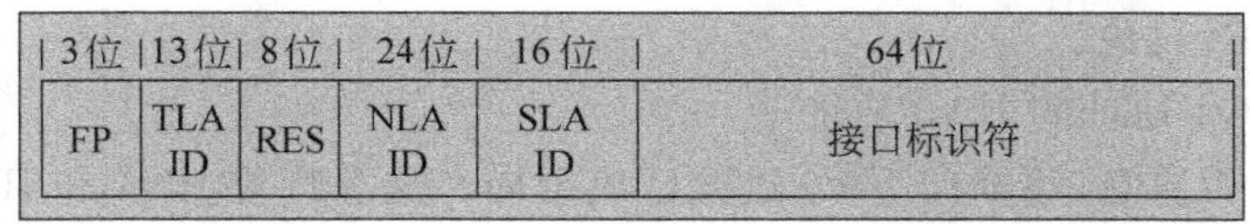

图 8-2　可集聚全球单播地址格式

FP 字段：IPv6 地址中的格式前缀，3 位长，用来标识该地址在 IPv6 地址空间中属于哪类地址。目前该字段为“001”，标识这是可集聚全球单播地址。

TLA ID 字段：顶级集聚标识符，包含最高级地址选路信息。这指的是网络互联中最大的选路信息。该字段为 13 位，可得到最大 8192 个不同的顶级路由。

RES 字段：该字段为 8 位，保留为将来用。最终可能会用于扩展顶级或下一级集聚标识符字段。

NLA ID 字段：下一级集聚标识符，24 位。该标识符被一些机构用于控制顶级集聚以安排地址空间。换句话说，这些机构（可能包括大型 ISP 和其他提供公网接入的机构）能按照他们自己的寻址分级结构来将此 24 位字段切开用。这样，一个实体可以用两位分割成 4 个实体内部的顶级路由，其余的 22 位地址空间分配给其他实体（如规模较小的本地 ISP）。这些实体如果得到足够的地址空间，可将分配给它们的空间用同样的方法再子分。

SLA ID 字段：站点级集聚标识符，被一些机构用来安排内部的网络结构。每个机构可以用与 IPv4 同样的方法来创建自己内部的分级网络结构。若 16 位字段全部用作平面地址空间，则最多可有 65 535 个不同子网。如果用前 8 位作该组织内较高级的选路，那么允许 255 个高级子网，每个高级子网可有多达 255 个子子网。

接口标识符字段：64 位长，包含 IEEE EUI-64 接口标识符的 64 位值。

IPv6 单播地址能包括大量的组合，甚至超过了将来 RFC 可能会指定的显式字段。不论是站点级集聚标识符，还是下一级集聚标识符都提供了大量空间，以便某些网络接入供应商和机构通过分级结构再子分这两个字段来增加附加的拓扑结构。

（3）特殊地址和保留地址

在第一个 1/256 IPv6 地址空间中，所有地址的第一个 8 位 0000 0000 被保留。大部分空的地址空间用作特殊地址，这些特殊地址包括以下几种。

① 未指定地址：这是一个“全 0”地址，当没有有效地址时，可采用该地址。例如，当一个主机从网络第一次启动时，它尚未得到一个 IPv6 地址，就可以用这个地址，即当发出配置信息请求时，在 IPv6 包的源地址中填入该地址。该地址可表示为 0:0:0:0:0:0:0:0，如前所述，也可写成::。

② 回返地址：在 IPv4 中，回返地址定义为 127.0.0.1。任何发送回返地址的包必须通过协议栈到网络接口，但不发送到网络链路上。网络接口本身必须接受这些包，就好像是从外面结点收到的一样，并传回给协议栈。回返功能用来测试软件和配置。IPv6 回返地址除了最低位外，全为 0，即回返地址可表示为 0:0:0:0:0:0:0:1 或::1。

③ 嵌有 IPv4 地址的 IPv6 地址：有两类地址，一类允许 IPv6 结点访问不支持 IPv6 的 IPv4 结点，另一类允许 IPv6 路由器用隧道方式，在 IPv4 网络上传送 IPv6 包。这两类地址将在下面进行讨论。

（4）嵌有 IPv4 地址的 IPv6 地址

不管人们是否愿意，逐渐向 IPv6 过渡已成定局。这意味着 IPv4 和 IPv6 结点必须找到共存的方法。当然两个不同 IP 版本最明显的一个差别是地址。最早由 RFC 1884 定义，然后被带入 RFC 2373 中，IPv6 提供两类嵌有 IPv4 地址的特殊地址。这两类地址高 80 位均为 0，低 32 位包含 IPv4 地址。当中间的 16 位被置为 FFFF 时，则表示该地址为 IPv4 映像的 IPv6 地址。图 8-3 显示了这两类地址结构。

IPv4 兼容地址被结点用于通过 IPv4 路由器以隧道方式传送 IPv6 包。这些结点既理解 IPv4 又理解 IPv6。IPv4 映像地址则被 IPv6 结点用于访问只支持 IPv4 的结点。

（5）链路本地和站点本地地址

对于不愿意申请全球唯一性的 IPv4 网络地址的一些机构，通过采用网络 10 型地址

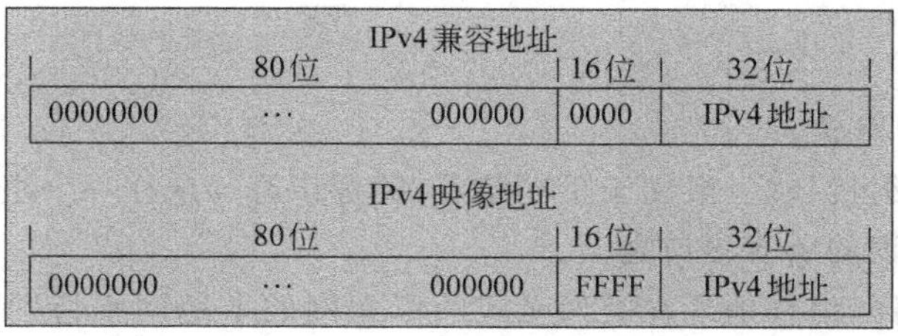

IPv4兼容地址			
80位		16位	32位
0000000	… 000000	0000	IPv4地址

IPv4映像地址			
80位		16位	32位
0000000	… 000000	FFFF	IPv4地址

图 8-3 嵌有 IPv4 地址的 IPv6 地址

对 IPv4 网络地址进行翻译，可以为这些机构提供一个选项。位于机构之外，但由机构使用的路由器不应该转发这些地址，但是不能阻止转发这些地址，也不能区分这些地址和其他有效的 IPv4 地址。可以相对容易地配置路由器，使其能转发这些地址。

为实现这一功能，IPv6 从全球唯一的 Internet 空间中分出两个不同的地址段。链路本地和站点本地地址结构如图 8-4 所示。

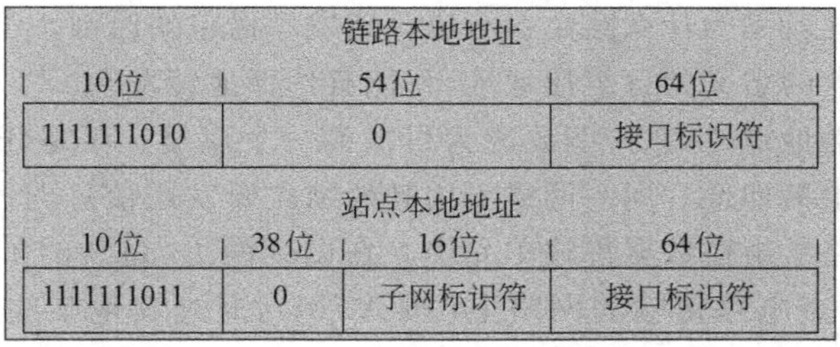

链路本地地址		
10位	54位	64位
1111111010	0	接口标识符

站点本地地址			
10位	38位	16位	64位
1111111011	0	子网标识符	接口标识符

图 8-4 链路本地和站点本地地址结构图

链路本地地址用于单网络链路上给主机编号。前缀的前 10 位标识的地址即链路本地地址。路由器在它们的源端和目的端对具有链路本地地址的包不予处理，因为永远也不会转发这些包。该地址的中间 54 位置成 0。而 64 位接口标识符同样用如前所述的 IEEE 结构，地址空间的这部分允许个别网络连接多达 $2^{64}-1$ 个主机。

如果说链路本地地址只用于单个网络链路，那么站点本地地址则可用于站点。这意味着站点本地地址能用在内联网中传送数据，但不允许从站点直接选路到全球 Internet。站点内的路由器只能在站点内转发包，而不能把包转发到站点外去。站点本地地址的 10 位前缀与链路本地地址的 10 位前缀略有区别，然后后面紧跟一连串“0”。站点本地地址的子网标识符为 16 位，而接口标识符同样是 64 位基于 IEEE 地址。

(6) NSAP 和 IP X 地址分配

IPng 的目标之一是要统一整个网络世界，使 IP、IPX 和 OSI 网络间能进行互操作。为了支持这种互操作性，IPv6 为 OSI 和 IPX 各保留了 1/128 地址空间。在本书出版前，IPX 地址格式尚未精确定义；NSAP 地址分配的描述见 RFC 1888(OSI NSAP 和 IPv6)。对 OSI 和 NSAP 的讨论已超出本书范围，感兴趣的读者可以在 RFC 中找到更完整的论述。

2. 组播地址

1）组播地址的概念

组播地址是一组接口(一般属于不同结点)的标识符。送往一个组播地址的数据包将被传送至该地址标识的所有接口之上。

像广播地址一样,组播地址在类似老式的以太网的本地网中特别有用,在这种网中,所有结点都能检测出线路上传输的所有数据。每次传输开始时,每个结点检查其目的地址,如果与本结点接口地址一致,结点就拾取该传输的其余部分。这使结点拾取广播和组播传输相对简单。如果是广播,结点只要侦听,无须做任何决定,因而简单。对组播来说,稍复杂一些,结点要预订一个组播地址,当检测出目的地址为组播地址时,必须确定是否结点预订的那个组播地址。

IP组播就更为复杂。一个重要的原因是IP并不是不加鉴别就将业务流放在Internet上转发至所有结点,这是IP成功之处。如果这样做,它将迫使大多数甚至所有连接的网络屈服。这就是为什么路由器不应该转发广播包的原因。不过,对组播而言,只要路由器以其他结点的名义预订组播地址,就能有选择地转发它。

当结点预订组播地址时,它声明要成为组播的一个成员。于是任何本地路由器将以该结点的名义预订组播地址。同一网络上的其他结点要发送信息到该组播地址时,IP组播包将被封装到链路层组播数据传输单元中。在以太网上,封装的单元指向以太网组播地址;在其他用点对点电路传输的网络上(如ATM),通过其他某些机制将包发送给订户,通常通过某类服务器将包发送给每个订户。从本地网以外来的组播,用同样方法处理,只是传递给路由器,由路由器把包转发给预订结点。

2）组播地址格式

IPv6组播地址的格式不同于IPv6单播地址,采用图3-12所示的更为严格的格式。组播地址只能用作目的地址,没有数据报把组播地址用作源地址。

地址格式中的第一个字节为全"1",标识其为组播地址。组播地址格式中除第一字节外的其余部分,包括如下三个字段。

标志字段：由4个单个位标志组成。目前只指定了第4位,该位用来表示该地址是由Internet编号机构指定的熟知的组播地址,还是特定场合使用的临时组播地址。如果该标志位为"0",表示该地址为熟知地址;如果该位为"1",表示该地址为临时地址。其他三个标志位保留将来用。

范围字段：长4位,用来表示组播的范围。即,组播组是只包括同一本地网、同一站点、同一机构中的结点,还是包括IPv6全球地址空间中任何位置的结点。该4位的可能值为0～15,如图8-5所示。

8位	4位	4位	112位
11111111	标志	范围	组标识符

图8-5　组播地址格式

组标识符字段：长112位，用于标识组播组。根据组播地址是临时的还是熟知的以及地址的范围，同一个组播标识符可以表示不同的组。永久组播地址用指定的赋予特殊含义的组标识符，组中的成员既依赖于组标识符，又依赖于范围。

所有IPv6组播地址以FF开始，表示地址的第一个8位为全“1”。

标志位：若为全“0”，则表示熟知地址；若为全“1”，则表示临时地址。

范围字段：范围可以是未分配的值或保留的值，如表8-1所示。

表8-1 IPV6组播范围值的定义

十六进制	十进制	值	十六进制	十进制	值
0	0	保留	8	8	机构本地范围
1	1	结点本地范围	9	9	（未分配）
2	2	链路本地范围	A	10	（未分配）
3	3	（未分配）	B	11	（未分配）
4	4	（未分配）	C	12	（未分配）
5	5	站点本地范围	D	13	（未分配）
6	6	（未分配）	E	14	全球范围
7	7	（未分配）	F	15	保留

3. 泛播地址

1）泛播地址的概念

与组播地址的概念一样，泛播地址也是一组接口（一般属于不同结点）的标识符。送往一个泛播地址的数据包将被传送至与该地址标识的所有接口上，但只有一个接口能接收到这一数据包，通常是由路由协议认为最近的一个接口。

组播地址在某种意义上可以由多个结点共享。组播地址成员的所有结点均期待着接收发给该地址的所有包。一个连接5个不同的本地以太网网络的路由器，要向每个网络转发一个组播包的副本（假设每个网络上至少有一个预订了该组播地址）。泛播地址与组播地址类似，同样是多个结点共享一个泛播地址，不同的是，只有一个结点期待接收给泛播地址的数据报。

泛播对提供某些类型的服务特别有用，尤其是对于客户机和服务器之间不需要有特定关系的一些服务，例如域名服务器和时间服务器。名字服务器就是个名字服务器，不论远近都应该工作得一样好。同样，一个近的时间服务器，从准确性来说，更为可取。因此当一个主机为了获取信息，发出请求到泛播地址，响应的应该是与该泛播地址相关联的最近的服务器。

2）泛播地址格式

泛播地址被分配在正常的IPv6单播地址空间以外。因为泛播地址在形式上与单播地址无法区分开，一个泛播地址的每个成员，必须显式地加以配置，以便识别泛播地址。

3）泛播选路

了解如何为一个单播包确定路由，必须从指定单个单播地址的一组主机中提取最低的公共选路命名符。即，它们必定有某些公共的网络地址号，并且其前缀定义了所有泛播结点存在的地区。比如一个 ISP 可能要求它的每一个用户机构提供一个时间服务器，这些时间服务器共享单个泛播地址。在这种情况下，定义泛播地区的前缀，被分配给 ISP 做再分发用。

发生在该地区中的选路是由共享泛播地址的主机的分发来定义的。在该地区中，一个泛播地址必定带有一个选路项：该选路项包括一些指针，指向共享该泛播地址的所有结点的网络接口。上述情况下，地区限定在有限范围内。泛播主机也可能分散在全球 Internet 上，如果是这种情况，那么泛播地址必须添加到遍及世界的所有路由表上。

8.2.3 IPv6 地址分配

1. IPv4 地址分配原则

IPv4 的 IP 地址分为 A、B、C、D、E 等 5 大类，由于 IPv4 在进行 IP 地址分配时是以“类”为单位进行的，造成了 IP 地址的大量浪费，这也是造成 IPv4 地址不够用的主要原因之一。为了避免这一现象的发生，IPv6 抛弃了这种地址分类方式，而采用的是“单播地址、组播地址和泛播地址”的表示方式。在进行 IP 地址分配时，IPv6 采用的是“聚类”分配原则以及“前缀＋前缀长度”的分配策略。

2. IPv6 地址分配原则

根据由 ARIN、RIPE NCC 及 APNIC 共同起草的正式文件提出的建议，对 IPv6 全球单播地址的规划和管理方案应符合以下基本原则。

(1) 唯一性。被分配出去的 IPv6 地址必须保证在全球范围内是唯一的，以保证每台主机都能被正确地识别。

(2) 可记录性。已分配出去的地址块必须记录在数据库中，为定位网络故障提供依据。

(3) 可聚合性。地址空间应该尽量划分为层次，以保证聚合性，缩短路由表长度。同时，对地址的分配要尽量避免地址碎片出现。

(4) 节约性。地址申请者必须提供完整的书面报告，证明它确实需要这么多地址。同时，应该避免闲置被分配出去的地址。

(5) 公平性。所有的团体，无论其所处地理位置或所属国家，都具有公平地使用 IPv6 全球单播地址的权利。

(6) 可扩展性。考虑到网络的高速增长，必须在一段时间内留给地址申请者足够的地址增长空间，而不需要它频繁地向上一级组织申请新的地址。

3. IPv6 地址分配策略

目前,IPv6 的地址空间管理是按规定的等级结构在全球范围内分配的,即按 IANA-区域注册机构 RIR-国家注册机构 NIR-ISP/本地注册机构 LIR-最终用户或 ISP 的层次结构进行地址分配。

IPv6 地址分配有两种策略：一种是逐级分配策略,在该策略下,上层注册机构将地址划分给下层注册机构进行分配与管理;另一种是指派策略,在该策略下,注册机构直接将地址分配给用户使用。

为了 Internet 发展的长远利益,IPv6 地址空间管理的目标确定为保证世界范围内 IP 地址的唯一性、统一在注册数据库中注册、尽最大可能保证易聚合、避免空间浪费、分配公平公正及注册管理开销的最小化等。一般情况下,在 IPv6 地址分配策略中,聚合的目标被认为是最重要的。

4. 三种地址规划方案

目前,IPv6 地址共有以下三种地址规划方案。

(1) 根据地理范围进行划分：为在地理上属于同一范围的所有子网分配共同的网络前缀。

(2) 根据组织范围进行划分：为属于同一组织的所有团体分配共同的网络前缀。

(3) 根据服务类型进行划分：为预定义好的服务(如 VoIP,QoS 等)分配特定的网络前缀。

理论上,基于地理位置的前缀划分方法具有方向性,最容易找到最短路径,且相对其他两种方案更具稳定性。但是从历史上来看,IPv4 地址是根据组织范围进行划分的方案来分配的,而且由于广泛采用无类域间路由,使得 IPv4 在地理分布上更加具有无序性。因此若单纯采用基于地理位置的前缀划分方法,当向 IPv6 过渡时,就需要对 IPv4 地址重新编号;或者是保留额外的路由器专门进行这类地址的处理,同时还将导致路由算法的复杂化。

根据组织范围进行前缀划分的方案实际上是把前缀划分的权力交给了各级运营商,最大好处是使运营商可以自由选择对自己最有利的分配方法,便于管理。但是该方案一方面维护了运营商的利益,使其进行网络升级的难度降低,另一方面却可能损害最终用户的利益。由于前缀划分的权力掌握在运营商手里,它必然选择对自身商业价值最高的划分方案,而不是采用对用户最有利的方案。目前全球可聚合单播地址分配实际上是一种根据组织范围进行划分的方案。

综上所述,三种地址规划方案各有优劣,在提出地址划分方案时可以考虑综合使用各种方法,达到各方利益的相对平衡,才能利于网络的长期健康发展。

5. IPv6 地址分配机构

RFC 1881 规定,IPv6 地址空间的管理必须符合 Internet 团体的利益,必须通过一个中心权威机构来分配。目前,这个权威机构就是 IANA(Internet Assigned Numbers

Authority，Internet 分配号码权威机构）。IANA 根据 IAB（Internet Architecture Board，因特网结构委员会）的建议来进行 IPv6 地址的分配。地址管理采用等级制，而在此等级制中的最高层就是因特网地址分配机构 IANA。IANA 向地区性因特网地址注册处（RIR）分配地址。目前 IANA 已经委派以下 5 个地方组织来执行 IPv6 地址分配的任务。

（1）欧洲 IP 地址注册中心（Réseaux IP Européens Network Coordination Centre，RIPE-NCC）；

（2）北美互联网地址分配机构（American Registry for Internet Numbers，ARIN）；

（3）亚太平地区的地址分配机构（Asia and Pacific Network Information Center，APNIC）；

（4）拉丁美洲及加勒比海地区因特网地址注册中心（Latin America and Caribbean Network Information Center，LACNIC）；

（5）非洲互联网信息中心（Africa Network Information Center，AFRINIC）。

RIR 或 NIR 向本地因特网注册处（LIR）的组织分配地址。LIR 是接受 RIR 或 NIR 委派的组织，由它们向用户分配地址。通常，LIR 是一个服务供应商。LIR 将自己所获得的地址分配给终端用户组织或其他的 ISP。

为了充分实现路由优化，RIR（NIR）并不直接将全球 IPv6 地址分配给终端用户组织。任何的终端用户组织如果想要获得全球 IPv6 地址，都得由与它们保持直接连接的服务供应商进行分配。如果该组织变换了服务供应商，那么全球路由选择前缀也不可避免地要进行变换。

8.3 IPv6 过渡技术

8.3.1 三种过渡技术

目前，由于 IPv6 网络还未完全建成，IPv6 数据包主要是通过 IPv4 网络环境进行传送，主要有以下三种技术。

1. 双协议栈技术

双 IP 协议栈是在一个系统（如一台主机或一台路由器）中同时使用 IPv4 和 IPv6 两个协议栈。这类系统既拥有 IPv4 地址，也拥有 IPv6 地址，因而可以收发 IPv4 和 IPv6 两种 IP 数据报。

两个网络通过 IPv4/IPv6 路由器进行连接，其网络拓扑结构如图 8-6 所示。

2. 隧道技术

与双 IP 协议栈相比，基于 IPv4 隧道的 IPv6 是一种更为复杂的技术，它是将整个 IPv6 数据报封装在 IPv4 数据报中，由此实现在当前的 IPv4 网络（如互联网）中 IPv6 结点

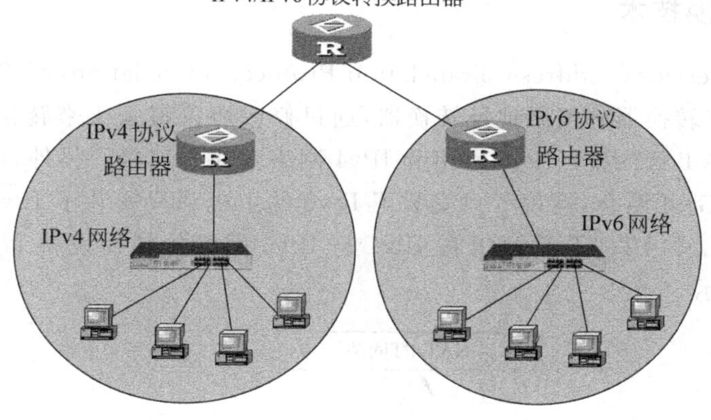

图 8-6 双协议栈连接图

与 IPv4 结点之间的 IP 通信。基于 IPv4 隧道的 IPv6 实现过程分为三个步骤：封装、解封和隧道管理。封装，是指由隧道起始点创建一个 IPv4 包头，将 IPv6 数据报装入一个新的 IPv4 数据报中。解封，是指由隧道终结点移去 IPv4 包头，还原原始的 IPv6 数据报。隧道管理，是指由隧道起始点维护隧道的配置信息，如隧道支持的最大传输单元(MTU)的尺寸等。

将 IPv6 报文封装在 IPv4 数据包包头中，通过 IPv4 网络进行传送，数据包到达目的地后，去掉 IPv4 数据包包头还原成 IPv6 报文即可，如图 8-7 所示。

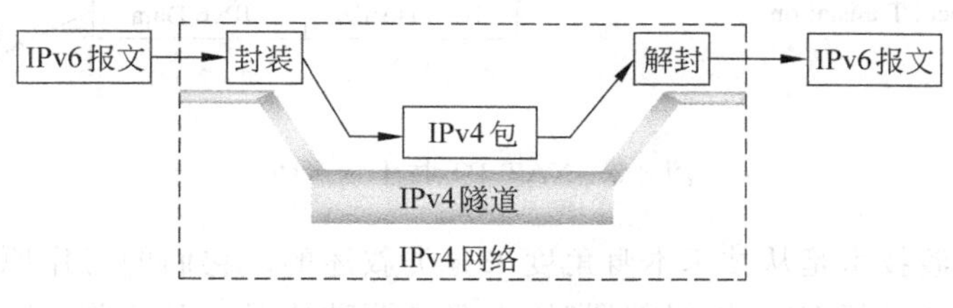

图 8-7 隧道技术

“隧道”技术的核心是把 IPv6 的报文封装在 IPv4 的报文中，使用现有的支持 IPv4 的互联网传送 IPv6 的报文。如果两个 IPv6 结点 A 和 B 之间建立了一条隧道，那么当结点 A 要向结点 B 发送 IPv6 报文时，它把 IPv6 报文封装在以结点 B 的 IPv4 地址为目的地址的 IPv4 报文中发送出去，结点 B 收到此报文后则解除 IPv4 封装，取其中的 IPv6 报文放入自己的 IPv6 协议栈。因此，一条隧道的配置至少隧道两端交换各自的 IPv4 地址信息。对于有状态隧道的配置而言，两对参数需要由双边网络管理员相互约定、手工配置和维护。管理工作量大、工作效率低、容易出错。尽管相对于无状态的 6 to 4 技术来说，有状态隧道技术有上面提到的优点，它的应用却因为上述手工配置的缺点而受到很大限制。一般地，只在大网之间进行 IPv6 互连并且隧道的数目并不太多的时候，才会考虑采用手工方式管理和配置隧道。

3. 协议转换技术

NAT-PT(Network Address Translation-Protocol Translation,网络地址转换-协议转换)是附带协议转换器的网络地址转换器,通过修改协议报文头来转换网络地址,使它们能够互通。NAT-PT 用于 IPv6 网络和 IPv4 网络之间的连接。另外,NAT-PT 通过与应用层网关(ALG)相结合,实现了只安装了 IPv6 的主机和只安装了 IPv4 机器的大部分应用的相互通信。NAT-PT 只要求在 IPv4 与 IPv6 网络的转换设备上启用。NAT-PT 技术如图 8-8 所示。

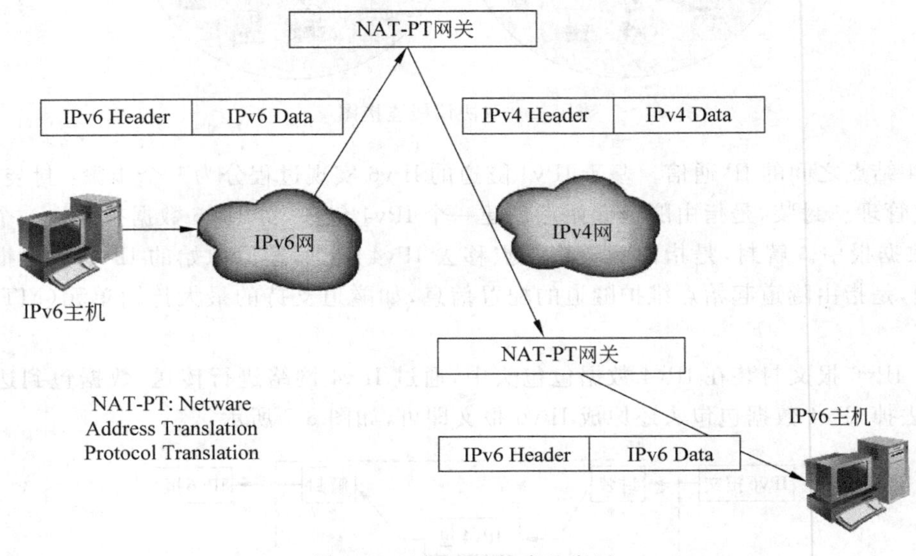

图 8-8　NAT-PT 技术示意图

以上三种过渡技术是从技术本身角度来分类叙述的。它们的工作原理不同,所适用的场合也不同。在进行 IPv6 网络部署时,无非是两种情况:IPv6 跨 IPv4 网络之间互通以及 IPv6 与 IPv4 之间互通。

直接将 IPv6 协议翻译成 IPv4 协议再进行传送,目的结点再将 IPv4 协议转换成 IPv6 协议。

协议翻译也是由协议翻译路由器完成的。这种路由器能将来自 IPv6 网络的报文的 IPv6 报头去掉,并从 IPv6 报文中抽出必要的报头信息(比如源 IP 地址、目的 IP 地址、源端口号、目的端口号等)组成 IPv4 数据报头,即将 IPv6 报文转换成了 IPv4 报文,这样的报文就可以在 IPv4 网络中进行传输了。数据报文输入到目的地后,再用上述相逆的方法将 IPv4 报文转换成 IPv6 报文。

8.3.2　IPv4 向 IPv6 的过渡

目前,网络上的绝大部分设备都是 IPv4 设备,若把这些设备全部换成 IPv6 设备,所需的成本是巨大的;另外,网络的升级换代要保证不中断现有的业务。综合以上因素,从

IPv4 过渡到 IPv6 注定是一个渐进的过程，而且这一过程要持续相当长的时间。根据网络发展的现实情况，要在不同时期采用不同的部署策略，在不中断现有业务的基础上实现平滑过渡。

IPv4 向 IPv6 过渡分为 4 个阶段：IPv4 为主导地位阶段、IPv4 与 IPv6 并存阶段、IPv6 为主导地位阶段、IPv6 取代 IPv4 网络阶段，如图 8-9 所示。

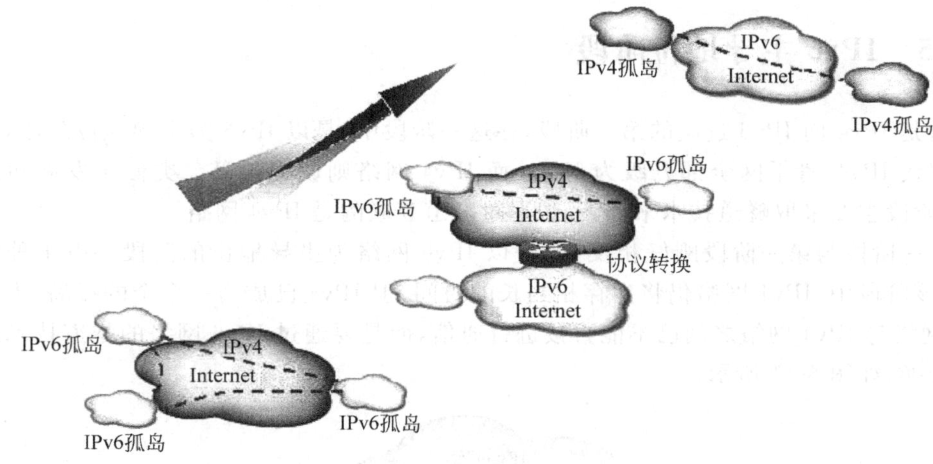

图 8-9　IPv4 向 IPv6 的过渡

8.3.3　IPv6 初期阶段

第一阶段是 IPv6 初期阶段。这一阶段是以 IPv4 网络为主导地位的，在该阶段中，IPv4 保持现有网络规模和网络拓扑结构，而 IPv6 网络则是一个个的孤岛，IPv6 网络与 IPv6 网络之间是不能直接进行通信的，而是要通过 IPv4 网络的隧道技术进行数据交换，如图 8-10 所示。

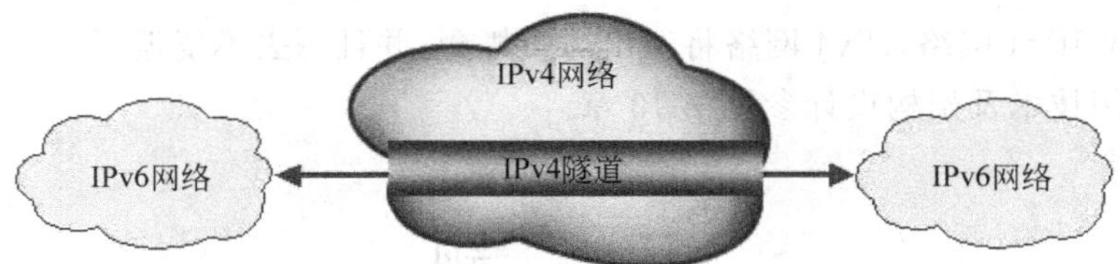

图 8-10　IPv6 初期阶段数据交换模式

8.3.4　IPv4 与 IPv6 并存阶段

这是 IPv4 向 IPv6 过渡的第二阶段，这一阶段是 IPv4 网络与 IPv6 网络并存阶段。IPv4 网络与 IPv6 网络通过 IPv4/IPv6 双协议栈进行数据交换。

IPv6 经过一段时间的发展，得到较大规模的应用，出现了骨干的 IPv6 Internet，在

IPv6 平台上引入了大量的业务。IPv6 业务可以使用 IPv6 Internet 与 IPv6 Intranet，从而可以充分利用 IPv6 的诸多优势，如 QoS 保证。但由于 IPv6 网络之间有可能不是相互连通的，因此还会使用隧道。在 IPv6 平台上实现丰富的业务加快了 IPv6 的实施。但仍将有大量的传统 IPv4 业务存在，许多结点也仍然是双栈结点。这时不仅要采取隧道技术，还要采取 IPv4 与 IPv6 网络之间的协议转换技术。

8.3.5 IPv6 主导地位阶段

这是 IPv4 向 IPv6 过渡的第三阶段，在这一阶段中，是以 IPv6 为主导地位阶段，IPv6 逐步取代 IPv4，骨干网全部升级为 IPv6，而 IPv4 网络则成为孤岛。类似于发展初级阶段，本阶段主要采取隧道技术来部署，但通过隧道互联的是 IPv4 网络。

这一阶段与第一阶段刚好相反，即是以 IPv6 网络为主导地位的阶段。由于种种原因，在该阶段中，IPv4 网络仍将生存相当长的时间，但 IPv4 已成为一个个的孤岛，大多数 IPv4 网络与 IPv4 网络之间已不能直接进行通信，而是要通过 IPv6 网络的隧道技术进行数据交换，如图 8-11 所示。

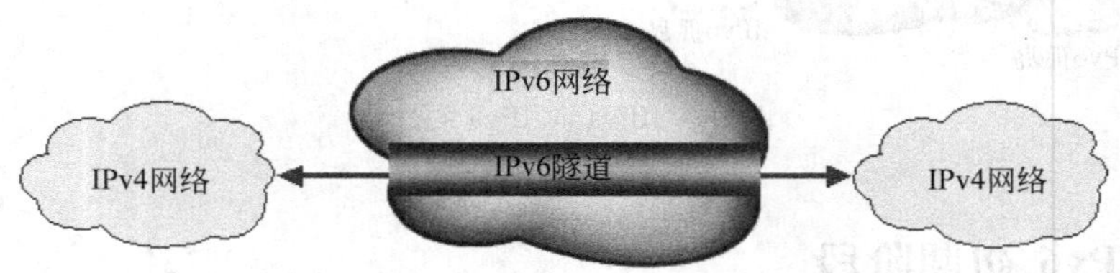

图 8-11 在 IPv6 主导阶段环境下的 IPv4 数据交换模式

8.3.6 IPv6 取代 IPv4 阶段

这是 IPv4 向 IPv6 过渡的第 4 阶段，即 IPv6 完全成熟阶段。在这一阶段中，IPv6 网络将完全取代 IPv4 网络，IPv4 网络将退出历史舞台，并且一去不复返了。

IPv6 实用技术及架构设计参见第 13 章。

习 题

8.1 IPv4 网络存在的不足之处表现在哪几个方面？

8.2 IPv4 地址不够用的主要原因是什么？

8.3 IPv6 的主要特点是什么？

8.4 试述 IPv6 与下一代互联网络的关系。

8.5 IPv4 地址共分为哪几类？每一类地址的适应范围是什么？

8.6 IPv6 地址共分为哪几类？每一类地址的适应范围是什么？

8.7 IPv4 与 IPv6 地址是如何表示的？

8.8 IPv6 的地址的体系结构是如何体现的？这种体系结构的地址有什么好处？

8.9 试述链路本地地址和站点本地地址的适应范围。

8.10 试述双协议栈的工作原理。

8.11 试述隧道技术的工作原理。

8.12 IPv4 向 IPv6 过渡分为哪几个阶段？

8.13 IPv4 网络与 IPv6 网络之间的通信主要采用哪些技术？

第9章

云计算技术

9.1 云计算的基本概念

9.1.1 云计算概述

1. 云计算的起源

云计算(Cloud Computing)是一种基于 Internet 的计算模式,即把分布于网络中的服务器、个人计算机和其他智能设备的计算资源和存储资源集中管理,协同工作,以提高计算能力和存储容量。可以说,云计算是现代计算机网络发展的必然趋势。

云计算具有极高的运算速度(每秒超过 10 万亿次以上)、超强的数据处理能力、海量的存储容量、丰富的信息资源。当前,国内外很多大学(如浙江大学、上海大学、中国石油大学)、科研机构、大型企业(如广州石化)和商业团体都在设计和建设各自的云计算平台。

云计算是互联网和超级计算能力的结合,是一种通过网络以便捷、按需的形式从共享性可配置的计算资源池(这些资源包括网络、服务器、存储、应用和服务)中获取服务的业务模式。数十亿台个人计算机和其他设备(如智能手机)接入云计算中心,将带来工作方式和商业模式的彻底变革,这就好比是从古老的单台发电机模式转向了电厂集中供电的模式。

云计算可以应用于模拟核爆炸、天气预报计算、空气动力学、地理信息和流体力学计算、旱情与汛情预报、大型数据库的建设与数据处理等高科技领域。

早在 20 世纪 60 年代麦卡锡(John McCarthy)就提出了把计算能力作为一种像水和电一样的公用事业提供给用户。云计算(Cloud Computing)的第一个里程碑是 1999 年 Salesforce.com 提出的通过一个网站向企业提供企业级的应用的概念。另一个重要进展是 2002 年亚马逊(Amazon)提供一组包括存储空间,计算能力甚至人力智能等资源服务的 Web Service。2005 年,亚马逊又提出了弹性计算云(Elastic Compute Cloud),也称亚马逊 EC2,允许小企业和私人租用亚马逊的计算机来处理他们自己的业务。

特别值得注意的是,云计算并不是一种新技术,而是一种新兴的商业计算模型。它将计算任务分布在大量计算机构成的资源池上,使各种应用系统能够根据需要获取计算能力、存储空间和各种软件服务。

这种资源池称为“云”。“云”是一些可以自我维护和管理的虚拟计算资源，通常为一些大型服务器集群，包括计算服务器、存储服务器、宽带资源等。云计算将所有的计算资源集中起来，并由软件实现自动管理，无须人为参与。这使得应用提供者无须为烦琐的细节而烦恼，能够更加专注于自己的业务，有利于创新和降低成本 。

2. 云存储计量单位

在云计算领域中，其存储容量的计量单位也发生了质的变化，除了此前通常使用的KB、MB、GB和TB以外，还引入了PB、EB，甚至ZB和YB的海量存储单位，如表9-1所示。

表 9-1　云计算领域的存储计量单位

存储单位	读 音	计 算 式	存储空间类比
1b	比特	1个二进制位	可存放一个二进制码
1B	字节	8个二进制位	可存放一个英文字母、一个符号或一个英文标点；而一个汉字要占两个字节长度
1KB	千字节	1024B(2^{10}B)	可存放一则短篇故事的内容
1MB	兆字节	1024KB(2^{20}B)	可存放一则短篇小说的文字内容
1GB	吉字节	1024MB(2^{30}B)	可存放贝多芬第五乐章交响曲的乐谱内容
1TB	太字节	1024GB(2^{40}B)	可存放一家大型医院中所有的X光图片资讯量，可存储200 000张照片或200 000首MP3歌曲
1PB	拍字节	1024TB(2^{50}B)	相当于两个数据中心的存储量，可存放50%的全美学术研究图书馆藏书资讯内容
1EB	艾字节	1024PB(2^{60}B)	相当于2000个数据中心的存储量，5个EB相当于至今全世界人类所讲过的话语
1ZB	泽字节	1024EB(2^{70}B)	200万个数据中心，其存储器的大小相当于纽约曼哈顿(面积59.5平方千米)所有建筑物之和的五分之一；也相当于全世界海滩上的沙子数量总和
1YB	尧字节	1024ZB(2^{80}B)	20亿个数据中心，存储器的大小相当于特拉华州和罗得岛州之和；也相当于7000个人类体内的微细胞总和

3. 云计算的特点

(1) 超大规模。“云”具有相当的规模，Google云计算已经拥有一百多万台服务器，Amazon、IBM、微软、Yahoo等“云”均拥有几十万台服务器。企业私有云一般拥有数百上千台服务器。“云”能赋予用户前所未有的计算能力。

(2) 虚拟化。云计算支持用户在任意位置、使用各种终端获取应用服务。所请求的资源来自“云”，而不是固定的有形的实体。应用在“云”中某处运行，但实际上用户无须了解，也不用担心应用运行的具体位置。只需要一台笔记本或者一部手机，就可以通过网络服务来实现需要的一切，甚至包括超级计算这样的任务。

(3) 高可靠性。“云”使用了数据多副本容错、计算结点同构可互换等措施来保障服务的高可靠性，使用云计算比使用本地计算机可靠。

(4) 通用性。云计算不针对特定的应用，在“云”的支撑下可以构造出千变万化的应用，同一个“云”可以同时支撑不同的应用运行。

(5) 高可扩展性。“云”的规模可以动态伸缩，满足应用和用户大规模增长的需要。

(6) 按需服务。“云”是一个庞大的资源池，按需购买；云可以像自来水、电、煤气那样计费。

(7) 极其廉价。由于“云”的特殊容错措施可以采用极其廉价的结点来构成云，“云”的自动化集中式管理使大量企业无须负担日益高昂的数据中心管理成本，“云”的通用性使资源的利用率较之传统系统大幅提升，因此用户可以充分享受“云”的低成本优势，经常只要花费几百美元、几天时间就能完成以前需要数万美元、数月时间才能完成的任务。

4. 云计算的基本原理

云计算的基本原理是，通过使计算分布在大量的分布式计算机上，而非本地计算机或远程服务器中，企业数据中心的运行将更与互联网相似。这使得企业能够将资源切换到需要的应用上，根据需求访问计算机和存储系统。这是一种革命性的举措，打个比方，这就好比是从古老的单台发电机模式转向了电厂集中供电的模式。它意味着计算能力也可以作为一种商品进行流通，就像煤气、水电一样，取用方便，费用低廉。最大的不同在于，它是通过互联网进行传输的。在未来，只需要一台笔记本或者一部手机，就可以通过网络服务来实现需要的一切，甚至包括超级计算这样的任务。从这个角度而言，最终用户才是云计算的真正拥有者。云计算的应用包含这样一种思想，把力量联合起来，给其中的每一个成员使用。从最根本的意义来说，云计算就是利用互联网上的软件和数据的能力。对于云计算，Google 全球副总裁、中国区总裁李开复打了一个形象的比喻：钱庄。最早人们只是把钱放在枕头底下，后来有了钱庄，很安全，不过兑现起来比较麻烦。现在发展到银行可以到任何一个网点取钱，甚至通过 ATM，或者国外的渠道。就像用电不需要家家装备发电机，直接从电力公司购买一样。“云计算”带来的就是这样一种变革——由谷歌、IBM 这样的专业网络公司来搭建计算机存储、运算中心，用户通过一根网线借助浏览器就可以很方便地访问，把“云”作为资料存储以及应用服务的中心。云计算的发展已涉及到了云安全和云存储两大领域：国内的瑞星和趋势科技就已开始提供云安全的产品；而微软、谷歌等国际领头羊更多的是涉足云存储领域。

5. 云计算的定义

狭义的云计算是指 IT 基础设施的交付和使用模式，指通过网络以按需求、易扩展的方式获得所需的资源（硬件、平台、软件）。提供资源的网络被称为“云”。“云”中的资源在使用者看来是可以无限扩展的，并且可以随时获取，按需使用，随时扩展，按使用付费。这种特性经常被称为像水电一样使用 IT 基础设施。

广义的云计算是指服务的交付和使用模式，指通过网络以按需、易扩展的方式获得所需的服务。这种服务可以是 IT 和软件、互联网相关的，也可以是任意其他的服务。

云计算(Cloud Computing)是网格计算(Grid Computing)、分布式计算(Distributed Computing)、并行计算(Parallel Computing)、效用计算(Utility Computing)、网络存储(Network Storage Technologies)、虚拟化(Virtualization)、负载均衡(Load Balance)等传统计算机技术和网络技术发展融合的产物。它旨在通过网络把多个成本相对较低的计算实体整合成一个具有强大计算能力的完美系统,并借助 SaaS(软件即服务)、PaaS(平台即服务)、IaaS(基础设施即服务)等先进的商业模式把这强大的计算能力分布到终端用户手中。云计算的一个核心理念就是通过不断提高"云"的处理能力,进而减少用户终端的处理负担,最终使用户终端简化成一个单纯的输入输出设备,并能按需享受"云"的强大计算处理能力!

云计算是一种基于 Internet 的计算模式,具有极高的运算速度、超强的数据处理能力、海量的存储容量和丰富的信息资源。可应用于模拟核爆炸、天气预报、大型数据库的建设与数据处理和信息处理等方面。

6. 云计算的分类

1) 从服务方式的角度来划分

从服务方式角度来划分,云计算可分为三种:为公众提供开放的计算、存储等服务的"公共云",如百度的搜索和各种邮箱服务等;部署在防火墙内,为某个特定组织提供相应服务的"私有云";以及将以上两种服务方式进行结合的"混合云",如图 9-1 所示。

(1) 公共云。公共云是由若干企业和用户共享的云环境。在公共云中,用户所需的服务由一个独立的、第三方云提供商提供。该云提供商也同时为其他用户服务,这些用户共享这个云提供商所拥有的资源。

(2) 私有云。私有云是由某个企业独立构建和使用的云环境。私有云是指为企业或组织所专有的云计算环境。在私有云中,用户是这个企业或组织的内部成员,这些成员共享着该云计算环境所提供的所有资源,公司或组织以外的用户无法访问这个云计算环境提供的服务。

(3) 混合云。指公共云与私有云的混合。

2) 按服务类型分类

所谓云计算的服务类型,就是指其为用户提供什么样的服务;通过这样的服务,用户可以获得什么样的资源;以及用户该如何去使用这样的服务。目前业界普遍认为,以服务类型为指标,云计算可以分为以下三类:基础设施云、平台云和应用云,如图 9-2 所示。

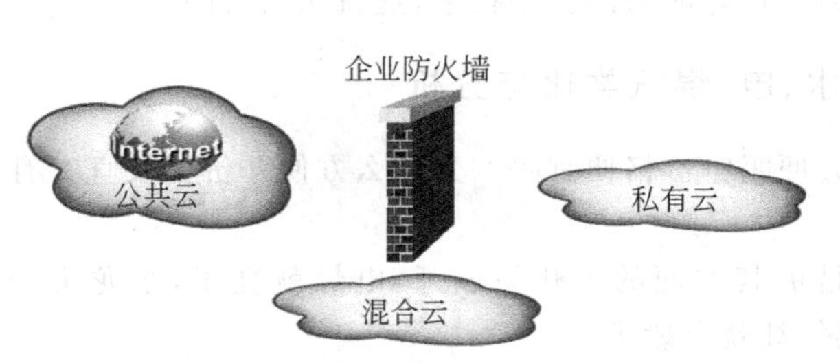

图 9-1　公共云、私有云和混合云部署图

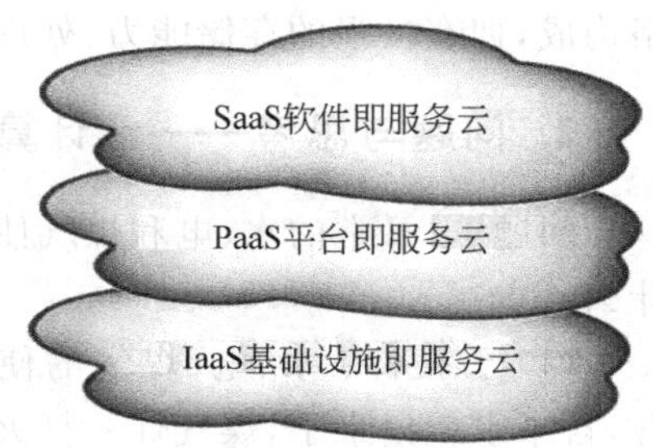

图 9-2　云计算的三种服务方式

基础设施云(基础设施即服务 IaaS)：这种云为用户提供的是底层的、接近于直接操作硬件资源的服务接口。通过调用这些接口，用户可以直接获得计算和存储能力，而且非常自由灵活，几乎不受逻辑上的限制。

平台云(平台即服务 PaaS)：这种云为用户提供一个托管平台，用户可以将他们所开发和运营的应用托管到云平台中。

应用云(软件即服务 SaaS)：云平台提供的各种应用服务如表 9-2 所示。

表 9-2　云平台提供的应用服务

分　类	服务类型	运用的灵活性	运用的难易程度
基础设施云	接近原始的计算存储能力	高	难
平台云	应用的托管环境	中	中
应用云	特定的功能应用	低	易

9.1.2　云计算的产生及基础架构

1. 云计算的雏形

早期 Internet 的 P2P(对等网络)特性可通过新闻组网络(Usenet)来做最好的说明，新闻组创建于 1979 年，是一个由计算机构成的网络，每台计算机都能提供整个网络的内容。信息在对等计算机之间进行传播，无论用户连接在哪一台新闻组的服务器上，都可以获得张贴到每个单独的服务器上的所有信息。虽然用户到新闻组服务器的连接具有传统的客户/服务器系统特性，但新闻组服务器之间的关系则无疑是 P2P，这就是今天“云计算”的雏形。

云计算是成熟可商用的技术，而不仅仅是一个概念。很多时候，人们已不知不觉中使用了“云计算”提供的服务。

例如，当我们使用百度搜索引擎搜索关键词“网络”一词时，分布在世界各地数以万计的服务器对关键词“网络”进行匹配、查找、关联、搜索和汇总，最终将对应信息反馈到搜索者的屏幕上。

在这一过程中，用户并不知道有多少服务器和多少软件向他提供了服务，更不知道这些服务器和软件分布在什么地方，其实这就是云计算提供的强大服务。由硬件、软件和网络构成，拥有极强的存储能力、处理能力和计算能力的新型技术，这就叫“云计算”。

2. 问题与思考——云计算与水、电、煤气类比与分析

问题 1：日常的水、电和煤气使用方便吗？价格便宜吗？为什么方便并价格便宜？有什么特点？

(1) 方便性：水、电、煤气的使用是极其方便的。开关一开，电灯就亮了，水龙头一开，自来水就出来了，煤气灶一打火，煤气灶就点燃了。

(2) 价格便宜性：无论是水电还是煤气，价格是很便宜的，让人们能够普遍接受。

(3) 安全性：由国家和政府统一建设和管理，其安全性得到充分保障。

(4) 无噪声：对单位和家庭来说，噪声几乎为零。

(5) 特点：按需分配，按使用付费，即用多少，付费多少。

问题 2：如果每个单位，每个家庭都用一台发电机发电，都建立一个独立的自来水厂和一个煤气厂，其结果会怎么样？

带来的问题是：

(1) 建设成本和管理成本极高，建立煤气厂是一般的家庭不可能承受的；

(2) 噪声污染严重；

(3) 安全隐患极大。

3. 云计算的基础架构

云计算的基础架构就是将所有计算资源、存储资源和网络资源进行整合，构成一个具有海量存储容量、能提供超级科学计算和数据处理能力，并具有 9.1.1 节所述的计算机网络系统，如图 9-3 所示。

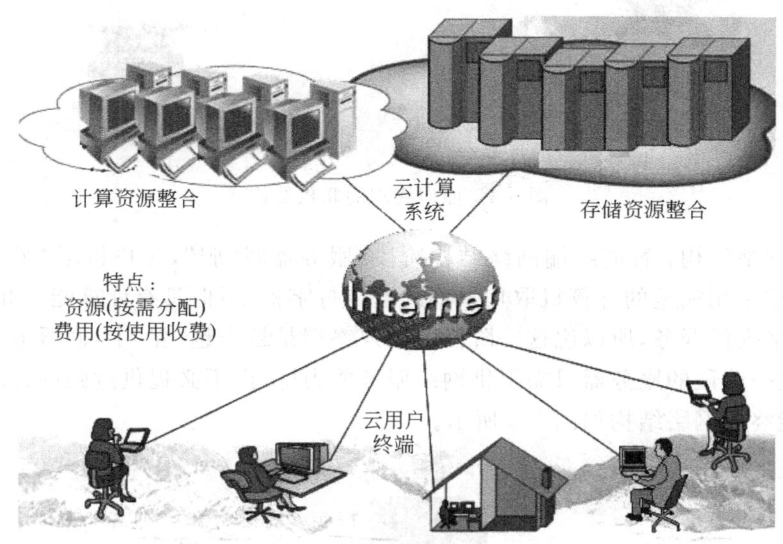

图 9-3　云计算基础架构

9.1.3　云计算的发展

纵观计算机网络的发展史，计算机网络从 20 世纪 50 年代问世开始，至今已经过六十多年的发展，其发展经历可划分为 4 个阶段，即面向终端的联机系统阶段、具有通信功能的智能终端网络阶段、具有统一网络体系结构并遵从国际标准化协议的标准化网络阶段和网络互联阶段。

对于云计算发展的历程，可以用服务器与客户端的“合久必分，分久必合”“由小到大，由大到小”以及“胖”与“瘦”来描述。

1. 服务器与客户端的“胖”与“瘦”

可将云计算网络结构的发展分为三代。

第一代网络结构：面向终端的联机结构阶段(“胖”服务器“瘦”客户机阶段)。其网络结构是所有用户终端通过电话线连接到远程的一台大型服务器上(如图 9-4 所示)。这阶段的用户终端就是电传打字机，不具备计算能力和存储能力，更不能给网络提供服务，是典型的“瘦”终端；而服务器则是一台大型计算机，具有很强的计算能力、存储能力和数据处理能力，并能为网络提供多种服务，是典型的“胖”服务器，而且主张服务器越胖越好，服务器越胖，其提供的能力就越强。

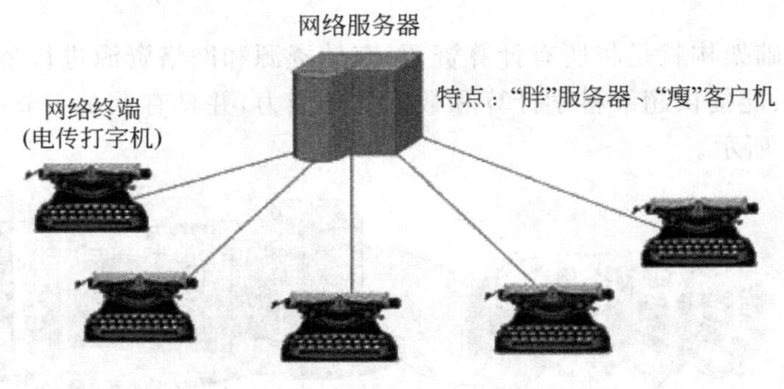

图 9-4　面向终端的联机结构

第二代网络结构：智能终端网络结构阶段(服务器减“肥”，客户机增“肥”阶段)。这阶段的客户端是用完整的计算机取代早期的电传打字机，不但具有计算能力和存储能力，而且能为网络提供服务，所以说这一阶段的用户终端是越来越“胖”了，而服务器则可以减“肥”，因为这一阶段的服务器只需提供网络服务能力即可，不必提供过强的计算能力和存储能力，智能终端网络结构如图 9-5 所示。

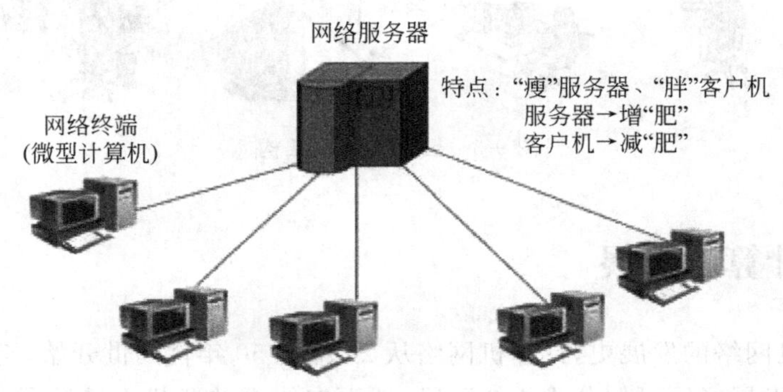

图 9-5　智能终端网络结构阶段

第三代网络结构：云计算网络结构(“胖”服务器“瘦”客户机阶段)。在这一阶段中，将所有的计算资源、存储资源进行整合，统一调度和分配，并能提供超强计算能力和海量存储能力，并能提供“应有尽有”的服务，所以，服务器是增“肥”，而且越来越“胖”；而这阶段的用户终端主张越“瘦”越好，比如平板电脑、手机等。云计算网络结构如图 9-6 所示。

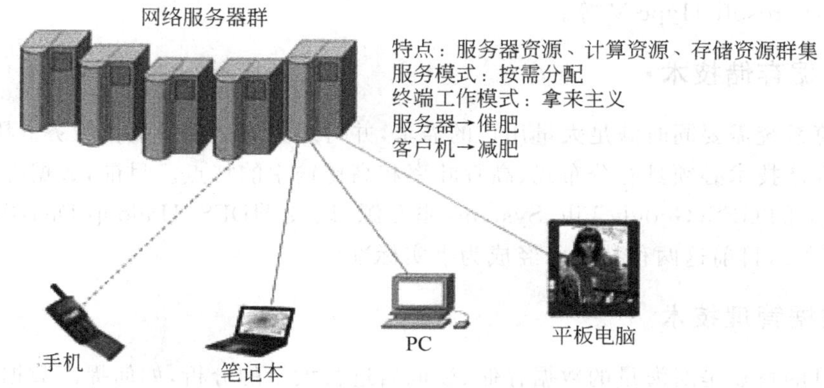

图 9-6 云计算网络结构阶段

2.“合久必分，分久必合”

这里指的是网络服务器的变迁，最初的面向终端的联机阶段，网络服务器通常是一台独立的计算机，所有计算能力、存储能力和服务能力都是由这一台计算机承担(这是服务器的“合”)；在智能终端网络阶段，网络服务器可以是多台，而且可分布在不同地域、不同行业，每台服务器可提供不同的服务(这是服务器的“分”)；在云计算结构阶段，网络服务器全部整合，统一调度和分配，当成一个整体来使用(服务器的“合”)。

3.“由小到大，由大到小”

这里指的是用户终端的变迁，最初面向终端的联机阶段的终端是很瘦小的，但到了智能终端网络结构阶段，主张用户终端越大(胖)越好，而到了云计算网络结构阶段，则又主张用户网络越瘦小越好。

9.1.4 云计算的关键技术

云计算是分布式处理、并行计算和网格计算等概念的发展和商业实现，其技术实质是计算、存储、服务器、应用软件等 IT 软硬件资源的虚拟化，云计算在虚拟化、数据存储、数据管理、编程模式等方面具有自身独特的技术。

云计算系统运用了许多技术，其中以编程模型、数据管理技术、数据存储技术、虚拟化技术、云计算平台管理技术最为关键。

云计算的关键技术包括以下几个方面。

1. 虚拟机技术

虚拟机，即服务器虚拟化是云计算底层架构的重要基石。在服务器虚拟化中，虚拟化软件需要实现对硬件的抽象，资源的分配、调度和管理，虚拟机与宿主操作系统及多个虚拟机间的隔离等功能，目前典型的实现（基本成为事实标准）有 Citrix Xen、VMware ESX Server 和 Microsoft Hype-V 等。

2. 数据存储技术

云计算系统需要同时满足大量用户的需求，并行地为大量用户提供服务。因此，云计算的数据存储技术必须具有分布式、高吞吐率和高传输率的特点。目前，数据存储技术主要有 Google 的 GFS（Google File System，非开源）以及 HDFS（Hadoop Distributed File System，开源），目前这两种技术已经成为事实标准。

3. 数据管理技术

云计算的特点是对海量的数据存储、读取后进行大量的分析，如何提高数据的更新速率以及进一步提高随机读速率是未来的数据管理技术必须解决的问题。云计算的数据管理技术最著名的是谷歌的 BigTable 数据管理技术，同时 Hadoop 开发团队正在开发类似 BigTable 的开源数据管理模块。

4. 分布式编程与计算

为了使用户能更轻松地享受云计算带来的服务，让用户能利用该编程模型编写简单的程序来实现特定的目的，云计算上的编程模型必须十分简单。必须保证后台复杂的并行执行和任务调度向用户和编程人员透明。当前各 IT 厂商提出的“云”计划的编程工具均基于 Map-Reduce 的编程模型。

5. 虚拟资源的管理与调度

云计算区别于单机虚拟化技术的重要特征是通过整合物理资源形成资源池，并通过资源管理层（管理中间件）实现对资源池中虚拟资源的调度。云计算的资源管理需要负责资源管理、任务管理、用户管理和安全管理等工作，实现结点故障的屏蔽，资源状况监视，用户任务调度，用户身份管理等多重功能。

6. 云计算的业务接口

为了方便用户业务由传统 IT 系统向云计算环境的迁移，云计算应对用户提供统一的业务接口。业务接口的统一不仅方便用户业务向云端的迁移，也会使用户业务在云与云之间的迁移更加容易。在云计算时代，SOA 架构和以 Web Service 为特征的业务模式仍是业务发展的主要路线。

7. 云计算相关的安全技术

云计算模式带来一系列的安全问题，包括用户隐私的保护、用户数据的备份、云计算基础设施的防护等，这些问题都需要更强的技术手段，乃至法律手段去解决。

9.2 云计算体系结构

9.2.1 云计算的体系结构

1. 云计算体系结构

云计算平台是一个强大的“云”网络，连接了大量并发的网络计算和服务，可利用虚拟化技术扩展每一个服务器的能力，将各自的资源通过云计算平台结合起来，提供超级计算和存储能力。通用的云计算体系结构如图 9-7 所示。

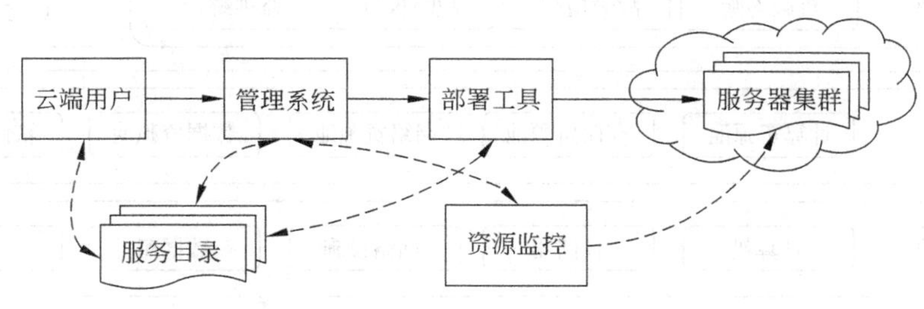

图 9-7 云计算体系结构

云用户端：提供云用户请求服务的交互界面，也是用户使用云的入口，用户通过 Web 浏览器可以注册、登录及定制服务、配置和管理用户。打开应用实例与本地操作桌面系统一样。

服务目录：云用户在取得相应权限（付费或其他限制）后可以选择或定制的服务列表，也可以对已有服务进行退订的操作，在云用户端界面以生成相应的图标或列表的形式展示相关的服务。

管理系统和部署工具：提供管理和服务，能管理云用户，能对用户授权、认证、登录进行管理，并可以管理可用计算资源和服务，接收用户发送的请求，根据用户请求并转发到相应的程序，调度资源智能地部署资源和应用，动态地部署、配置和回收资源。

监控：监控和计量云系统资源的使用情况，以便做出迅速反应，完成结点同步配置、负载均衡配置和资源监控，确保资源能顺利分配给合适的用户。

服务器集群：虚拟的或物理的服务器，由管理系统管理，负责高并发量的用户请求处理、大运算量计算处理、用户 Web 应用服务，云数据存储时采用相应数据切割算法并以行方式上传和下载大容量数据。

用户可通过云用户端从列表中选择所需的服务，其请求通过管理系统调度相应的资源，并通过部署工具分发请求、配置 Web 应用。

2. 云计算的层次结构

云计算的层次结构由物理层、资源池层、中间件和 SOA 服务接口层组成，如图 9-8

所示。

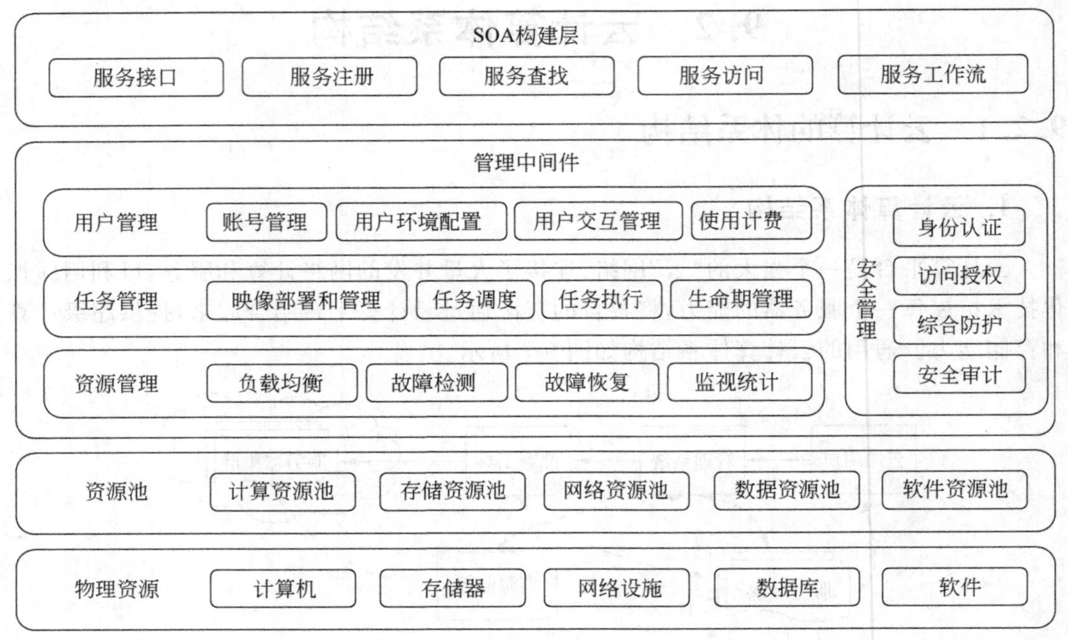

图 9-8　云计算的层次结构

服务接口：统一规定了在云计算时代使用计算机的各种规范、云计算服务的各种标准等，用户端与云端交互操作的入口，可以完成用户或服务注册，对服务的定制和使用。

管理中间件：在云计算技术中，中间件位于服务和服务器集群之间，提供管理和服务即云计算体系结构中的管理系统。对标识、认证、授权、目录、安全性等服务进行标准化和操作，为应用提供统一的标准化程序接口和协议，隐藏底层硬件、操作系统和网络的异构性，统一管理网络资源。其用户管理包括用户身份验证、用户许可、用户定制管理；资源管理包括负载均衡、资源监控、故障检测等；安全管理包括身份验证、访问授权、安全审计、综合防护等；映像管理包括映像创建、部署、管理等。

资源池：指一些可以实现一定操作具有一定功能，但其本身是虚拟而不是真实的资源，如计算池、存储池和网络池、数据库资源等，通过软件技术来实现相关的虚拟化功能包括虚拟环境、虚拟系统、虚拟平台。

物理资源：主要指能支持计算机正常运行的一些硬件设备及技术，可以是价格低廉的 PC，也可以是价格昂贵的服务器及磁盘阵列等设备，可以通过现有网络技术和并行技术、分布式技术将分散的计算机组成一个能提供超强功能的集群用于计算和存储等云计算操作。在云计算时代，本地计算机可能不再像传统计算机那样需要空间足够的硬盘、大功率的处理器和大容量的内存，只需要一些必要的硬件设备如网络设备和基本的输入输出设备等。

3. 云计算的计算模式

1）云计算与效用计算

效用计算是一种提供计算资源的商业模式，用户从计算资源供应商获取和使用计算资源并基于实际使用的资源付费。简单地说，是一种基于资源使用量的付费模式。效用计算主要给用户带来经济效益。企业数据中心的资源利用率普遍在20%左右，这主要是因为超额部署——购买比平均所需资源更多的硬件以便处理峰值负载，可预计到的或不可预计的。效用计算则允许用户只为他们所需要用到并且已经用到的那部分资源付费。

效用计算是一种分发应用所需资源的计费模式。云计算是一种计算模式，代表了在某种程度上共享资源进行设计、开发、部署、运行应用，以及资源的可扩展收缩和对应用连续性的支持。效用计算通常需要云计算基础设施支持，但并不是一定需要。同样，在云计算之上可以提供效用计算，也可以不采用效用计算。

2）云计算与分布式计算

分布式计算是指在一个松散或严格约束条件下使用一个硬件和软件系统处理任务，这个系统包含多个处理器单元或存储单元，多个并发的过程，多个程序。一个程序被分成多个部分，同时在通过网络连接起来的计算机上运行。分布式计算类似于并行计算，但并行计算通常用于指一个程序的多个部分同时运行于某台计算机上的多个处理器上。所以，分布式计算通常必须处理异构环境、多样化的网络连接、不可预知的网络或计算机错误。

3）云计算与网格计算

网格计算是指分布式计算中两类比较广泛使用的子类型。一类是，在分布式的计算资源支持下作为服务被提供的在线计算或存储。另一类是，一个松散连接的计算机网络构成的虚拟超级计算机，可以用来执行大规模任务。该技术通常被用来通过志愿者计算解决计算敏感型的科研、数学、学术问题，也被商业公司用来进行电子商务和网络服务所需的后台数据处理、经济预测、地震分析等。

网格计算强调资源共享，任何人都可以作为请求者使用其他结点的资源，任何人都需要贡献一定资源给其他结点。网格计算强调将工作量转移到远程的可用计算资源上。云计算强调专有，任何人都可以获取自己的专有资源，并且这些资源是由少数团体提供的，使用者不需要贡献自己的资源。在云计算中，计算资源被转换形式去适应工作负载，它支持网格类型应用，也支持非网格环境，比如运行传统或Web 2.0应用的三层网络架构。

网格计算侧重并行的计算集中性需求，并且难以自动扩展。云计算侧重事务性应用，大量的单独的请求，可以实现自动或半自动的扩展。

9.2.2 云计算操作系统

在这里，主要介绍经典的云计算操作系统VMware和Hadoop。

1. VMware

1）VMware 概述

VMware 云操作系统旨在提供高效和简化的计算模式。作为一种新型的软件，VMware 云操作系统经过特别的设计，可以把包括处理器、存储和网络在内的大量虚拟化基础架构组件作为无缝、灵活和动态的操作环境进行管理。戴尔、英特尔和 VMware 三家企业的协作使这种无缝状态变为现实。共同开发流程造就了自动化、智能和实时的管理工具，例如，以 Symantec 的 Altiris 技术为后盾的戴尔管理控制台（Dell Management Console）、戴尔 EqualLogicPS Group Manager 和 VMware vCenter（TM）软件，这些工具能显著简化对虚拟化环境和内部云的管理。此外，紧密的工程合作关系已经在包括 VMware vStorage 集成在内的基础架构等多个层面上造就了出众的集成。

云操作系统管理数据中心复杂性所采取的方式，与标准操作系统管理单个服务器复杂性的方法是一样的。借助云操作系统，运行基于英特尔至强 5500 系列处理器的戴尔 PowerEdge 服务器的企业 IT 部门，可使应用获得高水平的可用性、安全性和性能，从而能够自动化地管理应用达到预定义的服务等级协议（SLA）。此功能有助于公司经济高效地满足 SLA 规格的要求，只需要最少的维护投入。云计算系统还使企业能够在高度统一、可靠和高效的基础架构上运行应用，构成该基础架构的行业标准组件经过专门设计，易于更换。此外，通过将具有相同服务等级期望的应用移入或移出计算云，IT 部门能够有助于降低总体拥有成本并提升运营效率。VMware vSphere 4 经过优化，可运行在由基于英特尔至强处理器的 PowerEdge 服务器构建的云上，将这些平台整合到数据中心以创建无缝的虚拟化基础架构，企业可从把经过验证的虚拟化平台作为内部云和外部云基础的做法中受益。多方合作和标准化使 IT 专业人士能够创建安全的私有云，并提供高层次的可用性、可靠性、可伸缩性和安全性。通过实现业务服务的高效交付，云模式还有助于显著减少资本费用和运营费用。此外，vSphere 4 和虚拟优化的戴尔硬件强强联合，使 IT 部门能够灵活选择与工作负载最相配的硬件、操作系统、应用程序栈和服务提供商。

2）VMware 组件

VMware 操作系统分为服务器版的 VMware Server 和工作站版的 VMware Workstation。VMware Server 安装在云服务器上，用以管理云资源，而 VMware Workstation 云终端用户的计算机上，用户通过该软件与云系统连接，换句话说，云用户就是通过 VMware Workstation 使用“云”的。在系统安装方面，VMware Server 在裸机上就可以安装，而 VMware Workstation 必须在操作系统的支持下才能安装。VMware 组件如图 9-9 所示。

2. Hadoop

1）Hadoop 概述

Hadoop 实现了一个分布式文件系统（Hadoop Distributed File System，HDFS）。HDFS 具有高容错性的特点，并且设计用来部署在低廉的硬件上；而且它提供高吞吐量来访问应用程序的数据，适合那些有着超大数据集的应用程序。HDFS 放宽了 POSIX 的要

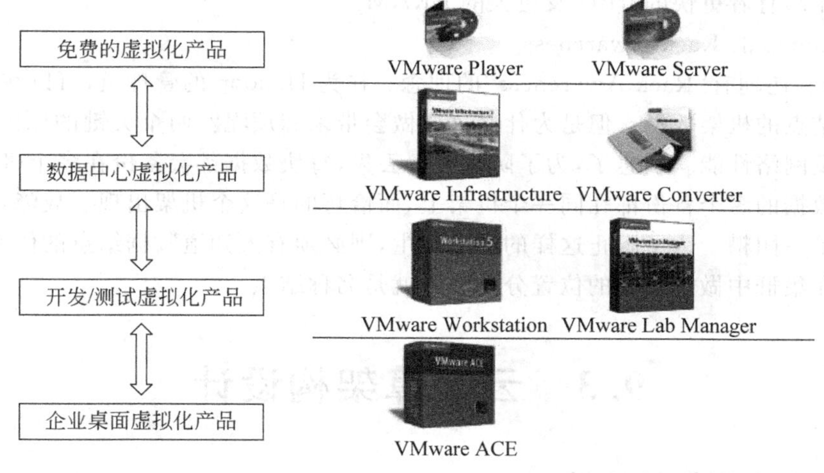

图 9-9 VMware 组件

求,可以以流的形式访问文件系统中的数据。

Hadoop 的框架最核心的设计就是：HDFS 和 MapReduce。HDFS 为海量的数据提供了存储,MapReduce 为海量的数据提供了计算。

2）Hadoop 的服务器角色

Hadoop 主要的任务部署分为三个部分,分别是 Client 机器,主结点和从结点。主结点主要负责 Hadoop 两个关键功能模块 HDFS、MapReduce 的监督。当 Job Tracker 使用 MapReduce 进行监控和调度数据的并行处理时,名称结点则负责 HDFS 监视和调度。从结点负责了机器运行的绝大部分,担当所有数据储存和指令计算的苦差。每个从结点既扮演数据结点的角色又充当与它们主结点通信的守护进程。守护进程隶属于 Job Tracker,数据结点归属于名称结点。

Client 机器集合了 Hadoop 上所有的集群设置,但既不包括主结点也不包括从结点。取而代之的客户端机器的作用是把数据加载到集群中,递交给 MapReduce 数据处理工作的描述,并在工作结束后取回或者查看结果。在小的集群中(大约 40 个结点)可能会面对单物理设备处理多任务,比如同时处理 Job Tracker 和名称结点。作为大集群的中间件,一般情况下都是用独立的服务器去处理单个任务。

在真正的产品集群中是没有虚拟服务器和管理层存在的,这样就没有了多余的性能损耗。Hadoop 在 Linux 系统上运行最好,直接操作底层硬件设施。这就说明 Hadoop 实际上是直接在虚拟机上工作。这样在花费、易学性和速度上有着无与伦比的优势。

3）Hadoop 集群

上面是一个典型 Hadoop 集群的构造。一系列机架通过大量的机架转换与机架式服务器(不是刀片服务器)连接起来,通常会用 1GB 或者 2GB 的宽带来支撑连接。10GB 的带宽虽然不常见,但是却能显著提高 CPU 核心和磁盘驱动器的密集性。上一层的机架转换会以相同的带宽同时连接着许多机架,形成集群。大量拥有自身磁盘储存器、CPU 及 DRAM 的服务器将成为从结点。同样有些机器将成为主结点,这些拥有少量磁盘储存器的机器却有着更快的CPU及更大的DRAM。

4）Hadoop的Rack Awareness

Hadoop还拥有“Rack Awareness”的理念。作为Hadoop的管理员，可以在集群中自行定义从结点的机架数量。但是为什么这样做会带来麻烦呢？两个关键的原因是：数据损失预防及网络性能。别忘了，为了防止数据丢失，每块数据都会备份在多个机器上。假如同一块数据的多个备份都在同一个机架上，而恰巧的是这个机架出现了故障，那么这带来的绝对是一团糟。为了阻止这样的事情发生，则必须有人知道数据结点的位置，并根据实际情况在集群中做出明智的位置分配。它就是名称结点。

9.3 云计算架构设计

9.3.1 云计算架构概述

云计算，开启IT革新，网络变革应“云”而生，云计算将给数据中心网络带来结构性变化，设计一种适应云计算的下一代网络架构和技术标准势在必行。云计算时代，一切都将发生根本性变革，网络作为IT基础设施平台，其整体架构、设备组件、协议选择、关键技术都将发生根本性革新。

1. 云计算基础架构

云计算的概念并不具体，各方面定义很多，以使用者的视角来看，就是让用户在不需了解资源的情况下得到按需分配，计算资源被虚拟化为一片云。当前主流的云计算概念更贴切于云服务，现在提供租用服务的是虚拟机，是软件平台，更可能是应用程序。

2. 云计算分层架构

云计算服务的三个层次分别是基础设施即服务（Infrastructure as a Service，IaaS）、平台即服务（Platform as a Service，PaaS）和软件即服务（Software as a Service，SaaS），分别对应于硬件资源、平台资源以及应用资源。

3. 集中云、分散云

集中云即真正意义上的多虚一，是将几百上千台或更多服务器资源集结、统一计算，对外提供服务，云技术上分为主备和负载均衡两类，主要应用于国家级应用和大型互联网服务提供商。

分散云，使用一虚多技术，是通过类似于VMware软件将一台服务器或者PC分成多个虚拟机，使CPU、内存和带宽达到最高的利用率，目前主要技术包括操作系统虚拟化、主机虚拟化和Bare-Metal虚拟化，主要应用于中小企业和个人。

4. 公共云、私有云

公共云是放在 Internet 上的，只要是注册用户、付费用户都可以用。

私有云是放在私有环境中的，比如企业、政府、组织等自行在机房中建立的，或是运营商建设好，但整体租给某一组织的。企业、组织、政府等之外的用户无法访问或无法使用。

9.3.2 云计算数据中心大二层网络架构

1. 网络大二层架构设计

1）设计原则

（1）高可用性：为了保障对云计算终端用户提供最安全、最可靠的数据存储中心，网络平台必须确保高可靠的网络接入服务，实现“永远在线”的网络连接。

（2）易用性：网络平台需有不同终端、接入方式的良好兼容性，使计算服务范围最大化，同时降低、简化对用户终端的设备的要求，使用户能以“任何终端、位置、方式”获得云计算服务。

（3）可扩展性：网络平台必须适应云计算发展，具备可扩展性，能灵活接入新云计算中心、新终端，快速提供服务。

2）大二层架构

下一代网络平台使用的大二层架构如图 9-10 所示，分为接入层和核心层。随着云计

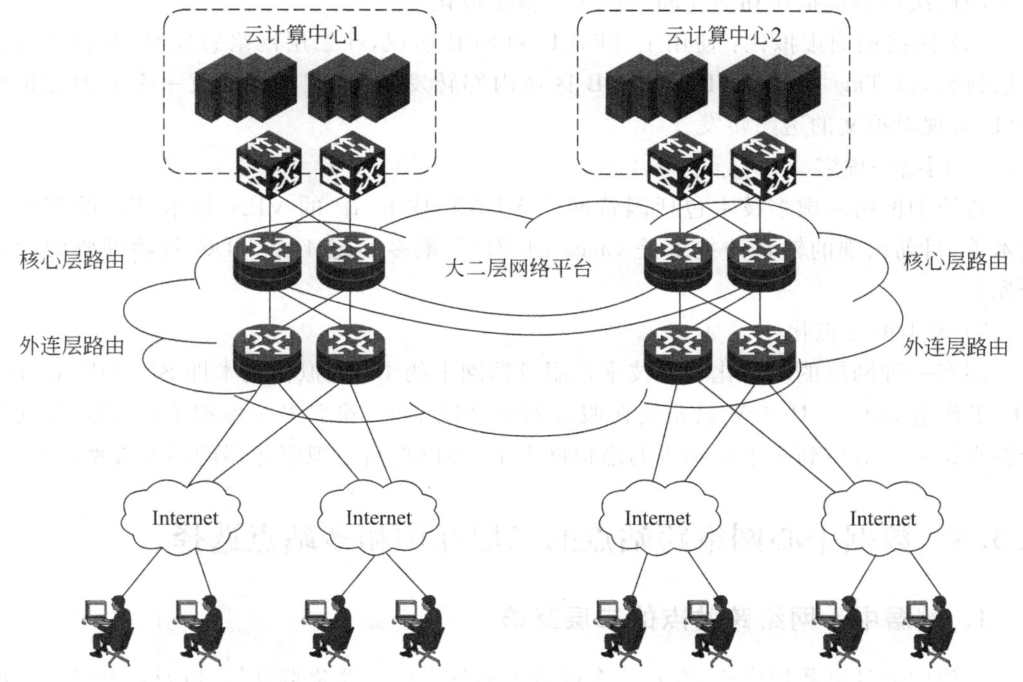

图 9-10　公共云的大二层网络平台架构

算数据中心网络规模的扩大、更大的流量带宽需求，网络中间不会再有使转发性能变低的瓶颈汇聚层。现如今可以说，云计算数据中心典型架构均为图 9-10 所示的千兆接入，万兆核心的两层扁平化网络结构。

2. 云计算对下一代网络技术的需求

(1) 服务器之间的流量将成为主流，网络二层流量需求增加。

(2) 虚拟机以及物理服务器数量增加，导致网络二层拓扑将不断变大。

(3) 数据中心内部通信的压力增大，对网络带宽和延迟有了更高的要求。

(4) 扩容需求、灾难备份和虚拟机迁移，数据中心多站点间网络大二层要求互通。

(5) 数据中心多站点的网络选路复杂性提高。

3. 云计算网络虚拟化和互访

云计算中的虚拟化应包括计算的虚拟化、存储虚拟化和网络的虚拟化。随着计算和存储的虚拟化不断实现，网络虚拟化技术的必要性和重要性不断凸显，在未来 10 年中必会成为网络技术发展的重中之重，其发展及变化也必将成为引领数据中心网络的演进方向。

1) 网络多虚一

(1) 控制层面虚拟化：是将所有设备的控制平面合而为一成为一个主体，统一处理整个虚拟交换机的工作，统一管理与接口扩展的需求。结构控制平面虚拟化又分为纵向即不同层次设备虚拟化和横向同一层次设备虚拟化。

(2) 网络层面虚拟化：使用了 TRILL 和 SPB 协议，在二层网络转发时，对报文进行外层封装，以 Tag 方式在 TRILL/SPB 区域内部转发，此区域网络形成一个大的虚拟交换机，实现对报文的透明转发。

2) 网络一虚多

传统的网络一虚多技术包括因特网的 VLAN 技术、IP 的 VPN 技术、FC 的 VSAN 技术等，目前出现的较新的技术是 Cisco 的 VDC，最多实现 4 个 VDC 将物理资源独立分配。

3) 网卡的虚拟化

还有一种网络的虚拟化补充技术是服务器网卡的 IO 虚拟化技术即 SR-IOV，由 PCI SIG 工作组提出。SR-IOV 就是要在服务器物理网卡上，建立多个虚拟 IO 通道，并使其能够直接一一对应到多个虚拟机的虚拟网卡上，用以提高虚拟服务器的转发效率。

9.3.3 数据中心网络跨站点的二层互访和多站点选择

1. 数据中心网络跨站点的二层互访

在集中云计算数据中心，存在三个或以上多站点服务器集群计算，以及在分散云情况下，会有虚拟机的迁移变更(VMotion)的需求，此时则需要数据中心网络的跨站点二层互访。二层网络互访的实现，有三种方式即采用光纤直连的星形或者环形拓扑、使用 MPLS 技术搭建网络、使用安全加密机制的 IP 因特网。从性价比、成本节约和可靠性设计的角度看，多站点的光纤直连优势明显，但因目前光纤直连都是各企事业为某种业务单独建立，缺少公用标准的建立。

2. 数据中心网络多站点选择

在云计算数据中心多站点网络里，用户访问服务器存在多站点的选路问题。多站点的选择方案有两种：一种是 DNS 技术，应用全局负载均衡 GSLB 技术和虚拟机迁移技术实现；一种是基于 IP 的路由转发，利用 LSIP(Locator/ID Separation Protocol，位置标识/身份标识分离协议)技术实现路由选择，它提供了一种数据包路由方法，可以在不改变终端软件的前提下实现虚拟机在服务器之间的无缝迁移。

9.3.4 云计算数据中心后端存储网络

1. 传统的存储网络

传统的存储方式包括 DAS、NAS、SAN、FC SAN，其中，DAS(Direct Attached Storage)是直连磁盘存储，NAS(Network Attached Storage)是网络共享文件服务器，上升到数据中心级别，则出现 SAN(Storage Area Network)，通过 FC 或者 TCP/IP 网络，将磁盘阵列注册于服务器，模拟成直连存储，FC SAN 则是目前最主流的霸主技术。

2. 前后端融合 FCoE

因特网与 FC 的融合，就是 FCoE(Fiber Channel over Ethernet，以太网的光纤通道)，边界依然是接入交换。在服务器物理网卡到接入交换这部分，通过接入交换机，将 FC 的数据承载在某个 VLAN 中进行传输。FCoE 技术标准可以将光纤通道映射至以太网，同时在以太网信息包内插入光纤通道信息，让服务器和 SAN 存储设备之间的光纤通道请求和数据，通过以太网连接来进行传输，即在以太网上传输 SAN 数据。FCoE 后端融合网络同时支持 LAN 和 SAN 数据传输，减少数据中心设备和线缆数量，同时降低供电和制冷负载，收敛成统一的网络后，减少了支持的点数，降低管理负担。它同时能够保护现有投资，提供了一种以 FC 存储协议为核心的 I/O 融合方案。

9.3.5 云计算与 IPv6

云计算的发展对网络安全性提出更高的要求，IPv6 技术的安全机制、巨大的地址空间、可溯源技术、定义多播地址等技术，都在一定程度上改善了网络层的安全性，同时在使用 IPv6 的网络中用户可以对网络层的数据进行加密并对 IP 报文进行校验，又极大地增强了网络的安全性；云计算的发展使得网络规模进一步扩大，我国物联网、移动互联网、云计算、三网融合等产业的发展都需要海量的 IP 地址作为支撑，而 IPv4 地址严重不足，已成为制约我国产业发展的瓶颈，IPv6 大大增加了地址空间，是适应云网络发展的方向；另外，IPv6 集成的安全和质量的服务机制，以及自动配置和移动性的支持，更高路由稳定性更给云计算网络的可管可控以及可靠性带来保障。

9.4 应用实例：云盘使用技术

在这一节中，将以 360 云盘为蓝本，介绍云盘的建立与使用技术。

1. 云盘概述

如果担心存放在计算机里的重要资料因为意外丢失，或者嫌用 U 盘复制太麻烦，想把资料储存在网上，那么使用网盘就是最好的选择。

近几年 360 在开展"免费赠送 1T 网络硬盘"的活动，只需要依次安装 360 云盘 PC 客户端和手机客户端就可以免费获得永久的 1T 网络硬盘空间。如此优惠的活动自然吸引了大量网友的关注，随着互联网技术的发展，人们对信息储存容量的要求越来越大，拥有更大空间的网络硬盘自然是更好的选择。

现在的资料很多部分都是存在云端，云技术带来了很多方便。比较常用的是百度云盘与 360 云盘。360 云盘是奇虎 360 开发的分享式云存储服务产品，为广大普通网民提供了存储容量大、免费、安全、便携、稳定的跨平台文件存储、备份、传递和共享服务。

2. 云盘的基本功能

(1) 文件备份：可以实现所有文件云端存储且永久备份，不用担心长时间没有登录云盘而导致文件被清空。

(2) 文件同步：无须 U 盘，360 云盘可以让用户存储的文件自动同步到多种设备上，所有文件随时随地触手可及，永不丢失。

(3) 文件分享：使用云盘可以方便快捷地分享备份在 360 云盘中的文件。

3. 建立 360 云盘

首先在百度搜索引擎中搜索中输入"360 云盘"，并单击"百度一下"按钮，得到图 9-11 所示搜索结果。

在图 9-11 所示的界面中，单击"360 云盘-安全免费 无限空间"，得到图 9-12 所示的界面。

在图 9-12 中，单击"注册新账号"，得到图 9-13 所示的注册界面。

在"手机号"栏中，填入手机号，单击"免费获取校验码"按钮，稍候便可收到一条短信，将短信上给出的"校验码"填入图 9-13 中的"校验码"框中，再输入登录密码，单击"马上注册"按钮，注册成功，自动在 Windows 主屏幕上建立一个 360 云盘图标，同时自动进入 360 云盘主窗口，如图 9-14 所示。

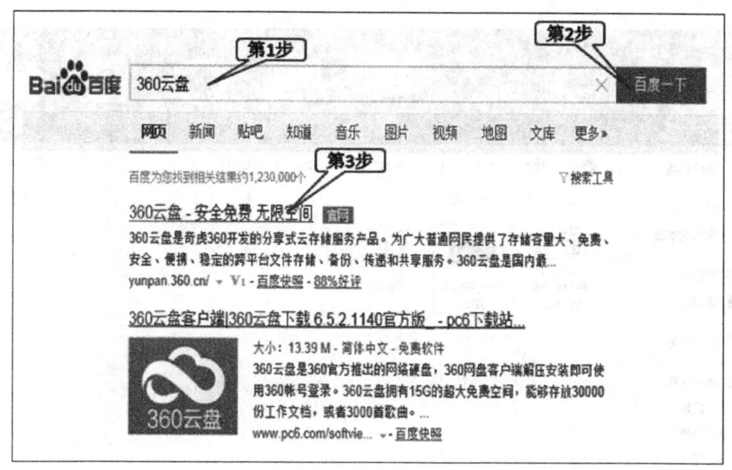

图 9-11　360 云盘搜索

图 9-12　360 云盘登录界面

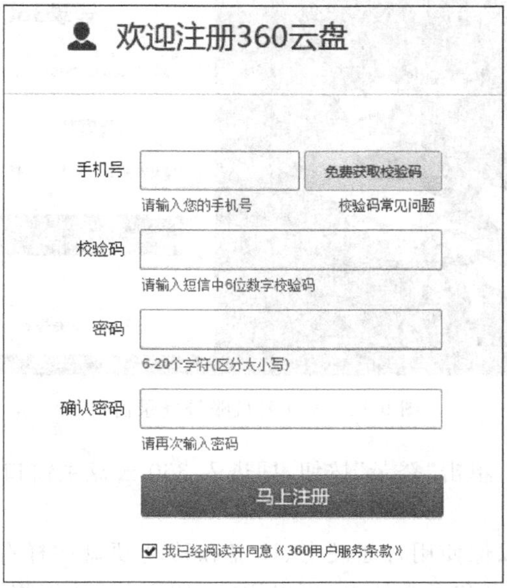

欢迎注册360云盘

手机号　免费获取校验码
请输入您的手机号　校验码常见问题
校验码
请输入短信中6位数字校验码
密码
6-20个字符(区分大小写)
确认密码
请再次输入密码
马上注册
☑ 我已经阅读并同意《360用户服务条款》

图 9-13　新用户注册

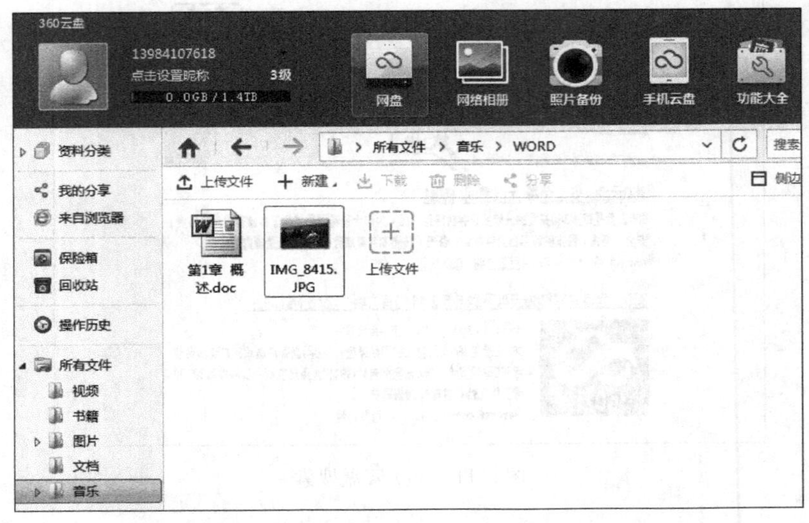

图 9-14　360 云盘主窗口

4. 云盘的启动和使用

1) 360 云盘的启动与登录

双击 Windows 主屏幕上的 360 云盘图标，进入云盘账号登录窗口，如图 9-15 所示。

图 9-15　360 云盘账号登录窗口

输入账号和密码后，单击“登录”按钮，即进入 360 云盘主窗口。如图 9-14 所示。

2) 360 云盘的使用

云盘建立后，就可以像使用普通硬盘、U 盘和移动硬盘一样存储自己的文件信息了，可以在云盘上建立文件夹和子文件夹，可以用“上传文件”功能将硬盘中的文件传输到云盘上，也可以复制、粘贴和删除文件。

习　　题

9.1　云计算有哪些特点？

9.2　云计算有哪几种主要类型？

9.3　简述云计算的关键技术有哪些？

9.4　云计算体系结构包括哪些部分？

9.5　主流云计算操作有哪些？各有哪些特点？

9.6　为什么云计算中心要采用大二层架构？

9.7　建立一个云盘。

第10章

物联网技术

10.1 基础知识

10.1.1 条形码及标签技术

1. 条形码概述

条形码(Barcode)是将宽度不等的多个黑条和空白,按照一定的编码规则排列,用以表达一组信息的图形标识符。常见的条形码是由反射率相差很大的黑条(简称条)和白条(简称空)排成的平行线图案(如图10-1和图10-2所示)。条形码可以标出物品的生产国、制造厂家、商品名称、图书分类号等许多信息,因而在商品流通、图书管理、邮政管理、银行系统等许多领域都得到广泛的应用。

图10-1　条形码实例图

图10-2　UPC-A编码

图10-1是清华大学出版社出版教材的ISBN条形码,也即本书第2版的书号。

2. 条形码编码方案

1) 宽度调节法

宽度调节法是指条形码符号由宽窄的条单元和空单元以及字符符号间隔组成,宽的条单元和空单元逻辑上表示"1",窄的条单元和空单元逻辑上是"0",宽的条空单元和窄的条空单元可称为4种编码元素。code-11码、code-B码、code39码、2/5code码等均采用宽度调节编码法。

2）色度调节法

色度调节编码法是指条形码符号是利用条和空的反差来标识的，条逻辑上表示“1”，而空逻辑上表示“0”。把“1”和“0”的条空称为基本元素宽度或基本元素编码宽度，连续的“1”“0”则可有 2 倍宽、3 倍宽、4 倍宽等。所以此编码法可称为多种编码元素方式，如 ENA\UPC 码采用 8 种编码元素。

3. 条形码编码方法

条形码编码有 Codabar、Code11、Code39、Code93、EAN-8、EAN-13、GS1-128(EAN-128)、ISBN(用于图书)、UPC-A(用于普通商品)、UPC-E 等多种编码方法。

在这里，以 UPC-A 编码方法为例(图 10-2)，介绍条形码编码技术。

UPC-A 为用于普通商品的条形码编码。

(1) 条形码是由黑线和白线组成的(为叙述方便，约定用“1”表示黑线，用“0”表示白线)。

(2) 要了解线有 4 种不同的宽度。编码中最细的线将被看作“1”，比最细的大一倍的自然就是“2”，再大点儿是“3”，最宽就是“4”；

(3) 每个 UPC-A 条形码以 101(细黑、细白、细黑)开始并以它结束，并且在中间有 01010(细白、细黑、细白、细黑、细白)将条形码分为左右两部分，这样做的目的是为了防止扫描时出错。

(4) 每个 UPC-A 码有 12 位阿拉伯数字，分为左右两个部分。如图 10-2 所示，左边编码为 036000，右边编码为 291452。

(5) 每个编码数字由 7 个黑白线组成。

(6) 左半部分与右半部分的编码方法相反，左半部分是由“白线”开头，而右半部分是以“黑线”开头，如表 10-1 所示。如左边第一个“0”是由 0001101(白线、白线、白线、黑、黑、白、黑)组成，而右边的“4”则是由 1011100(黑线、白线、黑线、黑线、黑线、白线、白线)。

表 10-1 UPC-A 码左边编码与右边编码对照表

字码	左边编码	右边编码	字码	左边编码	右边编码
0	0001101	1110010	5	0110001	1001110
1	0011001	1100110	6	0101111	1010000
2	0010011	1101100	7	0111011	1000100
3	0111101	1000010	8	0110111	1001000
4	0100011	1011100	9	0001011	1110100

4. 条形码标签

通过上述介绍的条形码编码方法并通过特殊技术(条形码生成器)制作的标签称为条形码标签。

5. 条形码扫描器

条码扫描器，又称为条码阅读器、条码扫描枪、条形码扫描器、条形码扫描枪及条形码阅读器(图 10-3)。它是用于读取条码所包含信息的阅读设备，利用光学原理，把条形码的内容解码后通过数据线或者无线的方式传输到计算机或者别的设备。条形码扫描器广泛应用于超市、物流快递、图书馆等扫描商品、单据的条码。

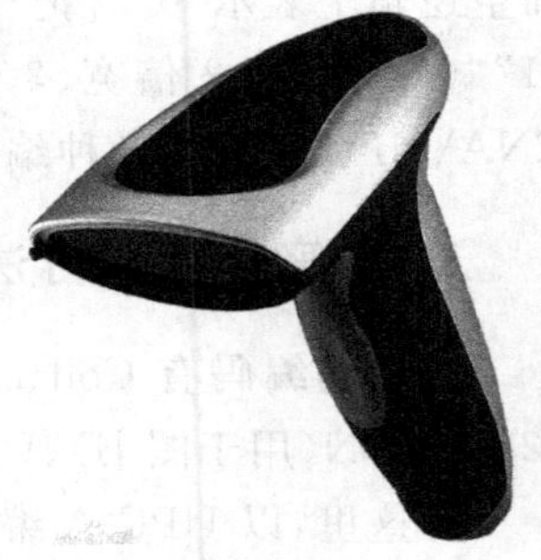

图 10-3　条形码扫描器

10.1.2　RFID 技术

1. RFID 概述

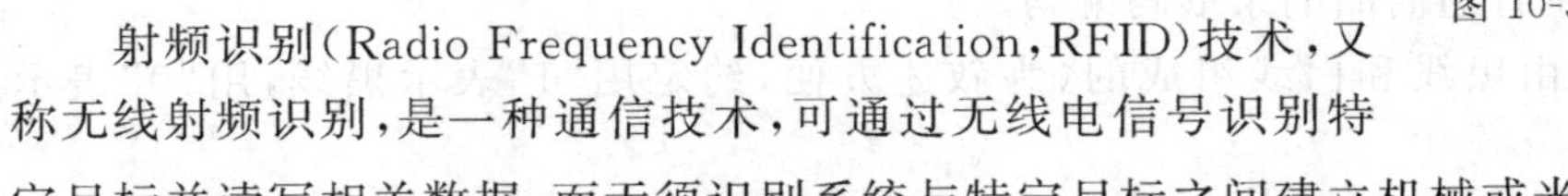

射频识别(Radio Frequency Identification，RFID)技术，又称无线射频识别，是一种通信技术，可通过无线电信号识别特定目标并读写相关数据，而无须识别系统与特定目标之间建立机械或光学接触。

无线电的信号是通过调成无线电频率的电磁场，把数据从附着在物品上的标签上传送出去，以自动辨识与追踪该物品。某些标签在识别时从识别器发出的电磁场中就可以得到能量，并不需要电池；也有标签本身拥有电源，并可以主动发出无线电波(调成无线电频率的电磁场)。标签包含电子存储的信息，数米之内都可以识别。与条形码不同的是，射频标签不需要放在识别器视线之内，也可以嵌入被追踪物体之内。

许多行业都运用了射频识别技术：将标签附着在一辆正在生产中的汽车，厂方便可以追踪此车在生产线上的进度；仓库可以追踪药品的所在；射频标签也可以附于牲畜与宠物上，方便对牲畜与宠物的积极识别(积极识别意思是防止数只牲畜使用同一个身份)。射频识别的身份识别卡可以使员工得以进入锁住的建筑部分；汽车上的射频应答器也可以用来征收收费路段与停车场的费用。

实时定位系统可以改善供应链的透明性，船队管理、物流和船队安全等。RFID 标签可以解决短距离尤其是室内物体的定位，可以弥补 GPS 等定位系统只能适用于室外大范围的不足。GPS 定位、手机定位再加上 RFID 短距离定位手段与无线通信手段一起可以实现物品位置的全程跟踪与监视。

某些射频标签附在衣物、个人财物上，甚至于植入人体之内。由于这项技术可能会在未经本人许可的情况下读取个人信息，这项技术也会有侵犯个人隐私忧患。

2. RFID 组成部分

(1) 应答器：由天线、耦合元件及芯片组成，一般来说都是用标签作为应答器，每个标签具有唯一的电子编码，附着在物体上标识目标对象。

(2) 阅读器：由天线、耦合元件、芯片组成，读取(有时还可以写入)标签信息的设备，可设计为手持式 RFID 读写器或固定式读写器。

(3) 应用软件系统：是应用层软件，主要是把收集的数据进一步处理，并为人们所使用。

3. RFID 工作原理

标签进入磁场后，接收解读器发出的射频信号，凭借感应电流所获得的能量发送出存储在芯片中的产品信息（无源标签或被动标签），或者由标签主动发送某一频率的信号（有源标签或主动标签），解读器读取信息并解码后，送至中央信息系统进行有关数据处理。

一套完整的 RFID 系统，是由阅读器、电子标签（应答器）及应用软件系统三个部分所组成，其工作原理是阅读器发射一特定频率的无线电波能量，用以驱动电路将内部的数据送出，此时阅读器便依序接收解读数据，送给应用程序做相应的处理。

10.1.3 传感器技术

1. 传感器概述

传感器（Transducer/Sensor）是一种检测装置，能感受到被测量的信息，并能将感受到的信息，按一定规律变换成为电信号或其他所需形式的信息输出，以满足信息的传输、处理、存储、显示、记录和控制等要求。

传感器的特点包括微型化、数字化、智能化、多功能化、系统化、网络化。它是实现自动检测和自动控制的首要环节。传感器的存在和发展，让物体有了触觉、味觉和嗅觉等感官，让物体慢慢变得活了起来。通常根据其基本感知功能分为热敏元件、光敏元件、气敏元件、力敏元件、磁敏元件、湿敏元件、声敏元件、放射线敏感元件、色敏元件和味敏元件等 10 大类。

国家标准 GB7665—1987 对传感器下的定义是："能感受规定的被测量件并按照一定的规律（数学函数法则）转换成可用信号的器件或装置，通常由敏感元件和转换元件组成"。

2. 传感器的组成

传感器一般由敏感元件、转换元件、变换电路和辅助电源 4 部分组成，如图 10-4 所示。

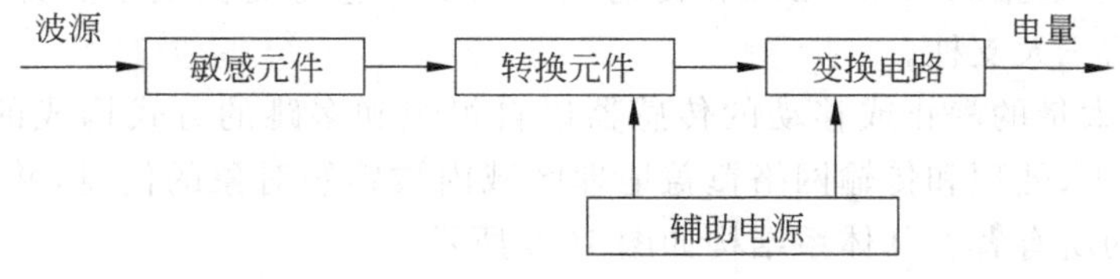

图 10-4 传感器的组成

(1) 敏感元件直接感受被测量，并输出与被测量有确定关系的物理量信号；
(2) 转换元件将敏感元件输出的物理量信号转换为电信号；
(3) 变换电路负责对转换元件输出的电信号进行放大调制；

(4) 转换元件和变换电路一般还需要辅助电源供电。

3. 智能传感器

智能传感器(Intelligent Sensor)是具有信息处理功能的传感器。智能传感器带有微处理机,具有采集、处理、交换信息的能力,是传感器集成化与微处理机相结合的产物。一般智能机器人的感觉系统由多个传感器集合而成,采集的信息需要计算机进行处理,而使用智能传感器就可将信息分散处理,从而降低成本。与一般传感器相比,智能传感器具有以下三个优点:通过软件技术可实现高精度的信息采集,而且成本低;具有一定的编程自动化能力;功能多样化。

智能传感器的主要功能如下。

(1) 具有自校零、自标定、自校正功能;

(2) 具有自动补偿功能;

(3) 能够自动采集数据,并对数据进行预处理;

(4) 能够自动进行检验、自选量程、自寻故障;

(5) 具有数据存储、记忆与信息处理功能;

(6) 具有双向通信、标准化数字输出或者符号输出功能;

(7) 具有判断、决策处理功能。

智能传感器已广泛应用于航天、航空、国防、科技和工农业生产等各个领域中。例如,它在机器人领域中有着广阔应用前景,智能传感器使机器人具有类人的五官和大脑功能,可感知各种现象,完成各种动作。

4. 无线传感器网络

1) 概述

无线传感器网络(Wireless Sensor Networks,WSN)是一种分布式传感网络,它的末梢是可以感知和检查外部世界的传感器。WSN 中的传感器通过无线方式通信,因此网络设置灵活,设备位置可以随时更改,还可以跟互联网进行有线或无线方式的连接。通过无线通信方式形成一个多跳自组织网络。

2) WSN 体系结构

WSN 实现了数据的采集、处理和传输三种功能。它与通信技术和计算机技术共同构成信息技术的三大支柱。

WSN 是由大量的静止或移动的传感器以自组织和多跳的方式构成的无线网络,以协作地感知、采集、处理和传输网络覆盖地理区域内被感知对象的信息,并最终把这些信息发送给网络的所有者。其体系结构如图 10-5 所示。

传感器网络系统通常由传感器结点 EndDevice、汇聚结点 Router 和管理结点 Coordinator 组成。

(1) 传感器结点:处理能力、存储能力和通信能力相对较弱,通过小容量电池供电。从网络功能上看,每个传感器结点除了进行本地信息收集和数据处理外,还要对其他结点转发来的数据进行存储、管理和融合,并与其他结点协作完成一些特定任务。

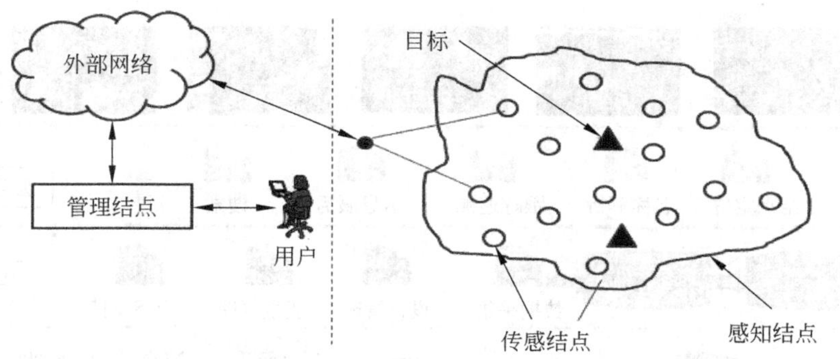

图 10-5　WSN 体系结构

(2) 汇聚结点：汇聚结点的处理能力、存储能力和通信能力相对较强，它是连接传感器网络与 Internet 等外部网络的网关，实现两种协议间的转换，同时向传感器结点发布来自管理结点的监测任务，并把 WSN 收集到的数据转发到外部网络上。汇聚结点不仅功能强大、能量充足、存储量大和计算能力强，还具有很好的扩展性和高度的灵活性，拥有统一的外部接口。通过这些接口，可以将所有信息传输到计算机中，通过汇编软件，可很方便地把获取的信息转换成汇编文件格式，从而分析出传感器结点所存储的程序代码、路由协议及密钥等机密信息，同时还可以修改程序代码，并加载到传感器结点中。

(3) 管理结点：管理结点用于动态地管理整个无线传感器网络。传感器网络的所有者通过管理结点访问无线传感器网络的资源。

3) WSN 的应用

无线传感器网络所具有的众多类型的传感器，可探测包括地震、电磁、温度、湿度、噪声、光强度、压力、土壤成分、移动物体的大小、速度和方向等周边环境中多种多样的现象。潜在的应用领域可以归纳为军事、航空、防爆、救灾、环境、医疗、保健、家居、工业、商业等。

10.2　物联网技术

10.2.1　物联网的基本概念

1. 物联网概述

物联网(The Internet of Things)是通过射频识别(RFID)、红外感应器、全球定位系统、激光扫描器等信息传感设备，按约定的协议，把任何物品与互联网连接起来，进行信息交换和通信，以实现智能化识别、定位、跟踪、监控和管理的一种网络。物联网的概念是在 1999 年提出的。物联网就是“物物相连的互联网”。这有两层意思：第一，物联网的核心和基础仍然是互联网，是在互联网基础上延伸和扩展的网络；第二，其用户端延伸和扩展到了任何物品与物品之间，进行信息交换和通信。物联网拓扑结构如图 10-6 所示。

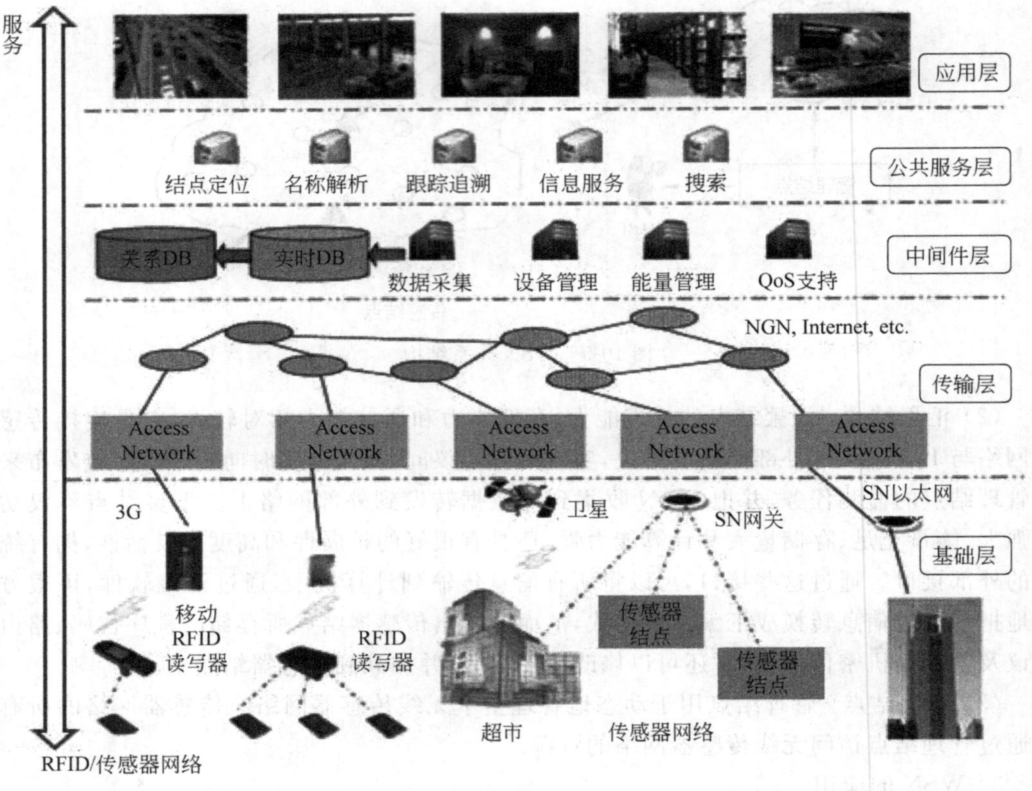

图 10-6　物联网拓扑结构图

物联网是指通过各种信息传感设备，实时采集任何需要监控、连接、互动的物体或过程等各种需要的信息，与互联网结合形成的一个巨大网络。其目的是实现物与物、物与人，所有的物品与网络的连接，方便识别、管理和控制。其在 2011 年的产业规模超过 2600 亿元人民币。构成物联网产业 5 个层级的支撑层、感知层、传输层、平台层，以及应用层分别占物联网产业规模的 2.7%、22.0%、33.1%、37.5%和 4.7%。而物联网感知层、传输层参与厂商众多，成为产业中竞争最为激烈的领域。

2. 物联网的基本功能和关键技术

1）物联网的基本功能

物联网的最基本功能特征是提供“无处不在的连接和在线服务”（Ubiquitous Connectivity），具备 10 大基本功能。

（1）在线监测：这是物联网最基本的功能，物联网业务一般以集中监测为主、控制为辅。

（2）定位追溯：一般基于 GPS（或其他卫星定位，如北斗）和无线通信技术，或只依赖于无线通信技术的定位，如基于移动基站的定位、RTLS 等。

（3）报警联动：主要提供事件报警和提示，有时还会提供基于工作流或规则引擎

(Rule's Engine)的联动功能。

(4) 指挥调度：基于时间排程和事件响应规则的指挥、调度和派遣功能。

(5) 预案管理：基于预先设定的规章或法规对事物产生的事件进行处置。

(6) 安全隐私：由于物联网所有权属性和隐私保护的重要性，物联网系统必须提供相应的安全保障机制。

(7) 远程维护：这是物联网技术能够提供或提升的服务，主要适用于企业产品售后联网服务。

(8) 在线升级：这是保证物联网系统本身能够正常运行的手段，也是企业产品售后自动服务的手段之一。

(9) 领导桌面：主要指 Dashboard 或 BI 个性化门户，经过多层过滤提炼的实时资讯，可供主管负责人实现对全局的"一目了然"。

(10) 统计决策：指的是基于对联网信息的数据挖掘和统计分析，提供决策支持和统计报表功能。

2) 物联网的关键技术

物联网的关键有 RFID 技术、传感网络技术、M2M 技术和两化融合技术，如图 10-7 所示。

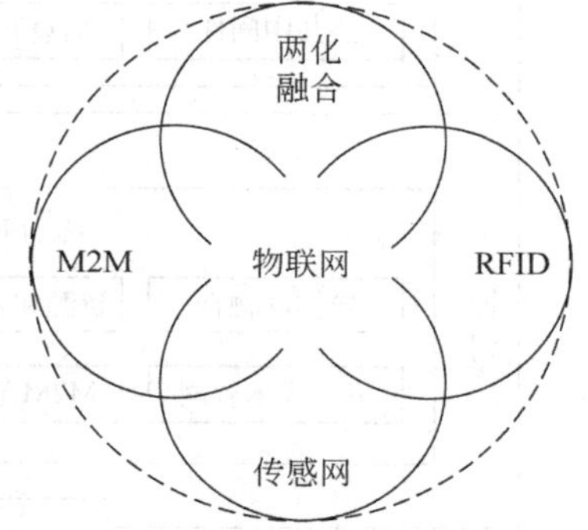

图 10-7　物联网关键技术

(1) RFID：RFID 是一种射频技术，它可以把常规的"物"变成和物联网的连接对象。基于相关的 EPC/UID 和 PNL/ONS 技术还可作为整个物联网体系的"统一标识"参考技术。

(2) 传感网：WSN、OSN、BSN 等技术是物联网的末端神经系统，主要解决"最后 100m"连接问题，传感网末端一般是指比 M2M 末端更小的微型传感系统，如 Mote。

(3) M2M：侧重于移动终端的互连和集控管理，主要是 Telco(通信营运商)的物联网业务领域，有 MVNO(移动虚拟网络营运商)和 MMO(M2M 移动营运商)等业务模式。

(4) 两化融合：是指工业自动化和控制系统的信息化升级，工控、楼控等行业的企业是两化融合的主要推动力，也可包括智能电网等行业应用。

3. 物联网分类

物联网分为私有物联网、公有物联网、社区物联网和混合物联网。

(1) 私有物联网(Private IoT)：面向单一机构内部提供服务，可能由机构或其委托的第三方实施并维护，主要存在于机构内部(On Premise)内网(Intranet)中，也可存在于机构外部(Off Premise)。

(2) 公有物联网(Public IoT)：基于互联网(Internet)向公众或大型用户群体提供服务，一般由机构(或其委托的第三方，少数情况)运维。

(3) 社区物联网(Community IoT)：向一个关联的"社区"或机构群体(如一个城市政府下属的各委办局，如公安局、交通局、环保局、城管局等)提供服务。可能由两个或以上的机构协同运维，主要存在于内网和专网(Extranet/VPN)中。

(4) 混合物联网(Hybrid IoT)：是上述两种或两种以上的物联网的组合，但后台有统一运维实体。

10.2.2 物联网体系结构

物联网由应用层、网络层和感知层组成，如图 10-8 所示。

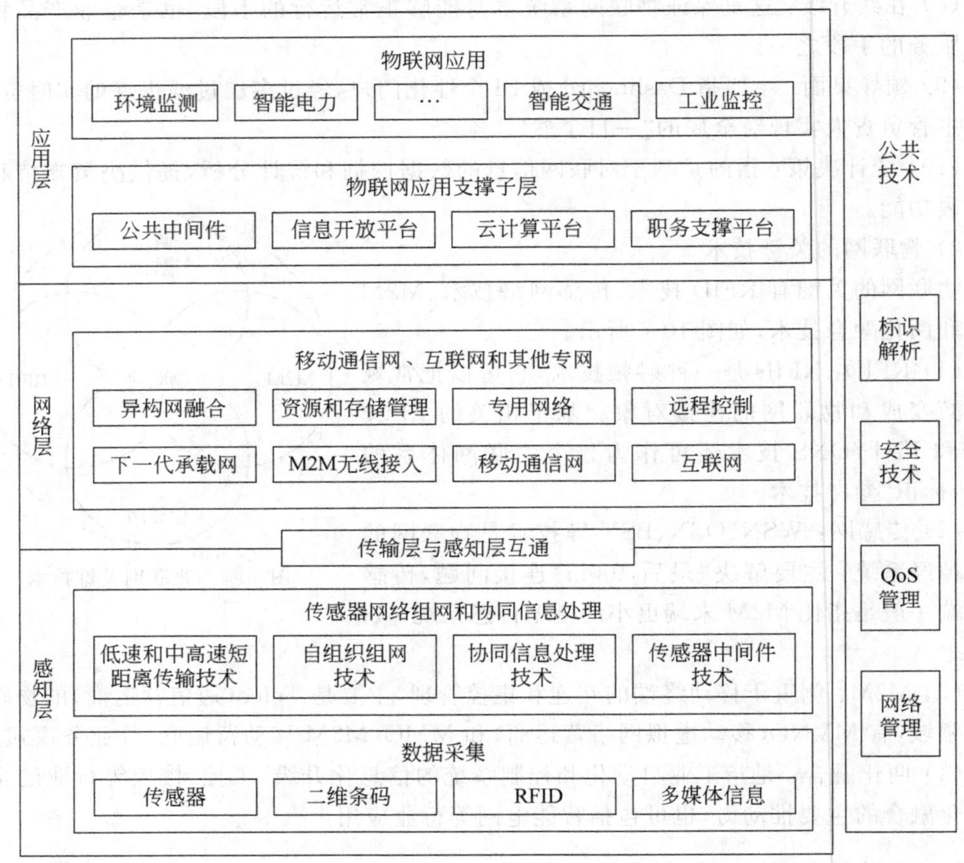

图 10-8 物联网体系结构

1. 感知层

感知层包括传感器等数据采集设备，数据接入到网关之前传感器网络如图 10-9 所示。

对于目前关注和应用较多的 RFID 网络来说，张贴安装在设备上的 RFID 标签和用来识别 RFID 信息的扫描仪、感应器属于物联网的感知层。在这一类物联网中被检测的信息是 RFID 标签内容，高速公路不停车收费系统、超市仓储管理系统等都是基于这一类结构的物联网。

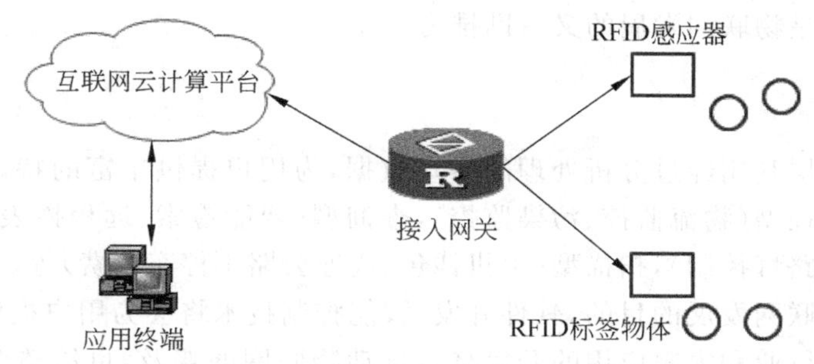

图 10-9　联网感知层结构——RFID 感应方式

用于场环境信息收集的智能微尘(Smart Dust)网络,感知层由智能传感结点和接入网关组成,智能结点感知信息(温度、湿度、图像等),并自行组网传递到上层网关接入点,由网关将收集到的感应信息通过网络层提交到后台处理。环境监控、污染监控等应用是基于这一类结构的物联网,如图 10-10 所示。

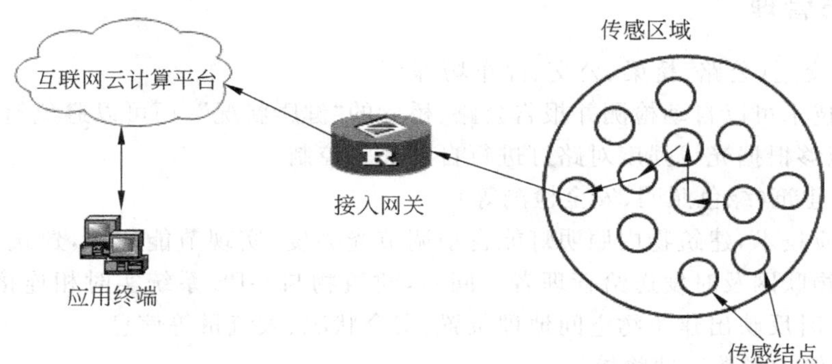

图 10-10　物联网感知层结构——自组网多跳方式

感知层是物联网发展和应用的基础,RFID 技术、传感和控制技术、短距离无线通信技术是感知层涉及的主要技术。其中又包括芯片研发,通信协议研究,RFID 材料,智能结点供电等细分技术。

2. 网络层

物联网的网络层将建立在现有的移动通信网和互联网基础上。物联网通过各种接入设备与移动通信网和互联网相连,如手机付费系统中由刷卡设备将内置手机的 RFID 信息采集上传到互联网,网络层完成后台鉴权认证并从银行网络划账。

网络层也包括信息存储查询、网络管理等功能。

网络层中的感知数据管理与处理技术是实现以数据为中心的物联网的核心技术。感知数据管理与处理技术包括传感网数据的存储、查询、分析、挖掘、理解以及基于感知数据决策和行为的理论和技术。云计算平台作为海量感知数据的存储、分析平台,将是物联网网络层的重要组成部分,也是应用层众多应用的基础。

在产业链中,通信网络运营商将在物联网网络层占据重要的地位。而正在高速发展的云计算平台将是物联网发展的又一助推力。

3. 应用层

物联网应用层利用经过分析处理的感知数据，为用户提供丰富的特定服务。物联网的应用可分为监控型(物流监控、污染监控)，查询型(智能检索、远程抄表)，控制型(智能交通、智能家居、路灯控制)，扫描型(手机钱包、高速公路不停车收费)等。

应用层是物联网发展的目的，软件开发、智能控制技术将会为用户提供丰富多彩的物联网应用。各种行业和家庭应用的开发将会推动物联网的普及，也给整个物联网产业链带来利润。

10.3 物联网的应用技术

1. 城市管理

1) 智能交通(公路、桥梁、公交、停车场等)

物联网技术可以自动检测并报告公路、桥梁的“健康状况”，还可以避免超载的车辆经过桥梁，也能够根据光线强度对路灯进行自动开关控制。

2) 智能建筑(绿色照明、安全检测等)

通过感应技术，建筑物内照明灯能自动调节光亮度，实现节能环保，建筑物的运作状况也能通过物联网及时发送给管理者。同时，建筑物与 GPS 系统实时相连接，在电子地图上准确、及时反映出建筑物空间地理位置、安全状况、人流量等信息。

3) 文物保护和数字博物馆

数字博物馆采用物联网技术，通过对文物保存环境的温度、湿度、光照、降尘和有害气体等进行长期监测和控制，建立长期的藏品环境参数数据库，研究文物藏品与环境影响因素之间的关系，创造最佳的文物保存环境，实现对文物蜕变损坏的有效控制。

4) 古迹、古树实时监测

通过物联网采集古迹、古树的年龄、气候、损毁等状态信息，及时做出数据分析和保护措施。

在古迹保护上实时监测能有选择地将有代表性的景点图像传递到互联网上，让景区对全世界做现场直播，达到扩大知名度和广泛吸引游客的目的。另外，还可以实时建立景区内部的电子导游系统。

5) 数字图书馆和数字档案馆

使用 RFID 设备的图书馆/档案馆，从文献的采访、分编、加工到流通、典藏和读者证卡，RFD 标签和阅读器已经完全取代了原有的条码、磁条等传统设备。将 RFID 技术与图书馆数字化系统相结合，实现架位标识、文献定位导航、智能分拣等。

2. 数字家庭

如果简单地将家庭里的消费电子产品连接起来，那么只是一个多功能遥控器控制所有终端，仅实现了电视与计算机、手机的连接，这并不是发展数字家庭产业的初衷。只有在连接家庭设备的同时，通过物联网与外部的服务连接起来，才能真正实现服务与设备互动。有了物联网，就可以在办公室指挥家庭电器的操作运行，在下班回家的途中，家里的饭菜已经煮熟，洗澡的热水已经烧好，个性化电视节目将会准点播放；家庭设施能够自动报修；冰箱里的食物能够自动补货。

3. 定位导航

物联网与卫星定位技术、GSM/GPRS/CDMA 移动通信技术、GIS 地理信息系统相结合，能够在互联网和移动通信网络覆盖范围内使用 GPS 技术，使用和维护成本大大降低，并能实现端到端的多向互动。

4. 现代物流管理

通过在物流商品中植入传感芯片(结点)，供应链上的购买、生产制造、包装/装卸、堆栈、运输、配送/分销、出售、服务每一个环节都能无误地被感知和掌握。这些感知信息与后台的 GIS/GPS 数据库无缝结合，成为强大的物流信息网络。

5. 食品安全控制

食品安全是国计民生的重中之重。通过标签识别和物联网技术，可以随时随地对食品生产过程进行实时监控，对食品质量进行联动跟踪，对食品安全事故进行有效预防，极大地提高食品安全的管理水平。

6. 零售

RFID 取代零售业的传统条码系统(Barcode)，使物品识别的穿透性(主要指穿透金属和液体)、远距离以及商品的防盗和跟踪有了极大改进。

7. 数字医疗

以 RFID 为代表的自动识别技术可以帮助医院实现对病人不间断地监控、会诊和共享医疗记录，以及对医疗器械的追踪等。而物联网将这种服务扩展至全世界范围。RFID 技术与医院信息系统(HIS)及药品物流系统的融合，是医疗信息化的必然趋势。

8. 防入侵系统

通过成千上万个覆盖地面、栅栏和低空探测的传感结点，防止入侵者的翻越、偷渡、恐怖袭击等攻击性入侵。上海机场和上海世界博览会已成功采用了该技术。

据预测，到 2035 年前后，中国的物联网终端将达到数千亿个。随着物联网的广泛应用，形成我国的物联网标准规范和核心技术，成为业界发展的重要举措。解决好信息安全技术，是物联网发展面临的迫切问题。

9. 智能电网

智能电网是在传统电网的基础上构建起来的集传感、通信、计算、决策与控制为一体的综合数物复合系统，通过获取电网各层结点资源和设备的运行状态，进行分层次的控制管理和电力调配，实现能量流、信息流和业务流的高度一体化，提高电力系统运行稳定性，以达到最大限度地提高设备利用率，提高安全可靠性，节能减排，提高用户供电质量，提高可再生能源的利用效率。

10.4 实用案例——停车场车辆监管管理系统

1. 概述

“停车场车辆监管”是以停车场为主要信息采集场所，通过停车场前端采集系统获取车辆基础信息，利用 3G/2G 无线网络，将车辆信息数据包发送至公安交警部门监控管理中心平台，通过实时数据比对，完成包括车辆稽查、违法车辆甄别等一系列服务于公共治安的业务行为，为打造平安城市服务。同时，也为城市提升交通控制与管理水平提供科学的手段。

2. 组网方案

停车场车辆监控系统网络由停车场前端采集系统、传输系统、中心管理平台和监控指挥中心 4 个部分组成，如图 10-11 所示。

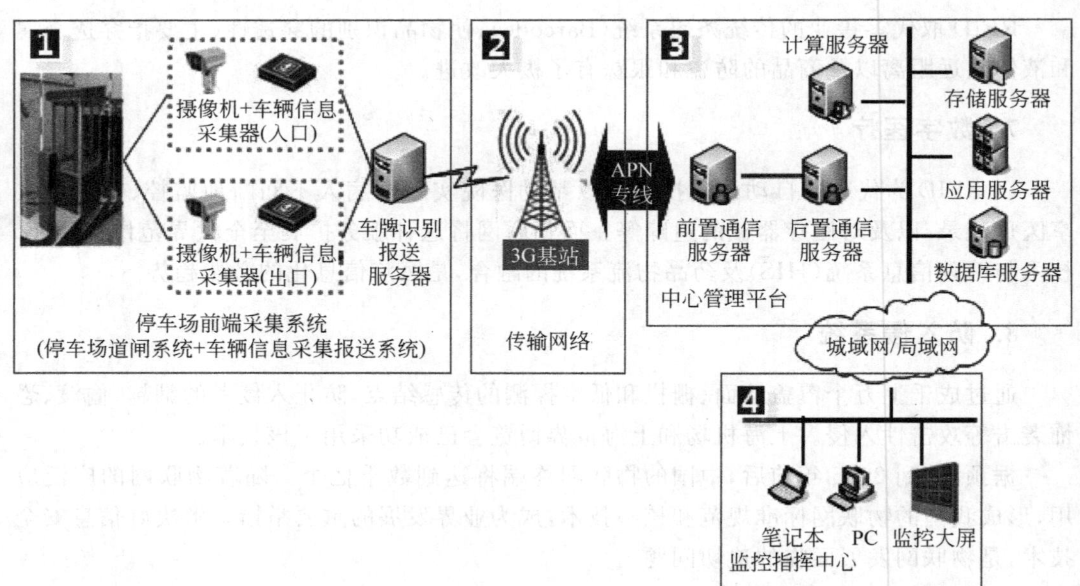

图 10-11 停车场车辆监管系统组网方案

3. 功能组成

系统由套牌及假牌车辆稽查模块、布控管理模块、预警信息订阅和发布模块、数据汇集与管理模块、查询统计模块用户管理等模块功能模块组成，如表 10-2 所示。

表 10-2　系统功能模块组成

序号	功能模块	功能描述
1	套牌、假牌车辆稽查模块	根据时空特性，系统针对接收到的每一条有效信息进行实时比对，当两辆或两辆以上车辆发生时空转换矛盾或者不可能事件时，确定该组车辆为套牌嫌疑车；系统将接收的车辆信息与车驾管系统的车辆信息进行比对从而获得非法牌照信息
2	布控管理模块	用户根据权限维护交通肇事车辆、违章车辆、非法车辆、被盗抢车辆等黑名单车辆的信息，可对黑名单车辆进行布控和撤控；系统针对每一条识别的车辆数据与公安交警的黑名单车辆数据进行比对并记录结果
3	预警信息订阅和发布模块	用户可向本系统订阅需要的预警信息，如订阅黑名单车辆的预警信息。若系统通过实时运算发现嫌疑车辆的信息，即根据预警信息订阅情况向预警终端发布预警信息（车辆信息数据或图片）
4	数据汇集与管理模块	负责收集前端所有停车场出入车辆的信息，对信息进行清洗、补偿后提交计算模块和数据仓库
5	查询统计模块	查询功能可以按照公安业务、交警业务要求提供多种组合的模糊查询，如时间、地点、车牌号码等；统计功能可以实现多种形式的统计结果输出
6	用户管理模块	实现用户权限管理。用户管理安全机制包括安全用户管理、数据加解密算法和数据访问策略

4. 系统服务器配置

系统服务器由前置通信服务器、后置通信服务器、数据库服务器、存储服务器、计算服务器和应用服务器组成，如图 10-12 所示。

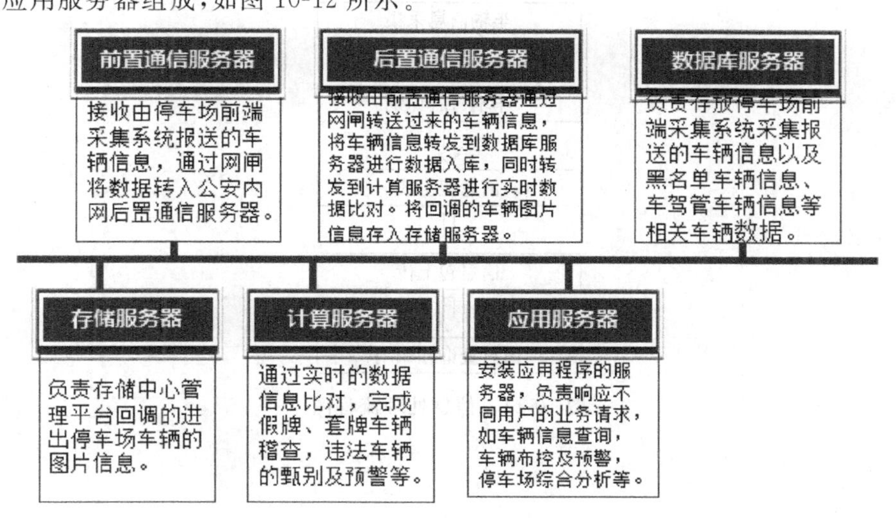

图 10-12　服务器配置

5. 前端采集系统

停车场前端采集系统(又称道闸系统)负责通过地感线圈、道闸、IC 卡、摄像机等一系列环节实现车辆进出的验证和收费,如图 10-13 所示。

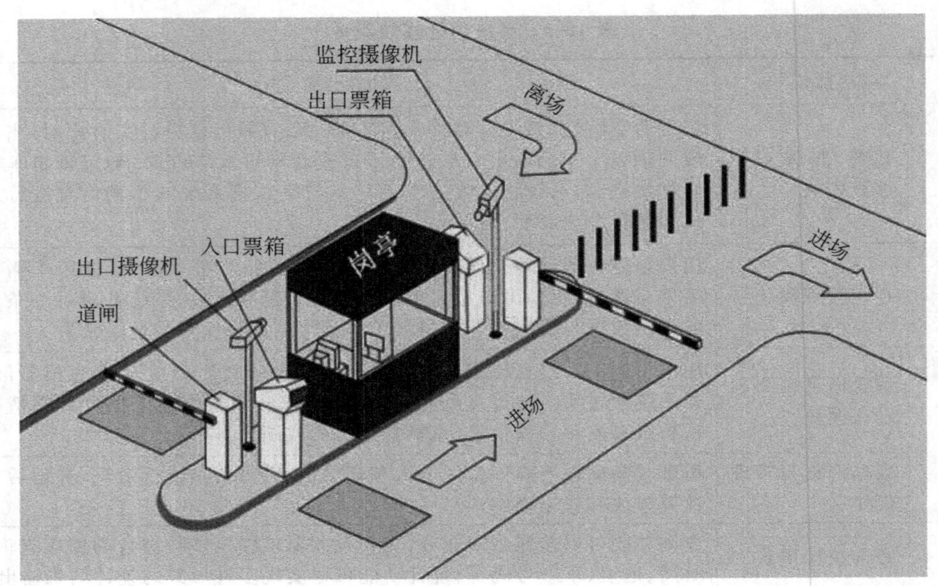

图 10-13 前端采集系统

6. 车辆信息采集及信息处理流程

信息处理流程由车辆信息采集、车辆号牌识别、信息包生成、信息包上传及信息查询和调用等环节组成,如图 10-14 所示。其功能描述如图 10-15 所示。

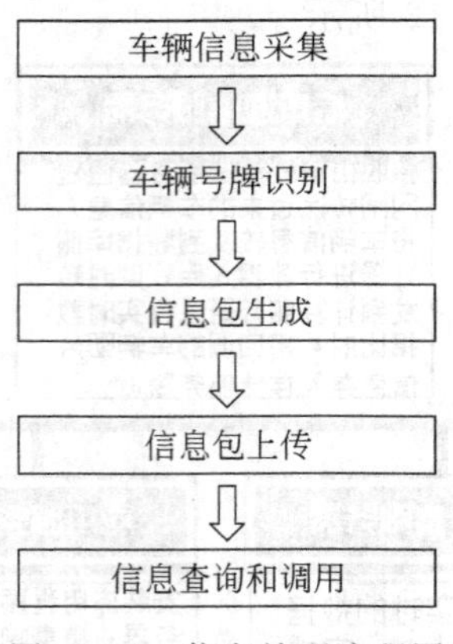

图 10-14 信息处理流程图

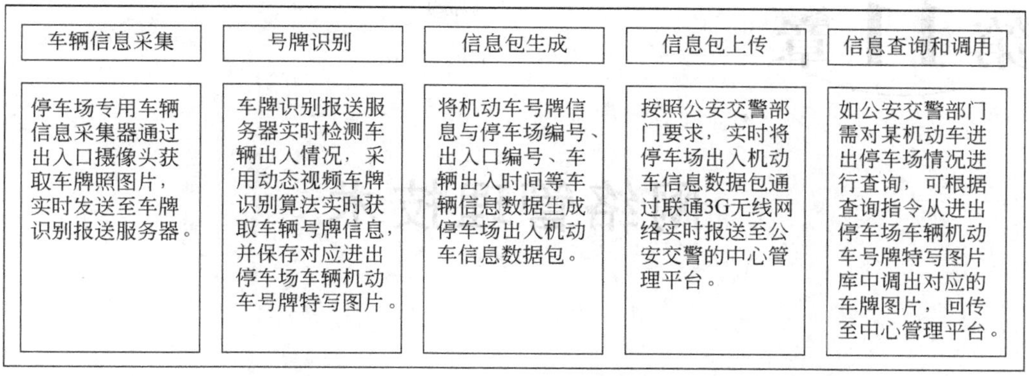

车辆信息采集	号牌识别	信息包生成	信息包上传	信息查询和调用
停车场专用车辆信息采集器通过出入口摄像头获取车牌照图片，实时发送至车牌识别报送服务器。	车牌识别报送服务器实时检测车辆出入情况，采用动态视频车牌识别算法实时获取车辆号牌信息，并保存对应进出停车场车辆机动车号牌特写图片。	将机动车号牌信息与停车场编号、出入口编号、车辆出入时间等车辆信息数据生成停车场出入机动车信息数据包。	按照公安交警部门要求，实时将停车场出入机动车信息数据包通过联通3G无线网络实时报送至公安交警的中心管理平台。	如公安交警部门需对某机动车进出停车场情况进行查询，可根据查询指令从进出停车场车辆机动车号牌特写图片库中调出对应的车牌图片，回传至中心管理平台。

图 10-15　信息处理环节功能描述

习　　题

10.1　试述物联网的基础知识有哪些。

10.2　物联网的基本功能有哪些？

10.3　物联网的关键技术有哪些？

10.4　物联网主要应用在哪些方面？

第11章

网络管理技术

网络的开放性使不同的设备能够以透明的方式进行通信，虽然它给网络通信带来了极大的好处，但由于网络系统的复杂性、开放性，要保证网络能够持续、稳定、安全、可靠、高效地运行，使网络能够充分发挥其作用，就必须实施一系列的管理。

11.1 网络管理概述

网络管理涉及多方面的问题，本节只简单地介绍网络管理的概念、任务、基本内容和网络管理系统的基本模型。

11.1.1 网络管理的基本概念

网络管理简单地说就是为保证网络系统能够持续、稳定、安全、可靠和高效地运行、不受外界干扰，对网络系统设施采取的一系列方法和措施。为此，网络管理的任务就是收集、监控网络中各种设备和设施的工作参数、工作状态信息，及时传递给网络管理员并接受处理，从而控制网络中的设备、设施的工作参数和工作状态，以实现对网络的管理。

11.1.2 网络管理的基本内容

网络管理主要包括如下几方面的内容。

1. 数据通信网中的流量控制

因受到通信介质带宽的限制，计算机网络传输容量是有限的。当在网络中传输的数据量超过网络容量时，网络中就会发生阻塞，严重时会导致网络系统瘫痪。所以，流量控制是网络管理需要首先解决的问题。

2. 网络路由选择策略

网络中的路由选择方法不仅应该具有正确、稳定、公平、最佳和简单的特点，还应该能够适应网络规模、网络拓扑和网络数据流量的变化。这是因为，路由选择方法决定着数据分组在网络系统中通过哪条路径传输，它直接关系到网络传输开销和数据分组的传输质量。

在网络系统中，数据流量总是不断变化的，网络拓扑也有可能发生变化，为此，系统始终应保持所采用的路由选择方法是最佳的，所以，网络管理必须要有一套管理和提供路由的机制。

3. 网络管理员的管理与培训

网络系统在运行过程中，会出现各种各样的问题。网络管理员的基本工作是保证网络平稳地运行，保证网络出现故障后能够及时恢复。所以，对于网络系统来说，加强网络管理员的管理与培训，用训练有素的网络管理员对系统进行维护与管理是非常重要的。

4. 网络的安全管理

计算机网络系统给人们带来的最大好处是用户与用户之间可以非常方便和迅速地实现资源共享，但对于网络系统中共享的资源存在完全开放、部分开放和不开放等问题，从而出现系统资源的共享与保护之间的矛盾。网络必须要引入安全机制，其目的就是保护网络用户信息不受侵犯。

5. 网络的故障诊断

由于网络系统在运行过程中不可避免地会发生故障，而准确及时地确定故障的位置，掌握故障产生的原因是解除故障的关键。对网络系统实施强有力的故障诊断是及时发现系统隐患，保证系统正常运行所必不可少的环节。

6. 网络的费用计算

公用数据网必须能够根据用户对网络的使用核算费用并提供费用清单。数据网中费用的计算方法通常要涉及互联的多个网络之间费用的核算和分配的问题。所以网络费用的计算也是网络管理中非常重要的一项内容。

7. 网络病毒防范

随着计算机技术和网络技术突飞猛进的发展，计算机病毒也日益猖獗，据不完全统计，每个月都有数以万计的计算机网络受到病毒的攻击，造成大面积的网络和计算机终端的瘫痪。作为网络管理人员，必须认识到网络病毒对网络的危害性，采取相应的防范措施。

8. 网络黑客防范

网络黑客指的是窃取内部机密数据、蓄意破坏和攻击内部网络软硬件设施的非法入侵者。可采取防火墙和对机密数据加密的方法来对付网络黑客。

9. 内部管理制度

再安全的网络也经不住网络内部管理人员的蓄意攻击和破坏，所以对网络的内部管理，尤其是对网络管理人员的教育和管理是很有必要的，为了确保网络安全、可靠地运行，必须制定严格的内部管理制度和奖惩制度。

11.1.3 网络管理的基本模型

网络管理系统是用于实现对网络的全面有效的管理，实现网络管理目标的系统。在一个网络的运营管理中，网络管理人员是通过网络管理系统对整个网络进行管理的。概括地说，一个网络管理系统从逻辑上包括管理对象、管理进程、管理信息库和管理协议 4 大部分。网络管理系统的逻辑模型如图 11-1 所示。

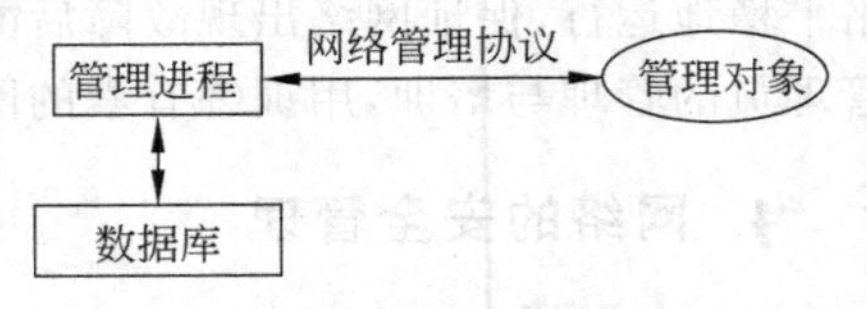

图 11-1 网络管理逻辑模型图

1. 管理对象

管理对象是网络中具体可以操作的数据。例如，记录设备或设施工作状态的状态变量、设备内部的工作参数、设备内部用来表示性能的统计参数等；需要进行控制的外部工作状态和工作参数；为网络管理系统设计，为管理系统本身服务的工作参数等。

2. 管理进程

管理进程是用于对网络中的设备和设施进行全面管理和控制的软件。

3. 管理信息库

管理信息库用于记录网络中管理对象的信息。例如，状态类对象的状态代码、参数类管理对象的参数值等。管理信息库中的数据要与网络设备中的实际状态和参数保持一致，达到能够真实地、全面地反映网络设备或设施情况的目的。

4. 管理协议

管理协议用于在管理系统与管理对象之间传递操作命令，负责解释管理操作命令。通过管理协议来保证管理信息库中的数据与具体设备中的实际状态、工作参数保持一致。

11.2 网络管理标准

为了实现不同网络操作系统之间能够相互操作自如的要求，为了支持各种网络的互联管理，国际上有许多机构和团体都制定了各自的网络管理标准。在国际上最具权威的国际标准化组织和国际电报电话咨询委员会 CCITT 为开放系统的网络管理系统制定了一整套的网络管理标准体系。这个网络管理标准体系是一种开放系统的网络管理系统，它是由体系结构标准、管理信息的通信标准、管理信息的结构标准和系统管理的功能标准等组成。

在OSI网络管理标准体系中，把开放系统网络管理功能划分成5个功能域，即网络故障管理、网络配置管理、网络性能管理、网络安全管理和记账管理。这5个功能域分别完成不同的网络管理功能。被定义的5个功能域只是网络管理最基本的功能，都需要通过与其他开放系统交换管理信息来实现。除此之外，还有容错技术管理、网络地址管理及文档管理。

除网络安全管理技术专门在本章介绍外，其余网络管理技术将在后面逐一介绍。

11.2.1 网络配置管理

网络配置是指网络中各设备的功能、设备之间的连接关系和工作参数等。由于网络配置经常需要进行调整，所以网络管理必须提供可靠的技术及安全的措施支持系统配置的改变。配置管理就是用来支持网络服务的连续性而对管理对象进行的定义、初始化、控制、鉴别和检测，以适应系统要求。配置管理提供的主要功能有如下几个方面。

(1) 将资源与其资源名称对应起来；

(2) 收集和传播系统现有资源的状况及其现行状态；

(3) 对系统日常操作的参数进行设置和控制；

(4) 修改系统属性；

(5) 更改系统配置初始化或关闭某些资源；

(6) 掌握系统配置的重大变化；

(7) 管理配置信息库；

(8) 设备的备用关系管理。

11.2.2 网络性能管理

性能管理用于对管理对象的行为和通信活动的有效性进行管理。性能管理通过收集有关统计数据，对收集的数据应用一定的算法进行分析以获得系统的性能参数，以保证网络的可靠、连续通信的能力。性能管理由两部分组成，一部分是用于对网络工作状态信息的收集及整理的性能检测，另一部分是用于改善网络设备的性能而采取的动作及操作的网络控制。性能管理提供的主要功能如下。

(1) 工作负荷监测，收集和统计数据；

(2) 判断、报告和报警网络性能；

(3) 预测网络性能的变化趋势；

(4) 评价和调整性能指标、操作模式和网络管理对象的配置。

11.2.3 网络故障管理

故障管理是用来维护网络正常运行的。在网络运行过程中，由于故障使系统不能达到它们的运营目的。故障管理主要解决的是与检测、诊断、恢复和排除设备故障有关的问题，通过故障管理来及时发现故障，找出故障原因，实现对系统异常操作的检测、诊断、跟踪、隔离、控制和纠正等。故障管理提供的主要功能如下。

(1) 告警报告；

(2) 事件报告管理；

(3) 日志控制；

(4) 测试管理功能。

11.2.4 容错管理技术

再先进的网络设备，再完善的网络管理制度，差错总是会产生的。硬盘、内存和电源故障是最常见的差错因素。当这些故障产生时，网络就会产生错误。解决硬件设备故障的有效方法是实行系统"热备份"，又称系统冗余备份。

以主机为例，可以使用双机热备份的方式以提高网络系统的可靠性和稳定性，即用两台相同档次、相同性能的计算机同时运行网络操作系统，其中一台与网络连接，另一台作为备份。当连接网络的主机故障时，系统能自动切换到备份主机上继续运行，保证网络连续不断地运行。

对于极易发生故障的硬盘，通常利用硬盘组来实现冗余备份，低价格的硬盘冗余阵列(Redundant Arrays of Inexpensive Disks，RAID)便是一种典型的实现方法。它是使用多个物理硬盘的群集，而对于网络操作系统表现出的是一个逻辑驱动器形式。存放在单个驱动器上的数据会自动映射到其他驱动器上，一旦某个驱动器出现故障，则可通过其他驱动器存取数据。

值得一提的是，热备份系统至少要配备两套设备，其价格比单台设备的两倍还要高，因此，在设计网络时，是否要热备份，什么地方要热备份，一定要进行认真的探讨和研究。

11.2.5 记账管理与计费管理

记账管理是用来对使用管理对象的用户进行流量计算、费用核算、费用的收取。

记账管理提供的主要功能包括：将应该缴纳的费用通知用户；支持用户费用上限的设置；在必须使用多个通信实体才能完成通信时，能够把使用多个管理对象的费用结合起来。计费管理提供的主要功能如下。

(1) 以一致的格式和手段来收集、总结、分析和表示计费信息；

(2) 在计算费用时应有能力选取计算所需的数据；

(3) 有能力根据资源使用情况调整价目表，根据选定的价目、算法计算用户费用；

(4) 有能力提供用户账单、用户明细账和分摊账单；

(5) 所出账单应有能力根据需要改变格式而无须重新编程；

(6) 便于检索、处理，费用可再分配。

11.2.6 网络地址管理

在第1章中已经讲过，每一台联网的计算机上都安装有一块网卡NIC，NIC可以视为计算机与网络的接口，计算机就是通过网卡与网络进行通信的。

为了使网络能区分每一台上网的计算机，规定任何一个生产厂商生产的网卡都分配有一个全世界唯一的编号，这种编号被称为MAC地址(即介质存取控制地址，又称为物理地址)。MAC地址由48位二进制数组成，前24位代表网卡生产厂商代号，后24位为顺序号。

一台网上的计算机要与另一台网上的计算机通信时，需知道对方机器上的网卡MAC地址。所关心的是，如何才能知道对方的MAC地址。每一种网络协议都有自己的寻址机制。在这里，以TCP/IP中的IP地址为例子，介绍MAC地址的查找方法。

第3章中已经介绍过，IP地址是由网络号和主机号组成的。通过网络号，就可定位对方计算机所在的网段，主机号则可定位主机的具体位置。对于IP地址，通过子网掩码就可区分出其网络号部分和主机号部分。

MAC地址的查找方式有两种：引导链接协议(BOOTP)和动态主机配置协议(DHCP)。

BOOTP的基本过程为：首先由发送端向网络广播一条消息，询问是否有接收端IP地址的配置信息，实质上是查询一张已知的MAC地址表。如果接收端主机的MAC地址在MAC地址表中，则BOOTP服务器就将与该MAC地址相联系的IP配置参数返回给发送端主机。若在MAC地址表中查找不到相应的MAC地址信息，则BOOTP操作失败。此时，就要用其他方法(如动态主机配置协议DHCP)寻求MAC地址。

动态主机配置协议(DHCP)是一种自动分配IP地址的策略，DHCP提供了一种动态分配IP配置信息的方法。其基本步骤是，DHCP再次向网络发送一条消息，请求地址配置信息，由地址解析协议(ARP)返回相应的MAC地址信息，再由DHCP送给发送端计算机。

11.2.7 文档管理

文档是支持和维护网络的重要工具，所以人们把文档管理列入网络管理的重要组成部分。

网络文档管理有三种基本内容：硬件配置文档、软件配置文档和网络连接拓扑结构图。硬件配置文档是最重要的文档之一，当硬件出现故障或是系统要进行升级时，应当仔细分析目前的配置，阅读相应的文档，以确保替换的设备与现有设备不会发生冲突。

(1) 硬件配置文档包括以下内容。

① CMOS 配置；

② 跳线设置；

③ 驱动程序设置；

④ 内存映像；

⑤ 已安装设备的类型和版本。

(2) 软件配置文档应包括以下内容。

① 应用程序和用户文件的目录结构；

② 应用程序系列号、软件许可证和购买证明；

③ 系统启动和配置文件。

(3) 网络连接拓扑结构图应详细描绘网络服务器、工作站、网络通信设备的名称、规格、型号、位置，网络连接线缆的规格、型号及连接方式。

11.3 简单网络管理协议 SNMP

国际上的网络标准有很多，除专门的标准化组织制定了一些标准外，一些网络发展比较早的机构和厂家，如 IBM 公司、Internet 公司和 DEC 公司等，也制定了应用于各自网络上的管理标准，其中最著名和应用最广的是 Internet 组织的网络管理标准 SNMP。目前，SNMP 已经成为互联网络管理事实上的国际标准。

11.3.1 SNMP 的概念

简单网络管理协议(Simple Network Management Protocol，SNMP)的体系结构是从早期的简单网关管理协议(Simple Gateway Management Protocol，SGMP)发展而来的，是 Internet 组织用来管理 TCP/IP 互联网和以太网的。SNMP 的特点如下。

(1) 虽然 SNMP 是为 TCP/IP 使用而开发的，但它的监测和控制活动都是独立于 TCP/IP 的；

(2) SNMP 仅需要 TCP/IP 提供无连接的数据报传输服务。

因此，SNMP 很容易应用到其他网络上去。

SNMP 的目标是管理 Internet 中众多厂家生产的软硬件平台，它提供了以下 4 类管理操作平台。

(1) get 操作，用于提取特定的网络管理信息；

(2) get-next 操作，通过遍历活动来提供强大的管理信息提取能力；

(3) set 操作，用来对管理信息进行控制；

(4) trap(陷阱)操作，用来报告重要事件。

SNMP 的体系结构是围绕以下 4 个概念和目标进行设计的。

(1) 保持管理代理 agent 的软件成本尽可能低；

(2) 最大程度地保持远程管理的功能，以便充分利用 Internet 的网络资源；

(3) SNMP 体系结构必须能在将来需要时有扩充的余地；

(4) 保持 SNMP 的独立性，不依赖于具体的计算机、网关和网络传输协议。

11.3.2 SNMP 的基本组成

SNMP 管理模型中有三个基本组成部分：管理代理(Agent)、管理进程(Manager)和管理信息库(MIB)，如图 11-2 所示。

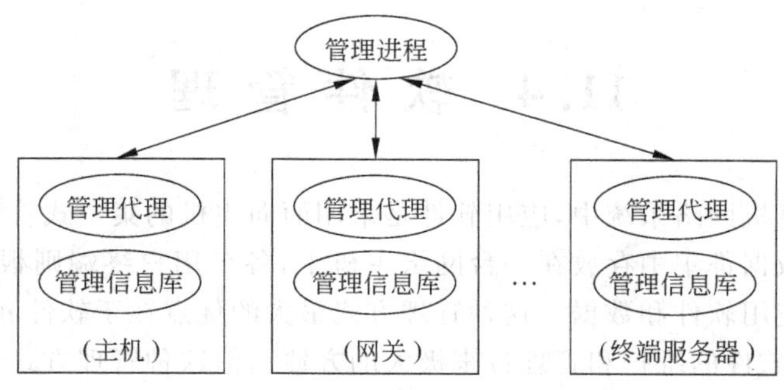

图 11-2　SNMP 基本结构图

1. 管理代理

管理代理是一种软件，在被管理的网络设备中运行，负责执行管理进程的管理操作。管理代理直接操作本地信息库(MIB)，如果管理进程需要，它可以根据要求改变本地信息库或提取数据传回到管理进程。管理代理的作用是：每个管理代理拥有自己的本地 MIB，一个管理代理管理的本地 MIB 不一定具有 Internet 的全部内容，而只需要包括与本地设备或设施有关的管理对象。管理代理有以下两个基本功能。

(1) 在 MIB 中读取各种变量值；

(2) 在 MIB 中修改各种变量值。

这里的变量也就是管理对象。

2. 管理进程

管理进程是一个或一组软件程序，一般运行在网络管理站(网络管理中心)的主机上，它可以在 SNMP 的支持下命令管理代理执行各种管理操作。

管理进程完成各种网络管理功能，通过各设备中的管理代理对网络内部的各种设备、设施和资源实施监测和控制。另外，操作人员通过管理进程对全网进行管理。因而管理进程也经常配有图形用户界面，以容易操作的方式显示各种网络信息，如给出网络中各管理代理的配置图等。有时管理进程也会对各管理代理中的数据集中存档，以备事后分析。

3. 管理信息库

管理信息库 MIB 是一个概念上的数据库,由管理对象组成,每个管理代理管理 MIB 中属于本地的管理对象,各管理代理控制的管理对象共同构成全网的管理信息库。

管理信息库 MIB 的结构必须符合使用 TCP/IP 的 Internet 的管理信息结构。这个 SMI 实际上是参照 OSI 的管理信息结构制定的。尽管两个 SMI 基本一致,但 SNMP 和 OSI 的 MIB 中定义的管理对象却并不相同。Internet 的 SMI 和相应的 MIB 是独立于具体的管理协议的(包括 SNMP)。

11.4 软件管理

在早期的计算机网络系统中,应用软件是采用面向主机的集中式管理方式,即将所有用户应用软件和数据都集中存放在一台网络主机上,各个用户终端则根据各自的使用权限来访问相应的应用软件和数据。这种管理方式最大的优点在于软件和数据能保持高度的一致性,并且给软件的维护和管理带来极大的方便。但这种管理方式有其致命的弱点,一是主机负担过重,尤其是大型网络中随着用户终端数量的增加和应用软件数量的增加,系统的效率便随之下降;二是一旦网络主机故障或网络主机不开机,则用户终端无法使用相应的应用软件。分布式应用软件管理模式就是解决上述问题的有效方法,分布式管理模式就是将应用软件分别存放在用户终端上,比如有两台计算机上要用 100 个应用程序,就要求两台计算机都要装上这 100 个应用程序。分布式管理方式的弱点是,一是软件的管理和维护不方便,二是应用软件经多次维护和修改后,很难保持其软件的一致性。如何解决软件分布和软件一致性,是对网络管理的一项严峻的挑战。

11.4.1 软件计量管理

软件开发商为了保护自身的利益,大多数应用软件对用户的访问数量是有限制的,即使花高额费用购置的应用软件也是如此。

软件计量系统提供的是这样的功能:它可以自动统计出访问某一应用软件的用户数目,当注册的用户超过限度时,禁止新的用户访问该应用软件。所有计量软件均是在面向服务器的应用环境下工作的,但也有通过配置对面向客户的软件进行计量。

11.4.2 软件分布管理

前面介绍过,应用软件的集中式管理方式带来了管理和维护的方便,一致性得到保证,但软件的系统效率不高,软件的分布式管理方式使得软件的使用效率提高,但软件的一致性难以得到保证。

解决这一问题可以采用折中的方法,即采用多个分布式文件服务器管理模式,即在一个网络中配置多台文件服务器，每一台文件服务器为相关的一部分应用软件服务。可以这样理解，将所有的应用软件进行分类，将不同类别的应用软件分别存放在不同的文件服务器上(一台文件服务器可以存放多个类别)，这样既解决了软件的一致性和管理维护的方便性问题，又能充分发挥网络系统的效率。

11.4.3 软件核查管理

软件核查的主要功能就是对主机和用户终端新安装的应用软件进行监视和控制管理，监控的主要内容为：新安软件的版本、新软件与原有软件及系统的兼容性、是否是正版软件等。其目的是保证软件的版权以及软件的兼容性和网络系统的稳定性。

软件核查方法有两种，一种是人工核查方法，即网络管理员通过走访和调查掌握所有工作站安装的软件系统情况，这种方式的效率是很低的，尤其是很多用户经常批量地安装新软件时更是如此。另一种是自动核查方法，即利用网络管理平台提供的自动核查组件进行软件的自动核查。

11.5 应用实例："网路岗"软件的配置与使用

1. "网路岗"概述

网路岗(Sentry)是一款功能强大的网络管理与监控软件产品。该软件只需安装在一台计算机上，便可监控和管理整个局域网的网络活动信息。

在这里，主要以网路岗的第4代产品(金版系列)为蓝本，全面介绍网路岗的基本功能及其使用技术。

1) 网路岗的基本功能

(1) 邮件监视/控制；

(2) 聊天监视/控制；

(3) 上网监视/控制；

(4) 监控屏幕；

(5) 监控上网流量。

2) 网路岗的发展

网路岗产品自2001年8月问世，至今已经历了4个阶段，其版本也从1.0升级到了4.0。

网路岗一代于2001年8月15日宣告完成，并于同日将产品推向市场。其主要功能是：监控常见网络活动、电子邮件监控及简单网络监控功能。

网路岗二代于2001年12月8日完成，并获得软件登记证书。主要增强了集成化并完善了产品的监控功能。

网路岗三代于2002年10月15日完成，全面增强了上网控制功能，提供了更实用的操作界面，具备复杂网络结构的监控解决方案。

网路岗四代于 2004 年 2 月 17 日问世，在网路岗三代的基础上，新增了透明的邮件监控功能、全面的协议分析、详细的堵截日志、漂亮的报表功能、基于用户监控模式、完善的跨 VLAN 支持、支持大型数据库、支持二次开发功能，同时还有报警、远程控制等新功能。

3）网路岗的应用

我们知道，防火墙能对网络安全起到很好的保护作用，局域网络通常利用防火墙作为与 Internet 域 Extranet 连接的保护屏障，它能对外来的攻击起到良好的屏障作用，但对于网络内部的攻击，防火墙则是心有余而力不足，也就是说，防火墙是不能防止来自局域网络内部的攻击的。而网路岗则能对来自局域网内部的威胁和攻击有很好的防御措施。防火墙、网路岗与局域网的连接拓扑如图 11-3 所示。

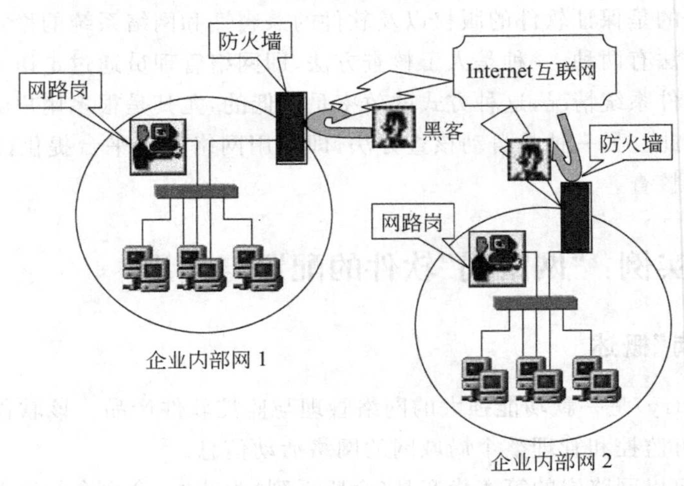

图 11-3　防火墙与网路岗的连接拓扑图

企业内部网（简称“企业网”或 Intranet）与互联网 Internet 之间的关系，一方面互联的是全球网，包含无数个大大小小的企业网，换句话说，企业网本身就是互联网的组成部分，另一方面，各个企业网又是独立的、有着自己的特点的专用网络，当需要保护企业网上的特有的信息资源（如数据库等），不能被企业之外的互联网用户访问或破坏时，就需要设置“防火墙”，将内、外两个网络隔开，以保证企业内部网安全，形象一点儿说就是，“防火墙”就是防“外贼”的。

因此“防火墙”不是针对企业内部网的用户进行管理的。“防火墙”可以防止存储在企业服务器上的静态信息和数据库不被企业之外的人获取，但是，若有人从企业内部将信息发送出去，则是“防火墙”所不能管辖的，这是就需要企业内部网的管家“网路岗”来执行任务了，或者形象一点儿说，“网路岗”是用来防“家贼”的。

2. “网路岗”的下载与安装

1）环境要求

（1）操作系统：Windows NT/XP/2000/2003。

（2）CPU：Pentium Ⅲ 或 赛扬 1.7GHz 以上。

(3) 硬盘空间：剩余空间 2GB 以上，如果监控 100 台机器的邮件，建议采用 30GB 以上的硬盘。

注意事项：

(1) 不能在 Windows 95/98 环境下安装网路岗金版产品。

(2) 不能在无网卡的机器上安装网路岗金版产品。

(3) 为了充分发挥网路岗的作用，计算机上必须配置两块网卡，其中一块是常规的“捕捉信息包网卡”，用以作为机器与网络的接口设备；另一块作为“信息过滤网卡”，作为网路岗信息过滤专用。信息过滤网卡在“网卡绑定”的“高级”中设置。

特别说明：监控机器越多，网络流量越大，需要的配置越高，根据以往的经验，在 P4 以上配置的 PC 上运行网路岗，监控的在线机器可达 1000 台以上。

2) 软件下载

软件名称：Sentry4Demo.zip

下载地址：http：//www.90down.com/softdown/49722.htm

软件下载完毕后，首先要对软件进行解包。

3) 软件安装

进入解包后的 Sentry4Demo 文件夹，运行 Sentry4Demo.exe，即开始软件的安装。首先进入图 11-4 所示产品许可证认可屏幕。

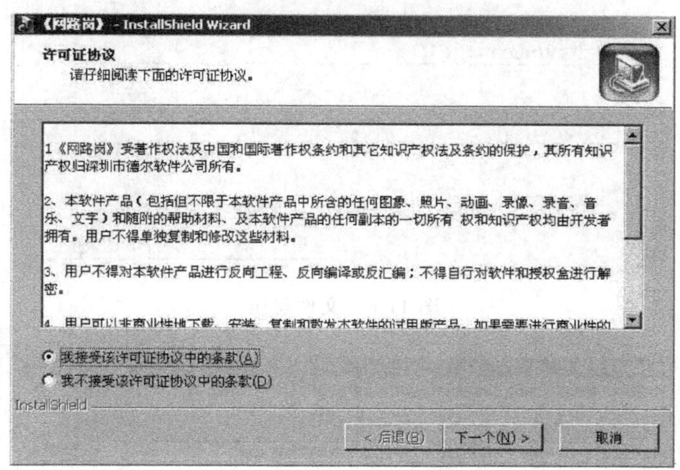

图 11-4 产品许可证协议

认真阅读产品许可证协议，选择“我接受该许可证协议中的条款”，并单击“下一步”按钮，得到图 11-5 所示的文件保存位置选择屏幕。

可选择一个软件安装的文件夹，也可选择默认文件夹。单击“下一步”按钮，得到图 11-6 所示的文件解压屏幕。

之后，屏幕依次显示下述提示信息。

安装加密狗驱动程序、创建菜单、安装监控服务程序。最后得到图 11-7 所示的文件清单屏幕。

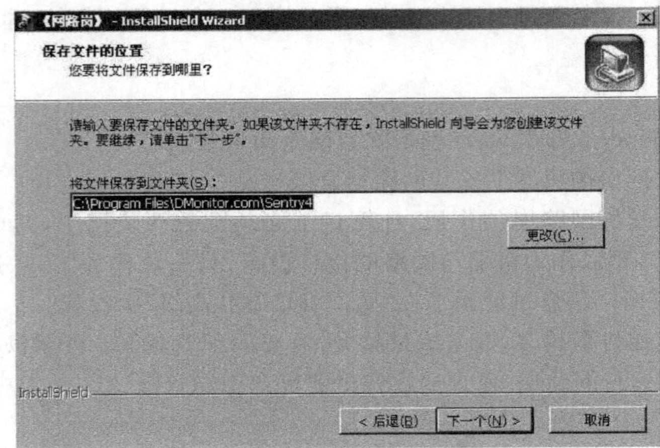

图 11-5　文件保存位置选择

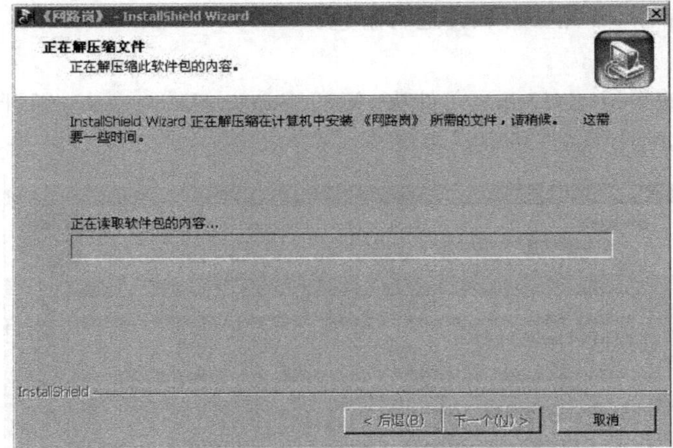

图 11-6　文件解压

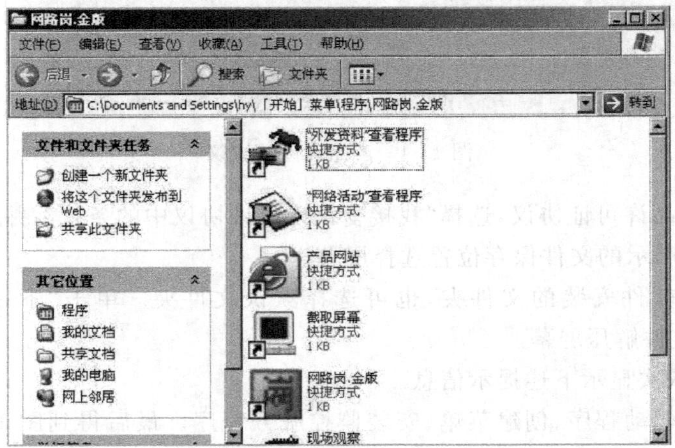

图 11-7　网路岗文件清单

至此，软件安装完毕。

软件安装完毕后，如果用户在本机上没有安装过早期“网路岗”产品，还需要安装网路岗驱动程序 SentryDrv. exe。

根据屏幕提示，依次操作即可。

4）软件的卸载

单击“开始”→“程序”→“网路岗. 金版”→“卸载产品”，进入软件的卸载屏幕，如图 11-8 所示。

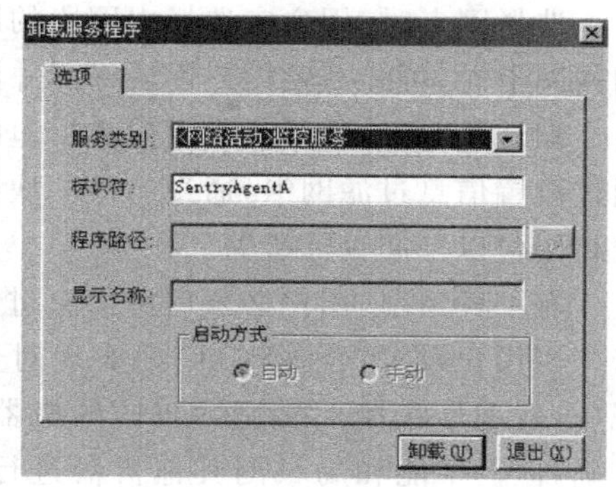

图 11-8　软件的卸载

在图 11-8 中，单击“卸载”按钮，软件即进行卸载。

5）软件的启动

单击“开始”→“程序”→“网路岗. 金版”→“网路岗. 金版”，即启动网路岗软件，得到图 11-9 所示的主屏幕。

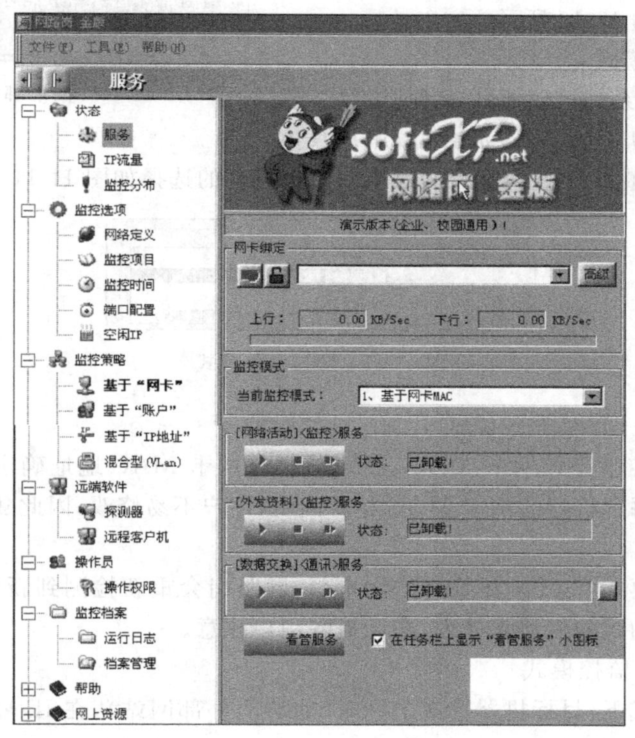

图 11-9　网路岗主屏幕

3. “网路岗”的配置

1）绑定网卡

如果安装本产品的计算机有多块网卡，则用户须小心选择网卡，一旦选错网卡，“网路岗”不但监视不了任何信息，同时也不能对目标机器进行任何控制。

选择网卡时，用户应选择内网段的网卡，而不能选择接入 Internet 的网卡。出现多块内网网卡时，可能需要用户逐块选择并测试监控效果。

默认情况下，系统获取通信数据包的网卡和发送封堵包的网卡是同一块，但用户可以通过设置信息过滤网卡，通过另外一块网卡来发送封堵包以控制目标机器。

图 11-10　网卡绑定操作屏幕

有一种情况，用户必须启用信息过滤专用网卡。当用户设置“镜像端口”来实现对数据包监视后，发现尽管接入“镜像端口”的机器 IP 配置正确，但仍不能和局域网其他机器进行通信，也就是说，所设置的“镜像端口”只能接受通信包，而不能发送数据包，“镜像端口”是单向的。针对这类情况，建议用户再添加一块网卡，作为“网路岗”的信息过滤专用网卡。

网卡绑定如图 11-10 所示。

2）选择监控模式

网路岗.金版系列同时提供多种监控模式：基于网卡/基于账户/基于 IP/混合型，用户具体选择哪一种模式，直接影响到监控的效果。监控模式的选择如图 11-11 所示。

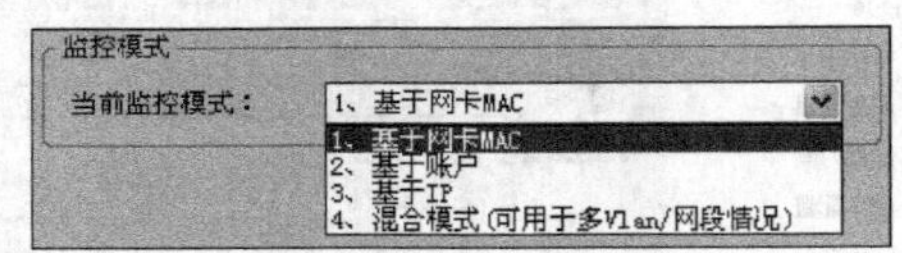

图 11-11　选择监控模式

（1）基于网卡 MAC 监控模式

基于网卡监控就是以网卡 MAC 为依据，根据网卡 MAC 地址确定被监控的信息内容的身份。由于每台机器的网卡 MAC 相对固定，用户不易修改，因此建议用户将该监控模式列为首选。

在这种监控模式下，用户更换新的网卡后，网路岗会重新检测到新的 MAC，因此，新网卡将被当作新加入的机器来处理，在此提醒用户注意。

（2）基于账户监控模式

在此监控模式下，目标机器首次上网时（如访问外部网站），在 IE 界面中将会出现要求身份验证的界面，当验证通过后，在屏幕上方自动弹出计时窗口，表明目标机器的在线情况，这时候，目标机器才可以正常上网、收发邮件等。

如果不考虑监控所带来的工作量，基于账户监控是较为合理的模式，理论上讲，基于网卡/基于 IP 的监控模式并不能完全杜绝目标机器的欺骗上网行为。

在基于账户的监控模式下，目标机器上网需要通过身份验证，与目标机器的 IP 地址和 MAC 地址无关，所有的上网日志和账户直接相关，通过账户来查找上网记录情况，这样可有效地避免被监控者篡改 MAC 和 IP 地址的情况。

然而，该监控模式的缺点也十分明显，首先，管理者需要手动管理账户名和密码，需要经常维护密码丢失的用户。其次，目标机器每次开机在首次上网时都需要输入用户名和密码，会给用户增加麻烦。

在这里建议，如果计算机数量不是太多，且监控的要求也比较高的情况下，可以考虑采用基于账户的监控模式。

(3) 基于 IP 监控模式

基于 IP 监控就是以 IP 地址为依据，并以此 IP 来确定所监控的信息的身份。

但是，如果用户局域网的 IP 地址是动态分配的，基于 IP 地址的监控模式就不可取。众所周知，即使在静态分配 IP 地址的环境下，其 IP 也可由用户随意轻松地更改。假如目标机器 A 在目标机器 B 关机的情况下，私下将 IP 地址更换成目标机器 B 的 IP，那么机器 A 上网日志就会落入机器 B 的名下。由此可见，基于 IP 监控有很大的不确定性，比较冒险。

目前，网路岗的客户如果存在多网段的情况，大多是采用这种监控模式。

(4) 混合模式

在网络结构比较庞大的环境中，用户通过了解不同监控模式下客观存在的优缺点后，可能希望对不同的 IP 段实施不同模式的监控，以达到更满意的监控效果，混合模式因此而诞生。

用户设置混合监控模式，并分配了各 IP 范围的监控模式后，系统将自动对网络信息进行分析归类，再将信息转交给不同的监控模式的模块进行处理。尽管系统后台处理过程异常复杂，但留给用户的操作却依然非常简单。

在此，建议用户定义 IP 范围的时候，最好以网段为单位，或以 VLAN 划分的 IP 段作为参考。如果用户定义的两个 IP 范围在同一个网段中，则用户可能会自己修改 IP，以使其从一个 IP 范围跳转到另一个 IP 范围。

3) 定义内部网段

单击“监控选项”中的“网络定义”菜单，即可进行内部网段定义、因特网出口 IP 定义以及代理 IP 或内网资源设置。

只有出现多网段的情况，才需要定义内部网段；在单网段环境，系统会自动识别该网段的 IP 掩码值，以减少用户工作量。

定义网段时，一般要求用户定义每个需要监控的 IP 段，但是，用户也可采用简化的定义方式，比如：输入掩码时，直接用 255.255.0.0 代替 255.255.255.0，这样可能只需要输入一次，这是一种不精确的定义方式，方案是可行的，但不提倡。

内部网段的定义如图 11-12 所示。

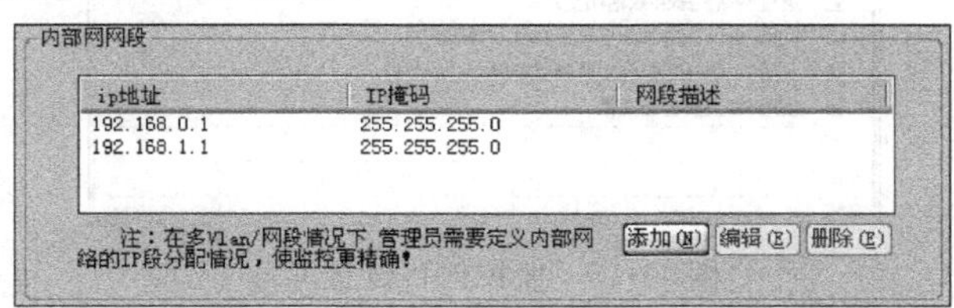

图 11-12　定义内部网段

4）定义因特网出口 IP 地址

因特网出口 IP 地址定义操作屏幕如图 11-13 所示。

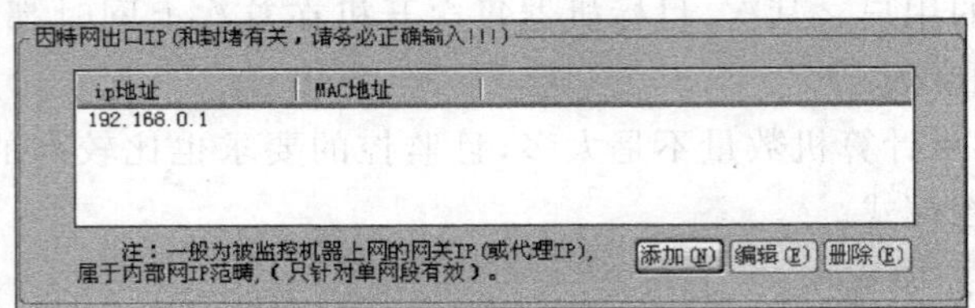

图 11-13　定义因特网出口 IP 地址

5）设置代理 IP 或内网资源

如果用户采用非透明代理服务器软件实现多机共享上网，那么必须在该处输入代理服务器的 IP 地址(内网 IP 范畴)。另外，如果网内有邮件服务器等内网资源，也需要在上面输入其 IP，才能监控到内网机器访问内网资源的情况。

代理 IP 或内网资源设置如图 11-14 所示。

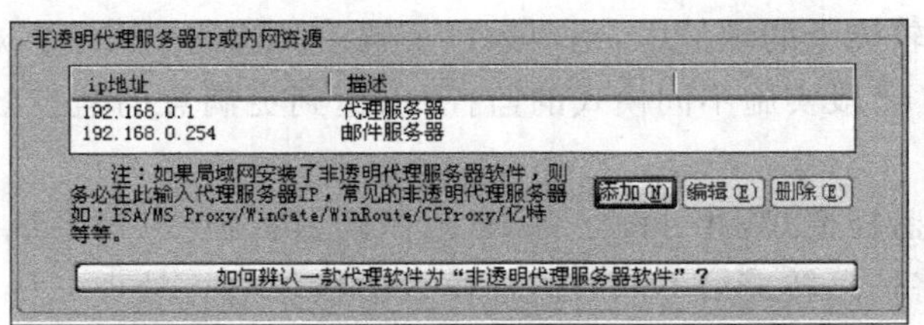

图 11-14　设置代理 IP 或内网资源

6）监控项目设置

单击"监控选项"下的"监控项目"菜单，得到监控项目设置屏幕，如图 11-15 所示。

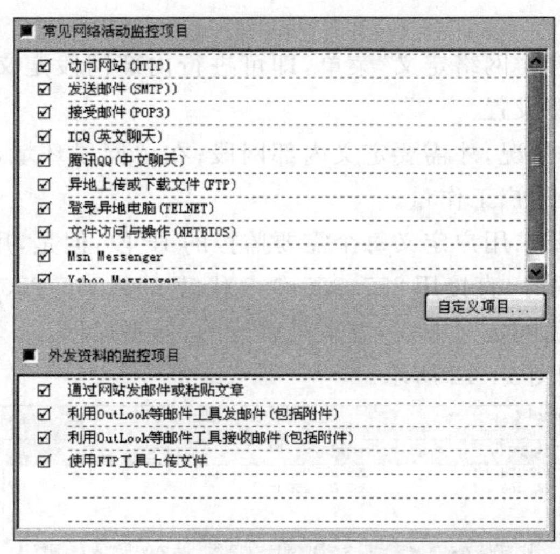

图 11-15　监控项目设置屏幕

默认情况下，所有列出的项目都处于被监控状态，用户可单击项目以“取消/选中”该项目。

系统还提供了“自定义项目”，用户自定义项目时必须对 IP 通信有比较深的了解。在图 11-15 中单击“自定义项目”按钮，即得到图 11-16 所示自定义项目屏幕。

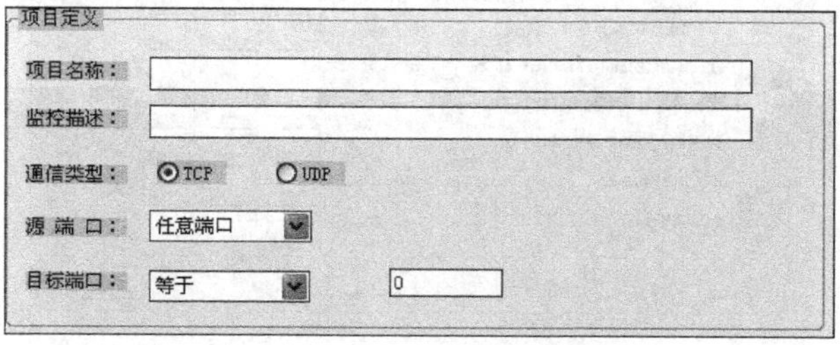

图 11-16　自定义项目屏幕

各项目的含义如下。

(1) 项目名称：用以标识所定义的项目。

(2) 监控描述：将在现场观察窗口中显示和并保存于对应的日志文件中。

(3) 通信类型：提供 TCP 和 UDP 两种。

(4) 源端口：是发出通信包的一方所占用的端口值。

(5) 目标端口：是接收通信方所使用的端口值。

如果系统检测到符合上述条件的通信包，将在现场观察窗口中显示出来，并记录到日志文件中。

什么情况下要用到自动监控项目的功能？

如果用户了解某个病毒/游戏/聊天软件的通信规律，通过自定义项目，以让网路岗来提醒用户哪台机器干什么敏感的事情。

7) 端口配置

单击“监控选项”下的“端口配置”菜单，进入“端口配置”设置屏幕，如图 11-17 所示。

监控项目和端口是息息相关的，系统是通过对特定端口数据的分析来实现对特定项目的监控的。每一个项目可同时配置三个端口，比如网络有一天也许同时有 80、8080、3128 等访问网站的端口的现象出现，这样就需要配置多个端口。

如果用户采用非透明代理服务器软件实现共享上网，且代理端口并非 80，那么就需要 HTTP 的端口 80 后面再增加一个端口值。

8) 监控时间设置

单击“监控选项”下的“监控时间”菜单，进入“监控时间”设置屏幕，如图 11-18 所示。

此时，显示的监控时间是全局的，在非监控时间段，监控服务会完全不做任何控制，尽管服务还处于运行状态。

9) 空闲 IP 设置

单击“监控选项”下的“空闲 IP”菜单，进入“空闲 IP”设置屏幕，如图 11-19 所示。

通常，网络管理员在给网内机器分配完 IP 后发现，有些 IP 范围段是空闲的，短期内

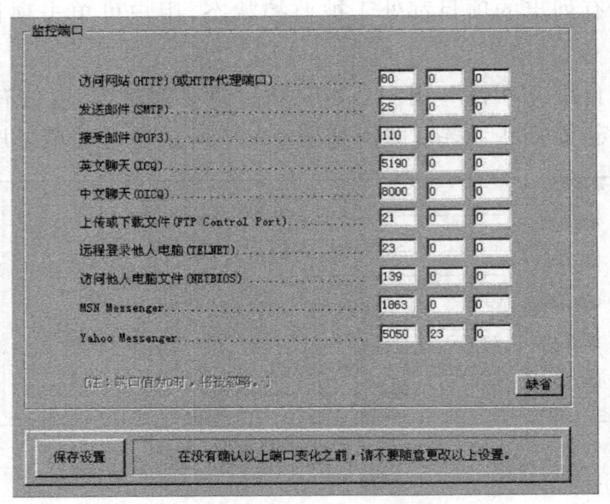

图 11-17　端口配置

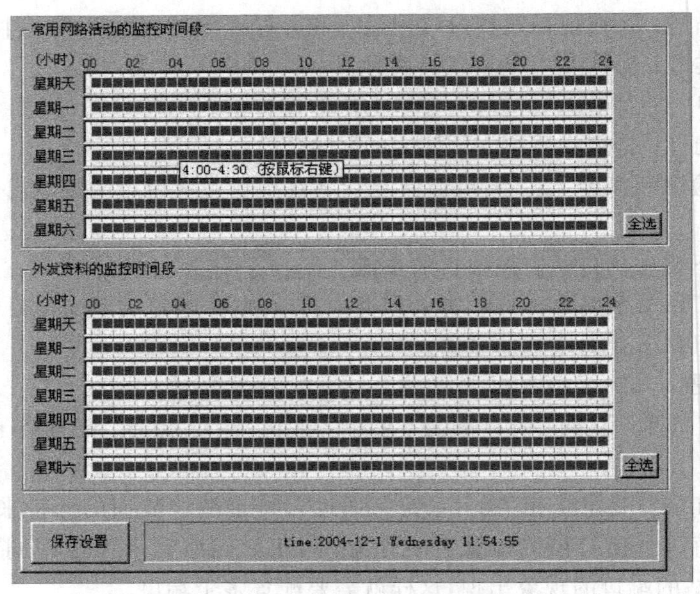

图 11-18　监控时间设置屏幕

用不上；同时网管也不想让这些 IP 被使用，那么，利用空闲 IP 防止计算机 IP 被私下更改就非常有效。

10）基于“网卡”的监控策略

在图 11-9 所示的主屏幕下，单击“监控策略”下的“基于‘网卡’”菜单项，即可进行基于网卡的监控策略设置，策略配置好后，即可对网络进行有效的监控。配置过程详见屏幕提示。

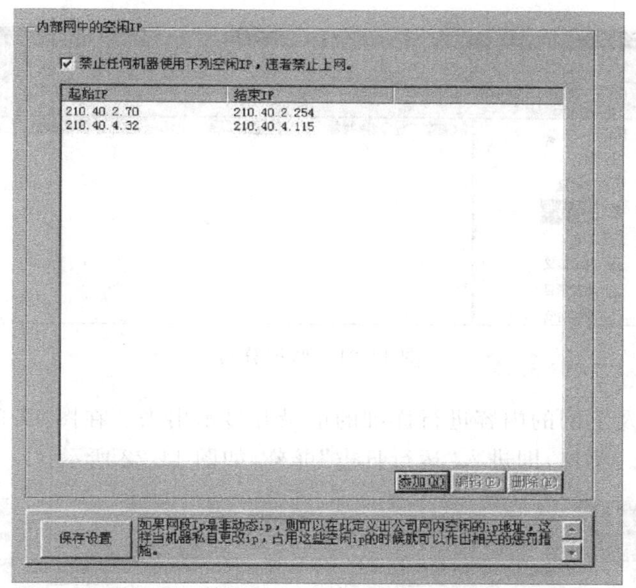

图 11-19　空闲 IP 设置

4."网路岗"的使用技术

1）IP 流量监控

在图 11-9 所示的主屏幕下，单击"状态"下的"IP 流量"菜单，可对 IP 流量进行监控，如图 11-20 所示。

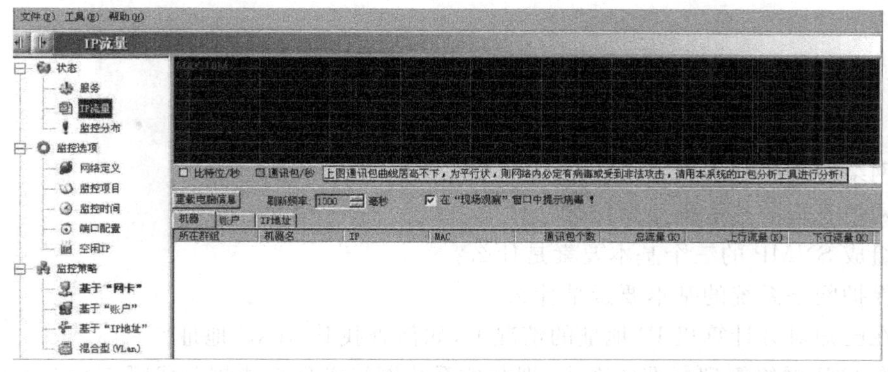

图 11-20　IP 流量监控屏幕

2）监控分布

可以用本功能来查询网路岗所能监控的范围，可将所有被监控的机器的 IP 地址、MAC 地址、产品型号及获取时间全部列出。在图 11-9 中，单击"状态"下的"监控分布"菜单，即进入"监控分布"屏幕，如图 11-21 所示。

3）运行日志

可用本功能来查看网段上所有被监控的用户的上网活动情况。可将用户的类别、用

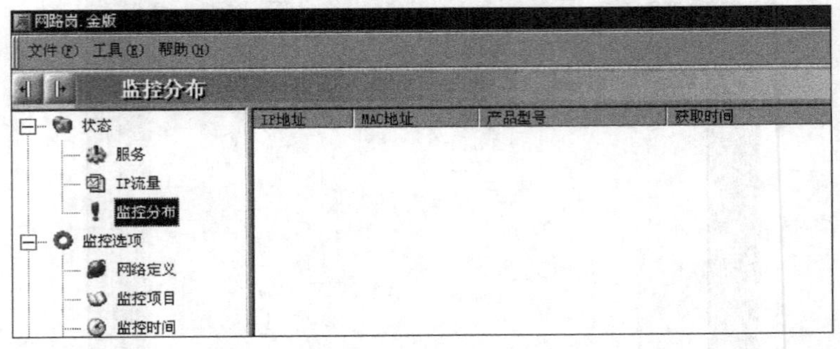

图 11-21　监控分布

户名、上网时间以及上网的内容进行详细的记录并显示出来。在图 11-9 中,单击“监控档案”中的“运行日志”菜单,即进入“运行日志”屏幕,如图 11-22 所示。

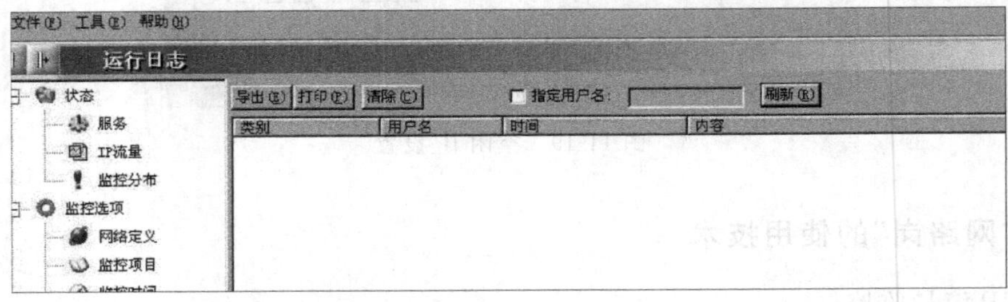

图 11-22　运行日志查询

由于篇幅所限,网路岗的功能不能一一介绍,有兴趣的读者可参阅有关资料。

习　题

11.1　网络管理的基本内容是什么?

11.2　网络管理的基本模型是什么?

11.3　组成 SNMP 的三个基本要素是什么?

11.4　保护网络系统的基本要素是什么?

11.5　在已知对方计算机 IP 地址的情况下,如何查找其 MAC 地址?

11.6　在 OSI 网络管理标准体系中,把开放系统网络管理功能划分成哪 5 个功能域?

11.7　网络安全管理的基本内容是什么?

11.8　文档管理的基本内容是什么?

11.9　如何解决在软件分布管理中带来的软件一致性和系统效率的矛盾?

11.10　网络中为什么要有冗余设备?

11.11　“网路岗”的主要功能是什么?

第12章

网络安全技术

在当今信息化的社会中，人们对计算机网络的依赖日益增强，越来越多的信息和重要数据资源出现在网络中。通过网络获取信息的方式已成为当前主要的信息沟通方式之一，这种趋势还在不断地发展。人们在使用 Internet 获得诸多便利和好处的同时，也受到了来自黑客、计算机病毒的侵袭和威胁，给个人和单位蒙受了巨大的损失，特别是近年来 Internet 规模爆炸式的增长，网络上各种新业务（如电子政务、电子商务、网络银行、网上购物等）的兴起以及各种专用网络（如金融网、金税网、教育网等）的建设，使得如何保障计算机的网络安全成为目前一个亟待解决的问题。因此，网络安全技术成为当前网络技术的一个重要研究和发展方向。

本章着重介绍计算机网络安全的基础知识，并对计算机网络安全问题的基本内容进行介绍。

12.1 网络安全的基本概念

12.1.1 网络安全概述

在信息时代，犯罪行为逐步向高科技蔓延并迅速扩散，利用计算机特别是计算机网络进行犯罪的案件越来越多。因此，计算机网络的安全越来越引起世界各国的关注。随着计算机在人类生活各领域中的广泛应用，计算机病毒也在不断产生和传播，计算机网络不断被非法入侵，重要情报资料被窃，甚至由此造成网络系统的瘫痪，给各用户及众多公司造成巨大的经济损失，甚至危害到国家和地区的安全。

1. 网络安全问题

随着人们对计算机网络的依赖性越来越大，网络安全问题也日趋重要。1988 年 11 月 2 日，美国六千多台计算机被病毒感染，致使 Internet 不能正常运行。这是一次非常典型的病毒入侵计算机网络的事件，迫使美国政府立即做出反应，美国国防部成立了应急行动小组。这次事件中遭受攻击的有 5 个计算机中心和两个地区结点，连接着政府、大学、研究所和拥有政府合同的企业约 25 万台计算机也受到攻击。这次病毒事件，计算机系统直接经济损失达 9600 万美元。这一事件终于使人们意识到网络安全问题。

在竞争日益激烈的今天，人们普遍关心网络安全的问题主要有 7 种：在国外普遍称为 7P 问题，即 Privacy（隐私）、Piracy（盗版）、Pornography（色情）、Pricing（价格）、Policing（政策制定）、Psychological（心理学）、Protection of the Network（网络保护）。然而，这 7 个问题可以说是从不同的角度提出的安全问题。

2. 网络安全的定义

从广义上说，网络安全包括网络硬件资源和信息资源的安全性。硬件资源包括通信线路、网络通信设备（集线器、交换机、路由器、防火墙）、服务器等。要实现信息快速、安全地交换，一个可靠、可行的物理网络是必不可少的。信息资源包括维持网络服务运行的系统软件和应用软件，以及在网络中存储和传输的用户信息等。信息资源的保密性、完整性、可用性、真实性是网络安全研究的重要课题，也是本章涉及的重点内容。

从用户角度看，网络安全主要是保证个人数据和信息在网络传输和存储中的保密性、完整性、不可否认性，防止信息的泄漏和破坏，防止信息资源的非授权访问。对于网络管理员来说，网络安全的主要任务是保障用户正常使用网络资源，避免病毒、非授权访问等安全威胁，及时发现安全漏洞，制止攻击行为等。

网络安全的内容是十分广泛的，不同的用户对其有不同的见解。在此，对网络安全下一个定义：网络安全是指保护网络系统中的软件、硬件及数据信息资源，使之免受偶然或恶意的破坏、盗用、暴露和篡改，保证网络系统的正常运行、网络服务不受中断所采取的措施和行为。

3. 网络安全威胁

所谓的安全威胁是指某个实体（人、事件、程序等）对某一资源的机密性、完整性及可用性在合法使用时可能造成的危害。这些可能出现的危害，是某些别有用心的人通过一定的攻击手段来实现的。

安全威胁可分为故意的（如系统入侵）和偶然的（如将信息发到错误地址）两类。故意威胁又可进一步分成被动威胁和主动威胁两类。被动威胁只对信息进行监听，而不对其修改和破坏；主动威胁则要对信息进行故意篡改和破坏，使合法用户得不到可用信息。

1）基本的安全威胁

网络安全具备 4 个方面的特征，即机密性、完整性、可用性及可控性。下面的 4 个基本安全威胁直接针对这 4 个安全目标。

（1）信息泄漏：信息泄漏给某个未经授权的实体。这种威胁主要来自窃听、搭线等信息探测攻击。

（2）完整性破坏：数据的一致性由于受到未授权的修改、创建、破坏而损害。

（3）拒绝服务：对资源的合法访问被阻断。拒绝服务可能由以下原因造成：攻击者对系统进行大量的、反复的非法访问尝试而造成系统资源过载，无法为合法用户提供服务；系统物理或逻辑上受到破坏而中断服务。

（4）非法使用：某一资源被非授权人以授权方式使用。

2）可实现的威胁

可实现的威胁可以直接导致某一基本威胁的实现，包括渗入威胁和植入威胁。

主要的渗入威胁有以下几种。

(1) 假冒：即某个实体假装成另外一个不同的实体。这个未授权实体以一定的方式使安全守卫者相信它是一个合法实体，从而获得合法实体对资源的访问权限。这是大多数黑客常用的攻击方法。如甲和乙同为网络上的合法用户，网络能为他们服务。丙也想获得这些服务，于是丙向网络发出："我是乙"。

(2) 篡改：乙给甲发了如下一份报文"请给丁汇10 000元钱。乙"。报文在转发过程中经过丙，丙把"丁"改为"丙"。结果是丙而不是丁收到了这10 000元钱。这就是报文篡改。

(3) 旁路：攻击者通过各种手段发现一些系统安全缺陷，并利用这些安全缺陷绕过系统防线渗入到系统内部。

(4) 授权侵犯：对某一资源具有一定权限的实体，将此权限用于未被授权的实体，也称"内部威胁"。

主要的植入威胁有以下几种。

(1) 计算机病毒：一种会"传染"其他程序并具有破坏能力的程序，"传染"是通过修改其他程序来把自身或其变种复制进去完成的。如"特洛伊木马(Trojan Horse)"是一种执行超出程序定义之外的程序，如一个编译程序除了执行编译任务以外，还把用户的源程序偷偷地复制下来，这种编辑程序就是一个特洛伊木马。

(2) 陷门：在某个系统或某个文件中预先设置"机关"，引诱用户掉入"陷门"之中，一旦用户提供特定的输入时，就允许用户违反安全策略，将自己机器上的秘密自动传送到对方的计算机上。

典型的安全威胁如表12-1所示。

表12-1　典型的网络安全威胁

威　胁	描　　述
授权侵犯	为某一特定目的的被授权使用某个系统的人，将该系统用作其他未受权的目的
窃听	在监视通信的过程中获得信息
电磁泄漏	从设备发出的辐射中泄漏信息
信息泄漏	信息泄漏给未授权实体
物理入侵	入侵者绕过物理控制而获得对系统的访问权
重放	出于非法目的而重新发送截获的合法通信数据的复制
资源耗尽	某一资源被故意超负荷使用，导致其他用户的服务中断
完整性破坏	对数据的未授权创建、修改或破坏造成一致性损坏
人员疏忽	一个未授权的人出于某种动机或由于粗心将信息泄漏给未授权的人

4. 网络安全服务

安全服务是指计算机网络提供的安全防护措施。国际标准化组织(ISO)定义了以下几种基本的安全服务：认证服务、访问控制、数据机密性服务、数据完整性服务、不可否认服务。

1) 认证服务

确保某个实体身份的可能性，可分为两种类型。一种类型是认证实体本身的身份，确保其真实性，称为实体认证。另一种认证是证明某个信息是否来自某个特殊的实体，这种认证叫作数据源认证。

2) 访问控制

访问控制的目标是防止任何资源的非授权访问，确保只有经过授权的实体能访问授权的资源。

3) 数据机密性服务

数据机密性服务确保只有经过授权的实体才能理解受保护的信息。在信息安全中主要区分两种机密性服务：数据机密性服务和业务流机密性服务。数据机密服务主要采用加密手段使得攻击者即使获取了加密的数据也很难得到有用的信息；业务流机密性服务则要使监听者很难从网络流量的变化上筛选出敏感的信息。

4) 数据完整性服务

防止对数据未授权的修改和破坏。完整性服务使消息的接收者能够发现消息是否被修改，是否被攻击者用假消息替换。

5) 不可否认服务

根据 ISO 的标准，不可否认服务要防止对数据源以及数据提交的否认。这有两种可能：数据发送的不可否认性和数据接收的不可否认性。这两种服务需要比较复杂的基础设施，比如数字签名技术的支持。

12.1.2 网络攻击技术

系统攻击或入侵是指利用系统安全漏洞，非法潜入他人系统(主机或网络)的行为。只有了解自己系统的漏洞及入侵者的攻击手段，才能更好地保护自己的系统。

1. 系统攻击的三个阶段

1) 收集信息

收集要攻击的目标系统的信息，包括目标系统的位置、路由、结构及技术细节等。可以用以下的工具或协议来完成信息收集。

(1) ping 程序：可以测试一个主机是否处于活动状态、到达主机的时间等。

(2) tracer 程序：可以用该程序来获取到达某一主机经过的网络及路由器的列表。

(3) finger 协议：可以用来取得某一主机上所有用户的详细信息。

(4) DNS 服务器：该服务器提供了系统中可以访问的主机的 IP 地址和主机列表名。

(5) SNMP：可以查阅网络系统路由器的路由表，从而了解目标主机所在网络的拓扑结构及其他细节内容。

2) 探测系统安全弱点

入侵者根据收集到的目标网络有关信息，对目标网络上主机进行探测，以发现系统的弱点和安全漏洞。发现系统弱点和安全漏洞的主要方法如下。

(1) 利用"补丁"找到突破口：对于已发现存在安全漏洞的产品或系统，开发商一般会发行补丁程序，以弥补这些安全缺陷。但许多用户不会及时地使用"补丁"程序，这就给攻击者有可乘之机。攻击者通过分析"补丁"程序的接口，然后自己编写程序通过该接口入侵目标系统。

(2) 利用扫描器发现安全漏洞：扫描器是一种常用的网络分析工具。这类工具可以对整个网络或子网进行扫描，寻找安全漏洞。扫描器的使用价值具有两面性，系统管理员使用扫描器及时发现系统存在的安全隐患，从而完善系统的安全防御体系，防患于未然；而出于非法目的攻击者使用此类工具，发现系统漏洞后给系统带来巨大的安全隐患。目前，比较流行的扫描器有因特网安全扫描程序(Internet Security Scanner，ISS)、安全管理员网络分析工具(Security Administrator Tool for Analyzing Scanner，SATAN)、SUPERSCAN 等。

3) 实施攻击

攻击者通过上述方法找到系统的弱点后，就可以对系统进行攻击。攻击者的攻击行为通常可分为以下三种形式。

(1) 掩盖行迹，预留后门。攻击者潜入系统后，会尽可能地销毁可能留下的痕迹，并在被攻击的系统中找到新的漏洞或留下后门，以备下次入侵时使用。

(2) 安装探测程序。攻击者可能在系统中安装探测软件，即使攻击者退出去以后，探测软件仍可以窥探所在系统的活动，收集攻击者感兴趣的信息，如用户名、账号、口令等，并源源不断地把这些秘密传给幕后的攻击者。

(3) 取得特权，扩大攻击范围。攻击者可能进一步发现受害系统在网络中的信任等级，然后利用该信任等级所具有的权限，对整个系统展开攻击。如果攻击者获得根用户或管理员的权限，后果将不堪设想。

2. 网络入侵的对象

了解和分析网络入侵的对象是入侵检测和防范的第一步。网络入侵对象主要包括以下几个方面。

1) 固有的安全漏洞

任何软件系统，包括系统软件和应用软件都无法避免地存在安全漏洞。这些漏洞主要来源于程序设计方面的错误和疏忽，如协议的安全漏洞、弱口令、缓冲区溢出等，这些漏洞给入侵者提供了可乘之机。

2) 维护措施不完善的系统

当发现漏洞时，管理人员需要仔细分析有漏洞的程序，并采取补救措施。有时虽然对系统进行了维护，对软件进行了更新和升级，但由于路由器及防火墙的过滤规则复杂等问题,系统可能又会出现新的漏洞。

3）缺乏良好安全体系的系统

一些系统不重视信息的安全,在设计时没有建立有效的、多层次的防御体系,这样的系统不能防御复杂的安全攻击手段和方法。很多企业依赖于审计跟踪和其他的独立工具来检测攻击,日新月异的攻击技术使得这些传统的检测技术显得苍白无力。

12.1.3 系统攻击方法

机构的信息或计算机系统会以多种方式遭受攻击。一些不利的事情是有意(恶意)进行的,另一些则是偶然导致的。无论原因是什么,都会使机构遭受破坏。因此,无论这些事情是否出于恶意,都将其称为“攻击”。主要有以下 4 种类型的攻击方法。

1. 访问攻击

访问攻击是攻击者试图获得没有访问权限的信息。这种攻击也可能在信息传输过程中出现,如图 12-1 所示。这种类型的攻击是对信息保密性的攻击。

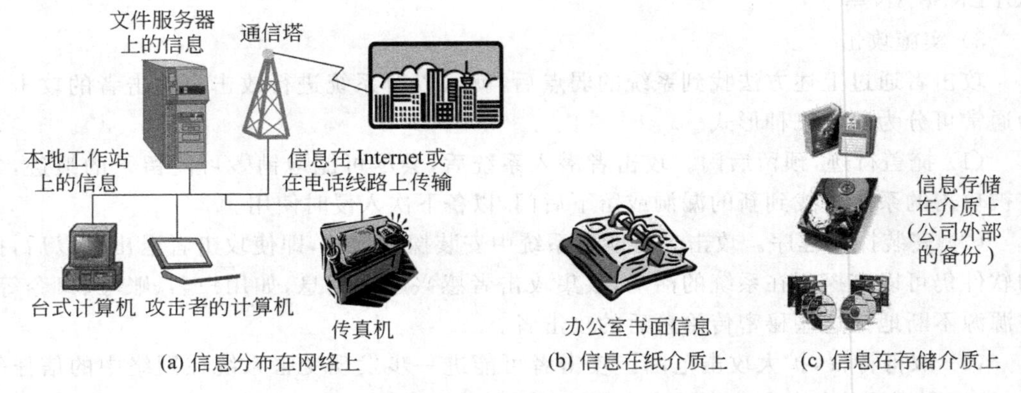

图 12-1 访问攻击发生的位置

1）监听

监听是一种通过检查结点的信息文件来寻找感兴趣的内容的方法。如果文件是写在纸上的,那么攻击者可能会打开文件柜或文件抽屉对文件进行寻找,这是监听的一种形式。如果文件位于计算机系统中,那么攻击者可能试图逐个打开文件,直到找到需要的信息。

2）窃听

当有人旁听他们不应该参与的谈话时,就是窃听。为了获得对信息未经授权的访问,攻击者必须置身于他们感兴趣的信息将会传输的途径上。这大多数情况是通过电子方式进行的,如图 12-2 所示。

无线网络增加了窃听的机会。攻击者可坐在大楼的某个角落中,或在大楼附近街道上非法访问他人的信息。

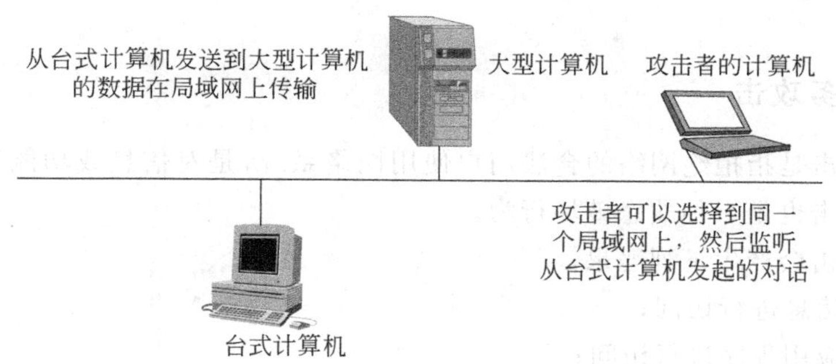

图 12-2　窃听技术

3）截听

与窃听不同，截听是对信息的主动攻击。当攻击者截听信息时，他置身于信息经过的路径上，在信息到达目的地之前捕获信息。在截获所需的信息之后，攻击者可能让信息继续前进并到达目的地，如图 12-3 所示。

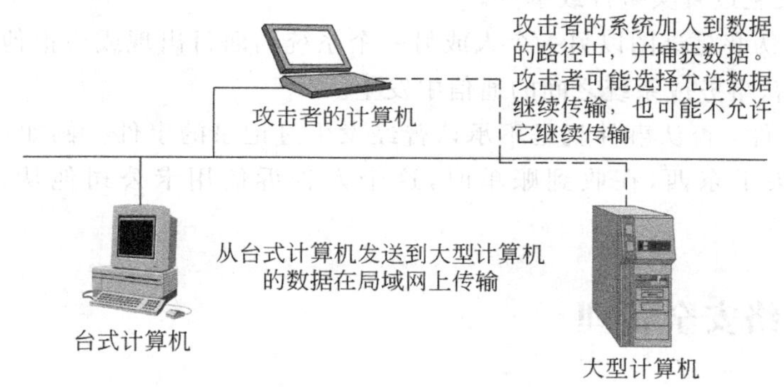

图 12-3　截听技术

2. 修改攻击

修改攻击是攻击者试图修改其没有修改权限的信息。只要信息存在，就可能出现这攻击，它还可能攻击传输中的信息，这种类型的攻击是对信息完整性的攻击。

1）更改攻击

一种类型的修改攻击是更改现有的信息，如攻击者更改现有员工的工资。信息一直存在于机构中，但是已不正确。更改攻击的对象一般是敏感信息或公共信息。

2）插入攻击

另一种类型的修改攻击是插入信息。在实施插入攻击时加入原来没有的信息。这种攻击可以针对历史信息或下一步将要处理的信息。例如，攻击者可能会选择银行系统中加入一项将资金从客户账号转移到自己账号的交易。

3）删除攻击

删除攻击是清除现有的信息。可能是清除历史记录信息，也可能是清除下一步将要处理的信息。比如，攻击者可能从银行声明中清除一项交易，从而使本应从账号中转出的资金保持不动。

3. 拒绝服务攻击

拒绝服务攻击是指拒绝网络的合法用户使用网络系统，是对信息或功能等资源的攻击。拒绝服务攻击也是一种故意破坏行为。

拒绝服务攻击会产生下列恶果。

(1) 拒绝对信息进行访问；

(2) 拒绝对应用程序进行访问；

(3) 拒绝对系统进行访问；

(4) 拒绝对通信进行访问。

4. 否认攻击

否认攻击是一种针对信息记录实施的攻击。换言之，否认攻击试图给出错误的信息或者否认曾经发生过真实事件或事务。

(1) 伪装：伪装是试图以另一个人或另一个系统的面目出现或模拟他们。这种攻击可能在个人通信、事务或系统之间的通信中发生。

(2) 否认事件：否认事件就是不承认曾经发生过记录的事件。例如，一个人使用购物卡在商店购买了东西，在收到账单时，这个人告诉信用卡公司他从来没买过这件东西。

12.1.4 网络安全管理

面对网络的脆弱性，除了在网络设计上增加安全服务功能，完善系统的安全保密措施外，还必须花大力气加强网络的安全管理，因为诸多的不安全因素恰恰反映在组织管理和人员录用等方面。据统计，在整个网络安全的发生原因中，管理占 60%，实体占 20%，法律和技术各占 10%，因此安全管理是计算机网络安全所必须考虑的基本问题，应该引起各计算机网络部门领导和技术人员的高度重视。

1. 安全策略

网络安全管理是基于其安全策略的，在一定技术条件下的切合实际的安全策略，必须基于网络的具体情况来确定开放性与安全性的最佳结合点。任何离开开放性谈安全的做法都是片面的，因此安全问题的具体解决要涉及一系列相关问题的实际情况，制定安全策略要因地制宜、因人而异、因钱而异，最终以合理性为最普遍的原则。

1) 安全策略的制定原则

(1) 平衡性原则；

(2) 整体性原则；

(3) 一致性原则；

(4) 易操作性原则;

(5) 层次性原则;

(6) 可评价性原则。

2) 安全策略的目的

制定安全策略的目的是为了保证网络安全保护工作的整体性、计划性及规范性,保证各项安全措施和管理的正确实施,使网络系统的机密性、完整性和可使用性受到全面、可靠的保护。

3) 安全策略的层次

网络系统的安全涉及网络系统结构的各个层次,按照 OSI 的 7 层协议,网络安全应贯穿在体系的各个层次中。物理层安全主要防范物理通路的损害、搭接窃听或干扰;数据链路层安全主要是采用划分 VLAN、加密通信等手段保证链路中的数据信息不被窃听;网络层的安全需要保证网络只给授权的用户使用,保证网络路由正确,避免拦截和窃听分析;网络操作系统安全要保证用户资料、系统资源访问控制的安全,并提供审计服务;应用平台的安全要保证建立在网络系统之上的应用服务的安全;应用系统安全根据平台提供的安全服务,保证用户服务的安全。

4) 实施方案的制定

根据已确定的安全策略,还要进一步制定实施方案,以期具体实现安全策略。

(1) 实施方案的主要内容。

(2) 选择安全技术。

2. 安全管理的实施

网络安全管理是以技术为基础,配以行政手段的管理活动。

1) 安全管理的类型

(1) 系统安全管理:管理整个网络环境的安全。

(2) 安全服务管理:对单个的安全服务进行管理。

(3) 安全机制管理:管理安全机制中的有用信息。

(4) OSI 管理的安全:所有 OSI 网络管理函数、控制参数和管理信息的安全都是 OSI 的安全核心,其安全管理能确保 OSI 管理协议和信息能受到安全的保护。

根据这 4 种类型,网络管理部门可选适当的工作平台,建立网络安全体系。

2) 安全管理基本内容

(1) 根据工作的重要程度,确定该系统的安全等级。

(2) 根据确定的安全等级,确定安全管理的范围。

(3) 制定相关的管理制度。

(4) 制定严格的操作规范。

(5) 制定紧急措施,当紧急事件发生时,确保损失减少至最小。

(6) 制定完备的系统维护制度。

12.2 常见网络安全设施与技术

12.2.1 防火墙与防水墙

1. 防火墙的基本概念

古时候，人们常在寓所之间砌起一道砖墙，一旦火灾发生，它能够防止火势蔓延到别的寓所。自然，这种墙因此而得名“防火墙”。现在，如果一个网络连接了Internet，它的用户就可以访问外部世界并与之通信。同时，外部世界也同样可以访问该网络并与之交互。为安全起见，可以在该网络和Internet之间插入一个中介系统，竖起一道安全屏障，这道屏障的作用是阻断来自外部通过网络对本网络的威胁和入侵，提供扼守本地网络的安全和审计的关卡。这种中介系统叫作“防火墙”或“防火墙系统”。

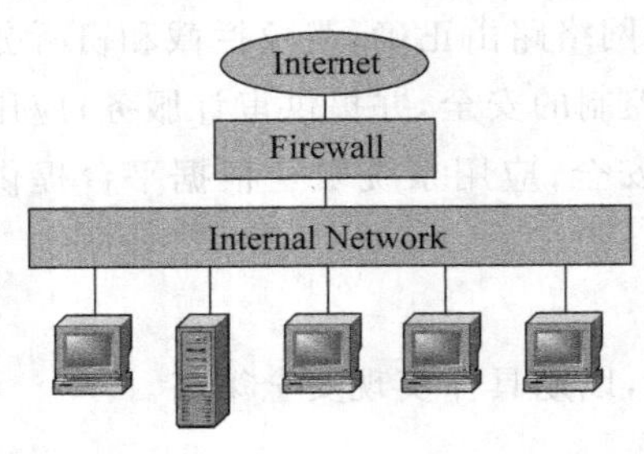

图 12-4　防火墙连接示意图

防火墙是在两个网络间实现访问控制的一个或一组软硬件系统。防火墙的最主要功能就是屏蔽和允许指定的数据通信，而该功能的实现又主要是依靠一套访问控制策略，由访问控制策略来决定通信的合法性。防火墙连接如图12-4所示。

2. 防火墙的目的与作用

构建网络防火墙的主要目的如下。

(1) 控制访问者进入一个被严格控制的点。

(2) 防止进攻者接近防御设备。

(3) 控制内部人员从一个特别控制点离开。

(4) 检查、筛选、过滤和屏蔽信息流中的有害信息，防止对计算机和计算机网络进行恶意破坏。

网络防火墙的主要作用是：防火墙是一种非常有效的网络安全模型，通过它可以隔离内外网络，以达到网络中安全区域的连接，同时不妨碍人们对风险区域的访问。监控出入网络的信息，仅让安全的、符合规则的信息进入内部网络，为网络用户提供一个安全的网络环境。

(1) 有效收集和记录Internet上活动和网络误用情况。

(2) 能有效隔离网络中的多个网段，能有效地过滤、筛选和屏蔽一切有害的信息和服务。

(3) 防火墙就像一个能发现不良现象的警察，能执行和强化网络的安全策略。

3. 防火墙的类型

从技术上看，防火墙有如下6种基本类型。

1）包过滤型防火墙

包过滤型防火墙的包过滤器安装在路由器上，工作在网络层(IP)，因此也称为网络层防火墙。它基于单个包实施网络控制，根据所收到数据包的源地址、目的地址、源端口号及目的端口号、包出入接口、协议类型和数据包中的各种标志位等参数，与用户预定的访问控制表进行比较，判定数据是否符合预先制定的安全策略，决定数据包的转发或丢弃，即实施信息的过滤。它实际上是控制内部网络上的主机可直接访问外部网络，而外部网络上的主机对内部网络的访问则要受到限制。

这种防火墙的优点是简单、方便、速度快，透明性好，对网络性能影响不大，但它缺乏用户日志和审计信息，缺乏用户认证机制，不具备登录和报告性能，不能进行审核管理，且过滤规则的完备性难以得到检验，过滤规则复杂难以管理。因此安全性较差。

2）代理服务器防火墙

代理服务器防火墙通过在主机上运行代理服务程序，直接对特定的应用层进行服务，因此也称为应用层防火墙。其核心是运用防火墙主机上的代理服务器进程。代理网络用户完成 TCP/IP 功能，实际上是为特定网络应用而连接两个网络的网关。对每种不同的应用层(如 E-mail、FTP、Telnet、WWW 等)都应用一个相应的代理。代理服务可以实施用户认证、详细日志、审计跟踪、数据加密等功能和对具体协议及应用的过滤，如阻止 Java 或 JavaScript 程序的运行。

这种防火墙能完全控制网络信息的交换，控制会话过程，具有灵活性和安全性；但会影响网络的性能，对用户不透明，且对每一种服务器都要设计一个代理模块、建立对应的网关，实现比较复杂。

3）电路层网关

电路层网关在网络的传输层上实施访问策略，是在内、外网络主机之间建立一个虚拟电路进行通信，相当于在防火墙上直接开了个口子进行传输，不像应用层防火墙那样能严密控制应用层的信息。

4）混合型防火墙

混合型防火墙，把过滤和代理服务等功能结合起来，形成新的防火墙，所用主机称为堡垒主机，负责代理服务。各种类型的防火墙，各有其优缺点。当前的防火墙产品，已不是单一的包过滤型或代理服务型防火墙，而是将各种安全技术结合起来，形成一个混合的多级防火墙，以提高防火墙的灵活性和安全性。采用如下几种技术：动态包过滤；内核透明技术；用户认证机制；内容和策略感知能力；内部信息隐藏；智能日志、审计和实时报警；防火墙的交互操作性；各种安全技术的有机结合等。

5）应用级网关

应用级网关使用专用软件来转发和过滤特定的应用服务，如 Telnet、FTP 等服务连接。这是一种代理服务。代理服务技术适用于应用层，它由一个高层的应用网关作为代理器，通常由专门的硬件来承担。代理服务器接收外来的应用连接请求，进行安全检查后，再与被保护的网络应用服务器建立连接，使得外部服务器在受控制的前提下使用内部网络提供的服务。应用级网关具有登记、日志、统计和报告等功能，并有良好的审计功能和严格的用户认证功能，应用级网关的安全性高，但它要为每种应用提供专门的代理服务程序。

6）自适应代理技术

自适应代理技术是一种最新的防火墙技术，在一定程度上反映了防火墙目前的发展动态。该技术可以根据用户定义的安全策略，动态适应传送中的分组流量。如果安全要求较高，则安全检查应在应用层完成，以保证代理防火墙的最大安全性；一旦代理明确了会话的所有细节，其后的数据包就可以直接经速度快得多的网络层传送。

4. 防火墙的设计与实现

1）防火墙设计的安全要求与准则

为了网络的安全可靠，防火墙必须满足以下要求。

(1) 防火墙应由多个构件组成，形成一个有一定冗余度的安全系统，避免成为网络的单失效点。

(2) 防火墙应能抵抗网络黑客的攻击，并可对网络通信进行监控和审计。这样的网络结点，称为阻塞点。

(3) 防火墙一旦失效、系统重启或系统崩溃时，则应完全阻断内、外网络站点的连接，以防非法用户闯入。

(4) 防火墙应提供强制认证服务，外部网络站点对内部网络的访问应经过防火墙的认证检查，包括对网络用户和数据源的认证。它应支持 E-mail、FTP、Telnet 和 WWW 等服务。

(5) 防火墙对内部网络应起到屏蔽作用，并且隐藏内部网站的地址和内部网络的拓扑结构。

在防火墙设计中，安全策略是防火墙的灵魂和基础。通常，防火墙采用的安全策略有如下两个基本准则。

(1) 一切未被允许的访问就是禁止的。

(2) 一切未被禁止的访问就是允许的。

建立防火墙是在对网络的服务功能和拓扑结构仔细分析的基础上，在被保护的网络周边，通过专用硬件、软件及管理措施的综合，对跨越网络边界的信息，提供监测、控制甚至修改的手段。

2）防火墙的实现

(1) 决定防火墙的类型与拓扑结构：针对防火墙所保护的系统安全级别做出定性和定量评估，从系统的成本、安全保护实现的难易程度以及升级、改造和维护的难易程度，决定该防火墙的类型和拓扑结构。

(2) 制定安全策略：在实现过程中，没有被允许的服务是被禁止的，没有被禁止的服务都是允许的。网络安全的第一策略是拒绝一切未许可的服务，即由防火墙逐项删除未许可的服务后，再转发信息。在此策略的指导下，再针对系统制定各项具体策略。

(3) 确定包过滤规则：一般以处理 IP 数据包包头信息为基础，包括过滤规则、过滤方式、源和目的端口号及协议类型等，它决定算法执行时的顺序，因此正确的排列顺序至关重要。

(4) 防火墙维护和管理方案的制定：防火墙的日常维护是对访问记录进行审计，发现入侵和非法访问情况，据此对防火墙的安全性进行评价，需要时进行适当改进。管理工作要根据拓扑结构的改变或安全策略的变化，对防火墙进行硬件与软件的修改和升级。通过维护和管理进一步优化其性能，以保证网络及其信息的安全性。

5. 防水墙

防水墙系统是内网安全管理的有力武器，是加强个人计算机内部安全管理的重要工具，它充分利用密码、身份认证、访问控制和审计跟踪等技术手段，对涉密信息、重要业务数据和技术专利等敏感信息的存储、传播和处理过程，实施安全保护；最大限度地防止敏感信息泄漏、被破坏和违规外传，并完整记录涉及敏感信息的操作日志，以便日后审计或追究相关的泄密责任。防水墙系统从内部安全体系架构和网络管理层面上，实现了内部安全的完美统一，有效降低了"堡垒从内部攻破"的可能性。它作为国内市场上第一款成熟的内网安全管理软件，填补了国内在该领域的空白，为我国信息安全保障工作注入了新的活力。

防水墙系统的主要功能是防止个人桌面系统的信息泄漏，同时对个人桌面系统的软硬件资源实施安全管理，并对个人桌面系统的工作状况进行监控和审计。

12.2.2 IDS与IPS

入侵检测技术自20世纪80年代提出以来得到了极大的发展，国外一些研究机构已经开发出了应用不同操作系统的几种典型的攻击检测系统。

1. 入侵检测产品发展现状

入侵检测系统(Intrusion Detect System，IDS)分为两种：主机入侵检测系统(HIDS)和网络入侵检测系统(NIDS)。主机入侵检测系统的分析对象为主机审计日志，所以需要在主机上安装软件，针对不同的系统、不同的版本需安装不同的主机引擎，安装配置较为复杂，同时对系统的运行和稳定性造成影响，目前在国内应用较少。网络入侵监测系统的分析对象为网络数据流，它只需安装在网络的监听端口上，对网络的运行无任何影响，目前国内使用较为广泛。本节介绍的是当前广泛使用的网络入侵监测系统。

2. 为什么需要入侵检测系统

防火墙是Internet上最有效的安全保护屏障，防火墙在网络安全中起到大门警卫的作用。它对进出的数据依照预先设定的规则进行匹配，符合规则的就予以放行，从而起到访问控制的作用，是网络安全的第一道闸门。优秀的防火墙甚至对高层的应用协议进行动态分析，保护进出数据应用层的安全。但防火墙的功能也有局限性，防火墙只能对进出网络的数据进行分析，对网络内部发生的事件完全无能为力。

同时，由于防火墙处于网关的位置，不可能对进出数据进行太多判断，否则会严重影响网络性能。如果把防火墙比作大门警卫的话，入侵检测就是网络中不间断的摄像机，入侵检测通过旁路监听的方式不间断地收取网络数据，对网络的运行和性能无任何影响，同时判断其中是否含有攻击的企图，通过各种手段向管理员报警。不但可以发现来自外部的攻击，也可以发现来自内部的恶意行为。所以说入侵检测系统是网络安全的第二道闸门，是防火墙的必要补充，构成完整的网络安全解决方案。

入侵检测系统 IDS 是主动保护自己免受攻击的一种网络安全技术。IDS 对网络或系统上的可疑行为做出相应的反应，及时切断入侵源，保护现场并通过各种途径通知网络管理员，保障系统安全。入侵检测系统是防火墙的合理补充，帮助系统对付外来网络的攻击，扩展了系统管理员的安全管理能力(包括安全审计、监视、进攻识别和响应)，提高了信息安全基础机构的完整性。

3. 入侵检测系统的工作步骤

1) 信息收集

入侵检测的第一步是信息收集，内容包括系统、网络运行、数据及用户活动的状态和行为，而且，需要在计算机网络系统中的若干不同关键点(不同网段和不同主机)收集信息。入侵检测很大程度上依赖于收集信息的准确性与可靠性，因此，必须使用精确的软件来报告这些信息，因为黑客经常替换软件以搞混或移走这些信息，例如替换被程序调用的子程序、库和其他工具。信息的收集主要来源以下几个方面：系统和网络日志文件、目录和文件不期望的改变、程序不期望的行为、物理形式的入侵信息。

2) 信息分析

对上述收集到的有关系统、网络运行、数据及用户活动的状态和行为等信息通过三种技术手段进行分析：模块匹配、统计分析和完整性分析。这三种技术请参阅有关参考资料。

4. 入侵防御技术 IPS

入侵防御系统(Intrusion Prevention System，IPS)，是 IDS 的升级产品，是集成入侵检测技术与防御技术于一体的安全产品。IPS 同时集成检测、病毒过滤、带宽管理和 URL 过滤等功能，是业界综合防护技术最领先的入侵防御/检测系统。

12.2.3 网络嗅探技术

1. 网络嗅探技术与嗅探器

嗅探器(Sniffer)可以理解为一个安装在计算机上的窃听设备，它可以用来窃听计算机在网络上所产生的众多的信息。一部电话的窃听装置，可以用来窃听双方通话的内容，而计算机网络嗅探器则可以窃听计算机程序在网络上发送和接收到的数据。

嗅探器是利用计算机的网络接口截获目的地及其他计算机数据报文的一种技术。它工作在网络的最底层，把网络传输的全部数据记录下来。嗅探器可以帮助网络管理员查找网络漏洞和检测网络性能，嗅探器可以分析网络的流量，以便找出所关心的网络中潜在的问题。不同传输介质的网络可监听性是不同的。一般来说，以太网被监听的可能性比较高，因为以太网是一个广播型的网络；FDDI Token 被监听的可能性也比较高，尽管它并不是一个广播型网络，但带有令牌的那些数据包在传输过程中，平均要经过网络上一半的计算机；微波和无线网被监听的可能性同样比较高，因为无线电本身是一个广播型的传输媒介，弥散在空中的无线电信号可以被很轻易地截获。一般情况下，大多数的嗅探器至少能够分析下面的协议。

(1) 标准以太网协议。

(2) TCP/IP；

(3) IPX；

(4) DECNET；

(5) FDDI Token；

(6) 微波和无线网协议。

实际应用中的嗅探器分为软、硬两种。软件嗅探器便宜且易于使用，缺点是往往无法抓取网络上所有的传输数据(比如碎片)，也就无法全面了解网络的故障和运行情况；硬件嗅探器通常称为协议分析仪，它的优点恰恰是软件嗅探器的缺点，但是价格昂贵。目前使用的嗅探器仍是以软件为主。

2. 通信协议分析

1) 与嗅探技术有关的网络通信设备

(1) 中继器：中继器的主要功能是终结一个网段的信号并在另一个网段再生该信号，起到信号放大和转发的作用，中继器工作在物理层上。

(2) 网桥：网桥使用 MAC 物理地址实现中继功能，可以用来分隔网段或连接部分异种网络，工作在数据链路层。

(3) 路由器：路由器工作在网络层，主要负责数据包的路由寻径，也能处理物理层和数据链路层上的工作。

(4) 网关：主要工作在网络第 4 层以上，主要实现收敛功能及协议转换，不过很多时候网关都被用来描述任何网络互连设备。

2) TCP/IP 与以太网

以太网和 TCP/IP 可以说是相辅相成的，两者的关系几乎是密不可分，以太网在一二层提供物理上的连线，而 TCP/IP 工作在上层，使用 32 位的 IP 地址，以太网则使用 48 位的 MAC 地址，两者间使用 ARP 和 RARP 进行相互转换。

载波监听/冲突检测(CSMA/CD)技术被广泛地使用在以太网中，所谓载波监听是指在以太网中的每个站点都具有同等的权利，在传输自己的数据时，首先监听信道是否空闲，如果空闲，就传输自己的数据，如果信道被占用，就等待信道空闲。而冲突检测则是为了防止发生两个站点同时在网络发送数据而产生的冲突。以太网采用广播机制，所有与网络连接的工作站都可以看到网络上传递的数据。

3) TCP/IP 通信

在 TCP/IP 通信中，网络接口层直接与硬件地址相连接，网间网层与 IP 地址相连接，传输层与 TCP 接口相连接，应用层则是面向用户的应用程序接口，如 FTP、Telnet 等接口。

3. 网络嗅探基本原理

我们知道，计算机所传送的数据是大量的二进制数据。因此，一个网络窃听程序也必须使用特定的网络协议来分解嗅探到的数据，嗅探器也就必须能够识别出哪个协议对应于这个数据片断，只有这样才能够进行正确的解码。

网络嗅探器可以在任何连接着的网络上直接窃听到同一掩码范围内的计算机网络数据。这种窃听方式称为“基于混杂模式的嗅探”(Promiscuous Mode)。

在以太网中，所有的通信都是广播方式，也就是说通常在同一个网段的所有网络接口都可以接收在物理媒体上传输的所有数据，而每一个网络接口都有一个唯一的硬件地址，这个硬件地址也就是网卡的 MAC 地址。MAC 使用的是 48b 的地址，这个地址用来表示网络中的每一个设备，每块网卡上的 MAC 地址都是不同的。在硬件地址和 IP 地址间使用 ARP 和 RARP 进行相互转换。

在正常的情况下，一个网络接口应该只响应下述两种数据帧来完成嗅探。

(1) 与自己硬件地址相匹配的数据帧；

(2) 发向所有机器的广播数据帧。

网卡接收到传输来的数据，网卡内的单片程序接收数据帧的目的 MAC 地址，根据计算机上的网卡驱动程序设置的接收模式判断该不该接收，认为该接收就接收后产生中断信号通知 CPU，认为不该接收就丢掉不管，所以不该接收的数据在网卡处就截断了，计算机根本就不知道。CPU 得到中断信号产生中断，操作系统就根据网卡的驱动程序设置的网卡中断程序地址调用驱动程序接收数据，驱动程序接收数据后放入信号堆栈让操作系统处理。而对于网卡来说一般有 4 种接收模式。

(1) 广播方式：该模式下的网卡能够接收网络中的所有广播信息。

(2) 组播方式：设置在该模式下的网卡能够接收组播数据。

(3) 直接方式：在这种模式下，只有目的网卡才能接收该数据。

(4) 混杂模式：在这种模式下的网卡能够接收一切通过它的数据，而不管该数据是不是传给它的。

通过前面的学习，网卡接收信息技术可总结如下。

(1) 在以太网中是基于广播方式传送数据的，也就是说，所有的物理信号都要经过连接在以太网段上的机器；

(2) 网卡可以置于混杂模式，在这种模式下工作的网卡能够接收到一切通过它的数据，而不管实际上数据的目的地址是不是自己的。这实际上就是 Sniff 工作的基本原理：让网卡接收一切能接收的数据。

下面来看一个简单的例子，如图 12-5 所示，机器 A、B、C 与集线器 Hub 相连接，集线器 Hub 通过路由器 Router 访问外部网络。

值得注意的一点是，机器 A、B、C 使用一个普通的 Hub 连接，不是用 Switch，也不是用 Router，使用 Switch 和 Router 的情况要比这复杂得多。

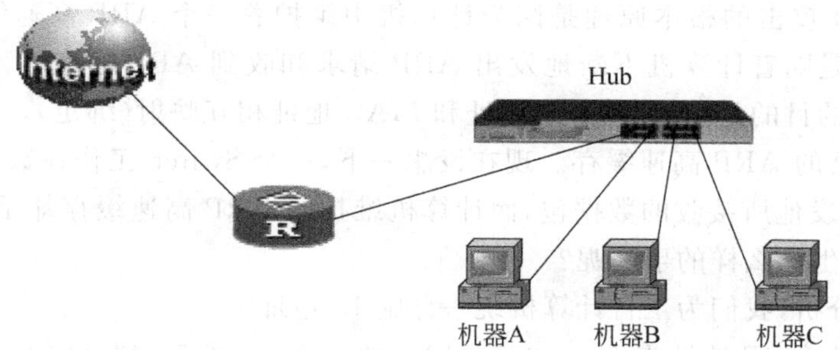

图 12-5　一个简单的以太拓扑图

假设机器 A 上的管理员为了维护机器 C，使用了一个 FTP 命令向机器 C 进行登录，那么在这个用 Hub 连接的网络里数据走向过程是这样的：首先机器 A 上的管理员输入的登录机器 C 的 FTP 命令经过应用层 FTP、传输层 TCP、网络层 IP、数据链路层上的以太网驱动程序一层一层的包裹，最后送到了物理层所连接的网线上，如图 12-6 所示。接下来数据帧送到了 Hub 上，再由 Hub 向每一个结点广播由机器 A 发出的数据帧，机器 B 接收到由 Hub 广播发出的数据帧，并检查在数据帧中的地址是否和自己的地址相匹配，发现不是发向自己的数据后就把这个数据帧丢弃，不予理睬。而机器 C 也接收到了数据帧，并在比较之后发现是自己的数据帧，接下来就对这个数据帧进行接收和分析处理。

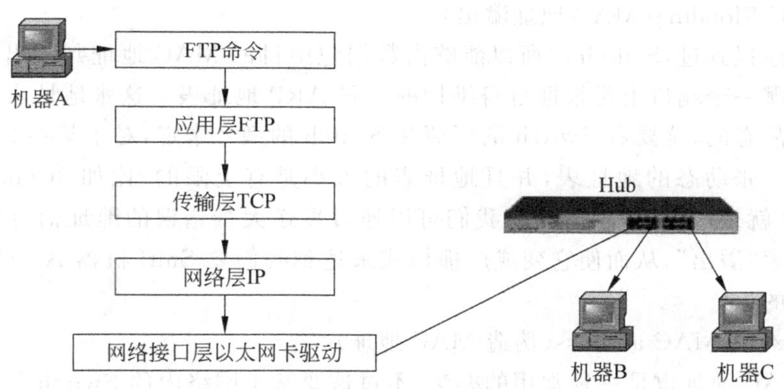

图 12-6　FTP 命令执行过程

在这个简单的例子中，机器 B 上的管理员如果很好奇，想知道究竟登录机器 C 上 FTP 口令是什么，要做的事情是很简单的，仅需要把自己机器上的网卡置于混杂模式，即可接收数据，接着对接收到的数据帧进行分析，从而可得到包含在数据帧中所想知道的信息。

4. 简单嗅探技术

常用的嗅探技术有以下几种。

1) ARP Spoof(ARP 欺骗)

ARP Spoof 攻击的根本原理是因为计算机中维护着一个 ARP 高速缓存,并且这个 ARP 高速缓存是随着计算机不断地发出 ARP 请求和收到 ARP 响应而不断地更新的。ARP 高速缓存的目的是把机器的 IP 地址和 MAC 地址相互映射(绑定)。可以使用 ARP 命令来查看自己的 ARP 高速缓存。现在设想一下,一个 Switch 工作在数据链路层,根据 MAC 地址来转发他所接收的数据包,而计算机维护的 ARP 高速缓存却是动态的。在这种情况下,会发生什么样的事情呢?

为了便于分析,我们为三台计算机统一分配 IP 地址。

假设机器 A 的 IP 地址为 10.0.0.1,MAC 地址为 20-53-52-43-00-01;机器 B 的 IP 地址为 10.0.0.2,MAC 地址为 20-53-52-43-00-02;机器 C 的 IP 地址为 10.0.0.3,MAC 地址为 20-53-52-43-00-03。

现在机器 B 上的管理员想窃取机器 A 向机器 C 发送的信息,他向机器 A 发出一个 ARP Reply(ARP 应答),其中目的 IP 地址为 10.0.0.1,目的 MAC 地址为 20-53-52-43-00-01,而源 IP 地址为 10.0.0.3,源 MAC 地址为 20-53-52-43-00-02,机器 A 收到 ARP 命令信息后就会及时更新他的 ARP 高速缓存的内容,并相信了 IP 地址为 10.0.0.3 的机器的 MAC 地址是 20-53-52-43-00-02。当机器 A 上的管理员发出一条 FTP 命令 ftp 10.0.0.3 时(其本意是用 FTP 命令登录机器 C),数据包即被送到了 Switch,Switch 查看数据包中的目的地址,发现 MAC 为 20-53-52-43-00-02,于是,就把数据包发到了机器 B 上。这就是典型的 ARP 欺骗技术。

2) MAC Flooding(MAC 地址溢出)

前面曾经提到过,Switch 之所以能够由数据包中目的 MAC 地址判断出它应该把数据包发送到哪一个端口上是根据自身维护的一张 ARP 地址表。这张地址表可能是动态的也可能是静态的,这要看 Switch 的厂商和 Switch 的型号来定,对于某些 Switch 来说,他维护的是一张动态的地址表,并且地址表的大小是有上限的,比如 3Com Superstack Switch 3300 就是这样一种 Switch,我们可以通过发送大量错误的地址信息而使 Switch 维护的地址表"溢出",从而使它变成广播模式来达到我们要 Sniff 机器 A 与机器 C 之间的通信的目的。

3) Fake the MAC address(伪造 MAC 地址)

伪造 MAC 地址也是一种常用的办法,不过这要基于网络内的 Switch 是动态更新其地址表,这实际上和上面说到的 ARP Spoof 有些类似,只不过现在是想要 Switch 相信你,而不是要机器 A 相信你。因为 Switch 是动态更新其地址表的。其关键技术是需要向 Switch 发送伪造过的数据包,其中源 MAC 地址对应的是机器 C 的 MAC 地址,现在 Switch 就把机器 C 和你的端口对应起来了。

4) ICMP Router Advertisements(ICMP 路由通告)

这主要是由 ICMP 路由器发现协议(IRDP)的缺陷引起的,在 Windows 95/98/2000 及 SunOS、Solaris 2.6 等系统中,都使用了 IRDP,SunOS 系统只在某些特定的情况下使用该协议,而 Windows 95/98 和 Windows 2000 都是默认使用 IRDP。IRDP 的主要内容就是告诉人们谁是路由器,如果一个黑客利用 IRDP 宣称自己是路由器的情况是很糟糕的，因为所有相信黑客的请求的机器都会把所有的数据都发送给黑客所控制的机器。

5）ICMP Redirect（ICMP 重定向）

所谓 ICMP 重定向，就是指告诉机器向另一个不同的路由发送他的数据包，ICMP 重定向通常使用在这样的场合下，假设 A 与 B 两台机器分别位于同一个物理网段内的两个逻辑子网内，而 A 和 B 都不知道这一点，只有路由器知道，当 A 发送给 B 的数据到达路由器的时候，路由器会向 A 送一个 ICMP 重定向包，将 B 的真实地址告诉 A，这样，A 就可以和 B 直接通信了。而一个黑客完全可以利用这一点来进行攻击，使得 A 发送给 B 的数据直接发送给黑客。

12.2.4 安全审计技术

1. 网络安全审计的基本概念

首先，我们要把范围界定一下，这里的安全审计是指在一个网络环境下以维护网络安全为目的的审计，因而叫网络安全审计。

通俗地说，网络安全审计就是在一个特定的企事业单位的网络环境下，为了保障网络和数据不受来自外网和内网用户的入侵和破坏，而运用各种技术手段实时收集和监控网络环境中每一个组成部分的系统状态、安全事件，以便集中报警、分析、处理的一种技术手段。

这里顺便提一下其他行业的案例审计概念，如金融和财务中的安全审计，目的是检查资金不被乱用、挪用，或者检查有没有偷税事件的发生；道路安全审计是为了保障道路安全而进行的道路、桥梁的安全检查；民航安全审计是为了保障飞机飞行安全而对飞机、地面设施、法规执行等进行的安全和应急措施检查等。特别地，金融和财务审计也有网络安全审计的说法，仅仅是指利用网络进行远程财务审计，和网络安全没有关系。

2. 安全审计的技术分类

目前的安全审计解决方案有以下几类。

(1) 日志审计：目的是收集日志，通过 SNMP、SYSLOG、OPSEC 或者其他的日志接口从各种网络设备、服务器、用户计算机、数据库、应用系统和网络安全设备中收集日志，进行统一管理、分析和报警。

(2) 主机审计：通过在服务器、用户计算机或其他审计对象中安装客户端的方式来进行审计，可达到审计安全漏洞、审计合法和非法或入侵操作、监控上网行为和内容以及向外复制文件行为、监控用户非工作行为等目的。根据该定义，事实上主机审计已经包括主机日志审计、主机漏洞扫描产品、主机防火墙和主机 IDS/IPS 的安全审计功能、主机上网和上机行为监控等类型的产品。

(3) 网络审计：通过旁路和串接的方式实现对网络数据包的捕获，而且进行协议分析和还原，可达到审计服务器、用户计算机、数据库、应用系统的审计安全漏洞、合法和非法或入侵操作、监控上网行为和内容、监控用户非工作行为等目的。根据该定义，事实上网络审计已经包括网络漏洞扫描产品、防火墙和 IDS/IPS 中的安全审计功能、互联网行为监控等类型的产品。

3. 安全审计的体系

根据以上审计对象和审计技术的分析，可以归纳出一个企事业单位内的网络安全审计体系。该体系分为以下几个组件。

(1) 日志收集代理：用于所有网络设备的日志收集。

(2) 主机审计客户端：安装在服务器和用户计算机上，进行安全漏洞检测和收集、本机上机行为和防泄密行为监控、入侵检测等。对于主机的日志收集、数据库和应用系统的安全审计也通过该客户端实现。

(3) 主机审计服务器端：安装在任一台计算机上，收集主机审计客户端上传的所有信息，并且把日志集中到网络安全审计中心中。

(4) 网络审计客户端：安装在单位内的物理子网出口或者分支机构的出口，收集该物理子网内的上网行为和内容，并且把这些日志上传到网络审计服务器。对于主数据库和应用系统的安全审计也可以通过该网络审计客户端实现。

(5) 网络审计服务器：安装在单位总部内，接收网络审计客户端的上网行为和内容，并且把日志集中到网络安全审计中心中。如果是小型网络，则网络审计客户端和服务器可以合成一个。

(6) 网络安全审计中心：安装在单位总部内，接收网络审计服务器、主机审计服务器端和日志收集代理传输过来的日志信息，进行集中管理、报警、分析。并且可以对各系统进行配置和策略制定，方便统一管理。

这样，上述几个组件形成一个完整的审计体系，可以满足所有审计对象的安全审计需求。就目前而言，实现的产品类型有：日志审计系统、数据库审计系统、桌面管理系统、网络审计系统、漏洞扫描系统、入侵检测和防护系统等，这些产品都实现了网络安全审计的一部分功能，只有实现全面的网络安全审计体系，安全审计才是完整的。

12.2.5 漏洞扫描技术

漏洞扫描是指基于漏洞数据库，通过扫描等手段对指定的远程或者本地计算机系统的安全脆弱性进行检测，发现可利用的漏洞的一种安全检测(渗透攻击)行为。

漏洞扫描有两个方面的目的和作用：对于普通用户来说，利用扫描发现自己系统的安全漏洞，有针对性地弥补漏洞，并制定相应的防范措施；而对于黑客等攻击者来说，利用扫描发现对方系统的薄弱之处，进行攻击。

漏洞扫描技术是一类重要的网络安全技术。它和防火墙、入侵检测系统互相配合，能够有效提高网络的安全性。通过对网络的扫描，网络管理员能了解网络的安全设置和运行的应用服务，及时发现安全漏洞，客观评估网络风险等级。网络管理员能根据扫描的结果更正网络安全漏洞和系统中的错误设置，在黑客攻击前进行防范。如果说防火墙和网络监视系统是被动的防御手段，那么安全扫描就是一种主动的防范措施，能有效避免黑客攻击行为，做到防患于未然。

12.2.6 其他网络安全技术

除上述介绍的主要网络安全技术以外，还有很多网络安全与信息安全技术，如端口扫描技术、蜜罐诱导技术、数字取证技术、信息隐藏技术、沙盘保护技术。由于篇幅原因，在此不再赘述，有兴趣的读者可参阅相关资料。

现将对网络攻击采取的常用检测手段及对抗措施概述如下。

(1) 通过对称加密算法（如 DES 算法）对关键数据进行加密。

(2) 通过非对称加密算法（俗称公开密钥加密体制，如 RSA 算法）进行数字签名。

(3) 通过单向散列函数（如 MD5 算法）计算出消息摘要，再与公开密钥加密体制一道进行消息完整性保护。

(4) 通过公开密钥加密体制进行身份认证、访问控制；并可实现数字信封技术。

(5) 通过防火墙技术阻止非法数据包和非法入侵者进入网络。

(6) 通过入侵检测技术对穿过防火墙的非数据包及非法入侵者在网络中的行为进行实时监控。

(7) 通过端口扫描技术对进程进行监视，同时通过端口扫描技术发现计算机病毒和木马对网络的入侵。

(8) 通过网络嗅探技术捕获所有数据包，同时对网络内部违法行为进行监控。

(9) 通过蜜罐技术对黑客进行诱骗，从而有针对性地进行防范。

(10) 通过数字取证技术获取非法入侵者的网络入侵罪证。

(11) 通过沙盘保护技术建立一个虚拟运行环境，对关键系统进行隔离保护。

(12) 通过防病毒软件对入侵的计算机病毒进行检测和清除。

(13) 通过木马及黑客工具对木马及黑客的攻击进行检测和防范。

12.3 局域网络与广域网络安全

12.3.1 局域网络安全性分析

局域网络的安全涉及多个方面，不仅有局域网本身的因素，还有来自外界的恶意破坏。

局域网的安全性主要包括以下三个方面。

(1) 局域网本身的安全性，如 TCP/IP 存在的缺陷，局域网建设不规范带来的安全隐患，或来自局域网内部的人为破坏；

(2) 当局域网和 Internet 连接时，受到来自外界恶意的攻击，局域网对不安全站点的访问控制；

(3) 建设局域网所用的介质和设备所存在的问题。

1. 局域网结构特点及安全性分析

TCP/IP 是一组协议的总称，即 Internet 上的协议族。在 Internet 上，除了常用的 TCP 和 IP 之外，还包括其他的各种协议。应用层有传输控制协议 TCP 和用户数据报协议 UDP；网络层有 IP 和 ICMP，用于负责相邻主机之间的通信。

很多局域网是基于 TCP/IP 的，由于 TCP/IP 本身的不安全性，导致局域网存在如下安全方面的缺陷。

(1) 数据容易被窃听和截取；

(2) IP 地址容易被欺骗；

(3) 缺乏足够的安全策略；

(4) 局域网配置的复杂性。

局域网的安全可以通过建立合理的网络拓扑和合理配置网络设备而得到加强。如通过网桥和路由器将局域网划分成多个子网；通过交换机设置虚拟局域网络(VLAN)，使得处于同一虚拟局域网内的主机才会处于同一广播域，这样就减少了数据被其他主机监听的可能性。

2. 操作系统安全性分析

从终端用户的程序到服务器应用服务以及网络安全的很多技术，都是运行在操作系统上的，因此，保证操作系统的安全是整个安全系统的根本。操作系统安全也称主机的安全。一方面，由于现代操作系统的代码庞大，从而不同程度上都存在一些安全漏洞；另一方面，系统管理员或使用人员对复杂的操作系统和安全机制了解不够，配置不当也会造成安全隐患。因此，需要不断增加系统安全补丁，除此以外还需要建立一套对系统的监控系统，并对合法用户给予授权访问和对安全资源的使用，防止非法入侵者对系统资源的侵占与破坏，其最常用的办法是利用操作系统提供的功能，如用户认证、访问权限控制、记账审计等。

12.3.2 局域网安全技术

由于局域网的拓扑结构、应用环境和应用对象有所不同，受到的威胁和攻击也不相同。因此，实现局域网的安全方法也有差别。

局域网的安全方法有以下几种：流量控制、信息加密、网络管理、病毒防御和消除。

1. 流量控制

在局域网内，必须对数据的流量加以控制，否则用户和数据为争夺访问权而产生混乱，会发生碰撞和数据淹没，会引起信息丢失或者网络挂起等故障。为了避免上述故障的发生，必须对网上流量进行有效的控制。

2. 信息加密

对于局域网，加密同样是保护信息的最有效方法之一，局域网加密重点是数据。加密的层次可在表示层，方法与广域网类似。可以采用加密软件的方法，也可采用 PGP 加密算法、RSA 加密算法、DES 加密算法或 IDEA 加密算法。

3. 网络管理

在一个局域网中，为了保证网络安全、可靠地运行，必须要有网络管理。因此，需要建立网络管理中心，或者指定专人负责。其主要任务是针对网络资源、网络性能和密钥进行管理，对网络进行监视和访问控制。

在一个局域网中，有许多设备和用户，如果没有一个管理中心，任何人都可以随意增加或减少网络设备，可以任意设置网络性能参数，将导致网络不能正常运转，更谈不上网络安全。因此，网络管理中心应该负责对该网络的构造和性能进行管理，用户不能改变网络的拓扑结构。

4. 计算机病毒的防御

在局域网中，由于计算机直接面向用户，而且操作系统也比较简单，与广域网相比，更容易被计算机病毒感染。病毒会造成计算机软硬件系统、网络系统以及信息系统的破坏，因此，对计算机病毒的预防和消除是非常重要的，解决的办法应该是制定相应的管理和预防措施，对网络上传输的数据严格检查。

对计算机病毒(含计算机网络病毒)的有效预防方法是经常对系统进行病毒检查和杀毒，购买正版的杀毒软件、定期进行病毒软件的升级、及时对网络操作系统及时打补丁。

12.3.3 广域网络安全技术

广域网上存在哪些不安全的地方?

由于广域网采用公网传输数据，因而在广域网上进行传输时信息也可能会被不法分子截取。如分支机构从异地上发一个信息到总部时，这个信息包就有可能被人截取和利用。因此在广域网上发送和接收信息时要保证：

(1) 除了发送方和接收方外，其他人是不可知悉的(隐私性)；

(2) 传输过程中不被窜改(真实性)；

(3) 发送方能确信接收方不会是假冒的(非伪装性)；

(4) 发送方不能否认自己的发送行为(非否认)。

假如没有专门的软件对数据进行控制，所有的广域网通信都将不受限制地进行传输，因此任何一个对通信进行监测的人都可以对通信数据进行截取。这种形式的“攻击”是相对比较轻易成功的，只要使用现在可以很轻易得到的“包检测”软件即可。

假如从一个联网的 UNIX 工作站上使用“跟踪路由”命令，就可以看见数据从客户机传送到服务器要经过多少种不同的结点和系统，所有这些都被认为是最轻易受到黑客攻击的目标。一般地，一个监听攻击只需通过在传输数据的末尾获取IP包的信息即可以完成。这种办法并不需要非凡的物理访问。假如对网络用线具有直接的物理访问，还可以使用网络诊断软件来进行窃听。

对付这类攻击的办法就是对传输的信息进行加密，或者是至少要对包含敏感数据的部分信息进行加密。

12.4 Internet 安全技术

12.4.1 Internet 安全概述

1. 网络安全现状

随着网络应用领域的不断拓展，互联网在全球的迅猛发展，社会的政治、经济、文化、教育等各个领域都在向网络化的方向发展。与此同时，"信息垃圾""邮件炸弹""计算机病毒""黑客"等也开始在网上横行，不仅造成了巨额的经济损失，也在用户的心理及网络发展的道路上投下巨大的阴影。

2. 网络软件自身的安全及补丁

网络系统软件是运行管理其他网络软硬件资源的基础，因而其自身的安全性直接关系到网络的安全。网络系统软件由于安全功能欠缺或由于系统在设计时的疏忽和考虑不周而留下安全漏洞，都会给攻击者以可乘之机，危害网络的安全性。许多软件存在着安全漏洞，一般生产商会针对已发现的漏洞发布"补丁"程序。

软件"补丁"本来是用来对软件漏洞进行补救的一种措施，但黑客也可利用这些"补丁"大做文章。他们对这些"补丁"程序进行分析研究后，就可非常容易地找到该软件的漏洞，从而大肆地对没有及时打"补丁"的软件系统进行攻击。所以，对系统软件一定要及时打"补丁"，以免遭到黑客的攻击。

12.4.2 FTP 安全

1. 密码保护

存在漏洞：

(1) 在 FTP 标准 PR85 中，FTP 服务器允许无限次输入密码。

(2) "pass"命令以明文传送密码。

对此漏洞能够有两种强力攻击方式：

(1) 在同一连接上直接强力攻击。

(2) 和服务器建立多个、并行的连接进行强力攻击。

防范措施：服务器应限制尝试输入口令的次数，在几次(如三次)失败后服务器应关闭和用户的控制连接。在关闭之前,服务器发送返回信息码 421(服务器不可用,关闭控制连接)。另外,服务器在响应无效的“pass”命令之前应暂停几秒钟来消除强力攻击的有效性。

2. 访问控制

存在漏洞:从安全角度出发,对一些 FTP 服务器来说,基于网络地址的访问控制是非常重要的。另外,客户也需要知道所进行的连接是否与它所期望的服务器已建立。

防范措施:建立连接前,双方需要同时认证远端主机的控制连接、数据连接的网络地址是否可信。

3. 端口盗用

存在漏洞:当使用操作系统相关的方法分配端口号时,通常都是按增序分配。

攻击:攻击者可以通过端口分配规律及当前端口分配情况,确定下一个要分配的端口,然后对端口做手脚。

防范措施:由操作系统随机分配端口号,让攻击者无法预测。

4. 保护用户名

存在漏洞:当“user”命令中的用户名被拒绝时,在 FTP 标准 PR85 中定义了相应的返回码 530。而当用户名有效时,FTP 将使用返回码 331。

攻击:攻击者可以通过 user 操作的返回码确定一个用户名是否有效。

防范措施:不论用户名是否有效,FTP 都应是相同的返回码,这样可以避免泄漏有效的用户名。

5. 私密性

在 FTP 标准 PR85 中,所有在网络上被传送的数据和控制信息都未被加密。为了保障 FTP 传输数据的私密性,应尽可能使用强大的加密系统。

12.4.3 E-mail 安全

1. 电子邮件系统安全问题

电子邮件从一台机器传输到另一台机器,从一个网络传到另一个网络,整个过程都是以明文方式传输的,在电子邮件所经过网络上的任何位置,网络管理员和黑客都能截获并更改该邮件,甚至伪造邮件。通过修改计算机中的某些配置可轻易地冒用他人电子邮件地址发电子邮件,冒充他人从事网上活动。若发错了电子邮件,由于电子邮件是不加密的可读文件,邮件错收人不但可知道整个邮件的内容,还可利用错发的信件做文章。因此,电子邮件的安全保密问题已越来越引起人们的重视。下面将主要介绍电子邮件面临的一些主要安全问题。

2. 匿名转发

一般情况下，一封完整的 E-mail 应该包含收件人和发件人的信息。没有发件人信息的邮件就是这里所说的匿名邮件，邮件的发件人刻意隐瞒自己的电子邮箱地址和其他信息，或者通过特殊手段给出一些错误的发件人信息。

匿名邮件最简单的实现方法是打开普通的邮件程序或一般免费的 Web 信箱，然后在发件人一栏中改变电子邮件发送者的名字，例如输入一个假的电子邮件地址，或者干脆让发件人一栏空着。但这是一种表面现象，因为通过信息表头中的其他信息，包括地址、代理服务器信息、端口信息等资料，对方只要稍微深究一下，就能够弄个“水落石出”。这种发送匿名邮件的方法并不是真正的匿名，真正的匿名邮件应该是除了发件人本身之外，无人知道发件人的信息，系统管理员也不例外。而让发信人地址完全不出现在邮件中的唯一方法就是让其他人转送这个邮件，邮件中的发信地址就变成了转发者的地址了。

现在 Internet 上有大量的匿名转发邮件系统，发送者首先将邮件发送给匿名转发系统，并告诉这个邮件希望发送给谁，匿名转发邮件系统将删去所有的返回地址信息，再把邮件转发给真正的收件者，并将邮件转发系统的邮件地址作为发信人地址显示在邮件的信息表头中。至于匿名邮件的具体收发步骤，与正常信件的发送没有多大区别。

3. 电子邮件欺骗

电子邮件欺骗是在电子邮件中改变名字，使之看起来像是从某地或某人发来的行为。例如，攻击者佯称自己是系统管理员(邮件地址和系统管理员邮件地址完全相同)，给用户发送邮件要求用户修改口令(口令可能为指定字符串)或在貌似正常的附件中加载病毒或其他木马程序。这类欺骗只要用户提高警惕，一般危害性不是太大。电子邮件欺骗被看作是社会工程的一种表现形式。例如，如果攻击者想让用户发给他一份敏感文件，就会伪装自己的邮件地址，使用户认为这是老板的要求，用户会给他回复邮件。

这种“欺骗”对于使用多于一个电子邮件账户的人来说，是合法且有用的工具。例如，用户有一个账户 youmame@email.net，但用户希望所有的邮件都回复到 youmame@reply.com。可以做一点儿小小的“欺骗”使所有从 email.net 邮件账户发出的电子邮件看起来好像是从 reply.com 账户发出。如果有人回复电子邮件，回信将被送到 yourname@reply.com。

要改变电子邮件身份，到电子邮件客户软件的邮件属性栏中，或者 Web 页邮件账户页面上寻找“身份”一栏，选择“回复地址”。回复地址的默认值就是用户的电子邮件地址和用户的名字，用户可以任意更改。

4. E-mail 炸弹

电子邮件炸弹(E-mail Bomb)是一种让人厌烦的攻击，也是黑客常用的攻击手段。传统的邮件炸弹大多是向邮箱内扔大量的垃圾邮件，从而充满邮箱，大量地占用系统的可用空间和资源，使机器无法正常工作。过多的邮件垃圾往往会加剧网络的负载并消耗大量的时间和空间资源来存储它们，还将导致系统的日志文件变得很大，甚至造成系统溢出，这样会给 UNIX、Windows 等系统带来危害。除了系统有崩溃的可能之外，大量的垃圾信件还会占用大量的 CPU 时间和网络带宽，造成正常用户的访问速度下降。例如，在同一时间内有成百上千人同时向某国的大型军事站点发大量垃圾信件，有可能使这个网站的邮件服务器崩溃，甚至造成整个网络中断。

下面介绍一些常用的解决方法。

1）向 ISP 求助

打电话向 ISP 服务商求助，技术支持是 ISP 的服务之一，他们会帮用户清除电子邮件炸弹。

2）用软件清除

用一些邮件工具软件清除 E-mail 炸弹，这些软件可以登录邮件服务器，选择要删除哪些 E-mail，保留哪些 E-mail。

3）利用 Outlook 的阻止发件人功能

（1）选中要删除的垃圾邮件。

（2）单击“邮件”标签。

（3）在“邮件”选项卡下有一个“阻止发件人”选项，拒收该邮件。

4）用邮件程序的 E-mail-notify 功能过滤信件

使用邮件程序 E-mail-notify 功能可过滤和删除信件，E-mail-notify 不会把信件直接从主机上下载下来，只会把所有信件的头部信息（headers）送过来，它包含信件的发送者、信件的主题等信息，用 View 功能检查头部信息，如看到有来历可疑的信件，可从主机 Server 端直接删除掉。

5）自动转信

假如用户拥有几个 E-mail 地址，其中一个存储空间很大（至少 10MB），可采用如下的方法：在其他几个较小的 E-mail 目录中都建立一个 forward 文件，把存储空间最大的那个 E-mail 地址填写如下内容：bigmailaddress@xxxx. xxxx. xxxx。这样所有的信件都会自动转寄到最大信箱，有用的信件也就不容易被“炸毁”了。

综上分析，为了保证信箱不至于被 E-mail 炸弹炸毁，建议用户可申请三个信箱。一个是 ISP 付费的信箱，由于这类信箱只支持 POP3 方式收发信件，而不支持使用 Web 方式收发信件，因此当这样的信箱遭到邮件炸弹的攻击时，后果是相当严重的，这时只有自己将其全部删除或要求 ISP 删除。另一个是用户申请的免费信箱，如 abc@hotmail. com 等，对于这类信箱来说，由于既支持 POP3 方式，又支持 Web 方式，当信箱被炸时，可以使用浏览器将不需要的文件删除，有时还可以利用邮件过滤功能填入邮件炸弹的地址，将这些邮件拒之门外。另外，用户还申请一个转信信箱，因为只有它是不怕炸的，根本不会影响到转信的目标信箱。

12.4.4 Web安全

1. Web的漏洞

(1) 从远程用户向服务器发送信息时，特别是信用卡卡号之类的东西时，中途遭不法分子非法拦截。

(2) Web 服务器本身存在的一些漏洞，使得一些人能侵入到主机系统破坏重要的数据，甚至造成系统瘫痪。

(3) CGI 安全方面有漏洞。用 CGI 脚本编写的程序当涉及远程用户从浏览器中输入表单并进行诸如检索或 Form-Mail 之类在主机上直接操作命令时，会给 Web 主机系统造成危险。因此，从 CGI 角度考虑 Web 的安全性，主要是在编制程序时，应详细考虑到安全因素，尽量避免 CGI 程序中存在漏洞。

2. 从 Web 服务器版本上分析

早期版本的 HTTP 存在明显的安全漏洞，即客户计算机可以任意地执行服务器上面的命令，现在的 Web 服务器已弥补了这个漏洞。

因此，不管是配置服务器，还是在编写 CGI 程序时都要注意系统的安全性。尽量堵住任何存在的漏洞，创造安全的环境。在具体服务器设置及编写 CGI 程序时应该注意以下几点。

(1) 禁止乱用从其他网站下载的工具软件，并在没有详细了解之前尽量不要用 root 身份注册执行，以防止程序中设下的陷阱。

(2) 在选用 Web 服务器时，应考虑到不同服务器对安全的要求是不一样的。某些简单的 Web 服务器就没有考虑到安全的因素，不能把它用作商业应用，只作为一些个人的网点。

(3) 在利用 Web 中的. htpass 来管理和校验用户口令时，存在校验的口令和用户名不受次数限制。

3. Web 服务器安全预防措施

通常，Web 服务器的安全预防措施有以下 5 个方面。

(1) 对在 Web 服务器上新开的账户，在口令长度及定期更改方面做出要求，防止被盗用。

(2) 尽量使 ftp、mail 等服务器与 Web 服务器分开，去掉 ftp、sendmail、tftp、NIS、NFS、finger、netstat 等一些无关的应用。

(3) 在 Web 服务器上去掉一些绝对不用的 shell 之类的解释器，如果在 CGI 程序中没用到 perl，就尽量把 perl 在系统解释器中删除掉。

(4) 定期查看服务器中的日志文件，分析一切可疑事件。在 errorlog 中出现 rm、login、/bin/perl、/bin/sh 之类的记录时，服务器可能受到了非法用户的入侵。

(5) 设置 Web 服务器上系统文件的权限和属性，对可供访问的文档分配一个公用的组，比如将 WWW 设置为只读权限。把所有的 HTML 文件都归属 WWW 组，由 Web 管理员管理 WWW 组。对于 Web 的配置文件只有 Web 管理员有写的权限。

12.5 IPv6 安全管理技术

在 IPv4 设计之初，为了便于 Internet 的普及和大众化，着重考虑的是技术的开放性、使用的方便性、数据传输的高效性，而对网络信息安全问题几乎没有考虑，而把网络安全问题留给应用程序去解决。为此，人们在应用层增加许多安全措施与安全技术。当前，大多数网络攻击都在网络层进行，为了更有效地抵御各种网络攻击，IPv6 在网络层实现了基本的安全功能，重点是 IPSec 和 QoS。在本节中，着重介绍 IPv6 常用的安全管理技术。

在这里介绍两个最基本的网络安全协议：认证头协议 AH 和封装安全性载荷协议 ESP。这两个协议是 IPv6 网络安全管理的基础。

1. AH 协议

认证协议头(Authentication Header，AH)是在所有数据包头加入一个密码。AH 通过一个只有密匙持有人才知道的"数字签名"来对用户进行认证。这个签名是数据包通过特别的算法得出的独特结果；AH 还能维持数据的完整性，因为在传输过程中无论多小的变化被加载，数据包头的数字签名都能把它检测出来。IPv6 的验证主要由验证报头 AH 来完成。验证报头是 IPv6 的一个安全扩展报头，它为 IP 数据包提供完整性和数据来源验证、防止反重放攻击、避免 IP 欺骗攻击。

1) AH 的基本功能

AH 主要用于对数据包提供信息源的身份认证及数据完整性检测，其主要功能如下。

(1) 为 IP 数据报提供强大的完整性服务，AH 可用于为 IP 数据报承载内容验证数据；为 IP 数据报提供强大的身份验证，AH 可用于将实体与数据报内容相链接；如果在完整性服务中使用了公开密钥数字签名算法，AH 可以为 IP 数据报提供不可抵赖服务。

(2) 通过使用顺序号字段来防止重放攻击。

(3) AH 可以在隧道模式及传输模式下使用，既可用于为两个结点间直接的数据报的传送提供身份验证和保护，也可用于对发给安全性网关或由安全性网关发出的整个数据报流进行封装。

2) AH 结构

AH 协议可以提供数据源身份认证、数据完整性验证和抗重播攻击服务，确保 IP 数据报文的可靠性、完整性及保护系统的可用性。RFC2402 对 AH 头格式、保护方法、身份认证的覆盖范围以及输入和输出处理规则等做了详细的规定。

AH 协议分配的协议号为 51，由 AH 报头之前的扩展头或 IPv6 基本头的"下一报头"域标识。如果在 IPv6 数据报文中出现 AH 扩展报头，AH 报头出现在 IPv6 基本报头之后(在没有其他扩展报头出现的情况下)，或者出现在 IPv6 基本报头、Hop-by-Hop 选项报头、路由选项报头、分片选项报头之后，如图 12-7 所示，AH 报头格式如图 12-8 所示。

IPv6基本报头	AH	上层协议单元

IPv6基本报头	跳-跳路由报头	AH	其他(ESP等)	上层协议单元

图 12-7 含有 AH 的 IPv6 报文结构

<table>
<tr><td>下一报头</td><td>载荷长度</td><td>保留</td></tr>
<tr><td colspan="3">安全参数索引</td></tr>
<tr><td colspan="3">序列号</td></tr>
<tr><td colspan="3">身份认证数据(可变长)</td></tr>
</table>

图 12-8 AH 报头结构

(1) 下一报头字段。8b，标识认证报头后的报头类型。

(2) 载荷长度。8b，表明认证报头的长度。

(3) 保留字段。16b，保留将来用。这个字段在发送时设置为 0。在发送方计算数据时，该字段是包括在内的，而在接收端是忽略的。

(4) 安全参数索引 SPI。32b，其值是任意的。SPI 值与目的结点 IP 地址及安全协议，唯一地标明数据包的安全关联。SPI＝0 时，保留为本地特定的应用程序使用；SPI＝255 时，由 IANA(Internet Assigned Numbers Authority)保留。

(5) 序列号。32b，这一字段的值通过一个单调递增的计数器填入，这个字段在发送方是必须填写的，但对这一字段的处理完全在接收端进行。也就是说，发送方必须传送此字段，而接收方可以选择遵照此字段或者不遵照此字段。

(6) 身份认证数据。这是一个可变的字段，包含分组的整体检验值(Integrity Check Value，ICV)。这个字段的长度必须是 32b 的整数倍，不足部分进行填充。

3) 隧道模式下的 AH 报文结构

在任何一种情况下，AH 都要对外部 IP 头的固有部分进行身份验证。

AH 用于隧道模式时，它将自己保护的数据包封装起来，另外，在 AH 头之前，另添了一个 IP 头。“里面的”IP 数据包中包含通信的原始寻址，而“外面的”IP 数据包则包含 IPSec 端点的地址。隧道模式可用来替换端对端安全服务的传送模式，但是，由于这一协议中没有提供机密性，因此，就没有通信分析这一保护措施。AH 只用于保证收到的数据包在传输过程中不会被修改，并保证它是一个非重播的数据包。

隧道模式下的 AH 报文格式如图 12-9 所示。

在图 12-3 中，下一个头指向“0”(即逐跳选项扩展报头)。

4) 传送模式下的 AH 报文结构

传送模式下的 AH 报文保护的是端到端的通信。通信的终点必须是 IPSec 终点。AH 头被插在数据包中，紧跟在 IP 头之后和需要保护的上层协议之前，对这个数据包进行安全保护。

传送模式下的 AH 报文格式如图 12-10 所示。

IP头		
下一报头	载荷长度	保留
SPI		
序列号		
TCP头		
认证数据		

图 12-9 隧道模式下的 AH 报文

IP头		
下一报头	载荷长度	保留
SPI		
序列号		
TCP头		
数据		

图 12-10 传送模式下的 AH 报文

在图 12-10 中，下一个头指向 6(即 TCP)。

2. ESP 协议

封装安全载荷(Encapsulating Security Payload，ESP)通过对数据包的全部数据和加载内容进行全加密来严格保证传输信息的机密性，这样可以避免其他用户通过监听来打开信息交换的内容，因为只有受信任的用户拥有密匙才能打开相关的内容。此外，ESP还能提供认证和维持数据的完整性的能力。ESP 用来为封装的有效载荷提供机密性及数据完整性验证。AH 和 ESP 两种报文头可以根据应用的需要单独使用，也可以结合使用，结合使用时，ESP 应该在 AH 的保护下。

1) ESP 的基本功能

封装安全性载荷 ESP 主要提供 IP 层(网络层)的数据加密，并进行数据源的身份认证。

ESP 头被用于允许 IP 结点发送和接收净荷经过加密的数据报。更确切一点，ESP 头是为了提供几种不同的服务，其中某些服务与 AH 有所重叠。ESP 的主要功能如下。

(1) 通过加密提供数据报的机密性；

(2) 通过使用公开密钥加密对数据来源进行身份验证；

(3) 通过由 AH 提供的序列号机制提供对抗重放服务；

(4) 通过使用安全性网关来提供有限的业务流机密性。

ESP 头可以和 AH 结合使用。实际上，如果 ESP 头不使用身份验证的机制，可以将 AH 头与 ESP 头一起使用。

2) ESP 结构

RFC2406 对 ESP 报头格式、保护方法以及输入和输出处理规则做了详细的定义。ESP 协议的协议号为 50，由 ESP 头之前的扩展报头或 IPv6 基本报头的“下一报头”字段标识，ESP 的格式如图 12-11 所示。ESP 的结构与所采用的加密算法有关，其默认加密算法是 56 位的 DES 算法，图 12-11 所示的结构也是针对该算法的结构。

安全参数索引(SPI)		
序列号		
初始化向量IV		
有效载荷(长度可变)		
填充	填充长度	下一报头
认证数据(可变长)		

图 12-11　采用 DES-CBC 算法的 ESP 的格式

各字段的含义如下。

(1) 安全参数索引(SPI)。是一组与安全关联有关的参数，比如加密算法参数、密钥参数以及该密钥的有效期等。

(2) 序列号。用于对使用指定的安全参数索引的 IP 报文进行编号，以防止重放攻击。

(3) 初始化向量(IV)。其值通常由一个随机数发生器产生，作用是使窃密者不能算出报文的起始位置，以防止"黑客"对未加密部分进行攻击。

(4) 有效载荷。该字段的长度可变，其值为加密后进行传输的有效数据。

(5) 填充。主要用于满足某些算法要求为一定字节的整倍数的需要。

(6) 填充长度。指明填充字段的长度(以字节为单位)。

(7) 下一报头。用于指明传输的有效数据的类型和所使用的协议。

(8) 认证数据。该字段的长度可变，其功能与认证报头(AH)中的身份认证字段的功能类似。

3) ESP 报文的位置

与 AH 一样，ESP 也是既可以用于隧道模式，又可以用于传送模式。

在传送模式中，如果有 AH 报头，IP 报头和逐跳扩展头、选路头等在 ESP 报头前，后面是 AH 报头。ESP 头之后的扩展头将被加密。

使用隧道模式时，ESP 报头对整个 IP 包进行加密，并作为 IP 报头的扩展将数据包定向发送到安全性网关。安全性网关直接与结点连接，同时连接到下一个安全性网关。对于单个结点，可以在隧道模式中使用 ESP，将所有流出网络的数据包加密，并将其封装在单独的 IP 包流中，再发送给安全性网关，然后由目的地的网关将业务流解密，将解密后的 IP 包发给目的地。

4) 隧道模式下的 ESP 报文

隧道模式下的 ESP 报文验证应用于交付到外部 IP 目标地址的整个 IP 包，且身份验证将会在目标结点执行。整个内部 IP 包将被加密机制保护，以交付到内部 IP 目标结点。

隧道模式下的 ESP 报文如图 12-12 所示。

5) 传送模式下的 ESP 报文

传输模式下的 ESP 报文验证和加密应用于交付到主机的 IP 有效载荷，但 IP 报头没

新的IP报头	其他扩展头	ESP报头	原有IP报头	原IP包数据

图 12-12　隧道模式下的 ESP 报文

有保护。

传输模式下的 ESP 报文格式如图 12-13 所示。

IP报头	其他扩展头	ESP报头	上层协议数据

图 12-13　传输模式下的 ESP 报文

对于这两种情况，如果需要进行身份验证，则 AH 认证报文将应用于密文中，而不是明文。

12.6　云计算安全技术

1. 云计算存在的主要问题

如前所述，尽管云计算模式具有许多优点，但是也存在一些严重的问题，如数据隐私问题、信誉问题、安全问题、软件许可证问题、网络传输问题等。

1）数据隐私问题

如何保证存放在云服务提供商的数据隐私不被非法利用，不仅需要技术的改进，也需要法律的进一步完善。

2）用户使用习惯

如何改变用户的使用习惯，使用户适应网络化的软硬件应用是长期而艰巨的挑战。

3）管理员信息问题

因为能够绕过公司内部对于相关程序的物理、逻辑以及人为的控制，在企业外部处理敏感数据的方式具有与生俱来的风险性。应尽量多地了解数据管理员，要求供应商提供尽可能详细的管理员信息，以及它所负责的其他业务。

4）审查一致性问题

即使采用服务供应商的模式，客户对于自身数据的安全性和一致性仍然负有最终责任。传统的服务供应商受制于外部审计和安全认证。而云计算技术则拒绝接受类似的审查。客户只能被动地使用表层的服务。

5）数据安全问题

(1) 数据存放位置的安全性；

(2) 数据传输安全；

(3) 数据存储安全性；

(4) 数据审计安全性

(5) 数据隔离安全性；

(6) 数据恢复安全性。

6）调查支持问题

通过云计算技术进行的违法行为或许无法进行取证。Gartner 认为云服务的取证非常困难，因为不同客户的日志和数据共用相同的存储空间，而同一客户的数据也有可能分布于不同的主机。如果供应商无法做出相关承诺，那么一旦违法行为发生时，将面临无法取证的尴尬。

7）长期可用性问题

理想状态下，云计算技术供应商永远不会破产或者被大公司收购。即使这点无法保障，也要确认当上述情况发生时，数据是否能够被保存下来。应向供应商询问，如何取回自己的数据以及以何种格式取回，以便日后可以将这些数据转移到新的应用程序。

8）云平台可用性问题

用户的数据和业务应用处于云计算系统中，其业务流程将依赖于云计算服务提供商所提供的服务，这对服务商的云平台服务连续性、SLA 和 IT 流程、安全策略、事件处理和分析等提出了挑战。另外，当发生系统故障时，如何保证用户数据的快速恢复也成为一个重要问题。

9）云平台遭受攻击的问题

云计算平台由于其用户、信息资源的高度集中，容易成为黑客攻击的目标，由于拒绝服务攻击造成的后果和破坏性将会明显超过传统的企业网应用环境。

10）法律风险问题

云计算应用地域性弱、信息流动性大，信息服务或用户数据可能分布在不同地区甚至不同国家，在政府信息安全监管等方面可能存在法律差异与纠纷；同时由于虚拟化等技术引起的用户间物理界限模糊而可能导致的司法取证问题也不容忽视。

法律制度、市场环境、生态环境的不够完善性，不利于云计算健康发展。云计算会将大量数据集中存储管理，会牵扯广大用户的利益，涉及信息安全、服务可用性、持续性方面存在很多问题，需要有效的法律法规和完善的环境解决信息质量。目前，我国在个人信息安全、隐私保护方面的法规尚未健全，在信用水平方面等监管力度相对滞后，市场环境不完善在一定程度上阻碍了云计算的发展。

11）云计算标准化问题：基础设施的重复建设与资源浪费问题

云计算最关键的问题是个标准问题，就是云计算大家都在建设，而且建设得比较快，也许多年以后会出现比较混乱的状态。几乎每家软件公司都声称它要做云计算，这样会出现什么问题？大家都在建设，如果这个标准问题没有解决，建设完了有可能重复建设，互相之间到底是用谁的，还是用以前的，因为云计算解决最大的问题就是解决大部分人集中使用一种公共的资源，它是一个资源的优化过程，如果还是各自为政，和云计算的本质是相违背的，起不到资源优化作用，而是资源的浪费。

12）网络传输与带宽问题

当前，网络带宽严重不足，会严重制约云计算环境下大数据的传输。

13）用户在选择云计算服务时的潜在安全风险分析

从“云计算”的概念提出以来，关于其数据安全性的质疑就一直不曾平息，这里的安全性主要包括两个方面：一是自己的信息不会被泄漏避免造成不必要的损失，二是在需要时能够保证准确无误地获取这些信息。

2. 应对措施和解决方案

(1) 云计算安全防护应由云计算服务商建立,而不由用户考虑。

(2) 采用支持虚拟化技术的防火墙建立支持虚拟化技术的安全防护体系。

(3) 数据存储安全问题:提倡“冗余存储、异地备份”。每份用户的资料至少有三个备份,分别存放在三个不同地域的云存储空间中。

(4) 数据存储位置的透明性问题:在云计算系统中,存储空间是动态分配的,数据存储过程及存储位置对云用户来说是透明的。系统应对每个用户的存储位置进行详细的登记,并可根据这张登记表对用户数据的存储位置进行追踪。

(5) 共享存储空间数据安全性问题:由于云计算用户的数据的存储是共享存储空间,其安全性是很难得到保证的,这就要求用户对自身的数据必须先加密后存储。

(6) 云计算的稳定性问题:云计算平台的稳定性直接关系到系统的信誉度,必须加以重视。主机可选用高性能、高可靠计算机,核心部分应有冗余备份,另外还要有冗余、可靠的供电系统,以保证系统在任何情况下都能正常运行。

(7) 加强对云计算服务端和客户端的数据检测和安全审计:利用云计算平台超强的计算能力,尽可能地对进出的数据包进行安全检测和安全审计,以净化网络环境。

(8) 利用云安全对云计算平台进行计算机病毒及木马的检测和清除。

(9) 完善云计算相应的法律和法规。

12.7 数字签名与CA认证技术

12.7.1 数字签名原理与技术

1. 什么是数字签名

在日常生活中,书信或文件是根据亲笔签名或印章来辨别其真伪的,在计算机网络中传送的文件又如何签名呢?这就是数字签名要解决的问题。

有多种技术可以保证信息的安全,例如数字加密技术、访问控制技术、认证技术以及安全审计技术。但这些技术大多数是用来预防的,信息一旦被攻击,就不能保证数据的完整性。对文件进行加密只解决了传送信息的保密问题,而防止他人对传输的文件进行破坏,以及如何确定发信人的身份还需要采取其他手段,这一手段就是数字签名。数字签名是指通过一个单向函数对传送的报文进行处理得到的,是用以认证报文来源并核实报文是否发生变化的一个字母数字串。

数字签名的作用就是了为了鉴别文件或书信真伪,签名起到认证、生效的作用。数字签名用来保证信息传输过程中信息的完整和提供发送者身份的凭证。

2. 数字签名原理

数字签名实际上是附加在数据单元上的一些数据或变换，能使数据单元的接收者确认数据单元的来源和数据的完整性，并保护数据，防止被人(如接收者)伪造。

签名机制的特征是该签名只有通过签名者的私有信息才能产生，也就是说，一个签名者的签名只能唯一地由他自己生成。当收发双方发生争议时，第三方(仲裁机构)就能够根据消息上的数字签名来裁定这条消息是否确实由发送方发出，从而实现抗赖服务。另外，数字签名应是所发送数据的函数，即签名与消息相关，从而防止数字签名的伪造和重用。

3. 数字签名技术

数字签名技术是采用加密技术的加、解密算法体制来实现对报文的数字签名的。数字签名能够实现以下功能：接收方能够证实发送方的真实身份，发送方事后不能否认所发送过的报文，接收方或非法用户不能伪造或篡改报文。

实现数字签名的方法较多，本文介绍两种常用的数字签名技术。

1) 秘密密钥数字签名技术

秘密密钥签名技术是指发送方和接收方依靠事先约定的密钥对明文进行加密和解密的算法，它的加密密钥和解密密钥相同，只有发送方和接收方才知道这一密钥(如 DES 体制)。由于双方都知道同一密钥，无法杜绝否认和篡改报文的可能性，所以必须引入第三方加以控制。

秘密密钥的加密技术成功地实现了报文的数字签名，采用这种方法几乎使危害报文安全的可能性降为零。但是这种数字签名技术也有其固有的弊端。在全部签名过程中，必须引入第三方中央权威机构，同时必须保证中央权威机构的公正性、安全性和可靠性，这就为中央权威机构的管理带来了很大的困难，这个问题可以由下面的公共密钥的数字签名技术来解决。

2) 公共密钥的数字签名技术

由于秘密密钥的数字签名技术需要引入第三方权威机构，而人们又很难保证中央权威机构的公正性、安全性和可靠性，同时这种机制给网络管理工作带来很大困难，所以迫切需要一种只需收、发双方参与就可实现的数字签名技术，而公共密钥的加密体制能很好地解决这一难题。

公共密钥密码体制出现于 1976 年。它最主要的特点就是加密和解密使用不同的密钥，每个用户保存着一对密钥：公共密钥 PK 和私有密钥 SK，因此，这种体制又称为双钥或非对称密钥码体制。

这种数字签名方法必须同时使用收、发双方的解密密钥和公共密钥才能获得原文，也能够完成发送方的身份认证和接收方无法伪造报文的功能。因为只有发送方有其解密密钥，所以只要能用其公开密钥加以还原，发送方就无法否认所发送的报文。

12.7.2 CA认证与数字凭证技术

所谓 CA（Certificate Authority，证书发行机构），是采用 PKI（Public Key Infrastructure，公共密钥体系）公开密钥基础架构技术，专门提供网络身份认证服务，负责签发和管理数字证书，且具有权威性和公正性的第三方信任机构，它的作用就像现实生活中颁发证件的公司，如护照办理机构。

在日常业务中，交易双方现场交易，可以很方便地确认购买双方的身份。但在网上做交易，怎样保证交易双方身份的真实性和交易的不可抵赖性，就成为人们迫切关心的一个问题。在电子商务中，必须从技术上保证在交易过程中能够实现：身份认证、安全传输、不可否认性和数据一致性。在采用 CA 认证体系之前，交易安全一直未能真正得到解决。由于 CA 数字证书技术采用了加密传输和数字签名技术，能够实现上述要求，因此在国内外电子商务中，都得到了广泛的应用，以数字证书认证来保证交易能够得到正常的执行。

数字凭证(Digital ID)又称为数字证书，是一种正在兴起的身份认证方法，它对报文收发和电子商务有着积极影响。数字凭证是用电子手段来证实一个用户的身份和对网络资源的访问权限。在网上的电子交易中，如果双方出示了各自的数字凭证，并用它来进行交易操作，那么双方都可不必为对方身份的真伪担心。数字凭证可用于电子邮件、电子商务、群件、电子资金转移等各种用途。数字凭证的使用涉及数字认证中心 CA。目前，数字凭证有个人凭证、企业凭证、软件凭证三种，其中前两类较为常用。个人凭证(Personal Digital ID)：仅为某个用户提供凭证，用以帮助其个人在网上进行安全交易操作。企业凭证(Server ID)：通常为网上的某个 Web 服务器提供凭证，拥有 Web 服务器的企业就可以用具有凭证的互联网站点(Web Site)来进行安全电子交易。

数字证书就是一个数字文件，通常由 4 个部分组成：第 1 是证书持有人的姓名、地址等关键信息；第 2 是证书持有人的公共密钥；第 3 是证书序号、证书的有效期限；第 4 是发证单位的数字签名。

12.8 病毒、木马与黑客的攻防技术

12.8.1 计算机病毒的检测与防范技术

1. 病毒的定义

美国计算机研究专家 F. Cohen 博士最早提出了“计算机病毒”的概念：计算机病毒是一段人为编制的计算机程序代码。这段代码一旦进入计算机并得以执行，它就会搜寻其他符合其传染条件的程序或存储介质，确定目标后再将自身代码插入其中，达到自我繁殖的目的。其特性在很多方面与生物病毒有着极其相似的地方。

也可以定义为：计算机病毒是指编制或者在计算机程序中插入的破坏计算机功能数据，影响计算机使用并且能够自我复制的一组计算机指令或者程序代码。

2. 计算机病毒的发展

从1987年发现第一例计算机病毒以来，计算机病毒的发展经历了以下几个主要阶段：DOS引导阶段、DOS可执行文件阶段、混合型阶段、伴随及批次性阶段、多形性阶段、生成器及变体机阶段、网络及蠕虫阶段、视窗阶段、宏病毒阶段和互联网阶段。

3. 计算机病毒的机理

1) 计算机病毒的主要特征

(1) 可控性

首先需要强调的就是计算机病毒是与各种应用程序一样也是人为编写出来的，它并不是偶然自发产生的。

(2) 自我复制能力

自我复制也称为"再生"或"传染"。再生是判断是不是计算机病毒的最重要依据。在一定条件下，病毒通过某种渠道从一个文件和一台计算机传染到另外的文件和计算机，轻则造成被感染的计算机数据破坏和工作失常，重则使计算机瘫痪。病毒代码就是靠这种机制大量传播和扩散的。携带病毒代码的文件称为计算机病毒载体和带毒程序。每一台被传染了病毒的计算机，本身既是个受害者，又是计算机病毒的传播者，通过各种渠道，如光盘、活动硬盘、网络去传染其他的计算机。

(3) 夺取系统控制权

正常程序由系统或用户调用，并由系统分配资源。计算机病毒争夺系统的控制权，一般采用修改中断入口或在正常程序中插入一段病毒程序，在系统启动或程序调用时，先运行病毒程序，而后才转向正常的系统或程序运行。

(4) 隐蔽性

计算机病毒的隐蔽性表现在两个方面：其一，传染的隐蔽性，大多数病毒在进行传染时速度是极快的，一般不具有外部表现，不易被人发现；其二，一般的病毒程序都夹在正常程序之中，很难被发现。

(5) 潜伏性

一个编制精巧的计算机病毒程序，传染计算机或网络后，可以潜伏几周、几个月甚至几年。潜伏性越好，其在系统中的存在时间就会越长，病毒的传染范围就会越大。只有在满足其特定条件后，病毒才会发作并开始进行破坏活动。

2) 计算机病毒发作的触发条件

计算机病毒发作的触发条件主要有以下几种。

(1) 利用系统时钟提供的时间作为触发机制，这种触发机制被大量病毒使用。

(2) 利用病毒体自带的计数器作为触发器。

3) 不可预见性

不同种类病毒的代码千差万别，病毒的制作技术也在不断地提高，病毒比反病毒软件永远是超前的。新的操作系统和应用系统的出现，软件技术不断地发展，这在为计算机提供了新的发展空间的同时，也使得对未来病毒的预测更加困难，这就要求人们不断提高对病毒的认识，增强防范意识。

4）病毒的衍生性，持久性、欺骗性

（1）人们可以对一种计算机病毒进行改进，从而衍生出一种不同于原版本的新的计算机病毒（又称为变种病毒）。

（2）计算机病毒程序由一个受感染的备份通过网络系统反复传播，使得病毒的感染具有持久性和复杂性。

（3）计算机病毒行动诡秘，而计算机对其反应却较“迟钝”，往往把病毒造成的错误当成事实接受下来，这就是计算机病毒的欺骗性。

4. 计算机病毒的结构

计算机病毒在结构上有着共同特性，一般由引导部分、传染部分、表现部分及其他部分组成。

（1）引导部分也就是病毒的初始化部分，它随着宿主程序的执行而进入内存，为传染部分做准备；

（2）传染部分的作用是将病毒代码复制到目标上去；

（3）表现部分是病毒间差异最大的部分，前两部分是为这部分服务的。

12.8.2 计算机病毒的检测与防范

1. 计算机病毒的检测

当一台计算机染上病毒之后，会有许多明显的特征。例如，文件的长度和日期忽然改变，系统执行速度下降，出现一些奇怪的信息，无故死机，更为严重的是硬盘被格式化。

常见的防毒软件是如何去发现它们的呢？就是利用所谓的病毒码。

病毒码其实可以想象成是犯人的指纹，当防毒软件公司收集到一个新的病毒时，就会从这个病毒程序中，截取小段独一无二足以表示这个病毒的二进制程序码，来当作扫毒程序辨认病毒的依据，而这段独一无二的二进制程序码就是所谓的病毒码。

反病毒软件常用以下 6 种技术来查找病毒。

1）病毒码扫描法

将新发现的病毒加以分析，根据其特征，编成病毒码，加入资料库中。以后每当执行扫描病毒程序时，能立刻扫描目标文件，并做出与病毒代码对比，即能侦察到是否有病毒。大多数防毒软件均采用这种方式，其缺点是无法扫描新病毒以及变种病毒。

2）加总比对法

根据每个程序的文件名称、大小、时间及内容，加总为一个检查码，再将检查码附于程序的后面或是将所有检查码放在同一个资料库中，再利用此校验和系统，追踪并记录每个程序的检查码是否遭到更改，以判断是否中毒。这种技术可侦察到各种病毒，但最大的缺点是误判较高，且无法确认是哪种病毒感染的。

3）人工智能陷阱

人工智能陷阱是一种监测计算机行为的常驻式扫描技术。它将所有病毒所产生的行为归纳起来，一旦发现内存的程序有任何不当的行为，系统就会有所警觉。这种技术的优点是执行速度快，手续简便，且可以侦察到各种病毒；其缺点是程序设计难，且不容易考虑周全。

4）软件模拟扫描法

软件模拟扫描技术专门用来对付千面人病毒。千面人病毒在每次传染时，都以不同的随机数加密于每个中毒文件中，传统病毒码比对方式根本就无法找到这种病毒。

5）VICE——先知扫描法

既然软件模拟可以建立一个保护模式下的 DOS 虚拟机器，模拟 CPU 动作并通过执行程序以解开变体引擎病毒，那么应用类似的技术也可以来分析一般程序检查可疑的病毒码。因此，VICE（Virus Instruction Code Emulation）可用来判断程序有无病毒码存在，分析专家系统知识库，再利用软件工程模拟技术（Software Emulation）加上病毒运行机制，则可分析出新的病毒码以对付以后的病毒。

6）实时 I/O 扫描

实时 I/O 扫描（Realtime I/O Scan）的目的在于即时地对数据的输入输出动作进行病毒码对比的动作，希望能够在病毒尚未被执行之前，就能够堵截下来。理论上，这样的实时扫描技术会影响到数据的输入输出速度。但使用实时扫描技术，文件传输过来之后，就等于扫描和清除过一次毒了。

2. 计算机网络病毒的防范

防范网络病毒的过程实际上就是技术对抗的过程，反病毒技术也得适应病毒繁衍和传播方式的发展而不断调整。网络防毒应该利用网络的优势，使网络防病毒逐渐成为网络安全体系的一部分。重在防，从防病毒、防黑客和防灾难恢复等几个方面综合考虑，形成一整套安全机制，才可最有效地保障整个网络的安全。

1）系统防毒

（1）制定系统的防毒策略。

（2）部署多层防御战略。

（3）定期更新防毒定义文件和引擎。

（4）定期备份文件。

（5）预订可发布新病毒威胁警告的电子邮件。

2）终端用户防毒

（1）某些电子邮件程序，如 Outlook 有一个允许用户不打开信息，而是在一个单独窗口查看此信息的功能，但是因为预览窗口具有处理嵌套脚本的能力，某些病毒程序只需预览就能够执行。所以，对于来历不明的邮件，最好是将其直接删除。

（2）如果将 Microsoft Word 当作电子编辑使用，就需要将 NORMAL. DOT 在操作系统级设置为只读文件。同时将 Microsoft Word 的设置更改为 Prompt to Save Normal Template(保存常规模板)。许多病毒通过更改 NORMAL.DOT 文件进行自我传播,采取上述措施可产生阻止作用。

(3) 加上存储介质的写保护功能。

3) 服务器防病毒

目前随着基于 Web 的电子邮件访问,公共文件夹以及访问存储器的映射网络驱动器等方式的出现,病毒也可以通过多种方式进入电子邮件服务器。这时,就只有基于电子邮件服务器的解决方案才能检测和删除受感染的文件或程序。从以下几个方面可以做到防毒。

(1) 拦截受感染的附件。

(2) 设置全面的随机扫描。

(3) 试探随机扫描。

(4) 重要数据定期保存、备份。

4) 多层防御机制

多层防御体系将病毒检测、多层数据保护和集中式管理集成起来,提供全面的病毒防护能力,从而达到"治疗"病毒的效果。病毒检测一直是病毒防护的支柱,多层次防御软件使用了三层保护功能:实时扫描、完整性保护、完整性检验。

后台实时扫描驱动器能对未知的异形病毒和秘密病毒进行连续的检测。

完整性保护可阻止病毒从一个感染的工作站扩散到服务器,还可以防止与未知的病毒感染有关的文件崩溃。

完整性检验无须冗余的扫描而提高实时检验的性能。

5) 网关、服务器上的防御措施

防范手段应集中在网络整体上,在个人计算机的硬件和软件、LAN 服务器、服务器上的网关、Internet 及 Internet 的网站上层层设防,对每种病毒都实行隔离和过滤。

12.8.3 木马的诊断与防范技术

1. 木马的实现技术

1) 木马的常用启动方式

对于一般的应用程序来说通常有下面几种自启动方式。

(1) 把程序放入系统的启动目录中,注意在 Windows 中有两个自启动目录;

(2) 把程序的自启动设置到系统配置文件中,如 win.ini、system.ini 等文件中;

(3) 在注册表中进行配置实现程序的自启动;

(4) 把程序注册为系统服务;

(5) 替换系统文件(该方法在 Windows 2000 及以后的操作系统中已经基本失效);

(6) 木马为了达到隐藏自己的目标,通常在设置注册表启动项时具有很强的迷惑性,有些木马还可以随机更改有关的启动项。

2）木马的隐蔽性

木马的隐蔽性是木马能否长期存活的关键，这主要包括以下几方面的内容。

（1）木马程序本身的隐蔽性、迷惑性

在文件名的命名上采用和系统文件的文件名相似的文件名，设置文件的属性为系统文件、隐藏、只读属性等，文件的存放地点是不常用或难以发现的系统文件目录中。

（2）木马程序在运行时的隐蔽性

通常采用了远程线程技术或 HOOK 技术注入其他进程的运行空间，采用 API HOOK 技术拦截有关系统函数的调用实现运行时的隐藏，替换系统服务等方法导致无法发现木马的运行痕迹。

（3）木马在通信上的隐蔽性

可以采用端口复用技术不打开新的通信端口实现通信、采用 ICMP 等无端口的协议进行通信，还有些木马平时只有收到特定的数据包才开始活动，平时处于休眠状态。

（4）不安全的木马技术

据资料显示，有些木马在运行时能够删除自身启动运行及存在的痕迹，当检测到操作系统重新启动时再重新在系统中设置需要启动自身的参数，这类木马存在的问题：不安全，当系统失效时（如断电、死机时）无法再次恢复运行。

2. 木马的发现及清除

1）木马的发现

可以查看系统端口开放情况，查看系统服务情况，查看系统运行任务是否有可疑之处，注意网卡的工作情况，注意系统日志及运行速度有无异常。

2）木马的清除

通常可以使用杀毒软件清除木马，也可以采用手工的方法清除，但是对有些木马采用手工清除的方法可能会存在一些困难，主要是因为：

（1）有些木马采用了多进程相互监视技术来启动被关闭的进程，很多关键性应用中使用了该技术，比如 InterBase 数据库等；

（2）有些木马使用任务管理器无法停止运行，导致无法删除；

（3）有些木马运行在其他的进程空间中无法在任务管理器中发现及停止。

对于上述几种情况在一定程度上可以采用修改注册表、使用第三方的一些任务管理器来停止任务，重新启动进入命令行模式来手工清除木马，使用一些专杀工具来清除木马。

12.8.4 黑客攻防技术

随着计算机网络的普及，“黑客”与“入侵者”这两个名词也越来越引起世人的关注。

1. 黑客与入侵者

“黑客”的英文是“Hacker”，其原意指的是对于任何操作系统的奥秘都有强烈兴趣的人。“黑客”大都是高级程序员，他们具有操作系统和编程方面的高级知识，精通计算机硬件结构及软件的内核结构，熟悉计算机软硬件系统中的漏洞及其原因所在，并在网络结构及其原理方面有着很深的造诣。他们不断追求更深的知识，并向世人展示他们的发现，与他人分享，并且没有破坏数据的企图。这是人们早期对“黑客”的认识与定义。可以说，“黑客”是计算机和网络的“天才”。

“入侵者”的英文是“Cracker”，指的是怀着不良的企图、非法闯入甚至破坏远程计算机完整性的人。“入侵者”利用获得的非法访问权，破坏重要数据，拒绝合法用户服务请求，或为了自己的个人目的而制造麻烦。

硬币有正反两面，黑客也有好坏之分。有协助人们研究系统安全的“正面黑客”，也有专门窥探他人隐私，非法篡改和破坏他人程序和数据的“反面黑客”。现在，在人们眼中，“黑客”成为“网络上捣乱分子”和“网络犯罪分子”的代名词，很大程度是因为这些人总是用“黑客”自我命名和自我辩护。

现在，有许多人经常把黑客与入侵者混淆。多年来，人们误用“黑客”这个名词来表达“入侵者”的意思。其实，他们之间有着本质的不同。

下面介绍的“黑客”是“反面黑客”，也就是“非法入侵者”。

2. 黑客的分类

分析黑客的心理，主要分为好奇型、功利型、仇恨型三种。

第一种：好奇型。许多少年黑客往往是这方面的代表，他们年龄不大，社会经验少，思想性格还不很成熟，缺乏社会约束力，在充分自由的网络环境中无法辨别自己行为的正确性，凭一时的兴趣、好奇潜入一些不该进入的网站，甚至获取了高度机密的资料，更有甚者对网站或网络造成破坏，而他们的内心之中，实际上却是非常单纯的，不是好奇就是好玩而已。

第二种：功利型。往往是指那些想在网络上一举成名者，他们专门选择一些比较著名的网站进行攻击，制造混乱，唯恐天下不乱，以便自己能名扬天下。对于功利型黑客可以区分为求名与求利两种，求利又可分为利己与利人两种。前一种为了自己的某种利益，比如盗取银行账号与密码，窃取不义之财；后一种为某种利益，受他人指使，或为某种政治目的对别的网站进行攻击。

第三种：仇恨型。这类人往往出于嫉妒心理或是因某网站对自己的利益造成某种损害或威胁而采取攻击行动，造成别的网站无法访问或瘫痪。

3. 识别黑客的方法

黑客试图成功地侵入或破坏特定的机构，将特定机构作为目标的黑客动机更多是针对机构拥有的某些内容（一般是某种类型的信息）。在某些情况下，黑客因为对机构的行为不满而决定对其进行破坏。

1）目标

选择目标基于一定的原因。也许目标中包括黑客感兴趣的信息，也许第三方对目标感兴趣从而雇用黑客获取一些信息。无论什么原因，目标是一个机构，也可能是机构中的一个系统。

2）侦察

有目标攻击的侦察手段包括多种形式：地址侦察、电话号码侦察、系统侦察、业务侦察和物理侦察。

(1) 地址侦察：是找出目标机构所使用的地址空间，因为在 Internet 上的 IP 地址是公开的，黑客很容易找到所要的地址。利用 DNS 能识别机构 Web 服务器的地址，因 DNS 可以提供域的主 DNS 服务器地址和机构的邮件服务器地址。

(2) 电话号码侦察：可以在电话簿上找出目标的主机号码。通常还可以从目标的 Web 站点找到目标的一些号码，因为许多机构会在站点上公布出拨号网络的电话号码。

(3) 系统侦察：系统侦察用来识别机构存在哪些系统，它们运行哪些操作系统以及它们具有哪些薄弱点。

(4) 业务侦察：了解目标的业务对于黑客非常重要。黑客需要了解目标是如何使用计算机系统的，以及关键信息的存储位置，这些信息能为黑客提供攻击目标。

(5) 物理侦察。物理侦察手段让黑客可以获得对他想要的信息或系统的访问，而无须实际攻击机构的计算机。

3）攻击方法

收集到目标机构的所有信息之后，黑客会选择最可行、风险最小的攻击手段。常采用的攻击方法有以下几种。

(1) 电子攻击方法。黑客已经充分地侦察了机构，找出所有外部系统与内部系统的连接。在侦察站点时，黑客会找出系统的薄弱点进行攻击。

(2) 物理攻击方法。最常用的物理攻击方法就是在晚上检查机构的纸篓中的东西。这可能会发现希望找到的信息。如果没有，那么可能会找到可以用来进行社会工程攻击的信息。

12.9 应用实例

12.9.1 “天网”个人防火墙应用技术

“天网”防火墙个人版是一种单机上使用的软件防火墙产品，功能较强，且是免费软件，在网上可以下载。

天网防火墙个人版由以下三个文件组成。

(1) skynet v2.50.exe：防火墙安装程序。

(2) 使用说明.txt：防火墙安装使用说明文件。

(3) 天网防火墙个人版式 V2.50 破解程序.exe：解码程序。

1. 软件安装

用 skynet V2.50.exe 软件进行安装，安装完毕后，得到图 12-14 所示的屏幕。

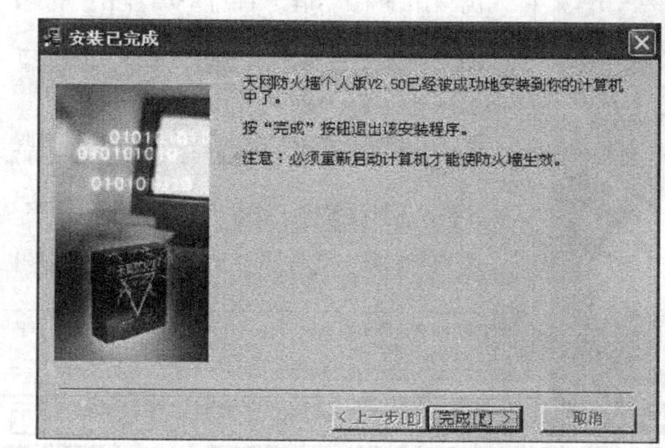

图 12-14　安装完成

单击"完成"按钮，防火墙软件安装完毕。

2. 防火墙设置向导

防火墙软件安装完毕后，自动进入"设置向导"，如图 12-15 所示。

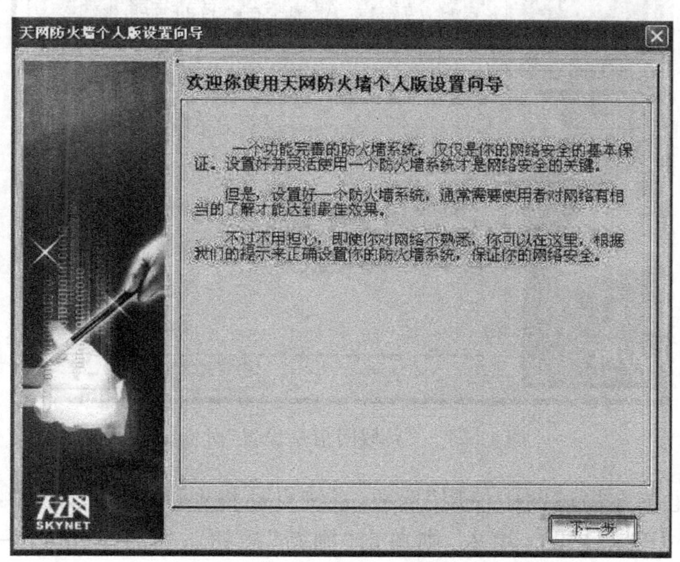

图 12-15　防火墙设置向导

单击"下一步"按钮，进入"安全级别设置"对话框，如图 12-16 所示。

可根据需要选择"中"或"高"，再单击"下一步"按钮。进入"局域网信息设置"对话框，如图 12-17 所示。

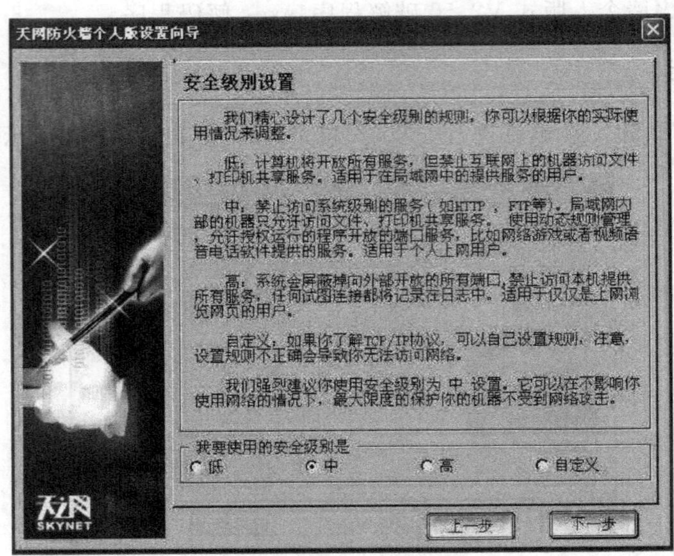

图 12-16　安全级别设置

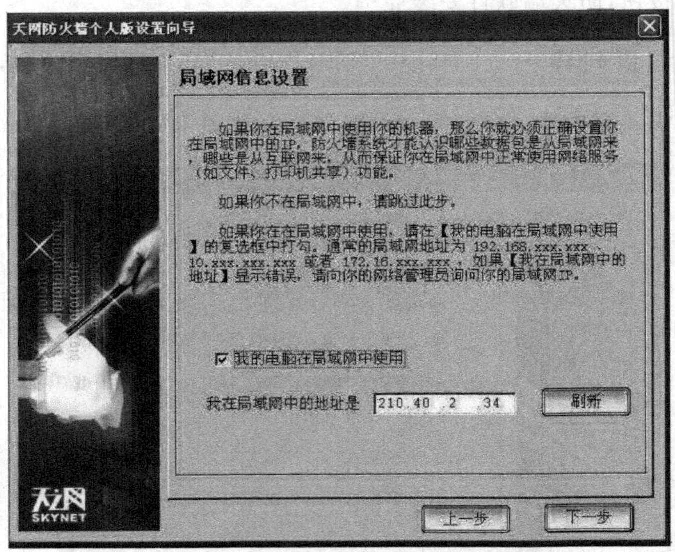

图 12-17　“局域网信息设置”对话框

选择“我的电脑在局域网中使用”选项，系统自动将本机的地址填入“我在局域网中的地址是”栏中，若 IP 地址没有填入，则单击“刷新”按钮。然后单击“下一步”按钮，进入图 12-18 所示的屏幕。

单击“下一步”按钮，得到图 12-19 所示的屏幕。

单击“结束”按钮，得到图 12-20 所示的屏幕。

至此，参数设置完毕，软件安装完毕。单击“确认”按钮，重新启动计算机。

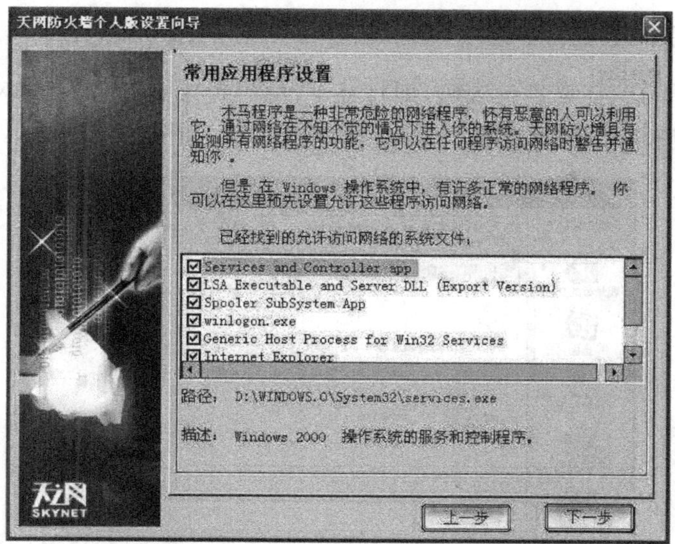

图 12-18　常用应用程序设置

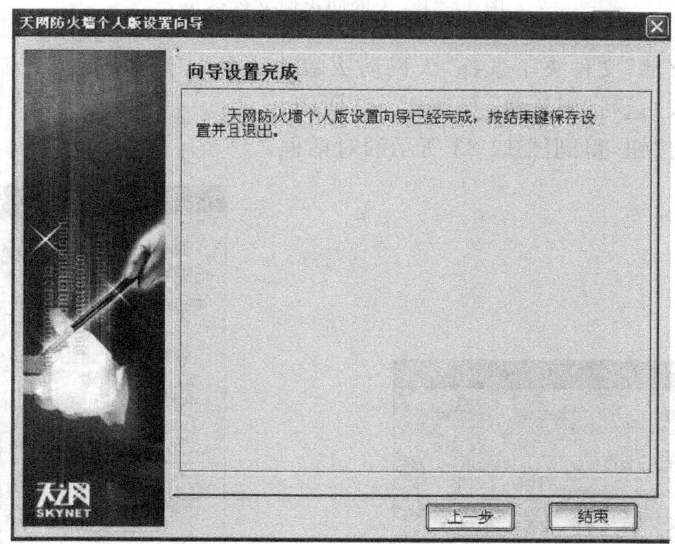

图 12-19　向导设置完成

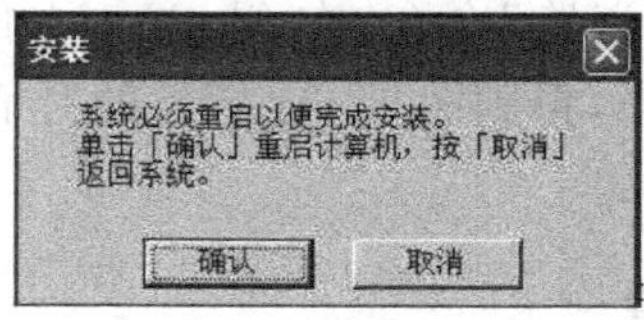

图 12-20　系统重启

3. 解码(打补丁)

软件安装完毕后,还要进行解码,即打补丁,解码程序文件名为“天网防火墙个人版[正式版] V2.5 破解程序”。进入“天网防火墙”文件夹,如图 12-21 所示。

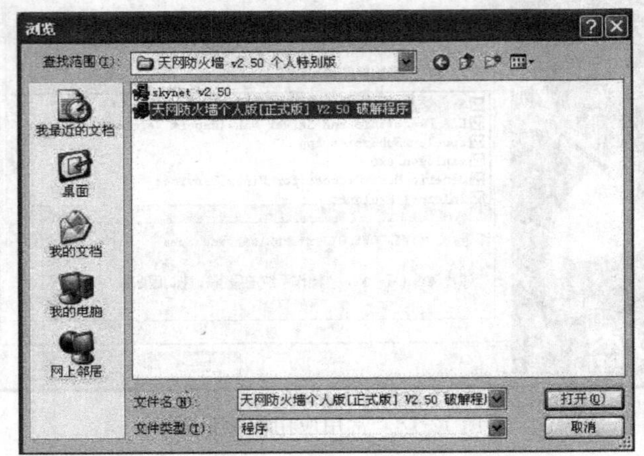

图 12-21　天网防火墙文件清单

在“天网防火墙”文件夹下选择“天网防火墙个人版[正式版] V2.5 破解程序”,单击“打开”按钮,进入“运行”对话框,如图 12-22 所示。

单击“确定”按钮,得到图 12-23 所示的对话框。

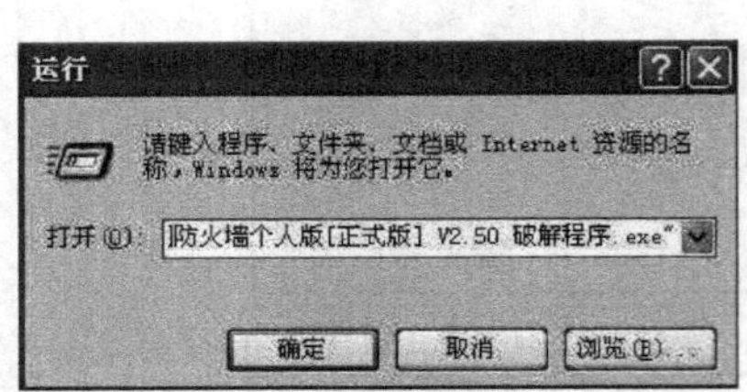

图 12-22　运行程序

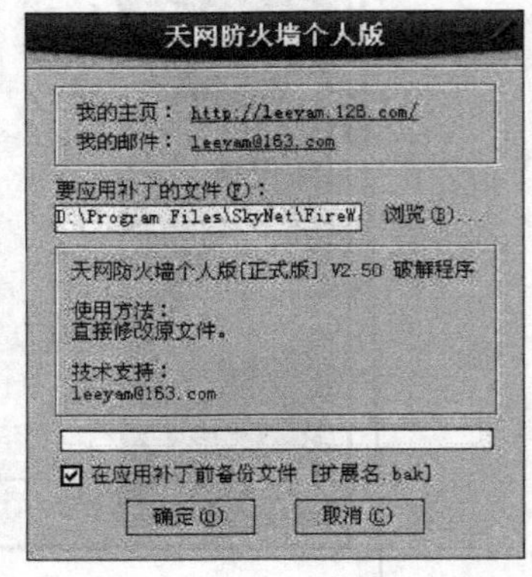

图 12-23　补丁程序运行

在该对话框下,首先单击“浏览”命令,在 SkyNet 文件夹下选择文件 PFW,再单击“确定”按钮,开始解码,解码完毕,得到图 12-24 所示的对话框。

单击“确定”按钮,解码完毕。

4. 防火墙的启动与配置

1) 防火墙的启动

在 Windows 98/2000/XP 桌面上,单击“开始”→“程序”→“天网防火墙”→“天网防火墙个人版”，天网防火墙个人版即启动，得到图 12-25 所示的屏幕。

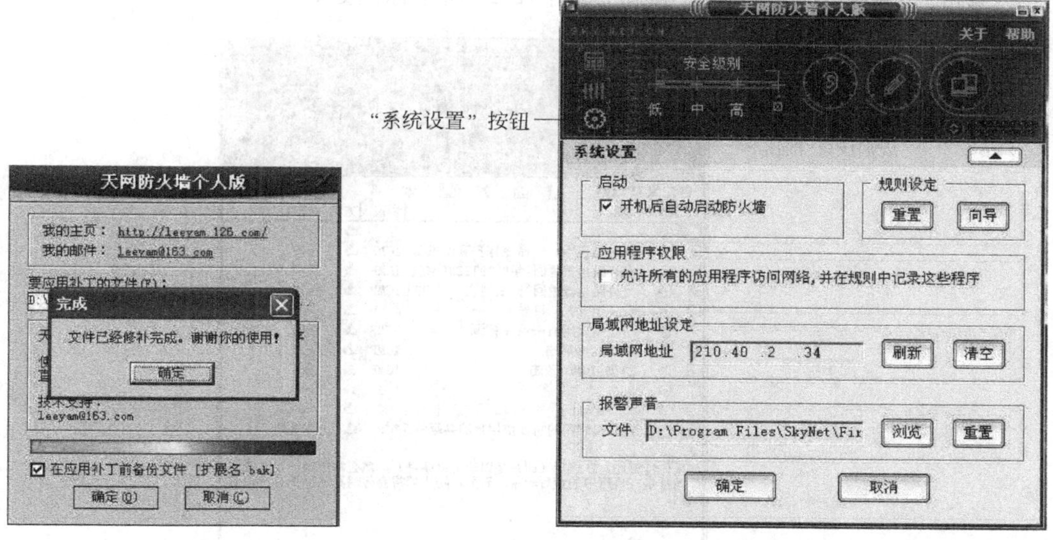

图 12-24　解码完毕　　　　图 12-25　系统设置

2）防火墙的配置

(1) 系统设置

单击“系统设置”按钮，如图 12-25 所示标注处。

选择“开机自动启动防火墙”，以后每次启动计算机就会自动启动防火墙。

(2) 应用程序规则设置

单击“应用程序规则设置”按钮，如图 12-26 所示标注处。

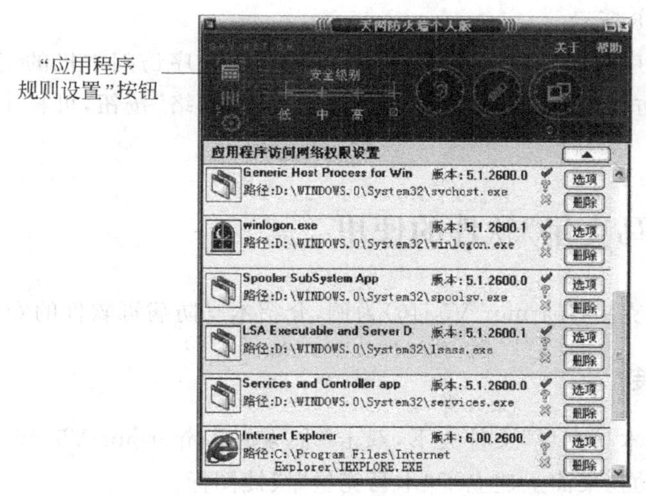

图 12-26　应用程序规则设置

在该对话框中，可对应用程序访问权限进行设置。

(3) 自定义 IP 规则

单击“自定义 IP 规则设置”按钮，如图 12-27 所示标注处。

“自定义 IP
规则设置”按钮

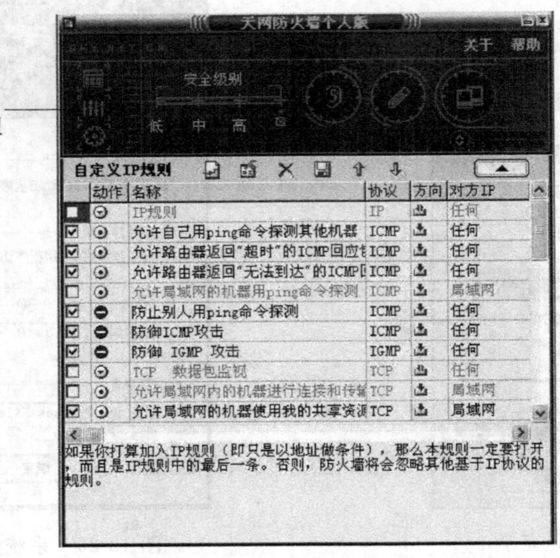

图 12-27 自定义 IP 规则设置

在此对话框中，可对 IP 地址有关规则进行设置。

5. 天网个人防火墙的应用

天网防火墙个人版除了上述的“应用程序规则设置”“自定义 IP 规则设置”和“系统设置”三个配置按钮之外，还有“应用程序网络使用情况”“日志”和“接通/断开网络”三个应用按钮，如图 12-28 所示。

单击“应用程序网络使用情况”按钮，可查看应用程序访问本机的记录情况；单击“日志”按钮，可查看防火墙的工作日志；单击“接通/断开网络”按钮，可将本机与网络重新连接或断开。

12.9.2 “木马克星”软件的使用

在此，以木马克星(iparmor V5.46)为例，介绍木马防病毒软件的安装与使用技术。

1. 软件安装

在解压后的“木马克星”文件夹下，双击“木马克星(iparmor V5.46 .exe)”，即开始安装，安装完毕，自动在桌面上建立了“木马克星”快捷图标。

2. 木马的诊断与清除

在桌面上双击“木马克星”图标，启动木马克星程序，如图 12-29 所示。

图 12-28 应用按钮示意图

利用"木马克星"软件,可对木马病毒进行诊断和清除。

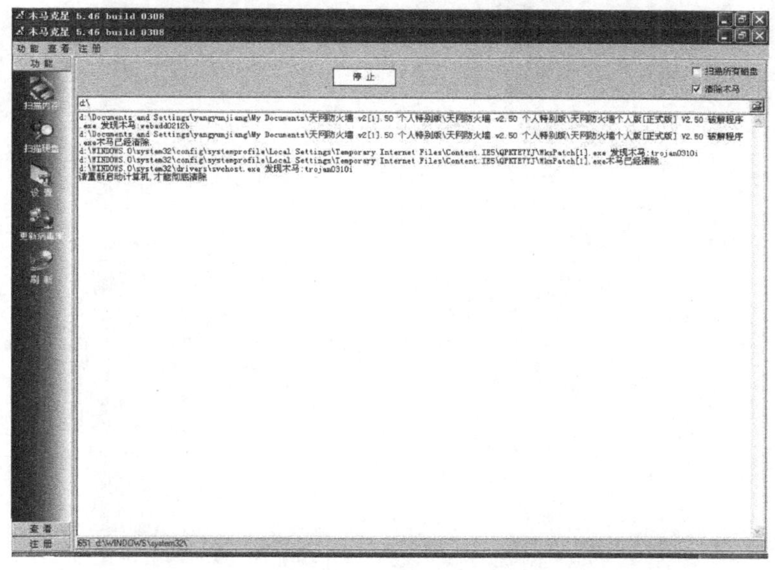

图 12-29 "木马克星"软件窗口

若要对一个指定的磁盘进行扫描诊断木马,则输入相应的盘符,例如输入"d:\",则只对 D 盘进行扫描诊断;若要对所有磁盘进行扫描诊断,则单击右上角的"扫描所有磁盘"选项;若要在诊断时自动清除木马病毒,则单击右上角的"清除木马"选项。

习　　题

12.1　解释下列名词：

计算机网络安全、数字签名、CA 认证、数字凭证、入侵检测、防火墙、计算机病毒。

12.2　简述网络安全威胁的种类。

12.3　简述系统攻击方法的种类。

12.4　简述防火墙的功能与分类。

12.5　简述计算机病毒的分类、特点，怎样防范和清除计算机病毒。

12.6　计算机网络的安全管理应注意哪些方面？

12.7　“防火墙”是否能将一切非法信息以及非法入侵者“挡”在“墙”外？

12.8　“数字签名”在电子商务交易中起到了什么作用？

12.9　“秘密密钥”与“公开密钥”有什么区别？

12.10　常用的系统攻击手段有哪几种？

第13章

实用案例分析

通过前面的学习，读者系统地掌握了计算机网络的基础理论、组网原理、网络软硬件设施、网络拓扑结构、网络管理技术和网络安全防范技术。

在这一章中，介绍几种实用的网络架构设计技术：数字校园架构设计、智慧校园架构设计、IPv6架构设计。由于篇幅所限，这里只给出基本的架构设计。有关内容的拓展请参阅相关资料。

13.1 数字校园架构设计

本节以××大学数字校园建设为蓝本，介绍数字校园的架构设计技术。

13.1.1 大学校园网建设背景及需求分析

1. 建设背景

某校园的校园网在规划实施过程中，遵循实用性、先进性、安全性、可扩展性、高性价比及可管理性原则，对于整个校园的用户群、功能分布等各方面做了详尽的分析和汇总，给出该网络的规划和设计过程，从而帮助读者能够更好地掌握网络工程的实施过程。

随着以信息技术为主要标志的科技进步日新月异，计算机信息网络及其应用系统在全世界的迅速推广和使用使人们管理、获取、交流和处理信息的手段发生了巨大变化，信息化发展也为教育行业的工作带来了新的挑战和机遇。计算机网络的应用已经深入到社会生活的各个方面，特别是在教育领域。××大学属于一所综合型大学，校园网建立在资金相对紧张的前提下，校园网的建设方面希望成本较低，并尽量采用当前最新的网络技术，且要分步实施，校园网络的建设应该是一个循序渐进的过程。这就要求选择具有良好可扩充性能的网络互连设备，这样才能充分保护现在的投资。

2. 需求分析

某大学是一所大型的综合性大学，包含师生人数约六万人左右，校区不集中，9个校区分布在城市的不同方向，校区间的最大直线距离达到 30km。一个良好的设计方案除体现出网络的优越性能之外，还体现在应用的实用性、网络的安全性、易于管理性和未来的可扩展性。因此，设计时要考虑以下问题。

(1) 要适应未来网络的扩展和拓扑结构的变化。

(2) 要能为特定的师生用户或用户组提供访问路径。

(3) 要保证网络能不间断地运行。

(4) 当网络扩大和应用增加时，变化的网络结构要能应付相应的带宽要求。

(5) 使用频率较高的应用能够支持网上大多数的师生用户。

(6) 能合理地分配用户对网内、网外的信息流量。

(7) 能支持较多的网络协议，扩大网络的应用范围。

(8) 支持 IP 的单点传送和多点广播数据流。

要达到以上这些设计要求，分层的设计功能及星状、树状和交叉型的拓扑结构应给予足够的重视.

在现代网络环境中，稳定可靠是争相谈论的话题，因现代网络中运行了众多重要应用及服务，是要保证 24h 不间断的服务，就要完全能保证网络设备全天候的可用性。即使在设备出现问题时切换到备用设备的过程中，也要保证较小的延迟，以满足网络应用有效畅通的需要。在这样的需求中利用冗余的管理交换引擎、冗余的电源等关键部件的冗余，支持(802.1D、802.1W)802.1S 多 VLAN 生成树协议保证链路级的冗余和负载均衡，支持 VRRP、OSPF 等三层路由协议保证路由级的冗余，支持 Load Balancing 技术实现了应用级的冗余备份和负载均衡，全方位地完全保证了设备、网络、应用系统的可靠性。

3. 数字校园的关键技术

1) 路由技术

路由协议工作在 OSI 参考模型的第三层，因此它的作用主要是在通信子网间路由数据包。路由器具有在网络中传递数据时选择最佳路径的能力。除了可以完成主要的路由任务，利用访问控制列表(Access Control List，ACL)，路由器还可以用来完成以路由器为中心的流量控制和过滤功能。在本设计中，内网用户不仅通过路由器接入因特网，内网用户之间也通过三层交换机上的路由功能进行数据包交换。

2) 数据交换技术

传统意义上的数据交换发生在 OSI 模型的第二层。现代交换技术还实现了第三层交换和多层交换。高层交换技术的引入不但提高了园区网数据交换的效率，更大大增强了园区网数据交换服务质量，满足了不同类型网络应用程序的需要。现代交换网络还引入了虚拟局域网(Virtual LAN，VLAN)的概念。VLAN 将广播域限制在单个 VLAN 内部，减小了各 VLAN 间主机的广播通信对其他 VLAN 的影响。在 VLAN 间需要通信的时候，可以利用 VLAN 间路由技术来实现。当网络管理人员需要管理的交换机数量众多时，可以使用 VLAN 中继协议(Vlan Trunking Protocol，VTP)简化管理，它只需在单独一台交换机上定义所有 VLAN。然后通过 VTP 协议将 VLAN 定义传播到本管理域中的所有交换机上。这样就大大减轻了网络管理人员的工作负担和工作强度。为了简化交换网络设计、提高交换网络的可扩展性，在园区网内部数据交换的部署是分层进行的。校园网数据交换设备可以划分为三个层次：访问层，分布层，核心层。访问层为所有的终端用户提供一个接入点；分布层除了负责将访问层交换机进行汇集外，还为整个交换网络提供 VLAN 间的路由选择功能；核心层将各分布层交换机互连起来进行穿越校园网骨干的高速数据交换。在本设计中，也将采用这三层进行分开设计、配置。

3）远程访问技术

远程访问也是园区网络必须提供的服务之一。远程访问有三种可选的服务类型：专线连接、电路交换和包交换。不同的广域网连接类型提供的服务质量不同，花费也不相同。企业用户可以根据所需带宽、本地服务可用性、花费等因素综合考虑，选择一种适合企业自身需要的广域网接入方案。在本设计中，分别采用专线连接（到因特网）和电路交换（到校园网）两种方式实现远程访问需求。

4）信息资源共享技术

通过校园网，实现各种信息共享，有关学校的各种资料、信息都可以通过网络进行查询，如图书资料、教学资料等。

5）电子邮件技术

通过电子邮件，可以与国内国际进行广泛、快捷联系，获得多种信息。

6）信息管理系统自动化技术

学校的信息管理系统包括人事管理、财务管理、教务管理、科研管理、档案管理、后勤管理、图书馆综合查询系统和办公自动化系统等，这些系统都统一到一个规范标准的平台上，通过校园网实现全校统一管理计算机化，网络接入认证管理系统，并与其他网络互连，提高学校管理水平。

7）计算机辅助教学系统

可以实现基于网络的各种电子教学，如多媒体教学、电子阅览室、电子论坛等。

13.1.2 主干网络设计及设备选型

1. 主干网络结构设计

校园网系统是大学校园的基础设施，除提供基本的网络服务外，还应具备人才培养、科研开发、信息资源建设等功能。校园网络平台不仅要求能够满足学校当前需求，还应能适应未来的应用提升要求。

学校充分利用校园网平台，采取“总体规划、分步实施”的方式积极推进教育信息化进程。在建设过程中，遵循规划要素，进行结构化设计。以校区主干网络为例，主要采用了三层网络建设规划。

核心层：学校网络中心。该层的设计应为整个网络中最稳定、最可靠的部分，内部能提供超高速的转发速率，核心交换机的各个端口的匹配规则要独立完成，并提供 QoS 功能，为了保证可靠性，必须提供一定的冗余组件，为了实现 VLAN 之间的通信，也需要提供 VLAN 的三层交换技术。

汇聚层：其余各分校区网络中心，及主校区的主要楼宇(包括 1 号综合楼、行政楼、研究生楼、食堂等)。该层设计为分布式三层交换结构，减轻核心层三层交换压力，并引入一定安全策略，从而使核心层更高效地工作，提高整个网络的效率。

接入层：主校区各个学部的接入(包括学生宿舍、团委、学术交流中心等)。接入层接入用户数多，用户类型复杂，用户范围分布广。该层设计作为网络边缘，尽可能地对网络病毒和攻击进行防御和阻隔，并对接入用户群分类及隔离，并对用户接入的合法性提供一定的安全保障，可以提供 VLAN、端口安全等策略。具体拓扑如图 13-1 所示。

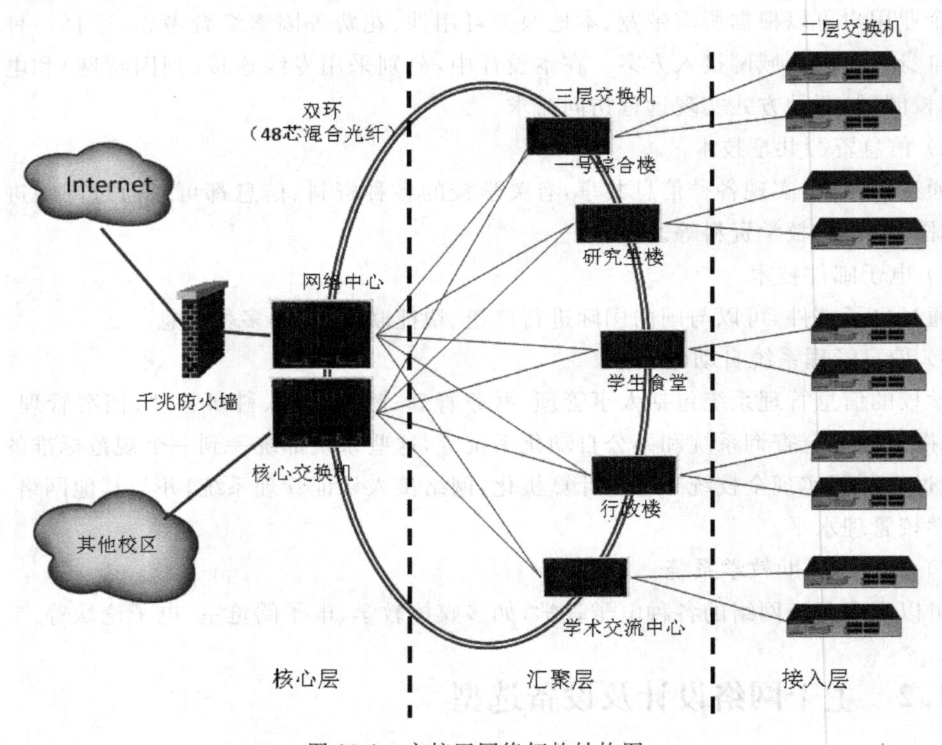

图 13-1　主校区网络拓扑结构图

校园网内部遵循千兆光纤到楼宇，百兆光纤到楼宇的设计思想，核心层交换机到汇聚层交换机采用千兆光纤，并利用 48 芯混合光纤实现连接，汇聚层交换机到各楼宇接入层交换机则采用千兆或百兆光纤接入，利用千兆交换或快速交换技术。楼宇内采用双绞线连接到具体的接入点，实现百兆连接，采用快速交换技术。为了保证核心层的可靠性，还采用了冗余备份技术。

2. 主要设备选择

1）核心层设备选择

核心层采用两台 Nortel Passport 8600 互为热备份。Nortel Passport 8600 是北电网络公司的第二代千兆三层交换机，它具有 128Gb/s 背板交换能力。

该交换机能提供高密度的千兆和百兆带宽的接口板，而且还能提供 ATM 和 POS 板，使该系列交换机具备了提供电信级骨干交换机的能力。

为满足不同种类用户的需求，Passport 8600 有多种机箱。常见的是 Passport 8006 和 Passport 8010 两种机箱。电信客户采用较多的是 Passport 8010，该机箱共有 10 个插槽，可提供很高的端口密度，以满足用户的需要。对于企业用户，需要较少的端口密度，但希望得到较高的交换和路由性能，可采用具有 6 个插槽的 8006。

Passport 8600 所支持和模块分为两类：一类是系统模块，另一类为接口模块。

8690SF CPU/交换矩阵模块是 Passport 8600 系列交换机的系统模块。8690SF CPU/交换矩阵模块采用基于 PowerPC 的 CPU 处理模块，使该模块具有了快速的二层和三层数据包的处理能力。同时，该模块还采用了共享内存式交换矩阵模式，使该模块能够提供宽带线速的交换能力。同时，Passport 8010 和 Passport 8006 两种机箱均可同时插入两块 8690SF CPU/交换矩阵模块。当插入两块系统模块后。两块系统模块不仅能够提供热备份功能，还能互相提供交换的负载均衡，使用户可以得到 256Gb/s 背板交换能力。

8690SF CPU/交换矩阵模块中有一个 PCMCIA 卡插槽。该槽可以插入一块 PCMCIA 卡，可将设备的配置文件和操作文件系统保存起来，以防在不可知的情况出现时，仍能保持网络系统的稳定运行。

2）汇聚层设备选择

汇聚层交换机采用 H3C S7502E。H3C S7500E(X)系列是杭州华三通信技术有限公司(简称 H3C 公司)面向融合业务网络的高端多业务路由交换机，融合了 MPLS VPN、IPv6、网络安全、无线、无源光网络等多种网络业务，提供不间断转发、不间断升级、优雅重启、环网保护等多种高可靠技术，在提高用户生产效率的同时，保证了网络最大正常运行时间，从而降低了客户的总拥有成本，可提供 640Gb/s 的整机交换容量。S7502E(4 槽)支持冗余主控。

支持 IEEE 802.1P(CoS 优先级)、IEEE 802.1Q(VLAN)、IEEE 802.1d(STP)/802.1w(RSTP)/802.1s(MSTP)、IEEE 802.1ad(QinQ)、IEEE 802.3x(全双工流控)和背压式流控(半双工)、IEEE 802.3ad(链路聚合)、IEEE 802.3(10Base-T)/802.3u(100Base-T)、IEEE 802.3z(1000Base-X)/802.3ab(1000Base-T)标准。

H3C S7500E(X)可广泛应用于城域网、数据中心、园区网核心和汇聚等多种网络环境。

3）接入层设备选择

接入层交换机采用 H3C S3600。H3C S3600 系列交换机是 H3C 公司基于 IToIP 理念设计和开发的智能弹性以太网交换机。系统在安全可靠、多业务融合、易管理和维护等方面为用户提供全新的技术特性和解决方案。S3600-28P-EI 带有 24 个 10/100Base-TX 以太网端口，4 个 1000Base-X SFP 千兆以太网端口，支持 1000Base-SX-SFP、1000Base-LX-SFP、1000Base-LH-SFP 等模块，具有 32Gb/s 的交换容量，支持 IEEE 802.3x 流控(全双工)，支持基于端口速率百分比的广播风暴抑制，支持基于 pps 的广播风暴抑制等；支持基于端口的 VLAN(4000 个)，也支持基于协议的 VLAN 和 Voice VLAN、支持 VLAN VPN(QinQ)等。安全方面也支持 IEEE 802.1X 认证/集中式 MAC 地址认证、AAA&RADIUS 认证、MAC 地址学习数目限制、MAC 地址与端口、IP 的绑定等。可以解决多种用户接入的安全性问题。

4) 服务器选择

根据学校应用实际需求，选用 Dell PowerEdge R710 作为服务器。这款新一代 2U 机架式服务器能够有效应对各种关键业务应用的需求。Dell PowerEdge R710 采用英特尔至强 5500 系列处理器，具备更强大的虚拟化功能并配备多种富有创新系统管理工具，能效更高，有效降低总拥有成本。

3. ISP 的选择

选择 ISP(Internet Service Provider，Internet 服务提供商)对不同类型的校园网络至关重要。经过近十年的发展，目前在我国形成了以 CSTNET(中国科学院的科学技术网)、CERNET(国家教育部的教育与科研网)、ChinaNet(中国公用计算机互联网)和 ChinaGBN(中国金桥网)为主的 4 大网络体系，伴随着 IT 与通信技术的不断发展和社会的广泛需求，近年来 UNINET(中国联合通信网)、CNCNET(中国网络通信网)、CMNET(中国移动通信网)等网络骨干体系的出现，逐渐构成了我国 Internet 的主干。由于中国的互联网服务商以各自网络体系的发展为主，不同种类的大网之间缺乏协调机制，故它们之间的网络带宽问题没能较好地解决。对用户而言，在线某类网络时再链接另一类网络，“瓶颈”问题就突现出来。作为校园网络，无论师生有哪些需求，都离不开以教学、科研为主的信息资源，90%的教育资源都集中在 CERNET 上，故校园网络在选择 ISP 时，就要重点考虑 CERNET，为了保证可靠性，有条件地选择其他的 ISP 接入方式。

另外，如何申请足够带宽而又不至于浪费呢？太大的带宽会意味着要向 ISP 支付更多的费用。计算的依据就是要考虑校园网的规模，在出口链接 Internet 的高峰期约有多少台计算机(一般拥有总量的 60%～70%)，以每台的带宽为 100kb/s(比 PPP 拨号方式的 56kb/s Modem 快些)计算，总需求在多少 MB，再考虑 20/80 规则，以确定整个校园网的接入带宽，出于数据安全的考虑，一些装有重要而又保密的数据的主机，如财务数据、人事档案数据，只允许在网段内使用，不宜连接到 Internet。

本校园网络采用了三条出口线路，分别为 CERNET(100Mb/s)、CNCNET(300Mb/s)、CTC(中国电信，300Mb/s)。其中，服务器数据、教育网数据及一些特殊应用都连接在 CERNET 出口上，教学区默认路由及 CTC 地址用户连接到 CTC 出口上，家属区默认路由及 CNC 地址用户连接到 CNC 出口上，这样就实现了负载分担和互为备份，如图 13-2 所示。

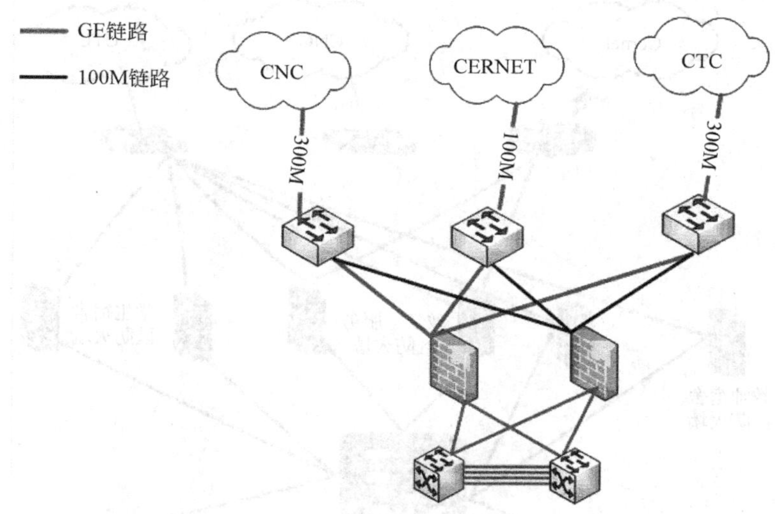

图 13-2　校园网出口拓扑图

13.1.3　网络安全方案

网络安全是指网络系统的硬件、软件及其系统中的数据受到保护，不因偶然的或者恶意的原因而遭受到破坏、更改、泄漏，系统连续可靠正常地运行，网络服务不中断。

采取的安全防护方法有以下几种。

(1) 在操作系统级进行防护。

(2) 在数据库级进行防护。

(3) 网络方案中使用"防火墙"技术。

(4) 内网和外网逻辑上分开。

(5) 数据加密。

(6) 降低开放性。

主要采用杀毒软件和防火墙进行防护，在每个客户端安装客户端杀毒软件并对其进行网络升级。本校园网络的防火墙配置网络拓扑图如图 13-3 所示，分别针对于教师宿舍区、教学服务区及学生宿舍区采用双通道防火配置方案。

1. 防火墙选型

防火墙是一种控制隔离技术，是采用综合的网络技术设置在被保护网络和外部网络之间的一道屏障，用以分隔被保护网络与外部网络系统，防止发生不可预测、潜在的破坏性侵入。防火墙设备像在两个网络之间设置了一道关卡，能根据用户的安全策略控制出入网络的信息流，防止非法信息流入被保护的网络内，且本身具有较强的抗攻击能力。它是提供信息安全服务、实现网络和信息安全的基础设施。所以，在选用防火墙的时候，一定要从性能指标、安全性、复杂环境适应性、安全审计、配置管理方便性等方面去考虑。

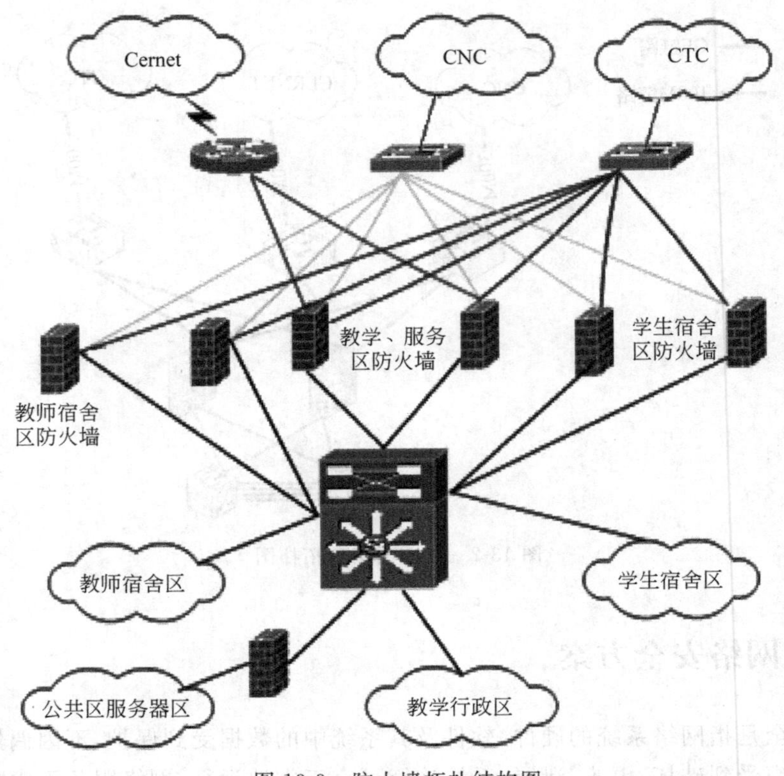

图 13-3 防火墙拓扑结构图

按照一般产品分类，目前的防火墙产品可以分为软件防火墙、硬件防火墙和软硬一体化防火墙；从适用对象来划分，可分为企业级防火墙与个人防火墙；从产品等级划分，又可分为包过滤型、应用网关型和服务代理型防火墙。国内品牌以企业级硬件防火墙居多。在产品等级上，包过滤型防火墙最为普遍。

本校园网络采用天融信 NGFW4000(TG-4208)防火墙，如图 13-4 所示。它属于大中型企业级防火墙，支持的并发连接数为 800 000，无用户数限制；网络端口配置为 8 个 10/100BAS，可以进行 IDS，Dos，DDoS 检测，达到的安全过滤带宽为 350Mb/s；可支持访问控制、内容过滤、VPN 支持等。

2. 病毒防治

随着数字技术及 Internet 技术的日益发展，病毒技术也在不断发展提高。目前病毒不仅局限在单机的文件病毒，它们的传播途径越来越广，传播速度越来越快，造成的危害越来越大，如冲击波、震荡波、木马等，几乎到了令人防不胜防的地步。仅建立一个完整的网络平台不足以提供数据的有效传输和可靠性，还需要建立一个切实可行的防病毒解决方案，来确保整个业务数据不受到病毒的破坏，日常工作不受病毒的侵扰。

在此采用赛门铁克公司推出的 Symantec AntiVirus 企业版 V8.0，这是一款优秀的网络杀毒软件，包括 Symantec 服务器、系统中心控制台、Symantec Client Security、

Symantec Packager 和 Alert Management Server 组件。这些组件的主要功能如下。

(1) Symantec 系统中心：管理控制台，在 Windows NT/2000/XP Professional 计算机上运行。可以进行各种操作，比如向工作站和服务器分发企业版病毒防护，更新病毒定义，管理运行客户端程序。

(2) Symantec 企业版服务器：可以将配置和病毒定义文件分装到各个客户端，并且可以对服务器进行病毒防护。

(3) Symantec 企业版客户端：可以对联网或未联网的计算机进行病毒防护，并且可以接受系统中心的集中管理。

(4) Live Update：可以进行病毒和引擎的升级，并可以通过服务器进行分装。

(5) Symantc Packager：可以创建、修改和部署自己的定制安装包。

(6) Alert Management Server：可以提供病毒警报功能，可以通过多种方式和文本格式向系统管理员进行报警。

Symantec 的 Symantec AntiVirus 的管理控制台是使用 Windows NT 自身提供的 Console 集成在一起的，使用习惯符合 Windows 的常用风格，易用性较好，用户可以对网络中的服务器客户端进行分组设置，可以制定单个组的杀毒策略，管理简单方便，并且可以支持多层次的网络拓扑结构，可以方便地对网络防毒的规模进行扩展。另外，Symantec AntiVirus 具有中心隔离的设置，管理员可以在网络中设置统一有效的病毒隔离区，通过“数字免疫系统”对启发式检测到的新病毒或不可识别的病毒进行集中管理，并可以将可疑文件自动转发到“Symantec 安全响应中心”进行处理。

该系统还具有较灵活的定制功能，尤其对于客户端的配置设置上，系统可以根据最终用户的需要对各个子项进行单独的锁定。另外，它还可以利用 Live Update 技术使已经安装的 Symantec 产品自动连接到 Symantec 服务器，以进行程序和病毒定义的更新。

13.1.4 校园网 QoS 设计

在当前的多业务应用环境下，网络必须提供足够的带宽和强大的服务质量(QoS)，以便在任何条件下都能提供可靠和可预测的应用性能，没有 QoS 的网络是一个不完整的网络，这会制约整个校园网络的通信和服务。

1. QoS 的特性与功能

QoS(Quality of Service，服务质量)是网络的一种安全机制，它评估服务方满足客户服务需求的能力。一般地，QoS 是对分组转发过程中为延迟、抖动、丢包率等核心需求提供支持的服务能力的评估。

1) QoS 重要特性

(1) 通过保证网络应用更高的可用性，让网络更加可靠，为用户提供更迅速的响应。

(2) 帮助减轻网络需求负担，充分利用现有的带宽。

(3) 使网络管理员拥有对网络使用的控制权，有助于避免不良使用。

(4) 通过在网络上扩大应用范围，如电话和视频会议，可以有效地利用网络，明显地节省费用,并提高效率。

2) QoS 功能

为了实现 QoS 的特性,具有 QoS 的网络应包含以下 5 个功能。

(1) 流分类:依据一定的匹配规则识别出对象。流分类是有区别地实施服务的前提,通常作用在端口入方向。

(2) 流量监管:对进入设备的特定流量进行监管,通常作用在端口入方向。当流量超出约定值时,可以采取限制或惩罚措施,以保护网络资源不受损害。

(3) 流量整形:一种主动调整流的输出速率的流控措施,通常是为了使流量适配下游设备可供给的网络资源,避免不必要的报文丢弃和拥塞,作用在端口出方向。

(4) 拥塞管理:拥塞管理是必须采取的解决资源竞争的措施。通常是将报文放入队列中缓存,并采取某种调度算法安排报文的转发次序,作用在端口出方向。

(5) 拥塞避免:过度的拥塞会对网络资源造成损害。拥塞避免监督网络资源的使用情况,当发现拥塞有加剧的趋势时采取主动丢弃报文的策略,通过调整流量来解除网络的过载,作用在端口出方向。

在这些流量管理技术中,流分类是基础,它依据一定的匹配规则识别出报文,是有区别地实施服务的前提;而流量监管、流量整形、拥塞管理和拥塞避免从不同方面对网络流量及其分配的资源实施控制,是有区别地提供服务思想的具体体现。

2. 局域网设计 QoS 的规则

(1) 只在局域网中使用交换机或基于硬件的路由器。集线器不能对业务量进行优先处理,而基于软件的路由器可能导致瓶颈。

(2) 不要因采用 QoS 而避免部署充足的带宽。对大多数网络,所建议的配置都是 10/100Mb/s 交换至桌面,千兆连接至服务器和无阻塞的千兆骨干。

(3) 确保网络中的所有设备都可以支持 QoS。如果数据通路上有一段不支持 QoS,那么该段就有可能成为瓶颈,将导致通信速率下降,虽然在网络支持 QoS 的部分可以观察到性能的改善。

(4) 确保所有 QoS 设备的配置方式相同。不匹配的配置将导致同一业务量在一段有优先,而在另一段却没有优先。

(5) 在业务流量一进入网络时就进行分类。如果业务流量在抵达广域网路由器或防火墙时才进行分类,那么就不可能保证端到端的优先级。对业务流量进行分类的理想地点是在配线交换机处。

(6) 选择理解 IEEE 802.1p 和 DSCP 标记方案的交换机和基于硬件的路由器。

(7) 注意每个端口的业务队列数。如果该交换机只有一个队列,那么它就不能对业务流量进行优先级处理。对于大部分应用而言,两个队列就足够了,而 4 个队列更理想。

H3C 智能交换机支持以太网交换机支持的队列调度算法有 SP(Strict-Priority,严格优先级队列)、WFQ(Weighted Fair Queue,加权公平队列)和 WRR(Weighted Round Robin,加权轮询队列),为各种应用的带宽保障提供需要的支持技术。校园网根据办公数据、财务数据、教务数据、学生家属数据等内容,进行流量分类管理实现 QoS。

13.1.5 校园网子网和 VLAN 划分

该大学拥有多个校区，需要对校区进行子网和 VLAN 划分，实现对网络的优化管理。以该大学××学院为例，学院目前办公、教学、实验、图书馆用计算机共有一千余台，都接入校园网，可以进行网络办公、网上教学与电子阅览。另外，学生宿舍和教师宿舍计算机约一千五百台，并考虑到未来的发展需求，在校园网络内初期设计时，考虑采用一百三十余台接入交换机提供约三千个网络接入端口。

该大学××学院的校园网络可以采用私网地址进行规划，采用 172.16.0.0/8 作为校园网的网络地址，并采用 VLSM 技术进行子网划分，理论上以用户群工作地理位置和所属单位性质进行 VLAN 划分和地址分配。办公和各部门主机采用固定 IP 地址分配，学生、教师主机都采用动态地址方式来进行分配。

为了保证用户的合法性，采用了 PPPOE 的认证接入方式。客户端需要通过用户身份认证后方可接入校园网络，一定程度上保证了网络的安全，其接入界面如图 13-4 所示。

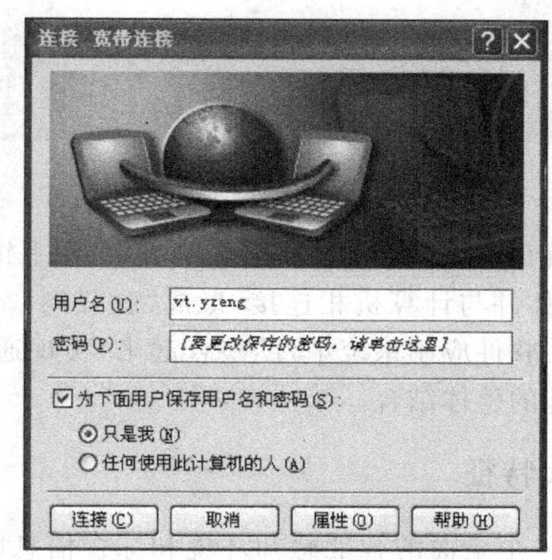

图 13-4 用户接入界面

13.2 智慧校园架构设计

13.2.1 智慧校园概述

1. “智慧校园”的基本概念

“智慧校园”是浙江大学在 2010 年提出的一个新的概念，这个概念的蓝图描绘的是：无处不在的网络学习、融合创新的网络科研、透明高效的校务治理、丰富多彩的校园文化、方便周到的校园生活。

“智慧校园”是继数字校园之后关于院校信息化建设的全新概念，是未来高校建设的新思路。智慧校园指的是以物联网和云计算为基础的智慧化的校园工作、学习和生活一体化环境，这个一体化环境以各种应用服务系统为载体，将教学、科研、管理和校园生活进行充分融合。

智慧校园引用现代最先进的云计算、3G 通信网与物联网技术，以传统数字化校园网络为依托，利用数字化手段借助于云计算和物联网技术对校园环境（如设备、办公室、教室、实验室、教工宿舍和学生宿舍）、资源（如图书、资料、文件、讲义、课件）、活动（如管理、教学、服务）等各个方面和环节进行全面的综合管理，如图 13-5 所示。

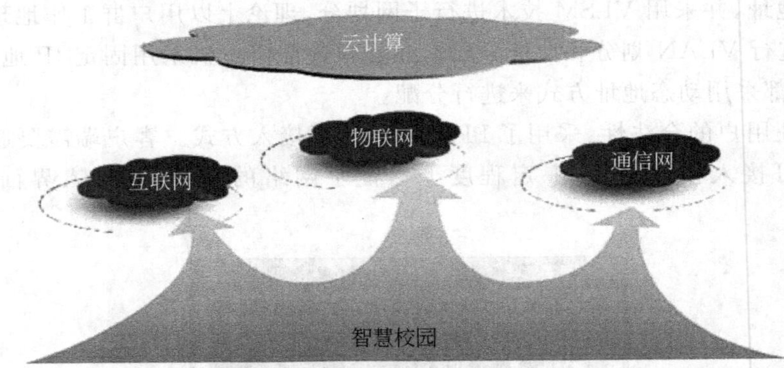

图 13-5 智慧校园基本组成

具体来说，智慧校园就是把感应器和装备嵌入到教室、图书馆、餐厅、停车场、校门、实验室、宿舍楼、会议室等物体并与计算机相连接，形成“物联网”。并通过 3G 技术和云计算服务中心将“物联网”和“软件应用系统平台”整合起来，实现通信服务、教学工作、学习活动、管理工作和学校设施的整体结合。

2. 智慧校园的三大特征

(1) 为广大师生提供一个全面的智能感知环境和综合信息服务平台，提供基于角色的个性化定制服务；

(2) 将基于计算机网络的信息服务融入学校的各个应用与服务领域，实现互联和协作；

(3) 通过智能感知环境和综合信息服务平台，为学校与外部世界提供一个相互交流和相互感知的接口。

13.2.2 智慧校园发展的三个阶段

1. 信息化校园阶段

这一阶段的主要目标是校园网络建设，并注重各种信息管理系统开发和应用，由于受到当时计算机技术的制约，大多数信息管理系统都是基于单机版或 C/S 架构的系统，信息孤岛现象严重。

2. 数字校园阶段

建立以教学、科研、管理为主体的管理型应用系统。由于B/S系统得到广泛的应用，信息管理系统都实现了统一门户、统一身份认证共享公用数据库标准，实现面向管理的应用系统。

3. 智慧校园阶段

基于校园一卡通、校园云计算、校园物联网的智慧校园。具有开放的、创新的、协作的、智能的综合信息服务平台，教师、学生和管理者全面感知不同的教学资源，获得互动、共享的学生、工作和生活环境，实现教育信息资源的有效的采集、分析、应用和服务。

13.2.3 智慧校园的建设目标和意义

1. 智慧校园的建设目标

智慧校园是以网络为基础，利用先进的信息化手段和工具，实现从环境、资源到活动的全部数字化、智能化，在传统校园的基础上构建一个数字空间，以拓展现实校园的时间和空间维度，从而提升传统校园的效率，扩展传统校园的功能，实现校园教学与科研、多媒体教室、校园生活、图书馆、校园交通、校园水电、校园节能、校园设备、校园门禁等系统和设施的信息化管理。最终实现教育过程的全面信息化，达到提高教育管理水平和效率的目的。

2. 智慧校园的建设意义

在社会经济飞速发展、急需解决各种重要问题的前提下，在中国高等教育不断变革发展的环境中，充分利用其教学、科研先发优势，充分利用信息技术，从物联化、关联化、智能化出发，实现对“智慧”的探索和推广。提高学校自身各项工作的效率、效果和效益，提高教学科研水平和影响力，并以此为依据实现教育服务社会的职能，服务于地方“智慧城市”建设的要求。

13.2.4 智慧校园建设的关键技术

建设智慧校园的关键技术包括6个方面：物联网技术、数据的标准化及共享技术、海量数据存储与挖掘技术、3S(GIS、RS、GPS)技术、云计算技术、中间件技术。

1. 物联网技术

物联网是指通过各种信息传感设备，实时采集任何需要监控、连接、互动的物体或过程，采集其声、光、热、电、力学、化学、生物、位置等各种需要的信息，与互联网结合形成的一个巨大网络。其目的是实现物与物、物与人，所有的物品与网络的连接，方便识别、管理和控制。具有普通对象设备化、自治终端互连化和普适服务智能化三个重要特征。

2. 数据的标准化技术

数据标准是指数据的名称、代码、分类编码、数据类型、精度、单位、格式等标准形式。数据的标准化是在数据应用实践中，对重复性事物和概念通过制定、发布和实施标准，达到统一，以获得最佳应用和社会效益。

3. 数据共享技术

数据共享是让不同行业、不同部门在不同地方使用不同计算机、不同软件的用户能够读取他人的数据并进行各种操作运算和分析。数据共享的程度直接反映出一个地区、一个国家的信息化发展水平，数据共享程度越高，信息化发展水平也就越高。

4. 海量数据存储技术

大数据存储致力于研发可以扩展至PB甚至EB级别的数据存储平台，其主要目的是支撑大数据分析。

海量信息存储早期采用大型服务器存储，基本都是以服务器为中心的处理模式，使用直连存储(Direct Attached Storage)，存储设备(包括磁盘阵列，磁带库，光盘库等)作为服务器的外设使用。随着网络技术的发展，服务器之间交换数据或向磁盘库等存储设备备份时，都是通过局域网进行，这是主要应用网络附加存储(Network Attached Storage)技术来实现网络存储，但这将占用大量的网络开销，严重影响网络的整体性能。为了能够共享大容量，高速度存储设备，并且不占用局域网资源的海量信息传输和备份，就需要专用存储网络来实现。

5. 数据挖掘技术

数据挖掘就是从海量的数据中采用自动或半自动的建模算法，寻找隐藏在数据中的信息，如趋势(Trend)、模式(Pattern)及相关性(Relationship)，是从数据库中发现知识的过程，运用计算机存储数据和数据库技术以及使用统计分析方法工具。

6. 3S(GIS、RS、GPS)技术

3S技术指的是地理信息系统(Geographic Information System，GIS)，遥感技术(Remote Sensing，RS)和全球定位系统(Global Positioning System，GPS)。

7. 云计算技术

云计算是一种通过Internet以服务的方式提供动态可伸缩的虚拟化的资源的计算模式。

8. 中间件技术

中间件(Middleware)是位于平台(硬件和操作系统)和应用之间的通用服务,屏蔽了底层操作系统的复杂性,使程序开发人员面对一个简单而统一的开发环境,减少程序设计的复杂性,将注意力集中在自己的业务上,不必再为程序在不同系统软件上的移植而重复工作,从而大大减少了技术上的负担。

13.2.5 高校智慧校园案例

常规的高校智慧校园总体架构自上而下可分为智能感知层、网络融合层、数据集中层、公共平台层、信息服务层6个层面,如图13-6所示。

图 13-6　智慧校园总体架构模型

1. 智能感知层

智能感知是智慧校园的主要特征,也是智慧校园的重要组成部分,主要通过射频识别(RFID)、视频采集(IP Cam)、泛在传感(WSN)、紫蜂技术(Zigbee)等技术与设备实现对校园环境的实时感知与动态监控,并将结果通过融合的网络传播,实现校园环境的智能化管理。

2. 网络融合层

网络融合是智慧校园建设的最根本的基础，综合利用各种网络的接入方式，对校园的有线网络、无线网络、移动网络、物联网络等进行整合，实现各网络间的无缝融合。这种灵活的网络结构，可实现人的信息与物的信息随时随地地交换和流转，并通过一体化管理与控制，为智慧校园应用提供稳定、高速、全覆盖的校园网络环境。

3. 数据集中层

数据集中是智慧校园建设的核心技术，包括对各类身份角色信息、各类感知数据、各类业务系统的应用数据的统一管理。在数据集中过程中，数据源会呈现多样化且异构的特质，需要遵循信息标准与规范，建立数据共享与交换机制，进行主题数据库的基础建设、统一平台的建设。

4. 公共平台层

公共平台以云计算、云存储等先进技术及设施为基础条件，将校园网内大量计算资源、存储资源和网络资源统一管理、协同工作，为各类信息化提供公共的运行环境，提供智能的、统一的、高效的按需服务，包括 IDC 公共机房、SOA 服务平台、统一身份认证、云服务平台。

5. 应用集成层

智慧校园要对已有的应用系统进行整合，利用信息资源规划理论，实现人、财、物等关键应用系统的一体化建设。各类信息系统不再是孤立的，而是依据统一的标准与规范，实现信息互通、资源共享、互相触发。智慧校园对信息系统进行统筹建设、统一管理，实现包括智慧教学、科研协作、智能管理、多彩生活等各类应用的整合与集成，实现高校全方位智能化的应用，为提供全校统一的信息服务打下基础。

6. 信息服务层

信息服务是智慧校园的表现形式，是在上述智能感知、网络融合、数据集中、公共平台支撑、应用集成的基础上，构建的智能的、全方位的一体化综合信息服务平台，提供教学服务、科研服务、管理服务、生活服务、科学决策服务等。

13.2.6 某大学智慧校园架构设计

这里以某高校智慧校园建设方案为蓝本，介绍智慧校园架构的设计技术。

该智慧校园总体架构如图 13-7 所示，其功能模型如图 13-8 所示，各功能子模型分别如图 13-9～图 13-13 所示。

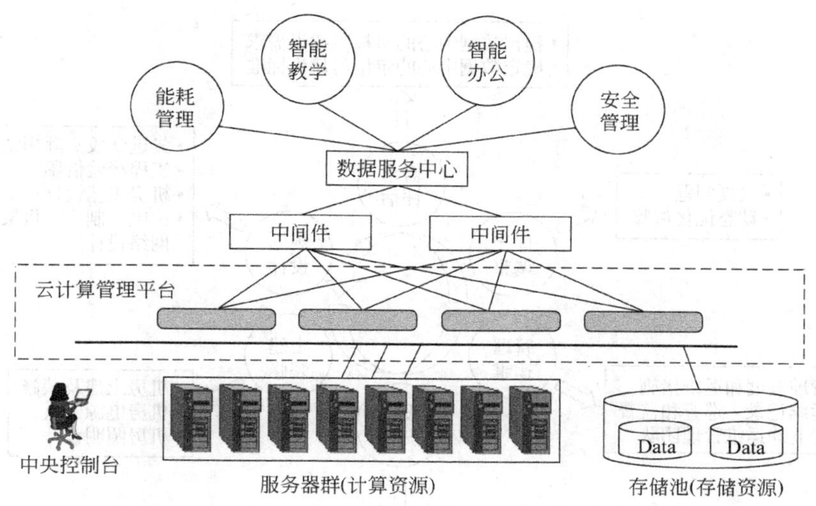

图 13-7　智慧校园架构设计

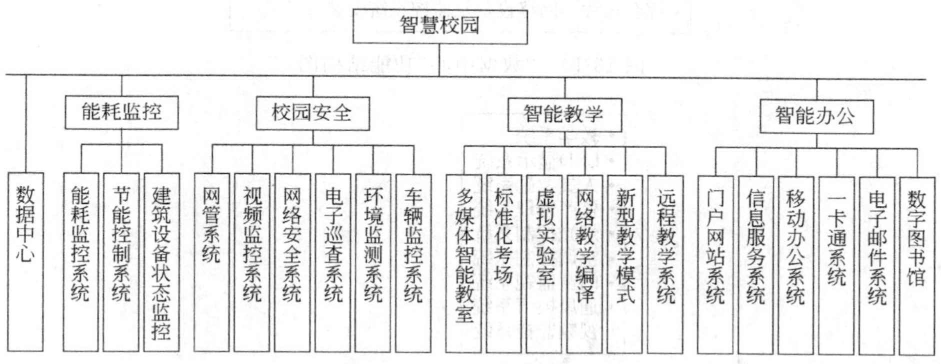

图 13-8　智慧校园功能模型

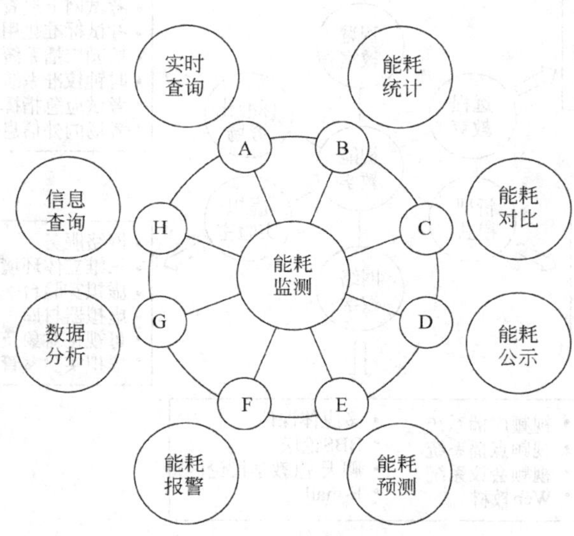

图 13-9　“能耗监测”功能结构图

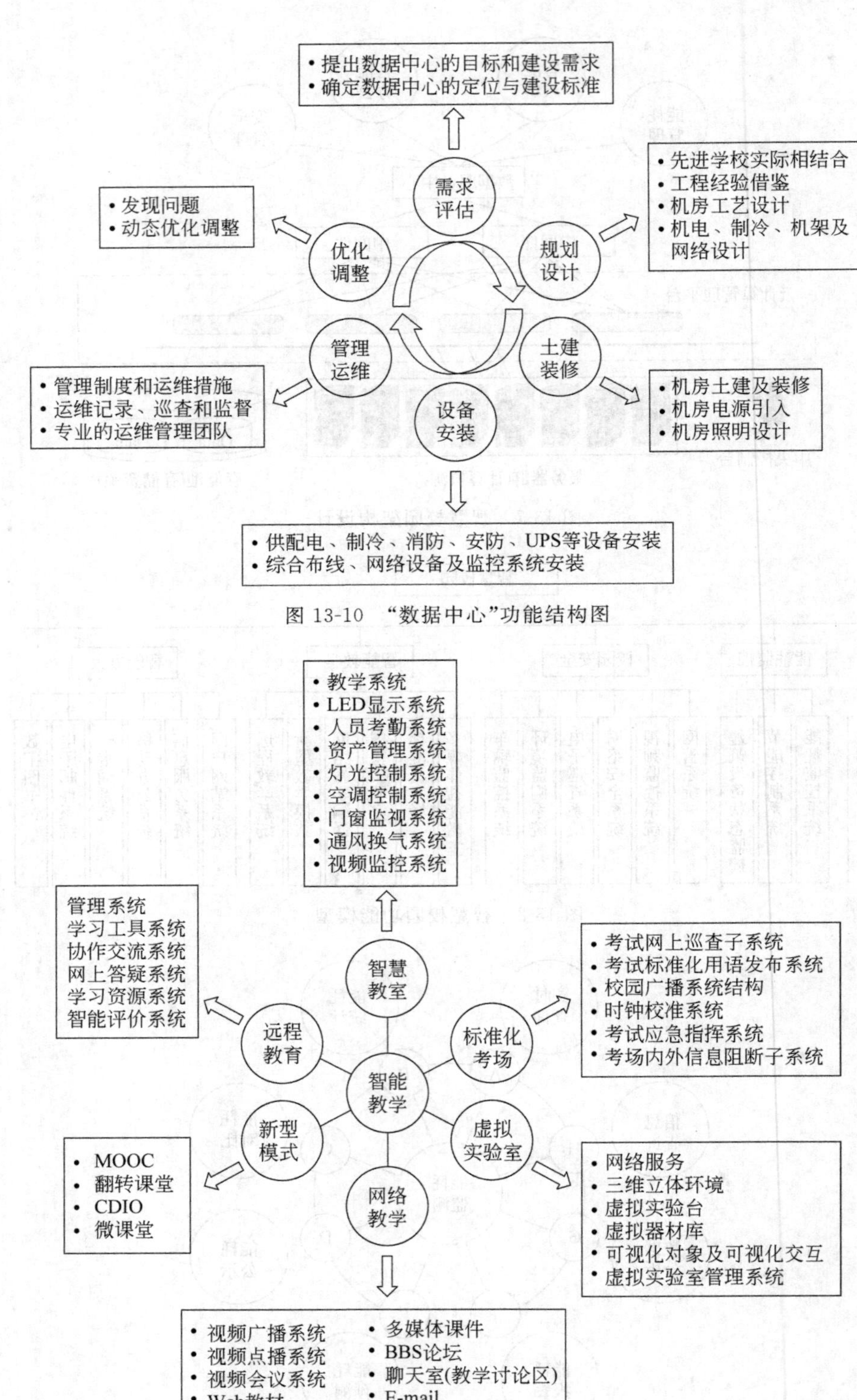

图 13-10 “数据中心”功能结构图

图 13-11 “智能教学”功能结构图

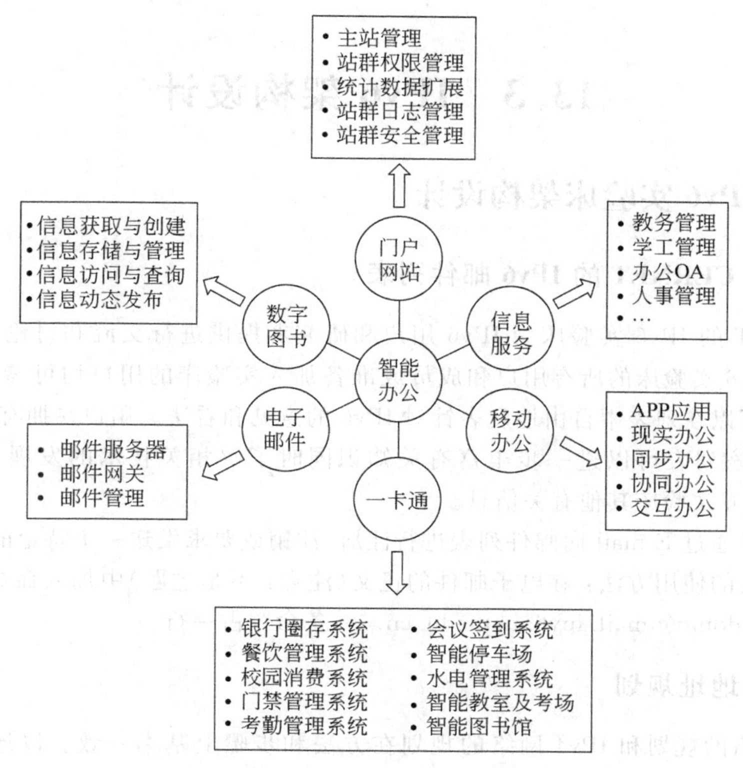

图 13-12 "智能办公"功能结构图

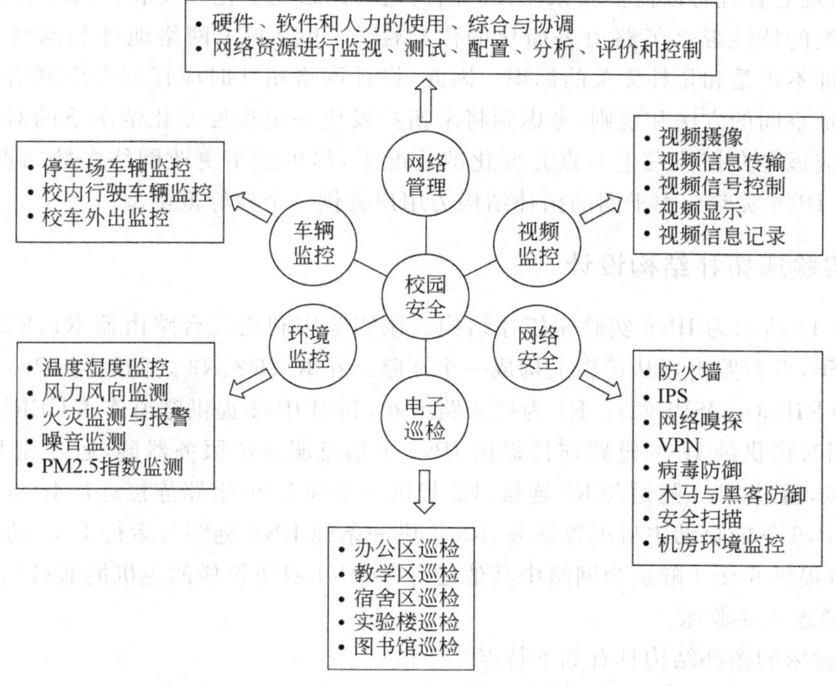

图 13-13 "校园安全"功能结构图

13.3　IPv6 架构设计

13.3.1　IPv6 实验床架构设计

1. 加入 CERNET 的 IPv6 邮件列表

CERNET 的 IPv6 实验床为 IPv6 用户和研究者提供进行交流和讨论的邮件列表，CERNET IPv6 实验床的所有用户和成员或准备加入实验床的用户均可参加入列表，实验床的用户可以在列表中自由地发表针对 IPv6 的意见和看法。用户在拥有 IPv6 的基础知识后，通过该列表可以进一步丰富有关知识同时了解相关技术的发展，也可以了解 CERNET IPv6 实验床其他有关信息。

用户可以通过 E-mail 向邮件列表进行注册，注销或要求发送一个特定的文件。

邮件列表的使用方法：在电子邮件的正文(注意：不是主题)中加入命令发给邮件列表地址 Majordomo@mail. ipv6. net. edu. cn。一条命令占一行。

2. 网络地址规划

IPv6 网络的规划和 IPv4 网络的规划在方法和步骤上基本一致。以层次结构为原则，注重对于规划的可扩展性的考虑。实验网络在实践过程中需要根据具体情况做调整和变化，但规划合理可以使实验床在长时间内适应网络的变化和发展。同时 IPv6 地址中大地址聚类的特性带来了路由表简化的优越性，但也限制了网络地址和网络拓扑的关系——地址不再是和拓扑无关的标识。因此，设计网络拓扑时应仔细考虑网络建设后分割网络地址空间的方法和规则，考虑到将来拓扑发生一定程度变化情况下的对策。好的地址规划应该是在拓扑发生一点儿变化的情况下，尽可能不更改网络多数结点的地址。CERNET IPv6 实验床主干网的拓扑结构为用户提供一个较好范例。

3. 实验床拓扑结构设计

图 13-14 所示为 IPv6 实验床拓扑结构。该实验床利用三台路由器 R1、R2、R3 构成实验床骨干，三台路由器从逻辑上构成一个环路。在 R1、R2、R3 之间运行 IPv6 下的动态路由协议(RIPnG、OSPFv3)。R1 为接入路由器，利用 IPv4 提供隧道连入 CERNET IPv6 实验床，同时提供纯 IPv6 链路连接提供 IPv6 下信息服务的服务器群，通过纯 IPv6 链路与 R2 连接，通过 IPv4 隧道与 R3 连接，R2 提供一条纯 IPv6 链路连接运行 IPv6 协议栈主机，提供 IPv6 下的自动主机配置服务，R3 提供一条纯 IPv6 链路与运行 IPv6 协议栈主机连接，同时提供 6-to-4 隧道为网络中其他运行 V6/V4 双协议栈的主机能通过局域网利用 6-to-4 隧道连入实验床。

该实验床的拓扑结构具有如下特点。

(1) 采用三台路由器的连接，用到了直接连接方式和隧道连接方式，同时采用动态路

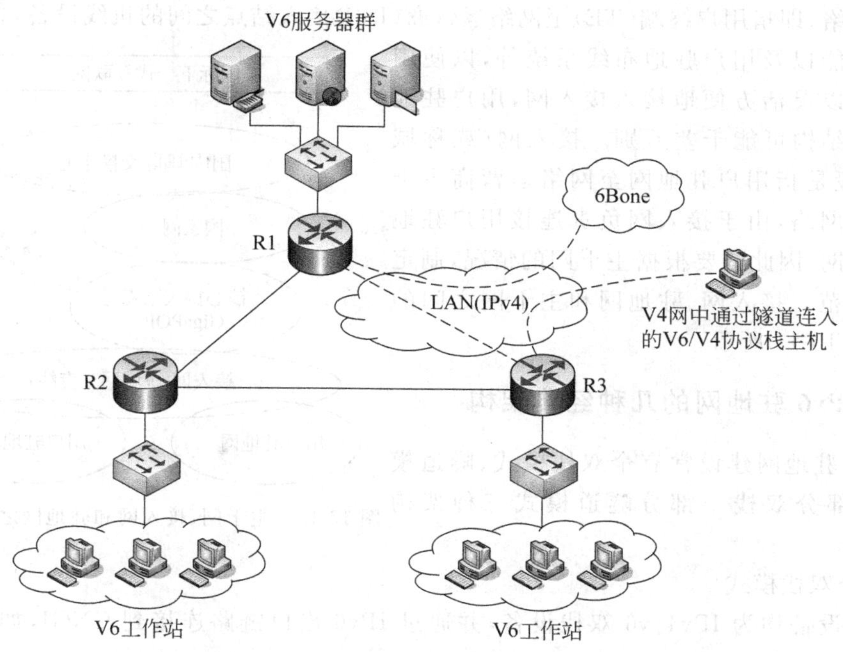

图 13-14　IPv6 实验床的拓扑结构

由协议为实验床通过各种方式做扩展做好了准备,使路由器的添加和扩展网络简单、容易;

(2) 提供基本信息服务,为在 IPv6 下开展信息服务研究工作打下基础;

(3) 提供纯 IPv6 链路连接 IPv6 协议栈主机,提供纯 IPv6 的研究开发环境;

(4) 通过配置隧道连入实验床,使实验床不仅是一个实验性孤岛,而应成为全球 IPv6 网络中的一部分;

(5) 为其他主机提供了 6-to-4 接入实验床方式,使实验床在现有网络中能大规模扩展。

13.3.2　IPv6 驻地网架构设计

1. 主干网

主干网是指由分布在全国多个省区或城市的核心接入结点(GigaPOPs),通过高速光纤传输链路互联构成的骨干性网络。CNGI 示范网络由多个主干网通过国内互联中心互联构成。具体包括:由 CERNET 网络中心承建的 CERNET2,以及由中国电信、中国移动、中国联通、中国网通和中国科学院网络中心、中国铁通分别承建各自的下一代互联网示范网络核心主干网。

2. 驻地网与接入网

驻地网和接入网是两个互相联系又各不相同的概念,驻地网(CPN)主要指结入单位内部的网络，即指用户终端(TE)至网络运营商(ISP)接入结点之间的机线设备，包括通信和控制功能以及用户驻地布线系统等，以使用户终端可以灵活方便地接入接入网，用户驻地网的内部结构可能千差万别。接入网(或称城域网)一般是指用户驻地网至网络运营商主干网之间的网络，由于接入网负责连接用户驻地网和主干网，因此需要根据主干网的情况，制定一定的规范。接入网、驻地网和主干网之间的关系如图 13-15 所示。

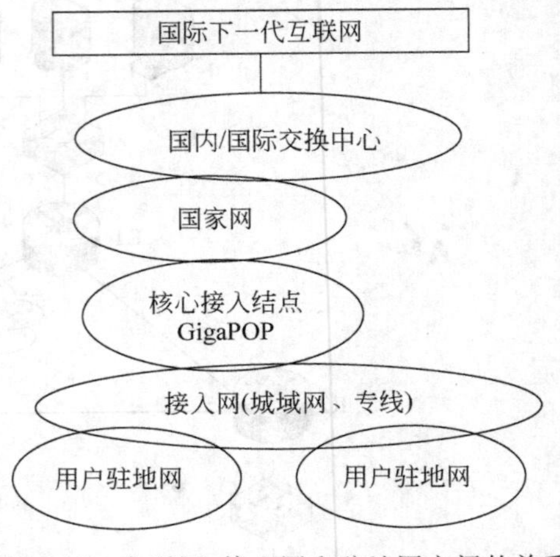

图 13-15　主干网、接入网和驻地网之间的关系

3. IPv6 驻地网的几种经典架构

IPv6 驻地网建设常有全双栈模式、隧道模式、新建部分双栈＋部分隧道模式三种架构模式。

1) 全双栈模式

所有设备均为 IPv4/v6 双栈设备，并通过 IPv6 出口链路连接到 CNGI，如图 13-16 所示。

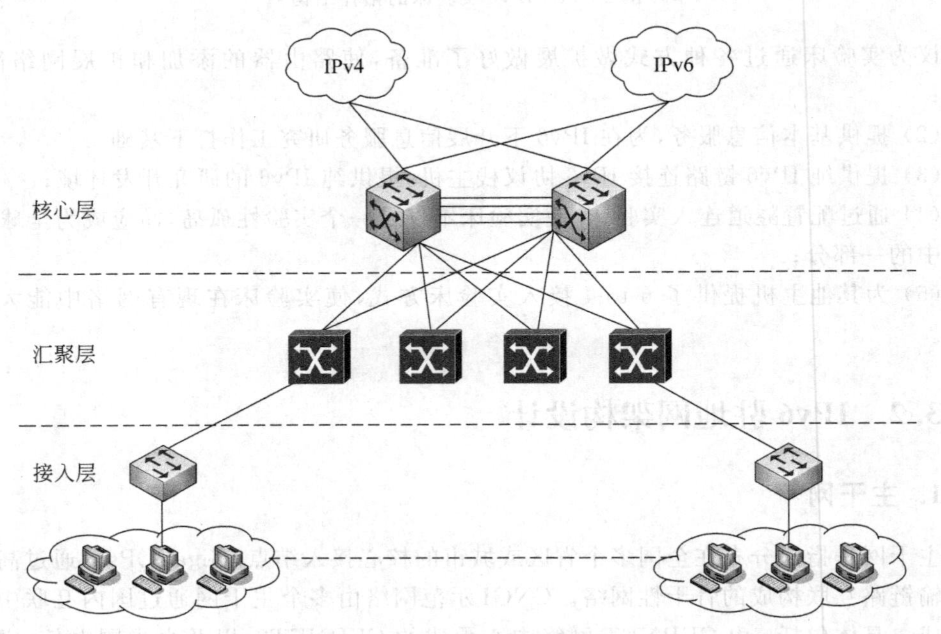

图 13-16　全双栈模式拓扑

通过对现有网络的核心、汇聚、接入设备升级到“全双栈模式”校园网络架构。或在现有网络的基础上，核心、汇聚每台设备旁边备份一套新的网络平面。第一平面负责原有 IPv4 业务，第二平面既作为 IPv6 业务平面，也作为 IPv4 业务的热备份平面。这样做的好处是：IPv6 业务平面随时可随意以开展 IPv6 业务研究而不影响现有业务；作为备份平

面，大幅度地提升整个校园网的可靠性和带宽。并且在旧设备过保淘汰时，可以保证现网业务不中断平滑割接。

IPv6 双栈校园网解决方案能够完美地解决在驻地网中部署全双栈的需求，这样对于新建的驻地网中双栈用户可以同时访问 IPv6 和 IPv4 网络。对于双栈终端，IPv4 网关和 IPv6 网关均部署在汇聚三层交换机上。因驻地网内所有三层设备均是双栈设备，既运行 IPv4 路由协议，也可运行 IPv6 路由协议。不同协议的数据转发路径可能一致，也可以不同。

全双栈模式优点为：从技术角度这是最理想的方案，开销小，管理简单，IPv4 和 IPv6 的逻辑界面清晰。

2）隧道模式，升级核心快速实现 IPv6 接入

原有网络建设已经成熟稳定，所有三层设备均为 IPv4 设备。为了部署 IPv6，将核心交换机升级为双栈交换机，并通过 IPv6 出口路由器连接到 CNGI，如图 13-17 所示。

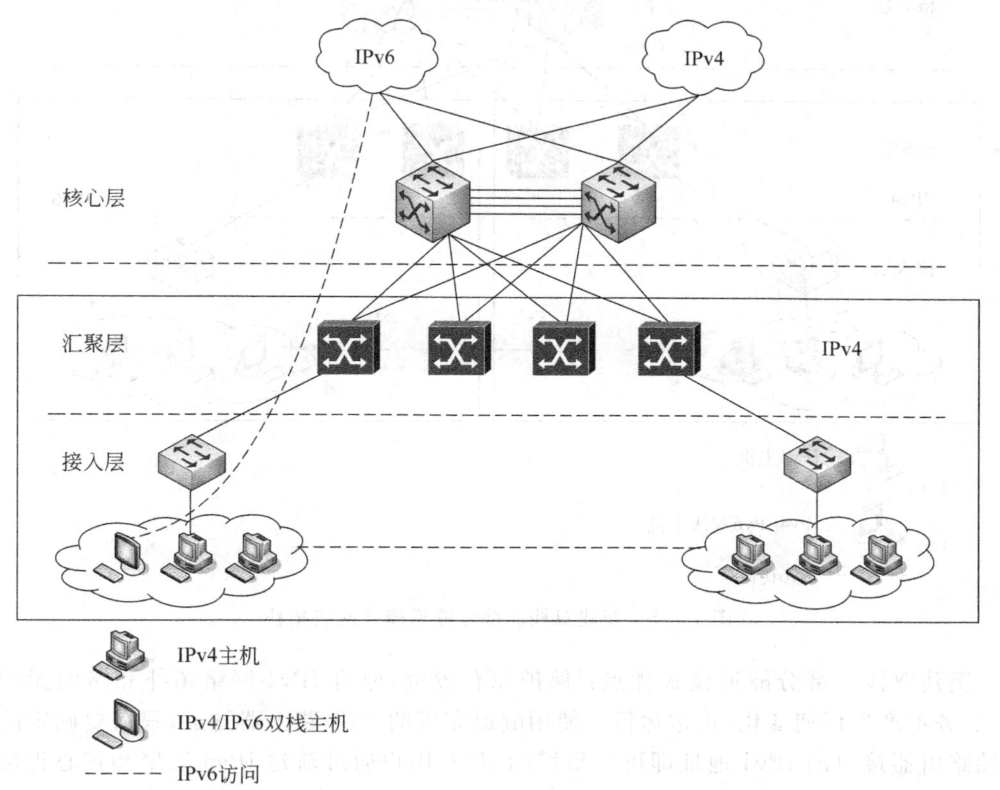

图 13-17　隧道模式拓扑图

对于双栈终端，IPv4 网关部署在汇聚三层 IPv4 交换机上。所有汇聚层设备是 IPv4 设备，不能完成对 IPv6 报文的转发。需要访问 IPv6 资源的 IPv4/v6 双协议栈主机设置为双栈设备的地址，部署客户端到核心交换的自动隧道来完成。

隧道模式优点：保护原有投资，原有网络拓扑和路由几乎无须调整。使用隧道完成的主机-路由器隧道，只需要确定隧道对端路由器接口的 IPv4 地址即可，同时对于主机的

要求是必须都要有 IPv4 地址。因此对于用户端而言，配置方面与原有的 IPv4 环境差异不大，不需为网络中的所有成员重新做地址分配和规划。

3）新建部分双栈＋部分隧道模式，升级核心与部分汇聚逐步支持 IPv6

部分新建模式重新建设部分支持 IPv6 业务核心层和汇聚层，IPv4 业务可以经由原有网络转发，新建 IPv6 用户接入二层设备增加接口连入 IPv6 网络中，IPv6 业务经由新汇聚经新核心进行转发。未升级的 IPv4 汇聚层的客户端通过配置到核心交换的自动隧道来完成对 IPv6 业务的访问，如图 13-18 所示。

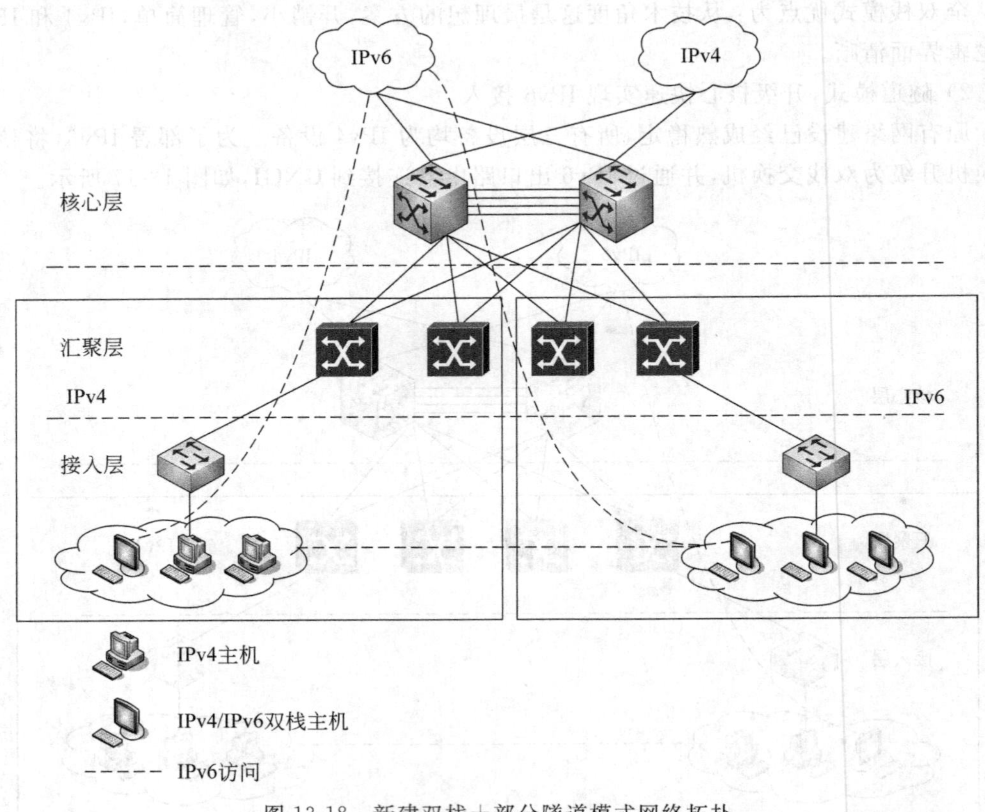

图 13-18　新建双栈＋部分隧道模式网络拓扑

新建双栈＋部分隧道模式优点：保护原有投资，原有 IPv4 网络拓扑和路由无须调整，业务不产生任何变化，正常运行。使用隧道完成的主机-路由器隧道，只需要确定隧道对端路由器接口的 IPv4 地址即可。新增的 IPv6 用户通过新建 IPv6 汇聚和核心正常访问 IPv6 网络及 IPv6 业务。双栈用户可以直接访问 IPv4 网络及 IPv4 业务。

附录

常用缩略词

ADSL(Asymmetrical Digital Subscriber Line,不对称数据用户专线)
ANSI(American National Standard Institute,美国国家标准化委员会)
AON(Active Optical fiber Network,有源光纤网络)
ARP(Address Resolution Protocol,地址解析协议)
ATD(Asynchronous Time Division,异步时分复用)
ATM(Asynchronous Transfer Mode,异步传输模式)
AUI(Attachment Unit Interface,附加单元接口)
BBS(Bulletin Board System,电子公告板)
B-channel(B 通道)
B-ISDN(Broadband ISDN,宽带 ISDN)
CCITT (Consultative Committee on International Telegraph and Telephone,国际电话电报咨询委员会)
CDMA (Code Division Multiple Access,码分多址技术)
CSMA/CD (Carrier Sense Multi-Access/Collision Detection,载波侦听多路访问/冲突检测)
DCE(Digital Circuit-terminating Equipment,数据电路端接设备,又称数据通信设备)
D-channel(D 通道)
DDS(Digital Data Service,数字数据服务)
DES(Data Encryption Standard,数据加密标准)
DHCP(Dynamic Host Control Protocol,动态主机控制协议)
DN(Domain Name,域名)
DNS(Domain Name Server,域名服务器)
DTE(Data Terminal Equipment,数据终端设备)
DSU(Data Service Unit,数据服务单元)
EGP(Exterior Gateway Protocol,外部网关协议)
EIA/TIA (Electronic Industries Association and Telecommunication Industries Association,(美)电子工业协会和电信工业协会)
EMA(Ethernet Media Adapter,以太网卡)

E-mail(Electronic Mail,电子邮件)
FDDI(Fiber Distributed Data Interface,光缆分布式数据接口)
FDM(Frequency Division Multiplexing,频分多路复用)
FEC(Forward Error Correction,前向差错纠正)
FES(Fast-Ethernet Switch,快速以太网交换器)
FR(Frame Relay,帧中继)
FTP(File Transfer Protocol,文件传输协议)
GGP(Gateway-Gateway Protocol:网关-网关协议)
GIS(Geographic Information System,地理信息系统)
GPRS(General Packet Radio Service,通用分组无线服务技术)
GPS(Global Positioning System,全球定位系统)
GSM(Global System for Mobile Communications,全球移动通信系统)
HDLC(High-level Data Link Control,高层数据链接控制)
HTTP(Hyper Text Transfer Protocol,超文本传输协议)
IaaS(Infrastructure as a Service,基础设施即服务)
IAB(Internet Architecture Board,因特网结构委员会)
IAP(Internet Access Provider,因特网接入提供商)
IEEE(Institute of Electrical and Electronics Engineers,电子和电气工程师协会)
IGP(Interior Gateway Protocol,内部网关协议)
IGRP(Interior Gateway Routing Protocol,内部网关路由协议)
IMP(Interface Message Processor,接口信息处理机)
IP(Internet Protocol,网际协议)
IP multicast(IP 多路广播)
IP switching(IP 交换)
IPX(Internet Packet Exchange,网间分组交换)
IRTF(Internet Research Task Force,因特网研究特别任务组)
ISDN(Integrated Services Digital Network,综合服务数字网)
ISO(International Organization for Standardization,国际标准化组织)
ISP(Internet Service Provider,Internet 服务提供商)
IT(Information Technology,信息技术)
ITU(International Telecommunications Union,国际电信联盟)
LAN(Local Area Network,局域网)
LCP(Link Control Protocol,链路控制协议)
LF(Line Feed,线路反馈)
M2M(Machine-to-Machine/Man,机器-机器或机器-人的交互技术)
MAC(Media Access Control,介质访问控制)
MAN(Metropolitan Area Network,城域网)
MAAA(Multiple Access with Access Avoidance,避免冲突的多路访问协议)

MAU(Media Attachment Unit,介质附加单元)
MIB(Management Information Base,管理信息库)
MIME(Multipurpose Internet Mail Extensions,多用途 Internet 邮件扩展)
MTP(Mail Transfer Protocol,邮件传输协议)
MMF(Multi Mode Fiber,多模光缆)
NAP(Network Access Point,网络接入点)
NAPT(Network Address Port Translation,网络地址端口转换)
NAT(Network Address Translation,网络地址转换)
NCA(Network Computing Architecture,网络计算结构)
NCP(Network Control Protocol,网络控制协议)
NCP(Network Core Protocol,网络核心协议)
NetBIOS(Network Binary Input Output System,网络二进制输入输出系统)
NFS(Network File System,网络文件系统)
NIC(Network Interface Card,网络接口卡)
NIC(Network Information Center,网络信息中心)
NISDN(Narrowband Integrated Services Digital Network,窄带 ISDN)
NLA(Next Level Aggregator,下级聚合体)
ODBC(Open Data Base Connection,开放数据库互连)
PaaS(Platform as a Service,平台即服务)
PBX(Private Branch eXchange,用户交换机)
PDN(Public Data Network,公用数据网)
PDU(Protocol Data Unit,协议数据单元)
PON(Passive Optical fiber Network,无源光纤网)
PPTP(Point-to-Point Tunneling Protocol,点到点通道协议)
PPP(Point to Point Protocol,点到点协议)
PRI(Primary Rate Interface,基本速率接口)
PRM(Protocol Reference Model,协议参考模型)
PRN(Packet Radio Network,无线分组网络)
PSDN(Packet Switch Data Network,分组交换数据网)
PSTN(Public Switched Telephone Network,公用电话交换网)
PVC(Permanent Virtual Circuit,永久虚拟电路)
RARP(Reverse Address Resolution Protocol,反向地址解析协议)
RAS(Remote Access Service,远程访问服务器)
RFC(Request For-Comments,Internet 标准与规范化文件)
RFID(Radio Frequency Identification,无线射频技术)
RTP(Receive and Transmit Port,接收和发送端口)
SaaS(Software as a Service,软件即服务)
SDH(Synchronous Digital Hierarchy,同步数字系列)

SDLC(Synchronous Data Link Control,同步数据链路控制协议)
SDSL(Single line Digital Subscriber Line,单线数字用户专线)
SDU(Service Data Unit,业务数据单元)
SMF(Single Mode Fiber,单模光缆)
SLA(Site Level Aggregator,位置级聚合体)
SLIP(Serial Line Internet Protocol,串行线网际协议)
SMTP(Simple Mail Transfer Protocol,简单邮件传输协议)
SNMP(Simple Network Management Protocol,简单网络管理协议)
SONET(Synchronous Optical NETwork,同步光缆网络)
STM(Synchronous Transfer Mode,同步传输方式)
STP(Shielded Twisted Pair,屏蔽双绞线)
STS(Synchronous Transport Signal,同步传输信号)
TCP/IP(Internet 协议群)
TDM(Time Division Multiplexing,时分多路复用)
TFTP(Trivial File Transport Protocol,小型文件传输协议、简单文件传输协议)
TIP(Terminal Interface Processor,终端接口处理机)
TLA(Top Level Aggregator,顶级聚合体)
TP(Twisted Pair,双绞线)
UDP(User Datagram Protocol,用户数据报协议)
UNI(User-Network Interface,用户/网络接口)
URL(Uniform Resources Locator,统一资源定位器)
UTP(Unshielded Twisted Pair,非屏蔽双绞线)
WAN(Wide Area Network,广域网)
WDM(Wavelength Division Multiplexing,波分多路复用)
WDMA(Wavelength Division Multiple Access,波分多路访问)
WSN(Wireless Sensor Networks,无线传感器网络)
WWW(World Wide Web,万维网)

参考文献

1. [美]Andrew S. Tanenbaum. 计算机网络(第 3 版). 熊桂喜,王小虎译. 北京:清华大学出版社,1998.
2. M A Sportack,F C Pappas. High-Performance Networking. Sams,1997.
3. [美]Vito Amato. 思科网络技术学院教程. 韩江,马刚译. 北京:人民邮电出版社,2002.
4. 彭澎. 计算机网络实用教程. 北京:电子工业出版社,2000.
5. [美]Douglas E Comer. 用 TCP/IP 进行国际互联. 林瑶等译. 北京:电子工业出版社,2001.
6. 张钟澎. 公务员上网培训教程. 成都:电子科技大学出版社,2000.
7. Douglas E Comer. Computer Networks and Internets. Prentice Hall,1997.
8. 曹建. 电子商务与网上经营. 成都:电子科技大学出版社,2000.
9. 黎连业. 网络综合布线系统与施工技术. 北京:机械工业出版社,2000.
10. 杨云江. 一种在网络通信中自动纠错算法的研究. 贵阳:贵州大学学报自然科学版,2004(1).
11. 杨世平,杨云江. 大型校园网络的设计. 贵阳:贵州大学学报自然科学版,2004(1).
12. 蔡小兵等. 现代建筑布线技术. 成都:电子科技大学出版社,2002.
13. 杨洋等. Internet 的连接与使用. 深圳:海天出版社,1996.
14. 李国斌,鄢小平. 电脑上网现用现查. 北京:航空工业出版社,1998.
15. 曹志刚,钱亚生. 现代通信原理. 北京:清华大学出版社,1992.
16. 谢希仁等. 计算机网络. 大连:大连理工大学出版社,1996.
17. 叶忠杰,陈月波,马云芳. 计算机网络安全技术. 北京:科学出版社,2003.
18. [美] E. Maiwald. 网络安全实用教程. 第 2 版. 李庆荣等译. 北京:清华大学出版,2003.
19. 戚文静,赵敬,杨云等. 网络安全与管理. 北京:中国水利水电出版社,2003.
20. 凌雨欣,常红. 网络安全技术与反黑客. 北京:冶金工业出版社,2001.
21. 袁家政等. 计算机网络安全与应用技术. 北京:清华大学出版社,2002.
22. 宣力,罗忠海,罗忠雁. 计算机安全用户指南. 成都:电子科技大学出版社,2000.
23. 段云所等. 信息安全概论. 北京:高等教育出版社,2003.
24. 兰少华等. TCP/IP 网络协议. 北京:清华大学出版社,2006.
25. 蔚红艳等. 校园网应用技术. 北京:清华大学出版社,2005.
26. 杨云江. 计算机网络管理技术(第 2 版). 北京:清华大学出版社,2010.
27. 杨云江,蒋平. 组网技术. 北京:清华大学出版社,2013.
28. 杨云江. 计算机与网络安全实用技术. 北京:清华大学出版社,2007.
29. 杨云江,曾湘黔. 网络安全技术. 北京:清华大学出版社,2013.
30. 杨云江. IPv6 技术与应用. 北京:清华大学出版社,2010.
31. 杨云江,魏节敏. Internet 应用技术. 北京:清华大学出版社,2015.
32. 杨正洪等. 企业云计算架构与实施指南. 北京:清华大学出版社,2010.
33. 黎连业,王安,李龙. 云计算基础与实用技术. 北京:清华大学出版社,2013.
34. 雷万云. 云计算——企业信息化建设策略与实践. 北京:清华大学出版社,2010.
35. 国泰安金融大数据研究中心. 大数据导论. 北京:清华大学出版社,2015.
36. 鲍亮,李倩. 实战大数据. 北京:清华大学出版社,2014.
37. 郭晓科. 大数据. 北京:清华大学出版社,2013.
38. 杨云江主编. 3G 网络与移动终端应用技术. 北京:清华大学出版社,2016.
39. 王汝宁等. 物联网基础及应用. 北京:清华大学出版社,2011.
40. 于宝明. 物联网技术及应用基础. 北京:电子工业出版社,2016.